Springer-Lehrbuch

Für weitere Bände:
http://www.springer.com/series/1183

Klaus Jänich

Mathematik 2

Geschrieben für Physiker

Zweite, korrigierte Auflage

Prof. em. Dr. Klaus Jänich
Fakultät für Mathematik
Universität Regensburg
93040 Regensburg
Deutschland
klaus.jaenich@mathematik.uni-regensburg.de

ISSN 0937-7433
ISBN 978-3-642-16149-0 e-ISBN 978-3-642-16150-6
DOI 10.1007/978-3-642-16150-6
Springer Heidelberg Dordrecht London New York

Die Deutsche Nationalbibliothek verzeichnet diese Publikation in der Deutschen Nationalbibliografie; detaillierte bibliografische Daten sind im Internet über http://dnb.d-nb.de abrufbar.

Mathematics Subject Classification: 26-01, 58-01, 70-01

Einbandentwurf: WMXDesign GmbH, Heidelberg

Gedruckt auf säurefreiem Papier

Springer ist Teil der Fachverlagsgruppe Springer Science+Business Media
(www.springer.com)

Vorwort zur zweiten Auflage

Von Fehlern in dieser zweiten Auflage der *Mathematik 2* weiß ich natürlich nichts, denn alle mir bekannt gewordenen Druckfehler der ersten Auflage habe ich jetzt korrigiert. Ich hätte nun die Gelegenheit, auf Fehler in der 2004 erschienenen zweiten Auflage meiner *Mathematik 1* hinzuweisen, jedoch, gute Nachricht: es gibt keine. Glaube ich! Und so gehe ich bis auf weiteres von der angenehmen Vorstellung aus, beide Bände lägen nun in tadelloser Form vor.

Seit ein paar Jahren nehme ich am aktiven Universitätsleben nicht mehr teil, aber E-Mails beantworte ich noch in alter Frische, und als eremitischer Emeritus schaue ich so von ferne auf die neuen Zeiten an der Universität und denke mir meinen Teil. Es stünde mir nicht an, aus dem Lehnstuhl, hinter dem Kachelofen hervor unerbetene Ratschläge zu erteilen. Doch wünsche ich meinen Lesern einen Guten Rutsch ins Masterstudium! Wer möchte auch ein Bachelor bleiben, sein Leben lang.

Langquaid, im Oktober 2010 K. Jänich

Vorwort zur ersten Auflage

Die ersten beiden Kapitel 23 und 24 stellen im Rahmen dieses Kurses eigentlich den Abschluss des ersten Semesters dar. Das Kapitel 25 bringt die Taylorentwicklung, nicht nur in einer, sondern auch in mehreren Variablen. Die folgenden Kapitel 26-28 bilden den einen der beiden Schwerpunkte des Bandes, darin werden ausgehend vom Umkehrsatz die zentralen Techniken der Differentialrechnung in mehreren Variablen behandelt.

Der zweite Schwerpunkt ist die Vektoranalysis. Ursprünglich waren das zwei überlange Kapitel *Klassische Vektoranalysis* und *Cartan-Kalkül*, die ich nun zu besserer Übersicht in je drei Kapitelchen unterteilt habe. Der klassische Teil präsentiert die Vektoranalysis in der äußeren Form, in der sie in den Physikvorlesungen dann mit physikalischem Inhalt gefüllt wird. Aber erst durch den Cartan-Kalkül versteht man den *mathematischen* Sinn der Vektoranalysis. Die Vektoranalysis ist nämlich nicht nur ein Sammelsurium erstaunlicher Einzelformeln, sondern sie beruht einheitlich auf einer einfachen geometrischen Idee, die in der Definition der Cartan-Ableitung zum Ausdruck kommt. In der Ökonomie des Kurses hat der Cartan-Kalkül aber noch einen weiteren Zweck: er führt den Leser auf ein höheres Niveau mathematischer Raffinesse und ist eine der Brücken zu physikalisch relevanten Vorlesungen des mathematischen Hauptstudiums.

Die letzten drei Kapitel sind mathematischen Aspekten der theoretischen Mechanik gewidmet. Sie sind aber weniger als *Vorbereitung* auf die Vorlesung über theoretische Mechanik gedacht, denn ausreichend mathematisch vorbereitet darauf sind die Teilnehmer dieses Kurses auch ohnedies. Vielmehr sollen Leser, die mit der theoretischen Mechanik schon in Berührung gekommen sind, etwas über die mathematischen Begriffsbildungen hinter den Koordinatenformeln erfahren und lernen, ihr inzwischen entwickeltes *mathematisches* Anschauungsvermögen mit der spezifisch *physikalischen* Sichtweise der Mechanikvorlesung in Einklang zu bringen.

Was ein Autor im ersten Band über den noch nicht vorhandenen zweiten sagt, hat den Charakter eines Blickes in die Zukunft und kann als solcher nicht immer verlässlich sein. Sind doch schon angekündigte zweite Bände gänzlich ausgeblieben! Ich hatte ursprünglich vor, aus meiner zweistündigen Zusatzvorlesung manches in den zweiten Band mit aufzunehmen. Das ist nun nicht geschehen, vielleicht später einmal, aber versprechen sollte ich lieber nichts.

Besser lässt sich im zweiten Band über den ersten reden, zum Beispiel über dessen Druckfehler. Wer schon einmal ein druckfehlerfreies Buch herausgebracht hat, werfe den ersten Stein! Torsten Becker aus Saarbrücken hat den ersten Band gelesen und mir eine Druckfehlerliste geschickt, und Ulrich Riegel, der hier in Regensburg im vergangenen Semester die Vorlesung hielt, hat mir auch eine überreicht. Ich danke beiden Herren und gebe umseitig die mir jetzt bekannten Druckfehler und Versehen des ersten Bandes an, die beim Lesen stören könnten. Dass irgendwo *infintesimale* statt *infinitesimale* steht, führe ich also nicht mit auf.

Immerhin haben mich die beiden Listen bewogen, Margarita Kraus, die im Sommer die Vorlesung übernehmen wird, zu bitten, die Kapitel 23-34 einmal durchzusehen. Frau Kraus hat das auch getan und ich danke ihr für diese Arbeit, nehme aber natürlich alle etwa stehen gebliebenen Versehen auf mich, zumal ich in Fragen der neuen Rechtschreibung und Grammatik öfters an meiner Version festgehalten habe, sei es aus besserer Einsicht, aus Starrsinn oder aus Unverstand.

Wieder zu danken habe ich meinem Physiker-Kollegen Herrn Prof. Keller, der mit mir die drei Mechanik-Kapitel durchgegangen ist und mich auf manche klärungs- oder änderungsbedürftige Stelle aufmerksam gemacht hat. Herrn PD Dr. Thomas Pruschke, jetzt in Augsburg, danke ich für die Erlaubnis, auch jene R-Aufgaben mit aufzunehmen, die er im Sommer 2000 beigesteuert hat, als er mit mir hier in Regensburg die Übungen zur Mathematik II durchführte.

Schließlich teile ich mit, dass ich bei der Herstellung der Figuren das Programm MFPIC von Thomas E. Leathrum dankbar benutzt habe. Ich habe es von Herrn Riegel bekommen, der hier ausrichten lässt, es sei im Comprehensive TeX Archive Network (CTAN) im Verzeichnis graphics/mfpic/ zu finden.

Langquaid, den 24. Februar 2002 K. Jänich

Druckfehler im ersten Band, 1. Auflage 2001. Die Zeilenangabe "10-7" bedeutet "Seite 10, siebente Zeile von unten": 10-7: Statt "$\mathbb{R}_0^1$" setze "$\mathbb{R}_0^+$" (oder kurz: 10-7: $\mathbb{R}_0^1$ :: $\mathbb{R}_0^+$) / 10-5: $\mathbb{R}_0$ :: $\mathbb{R}_0^+$ / 13-2: $\mathbb{R} \to \mathbb{R}^+$ :: $\mathbb{R}^+ \to \mathbb{R}$ / 69, untere Figur: Lösung kann bei einer autonomen Gleichung so nicht aussehen. / 133-6: $[a_1, b_n]$ :: $[a_n, b_n]$ / 150+3: $i \neq j$ :: $i = j$ / 172+2: $\sum_{j=1}^n$ :: $\sum_{i=1}^n$ / 177+4,+8,+11: $\nu_1 \vec{w}_t$ :: $\nu_t \vec{w}_t$ / 196-1: $\text{grad}_{\vec{x}}$ :: $\text{grad}_{\vec{x}} f$ / 228+8,+11: A_{ij} :: $\det A_{ij}$ / 228+11,+12: A_{ji} :: $\det A_{ji}$ / 258+5: $\mathbb{R}^2$ :: $\mathbb{R}$ / 280-4: $\pi + t_0$ :: $\pi - t_0$ / 285-15: $f(t_0+h)$ :: $f(t_0 \pm h)$ / 287, rechte Figur: $\pi, -\pi$ :: $-\pi, \pi$ / 309-11: $B \subset \mathbb{R}^n$ :: $B \subset \mathbb{R} \times \mathbb{R}^n$ / 354+5: $\vec{f}(A) - \vec{f}(B)$ :: $\vec{f}(B) - \vec{f}(A)$ / 382+4: $d\varphi d\theta$ :: $\sin\theta d\varphi d\theta$ / 398-7: $ab + ac$ :: $ac + bc$ / 409-4: U_0 :: V_0 / 416-12: $\widetilde{d}(x, x_0)$ :: $\widetilde{d}(f(x), f(x_0))$ / 476+9: Eigenwerte :: Eigenvektoren /

Inhaltsverzeichnis

26. Das lokale Verhalten nichtlinearer Abbildungen an regulären Stellen

27. Die k-dimensionalen Flächen im $\mathbb{R}^n$

28. Analysis unter Nebenbedingungen

29. Klassische Vektoranalysis I: Gradient, Rotation und Divergenz

30. Klassische Vektoranalysis II: Integration auf Flächen

31. Klassische Vektoranalysis III: Berandete Flächen und Integralsätze

32. Der Cartan-Kalkül I: Integration von Differentialformen

33. Cartan-Kalkül II: Cartan-Ableitung und Satz von Stokes

34. Cartan-Kalkül III: Übersetzung in die Vektoranalysis

23 Mathematische Grundlagen der Analysis

23.1 Die Axiome der reellen Zahlen

Jetzt erzähle ich Ihnen, wie wir die *Mathematikstudenten* in die Analysis einführen. Wie Sie bemerken konnten, habe ich in den ersten Kapiteln des ersten Bandes ab und zu einen Joker aus dem Ärmel gezogen, indem ich unterstellt habe, Sie kennten dies oder jenes "aus der Schule", obwohl das vielleicht eher eine Fiktion war, wenn es auch prinzipiell hätte wahr sein können, ja sogar hätte wahr sein *sollen*.

Ganz anders machen wir es mit den Mathematikstudenten. "Sie wissen etwas aus der Schule? Ver-géssen Sie es!", sagen wir, sinngemäß. Alles was Sie kennen sollen, sind die natürlichen Zahlen $1, 2, 3, \ldots$ usw. Wir erklären die Notationen des Umgangs mit Mengen, wie Durchschnitt und Vereinigung, Abbildung, Produktmenge, Relation, und dann geht's los:

Satz (Axiome für die reellen Zahlen): *Es gibt ein Paar* $(\mathbb{R}, <)$, *bestehend aus einem Körper* $(\mathbb{R}, +, \cdot)$, *im Folgenden der* ***Körper der reellen Zahlen*** *genannt, und einer Relation* $<$ *auf* $\mathbb{R}$, *im Folgenden die Relation "kleiner" genannt, so dass die Bedingungen* (1)-(6) *erfüllt sind:*

(1) VERGLEICHBARKEIT: *Sind* $x, y \in \mathbb{R}$, *so gilt genau eine der Aussagen* $x < y$, $x = y$ *oder* $y < x$.

K. Jänich, *Mathematik 2*, Springer-Lehrbuch, 2nd ed.,
DOI 10.1007/978-3-642-16150-6_1, © Springer-Verlag Berlin Heidelberg 2011

(2) TRANSITIVITÄT: *Gilt $x < y$ und $y < z$, so auch $x < z$.*

(3) TRANSLATIONSINVARIANZ DER ANORDNUNG: *Aus $x < y$ folgt $x + a < y + a$ für jedes $a \in \mathbb{R}$.*

(4) STRECKUNGSINVARIANZ DER ANORDNUNG: *Aus $x < y$ und $0 < a$ folgt $xa < ya$.*

(5) ARCHIMEDISCHES AXIOM: *Gilt $0 < x$ und $0 < \varepsilon$, so kann man $x < \varepsilon + \cdots + \varepsilon$ erreichen, wenn man nur genügend viele Summanden nimmt.*

(6) VOLLSTÄNDIGKEITSAXIOM: *Ist $M \subset \mathbb{R}$ eine nichtleere nach oben beschränkte Menge, d.h. ist $M \neq \emptyset$ und gibt es eine* ***obere Schranke*** *für M, also ein $c \in \mathbb{R}$, so dass für jedes $x \in M$ entweder $x < c$ oder $x = c$ (kurz $x \leqslant c$) gilt, so hat M auch eine kleinste obere Schranke, im Folgenden das* ***Supremum*** $\sup M \in \mathbb{R}$ *genannt.*[1] □

Auch diesen Satz formulieren wir nur sinngemäß so, da die Studenten ja noch nicht wissen, was ein Körper ist, wir sagen also in Wirklichkeit " ... *ein Quadrupel* $(\mathbb{R}, +, \cdot, <)$, *wobei* ... " und führen die Körperaxiome mit auf, so dass wir insgesamt nicht sechs, sondern Stücker fünfzehn Bedingungen in dem Satz stehen haben.

Ganz früher wurde der Beweis dieses Satzes nun auch in der Vorlesung vorgetragen, ich habe es in den 70er Jahren noch selbst so gemacht. Der heutige Zeitdruck lässt das nicht mehr zu, ich seh's ja ein, aber es ist auch schade, denn dabei würden wichtige Techniken des *Erschaffens* neuer mathematischer Objekte auf ganz elementarem Niveau geübt.[2]

Rohmaterial des Beweises sind nur die natürlichen Zahlen und die durch den Sinn der natürlichen Zahlen 'natürlich' gegebene Addition, Multiplikation und Kleinerrelation. Sie können freilich auch *diese* Ausgangsdaten immer weiter hinterfragen, bis Sie an Ihrer eigenen Existenz zweifeln. Ich will dagegen gar nichts sagen, als dass es aus dem Bereich der Mathematik hinausführt. Sie können auch Ihre mentalen Operationen beim Umgang mit natürlichen Zahlen genau zu beobachten suchen mit dem Ziel, sie zu formalisieren und auf wenige Einzeloperationen zu reduzieren. Das führt auf das Gebiet der Logik, nicht gerade aus der Mathematik hinaus, aber doch von einer Einführung in die Analysis weg.

Der Satz mit den "Axiomen der reellen Zahlen" wird den Mathematikstudenten jedenfalls zu Studienbeginn mitgeteilt, aus Zeitmangel meist ohne Beweis, und alle weiteren Aussagen über die reellen Zahlen gelten fortan nur dann als bewiesen, wenn sie sich logisch lückenlos auf die Axiome zurückführen lassen.[3] Wie sieht das praktisch aus?

Es folgt eine Woche, in der in Vorlesung und Übungen eigentlich weiter nichts getan wird, als Rechenregeln und Aussagen über reelle Zahlen aus den Axiomen herzuleiten, von denen Sie bisher geglaubt hatten, dass sie Ihnen seit Jahren schon geläufig seien:

> Dann lehret man euch manchen Tag,/ Daß, was ihr sonst auf einen Schlag/ Getrieben, wie Essen und Trinken frey,/ Eins! Zwey! Drey! dazu nöthig sey. [...]/ Der Philosoph, der tritt herein/ Und beweis't euch, es müßt' so seyn:/ Das Erst' wär' so, das Zweyte so,/ Und drum das Dritt' und Vierte so;/ Und wenn das Erst' und Zweyt' nicht wär',/ Das Dritt' und Viert' wär' nimmermehr.

Nach den ersten Lemmas und Notationen über das Rechnen im Körper, wie Eindeutigkeit und Bezeichnung der neutralen und inversen Elemente, wird zum Beispiel die Schreibweise $\frac{x}{y} := y^{-1}x$ für $y \neq 0$ eingeführt und es erscheint das

Lemma: *Für alle $a, b, c, d \in \mathbb{R}$ mit $b \neq 0$, $d \neq 0$ gilt*

$$\frac{a}{b} + \frac{c}{d} = \frac{ad + bc}{bd} .$$

Beweis: ... □

Etwa zwanzig dieser Art! Für diejenigen Studenten, die nicht recht mitbekommen haben, worum es dabei eigentlich geht — bedenken Sie, wir sind in der zweiten Woche des ersten Semesters — ist das eine wahre Leidenszeit. Da wird

$$|x| \quad := \quad \begin{cases} x & \text{für} \quad 0 < x \\ 0 & \text{für} \quad x = 0 \\ -x & \text{für} \quad x < 0 \end{cases}$$

definiert, und man soll nun zu Hause $|x| \geqslant 0$, $|xy| = |x||y|$ und $\left|\frac{1}{x}\right| = \frac{1}{|x|}$ *beweisen*! Das war doch bisher immer so, weshalb soll ich das auf einmal beweisen? Und vor allem: wie? Wenn Schlüsse, die in der Schule immer gegolten haben, hier verboten sind?

Damit nicht genug. Die natürlichen Zahlen mit ihren natürlichen Strukturen, $(\mathbb{N}, +, \cdot, <)$, sind ja auch noch da. Schreiben wir für die reellen Zahlen aus dem Satz zur Unterscheidung einmal $(\mathbb{R}, +_{\mathbb{R}}, \cdot_{\mathbb{R}}, <_{\mathbb{R}})$ und $1_{\mathbb{R}}$ für die Körpereins. Von $\mathbb{N} \subset \mathbb{R}$ ist in den Axiomen nicht die Rede. Durch

$$\begin{array}{rcl} \mathbb{N} & \longrightarrow & \mathbb{R} \\ n & \longmapsto & \underbrace{1_{\mathbb{R}} +_{\mathbb{R}} \cdots +_{\mathbb{R}} 1_{\mathbb{R}}}_{n \text{ Summanden}} =: n_{\mathbb{R}} \end{array}$$

ist aber eine Injektion (Beweis?!) gegeben, und es wird bewiesen (Lemma), dass diese Abbildung mit den Verknüpfungen und der Kleinerrelation verträglich ist. Das ermöglicht die Vereinbarung, die jetzt auch getroffen wird, $\mathbb{N} \subset \mathbb{R}$ vermöge der Zuordnung $n \mapsto n_{\mathbb{R}}$ als Teilmenge aufzufassen und den Notationsunterschied $+$ und $+_{\mathbb{R}}$ wieder fallen zu lassen: es ist bewiesenermaßen dasselbe, ob man mit den "reellen natürlichen Zahlen" $n = n_{\mathbb{R}} \in \mathbb{R}$ natürlich oder axiomatisch rechnet. Ausgehend von dem so verstandenen $\mathbb{N} \subset \mathbb{R}$ werden nun auch

$$\begin{aligned} &\mathbb{Z} := \{p \in \mathbb{R} \mid p \in \mathbb{N} \text{ oder } p = 0 \text{ oder } -p \in \mathbb{N}\} \quad \text{und} \\ &\mathbb{Q} := \{\tfrac{p}{q} \in \mathbb{R} \mid p, q \in \mathbb{Z},\ q \neq 0\} \end{aligned}$$

definiert. — So viel Aufwand, nur um natürliche, ganze und rationale Zahlen als reelle auffassen zu dürfen? — Ja, ja. Und auch andere wohlvertraute 'Tatsachen' über die Lage von $\mathbb{Z} \subset \mathbb{Q} \subset \mathbb{R}$ werden jetzt beweisbedürftige Lemmas, insbesondere:

Lemma: a) *Zu jedem $\varepsilon > 0$ gibt es ein $n \in \mathbb{N}$ mit $\frac{1}{n} < \varepsilon$*, und b) *Zwischen je zwei reellen Zahlen $x < y$ lässt sich immer eine rationale finden, $x < \frac{p}{q} < y$.* □

Das folgt mit Hilfe des archimedischen Axioms. Beachten Sie, dass die Studenten dabei nicht etwa die Dezimaldarstellung der reellen Zahlen benutzen dürfen: davon steht nichts in den Axiomen, sie muss bewiesen — und davor überhaupt erst einmal formuliert werden, das kommt später dran.

Alles Dinge, die Sie "wie Essen und Trinken frey" sowieso betreiben würden, ohne viel danach zu fragen, ob das auch gestattet sei, und ich führe Sie ja auch gleichsam nur wie Ehrengäste bei einer Anstaltsbesichtigung herum. Weshalb müssen wir aber darauf bestehen, dass unsere Mathematikstudenten diesen Drill absolvieren? Weil sie von Anfang an sehen müssen, dass in der Mathematik alles lückenlos beweisbar ist und der einzelne Mathematiker über alles was er behauptet, restlose Rechenschaft muss geben können. Das betrifft nicht nur die ersten Schritte, sondern das ganze Studium, ja die ganze Wissenschaft.

Die *Physik* würde mit solchen rigorosen Maximen nicht weit kommen, die Wirklichkeit lässt sich nicht einem lückenlosen Diktat der Logik unterwerfen, sondern behält sich vor, absurd zu sein. Im Kampf mit einem so unfairen Gegenspieler ist jedes Mittel recht, da darf man nicht vor lauter mathematischen Skrupeln zu zimperlich zum Zupacken sein. Einerseits.

Andererseits schickt Sie Ihre Fakultät nicht nur deshalb in unsere Vorlesungen, damit Sie hier ein paar Handgriffe erklärt bekommen, wie man dieses Integral ausrechnet und jene Differentialgleichung löst. Vielmehr sollen Sie auch den Geist der Mathematik begreifen, und sei es auch nur, um später ein Urteil darüber zu haben, was da allenfalls zu holen sein könnte und was nicht.

Steigen Sie deshalb jetzt mit ein in die Grundlegung der Analysis. Im ersten Band habe ich immer dann, wenn im Beweis das Vollständigkeitsaxiom heranzuziehen gewesen wäre, auf das Kapitel 23 im zweiten Band verwiesen, zum Beispiel beim Mittelwertsatz, bei der Definition des Riemann-Integrals, bei der Kompaktheit des kompakten Intervalls und deshalb beim Satz von Heine-Borel, implizit auch bei manchen der als "aus der Schule bekannt" angenommenen Tatsachen. Im Abschnitt 23.3 machen wir damit reinen Tisch. Sie sind dann auch vorbereitet auf die Theorie der Funktionenfolgen und -reihen, denen das nächste Kapitel gewidmet ist.

23.2 Die Konvergenz von Folgen

Dieser vorbereitende Abschnitt handelt von der formalen Seite des Umgangs mit Folgen, das Vollständigkeitsaxiom spielt dabei noch keine Rolle. Zunächst erinnere ich an die

Definition: Eine Folge $\mathbb{N} \to \mathbb{R}$, $n \mapsto a_n$ reeller Zahlen ***konvergiert gegen*** ein $a \in \mathbb{R}$, symbolisch

$$\lim_{n\to\infty} a_n = a\,,$$

wenn es zu jedem $\varepsilon > 0$ möglich ist ein $n_0 \in \mathbb{N}$ zu finden, so dass $|a_n - a| < \varepsilon$ für alle $n \geqslant n_0$ gilt. □

Man nennt dann a den ***Limes*** oder ***Grenzwert*** der Folge, und diese bestimmte Sprechweise (*der* Grenzwert statt vorsichtiger *ein* Grenzwert) ist auch berechtigt, denn wie bei Folgen in beliebigen metrischen, ja sogar in bloßen Hausdorffräumen (siehe Aufgabe T19.3) kann eine reelle Folge offenbar höchstens einen Grenzwert haben. Wenn eine reelle Folge gegen Null konvergiert, nennt man sie eine ***Nullfolge***.

Ich weiß nicht, ob Sie es noch nachempfinden können, aber (wirkliche) Anfänger haben mit dem Konvergenzbegriff oft einige Schwierigkeiten, weil sie dabei zweimal eine unendliche Menge von Zahlen ins Auge fassen müssen: "Für jedes $\varepsilon > 0$" — das sind ja unendlich viele, die da in Frage kommen, und sodann "für alle $n \geqslant n_0$". Sie können sich selbst testen, indem Sie einmal hinzuschreiben versuchen, was es eigentlich bedeutet, dass eine gegebene Folge $(a_n)_{n\geqslant 1}$ *nicht* konvergiert, also ***divergiert***, wie man sagt.

Das heißt also: für jedes $a \in \mathbb{R}$ (das sind noch ein drittes Mal unendlich viele!) ist die Konvergenzbedingung $\lim_{n\to\infty} a_n = a$ verletzt, gibt es unter den sämtlichen $\varepsilon > 0$ also jeweils mindestens ein schwarzes Schaf, d.h. ein $\varepsilon_0 > 0$, für das es unmöglich ist, ein n_0 mit der verlangten Eigenschaft zu finden, was wiederum bedeutet, dass es für jedes n_0 einen Ausreißer $n_1 \geqslant n_0$ gibt, wegen dessen Fehltritt $|a_{n_1} - a| \geqslant \varepsilon_0$ das n_0 disqualifiziert werden muss.

Im Einzelnen ist das ja alles ganz gewöhnliche Alltagslogik, nichts Geheimnisvolles, es ist nur die schiere *Komplexität* der Aussage, die sie unübersichtlich macht. In solchen Situationen kann die

Quantorenschreibweise eine große Hilfe sein, weshalb ich sie Ihnen jetzt erkläre.

Man verwendet zur Formulierung komplizierter Aussagen zwei logische Symbole, den ***Allquantor*** $\forall$ und den ***Existenzquantor*** $\exists$, die unten und rechts noch beschriftet werden müssen und dann so zu lesen sind:

$\underset{①}{\forall}$ ②	ist zu lesen als:	Jedes ① erfüllt ②
$\underset{①}{\exists}$ ②	ist zu lesen als:	Es gibt ein ①, welches ② erfüllt

Als "②" ist hier alles, was rechts von dem Quantor steht zusammengefasst, bis zum Ende der gesamten Formel, wenn nicht gesetzte Klammern etwas anderes andeuten. Da unter dem Symbol manchmal nicht genügend viel Platz ist, schreiben manche Anwender auch

$\forall$① : ② bzw. $\exists$① : ②,

aber dabei muss man höllisch auf den Doppelpunkt aufpassen, das will ich lieber nicht machen.

Die Konvergenzbedingung hieße so geschrieben also:

$$\lim_{n\to\infty} a_n = a \iff \underset{\varepsilon>0}{\forall} \ \underset{n_0\in\mathbb{N}}{\exists} \ \underset{n\geqslant n_0}{\forall} |a - a_n| < \varepsilon \, .$$

Beim Lesen des ersten Quantors ist "$\varepsilon > 0$" die Beschriftung ①, und "$\underset{n_0\in\mathbb{N}}{\exists} \ \underset{n\geqslant n_0}{\forall} |a - a_n| < \varepsilon$" ist ②.

Vielleicht haben Sie das Gefühl, damit sei wenig gewonnen, weil nur eine verwickelte verbale Aussage in eine verwickelte Formel verwandelt wurde. Der Vorteil zeigt sich aber, wenn man eine komplizierte Aussage, etwa im Zuge eines indirekten Beweises, verneinen will. Für das Verneinen oder Negieren gibt es auch ein Zeichen:

Notation: Ist $\mathcal{A}$ eine Aussage, so ist $\neg\,\mathcal{A}$ als "nicht $\mathcal{A}$" oder "$\mathcal{A}$ gilt nicht" zu lesen. □

Offenbar ist aber

$$\neg \underset{①}{\forall} ② \iff \underset{①}{\exists} \neg ②$$

und analog

$$\neg \underset{①}{\exists} ② \iff \underset{①}{\forall} \neg ②,$$

Sie brauchen das nur laut zu lesen, dann hören Sie, dass es Tautologien sind. Daraus folgt aber, dass das Negationszeichen $\neg$, wenn es durch eine ganze Serie von Quantoren hindurchrauscht, einfach jeden Allquantor in einen Existenzquantor verwandelt und umgekehrt, zum Beispiel:

$$\begin{aligned} & \neg \underset{\varepsilon>0}{\forall} \ \underset{n_0\in\mathbb{N}}{\exists} \ \underset{n\geqslant n_0}{\forall} \ |a-a_n| < \varepsilon \\ \iff & \underset{\varepsilon>0}{\exists} \ \underset{n_0\in\mathbb{N}}{\forall} \ \underset{n\geqslant n_0}{\exists} \ |a-a_n| \geqslant \varepsilon \,, \end{aligned}$$

denn $\neg\,|a-a_n| < \varepsilon$ bedeutet natürlich $|a-a_n| \geqslant \varepsilon$.

Es ist eine verbreitete Unsitte, die Symbole $\exists$ und $\forall$ auch oder womöglich *nur* als stenografische Kürzel für die Ausdrücke 'es gibt' und 'für alle' zu verwenden und sich dabei aller Freiheiten der Satzstellung zu bedienen, welche die Grammatik (hoffentlich) zulässt. Der Automatismus der Negation ist dann natürlich weg.

Für eine suggestive *verbale* Beschreibung des Verhaltens von Folgen ist das Wort "schließlich" oft nützlich, verstanden in dem folgenden genauen technischen Sinne:

Sprechweise: Wir sagen, eine gegebene Forderung $\mathcal{F}$ werde von $(a_n)_{n\geqslant 1}$ ***schließlich*** erfüllt, wenn es ein n_0 gibt, so dass $(a_n)_{n\geqslant n_0}$ die Forderung $\mathcal{F}$ erfüllt. □

Eine Folge $(x_n)_{n\geqslant 1}$ in einem metrischen Raum (X,d) zum Beispiel konvergiert definitionsgemäß genau dann gegen $x \in X$, wenn es zu jedem $\varepsilon > 0$ ein n_0 gibt, so dass der Abstand $d(x_n,x)$ für alle $n \geqslant n_0$ kleiner als ε ist. Dafür können wir kurz und anschaulich und trotzdem präzise sagen: *Die Folge konvergiert genau dann gegen x, wenn sie in jeder ε-Kugel um x schließlich bleibt.* Etwas zu viel verlangt wäre es freilich, wenn die Folge schließlich in jeder ε-Kugel um x bleiben sollte, denn das erfüllen natürlich nur jene Folgen, die schließlich konstant x sind.

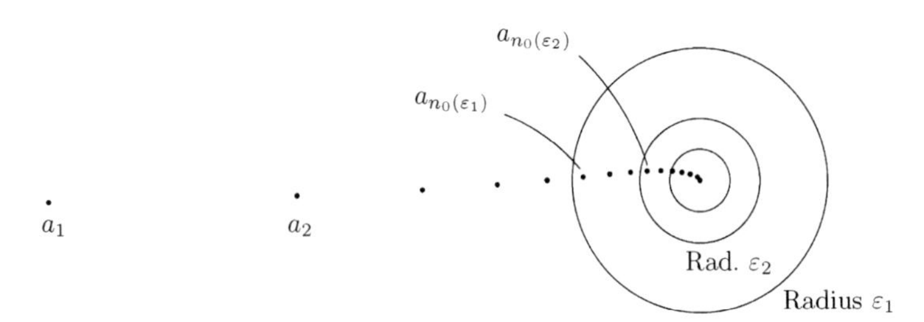

"In jeder Kugel schließlich" bedeutet nicht dasselbe wie "schließlich in jeder Kugel"

Analog für Aussagen über mehrere Folgen zugleich. Dass zum Beispiel zwei Folgen $(a_n)_{n\geqslant 1}$ und $(b_n)_{n\geqslant 1}$ schließlich übereinstimmen, soll natürlich die Existenz eines n_0 mit $a_n = b_n$ für alle $n \geqslant n_0$ bedeuten. Solche Folgen haben dann offensichtlich dasselbe Limesverhalten, das heißt entweder sie konvergieren beide nicht oder sie haben denselben Grenzwert.

Mit der praktischen Berechnung von Grenzwerten von Folgen ist es wie beim Differenzieren von Funktionen. So wie man hier 'Grundbeispiele' und 'Ableitungsregeln' hat, gibt es auch für den Folgenlimes Grundbeispiele und Limesregeln. Beim Anwenden der Limesregeln braucht man dann gar kein ε mehr zur Hand zu nehmen und kein n_0 mehr zu suchen, das ist ja der Sinn der Sache. Startkapital sind drei einfache Beispiele:

Lemma 1 (Fundamentale Beispiele):

(1) *Ist* $a_1 = a_2 = \cdots =: c$, *so auch* $\lim\limits_{n\to\infty} a_n = c$.

(2) *Die Folge* $\left(\frac{1}{n}\right)_{n\geqslant 1}$ *ist eine Nullfolge.*

(3) *Ist* $|x| < 1$, *so ist* $(x^n)_{n\geqslant 1}$ *eine Nullfolge.*

Beweis: (1) ist klar, weil für die konstante Folge sowieso $|c - a_n| = 0$ für alle n gilt. Zu (2): Zu gegebenem $\varepsilon > 0$ wähle n_0 so, dass $1 < n_0\varepsilon$ ist, das ist nach dem archimedischen Axiom möglich. Dann ist auch $\left|\frac{1}{n}\right| < \varepsilon$ für alle $n \geqslant n_0$. Zu (3): Für $x = 0$ ist nichts zu beweisen, und für $x \neq 0$ gilt jedenfalls

$$\frac{1}{|x|} =: 1 + a$$

mit einem $a > 0$ wegen $|x| < 1$ und daher jedenfalls[4]

$$1 + na \leqslant (1 + a)^n$$

für alle $n \in \mathbb{N}$, erst recht also $|x^n| < \frac{1}{na}$. Wenn wir zu gegebenem $\varepsilon > 0$ also nur n_0 so groß wählen, dass

$$\frac{1}{a} < n_0\varepsilon$$

ist, dann gilt

$$|x^n| < \frac{1}{na} \leqslant \frac{1}{n_0 a} < \varepsilon$$

für alle $n \geqslant n_0$, also ist $(x^n)_{n \geqslant 1}$ eine Nullfolge. □

Das sind sie schon, die Grundbeispiele. Nun zu den Limesregeln für Folgen:

Lemma 2 (Limesregeln für reelle Folgen): *Gilt* $\lim\limits_{n \to \infty} a_n = a$ *und* $\lim\limits_{n \to \infty} b_n = b$*, so gilt auch*

(1) $\lim\limits_{n \to \infty} (a_n + b_n) = a + b$.

(2) $\lim\limits_{n \to \infty} (a_n b_n) = ab$.

(3) *Falls* $b \neq 0$ *und* $b_n \neq 0$ *für alle* n*, dann* $\lim\limits_{n \to \infty} \dfrac{a_n}{b_n} = \dfrac{a}{b}$.

(4) *Falls* $a_n \leqslant b_n$ *für alle* n*, dann auch* $a \leqslant b$. □

Die Beweise von (1)-(3) fangen natürlich mit "Sei $\varepsilon > 0$", der von (4) mit "Angenommen, es wäre $b < a$" an, und alle sind trivial. □

Mit diesen Beispielen und Regeln kommt man schon ganz schön weit im 'Limesrechnen ohne Epsilon'. Zur Ergänzung könnte man etwa noch mitnehmen:

Lemma 3: *Ist $(a_n)_{n\geqslant 1}$ eine beschränkte Folge, d.h. gibt es ein C mit $|a_n| \leqslant C$ für alle n, und ist $(b_n)_{n\geqslant 1}$ eine Nullfolge, so ist auch $(a_n b_n)_{n\geqslant 1}$ eine Nullfolge.* □

Klar, aber kein Spezialfall von Lemma 2(2), weil dort ja Konvergenz beider Folgen angenommen war. — Schließlich sei an den Begriff der Teilfolge erinnert (vergl. Aufgabe T19.5): Ist $(a_n)_{n\geqslant 1}$ eine Folge und $(n_k)_{k\geqslant 1}$ eine streng monoton steigende Folge $n_1 < n_2 < \ldots$ in $\mathbb{N}$, so heißt $(a_{n_k})_{k\geqslant 1}$ eine ***Teilfolge*** von $(a_n)_{n\geqslant 1}$. Konvergiert eine Folge gegen a, dann konvergiert natürlich auch jede Teilfolge davon gegen a, eine banale aber nützliche Bemerkung.

23.3 Die Anwendung des Vollständigkeitsaxioms

Im vorigen Abschnitt haben wir das Vollständigkeitsaxiom noch nicht herangezogen, nur das Archimedische, um ein paar Nullfolgen zu erzielen, aber die anderen Konvergenzaussagen beruhten darauf, dass wir schon gewisse Konvergenz*voraussetzungen* gemacht hatten. Das wäre für $\mathbb{Q}$ statt $\mathbb{R}$ auch alles gegangen. Jetzt fangen wir an, das Vollständigkeitsaxiom auszunutzen.

Lemma 1: *Jede monoton wachsende beschränkte Folge konvergiert.*

BEWEIS: Sei also $a_1 \leqslant a_2 \leqslant \cdots \leqslant C$. Es bezeichne a das Supremum der Bildmenge der Folge, $a := \sup\{a_n \mid n \in \mathbb{N}\}$.

Anschauung sagt: a muss der Grenzwert sein.

Behauptung: $\lim_{n\to\infty} a_n = a$. Beweis: Sei $\varepsilon > 0$. Dann ist $a-\varepsilon$ keine obere Schranke, weil a bereits die kleinste ist. Also gibt es ein n_0 mit

$a - \varepsilon < a_{n_0}$, und wegen der Monotonie ist dann $a - \varepsilon < a_{n_0} \leqslant a_n \leqslant a$ für alle $n \geqslant n_0$, insbesondere $|a - a_n| < \varepsilon$ für alle diese n. □

Natürlich konvergiert auch jede monoton *fallende* beschränkte Folge $b_1 \geqslant b_2 \geqslant \dots$, weil ja $-b_1 \leqslant -b_2 \leqslant \dots$ nach dem Lemma konvergiert. Der Limes b von $(b_n)_{n \geqslant 1}$ ist dann die größte untere Schranke der Bildmenge $\{b_n \mid n \in \mathbb{N}\}$, deren so genanntes *Infimum*, das Gegenstück zum Supremum:

Notiz und Definition: Ist $M \subset \mathbb{R}$ eine nach unten beschränkte nichtleere Teilmenge, d.h. gibt es eine ***untere Schranke*** $c \in \mathbb{R}$, also eine Zahl mit $c \leqslant x$ für alle $x \in M$, so hat M auch eine größte untere Schranke, nämlich $\inf M := -\sup\{-x \mid x \in M\}$. Man nennt $\inf M$ das ***Infimum*** von M. □

Supremum und Infimum der Bildmenge $\{a_n \mid n \in \mathbb{N}\}$ einer beschränkten (nicht notwendig monotonen) Folge haben eine einfache anschauliche Bedeutung: sie begrenzen das kleinste abgeschlossene Intervall K, das alle Folgenpunkte enthält.

$K := [\inf\{a_n \mid n \geqslant 1\}, \sup\{a_n \mid n \geqslant 1\}]$
ist der kleinste 'Käfig' für die Folge.

Wenn die Folge zufällig konstant c ist, dann ist K natürlich kein Intervall mehr, sondern entartet zu der einpunktigen Menge $K = \{c\}$, klar.

Über das Verhalten der Folge für $n \to \infty$ gibt der kleinste Käfig wenig Aufschluss. Es bezeichne nun aber K_n den kleinsten Käfig für die erst mit dem n-ten Glied beginnende Folge $a_n, a_{n+1}, a_{n+2}, \dots$, also das Intervall $K_n := [\,\inf\{a_k \mid k \geqslant n\}, \sup\{a_k \mid k \geqslant n\}\,]$. Wie entwickelt sich die Folge $K =: K_1 \supset K_2 \supset K_3 \supset \dots$ dieser Intervalle? Da die linken Intervall-Enden eine monoton wachsende, die rechten eine monoton fallende Folge bilden, konvergieren sie jedenfalls, und diese wichtigen Grenzwerte haben eigene Namen, man nennt sie den unteren bzw. oberen Grenzwert der Folge $(a_n)_{n\geqslant 1}$, oder auf Lateinisch:

Definition: Es sei $(a_n)_{n\geqslant 1}$ eine beschränkte Folge. Dann nennt man

$$\begin{aligned} \liminf_{n\to\infty} a_n &:= \lim_{n\to\infty} \inf\{a_k \mid k \geqslant n\} \quad \text{und} \\ \limsup_{n\to\infty} a_n &:= \lim_{n\to\infty} \sup\{a_k \mid k \geqslant n\} \end{aligned}$$

den ***Limes inferior*** bzw. den ***Limes superior*** der Folge $(a_n)_{n\geqslant 1}$. □

Das von diesen beiden Limites begrenzte (eventuell zum Punkt entartete) abgeschlossene Intervall könnte man recht gut mit K_∞ bezeichnen, es ist nämlich offenbar der Durchschnitt der Folge der Käfige:

$$K_\infty = \bigcap_{n=1}^{\infty} K_n$$

und intuitiv gesprochen so etwas wie der Mindestspielraum, den die Folge braucht auch wenn man noch so viele Anfangsterme weglässt. Anschaulich und genau zugleich: das kleinste (eventuell entartete) abgeschlossene Intervall mit der Eigenschaft, dass in jeder ε-Umgebung davon die Folge schließlich bleibt.

Auch eine nur nach oben beschränkte, nach unten aber unbeschränkte Folge kann einen Limes superior haben, genauso definiert als Limes der Folge der Suprema der Restfolgen, Beispiel

$$a_n := ((-1)^n - 1)n,$$

braucht aber nicht, Beispiel $a_n = -n$. Analog für den Limes inferior.

Für konvergente Folgen hätte man diese Begriffe gar nicht einzuführen brauchen, denn das sind genau jene beschränkten Folgen, bei denen oberer und unterer Limes übereinstimmen und gleich dem gewöhnlichen Limes sind. Für divergente Folgen aber messen sie einen wichtigen quantitativen Aspekt der Nichtkonvergenz.

Definition: Eine Folge $(a_n)_{n\geqslant 1}$ in $\mathbb{R}$ heißt eine ***Cauchyfolge***, wenn sie für jedes $\varepsilon > 0$ schließlich um nicht mehr als ε schwankt, d.h. wenn

$$\underset{\varepsilon>0}{\forall} \quad \underset{n_0\in\mathbb{N}}{\exists} \quad \underset{n,m>n_0}{\forall} \quad |a_n - a_m| < \varepsilon$$

gilt. □

Offenbar ist jede konvergente Folge eine Cauchyfolge, denn wenn $|a - a_n| < \frac{\varepsilon}{2}$ für alle $n \geqslant n_0$ gilt, so auch

$$|a_n - a_m| \leqslant |a_n - a| + |a - a_m| < \varepsilon$$

für alle $n, m \geqslant n_0$. Aber umgekehrt?

Lemma 2: *In $\mathbb{R}$ konvergiert jede Cauchyfolge.*[5]

Beweis: Sei also $(a_n)_{n\geqslant 1}$ eine Cauchyfolge. Da sie nach endlich vielen Schritten nur noch wenig schwankt, ist sie jedenfalls beschränkt und hat daher einen Limes superior, nennen wir ihn a. Sei nun $\varepsilon > 0$ und sei n_0 so gewählt, dass die Folge ab dem Index n_0 um nicht mehr als $\frac{\varepsilon}{2}$ schwankt. Dann ist

$$\sup\{a_k \mid k \geqslant n\} \in [a_{n_0} - \frac{\varepsilon}{2}, a_{n_0} + \frac{\varepsilon}{2}]$$

für jedes $n \geqslant n_0$ und daher auch der Limes dieser Folge von Suprema in diesem Intervall, und das ist der Limes superior, den wir a genannt hatten. Also ist $|a - a_n| < \varepsilon$ für alle $n \geqslant n_0$.

□

Lemma 3 (Satz von Bolzano-Weierstraß): *Jede beschränkte Folge hat eine konvergente Teilfolge.*

Beweis: Sei also $|a_n| \leqslant C$ für alle $n \geqslant 1$. Konstruiere sukzessive abgeschlossene Intervalle

$$[-C, C] =: I_1 \supset I_2 \supset I_3 \supset \ldots$$

durch Halbierung und Auswahl einer Hälfte nach dem Gesichtspunkt, dass es für jedes n unendlich viele k mit $a_k \in I_n$ geben soll.

Das ist möglich, denn wenn das Hotel I_n für unendlich viele k die a_k beherbergt, so müssen auch in mindestens einer seiner beiden Hälften die a_k für unendlich viele k wohnen, wo sollten die vielen Gäste sonst geblieben sein. So eine Hälfte wählen wir dann als I_{n+1}.

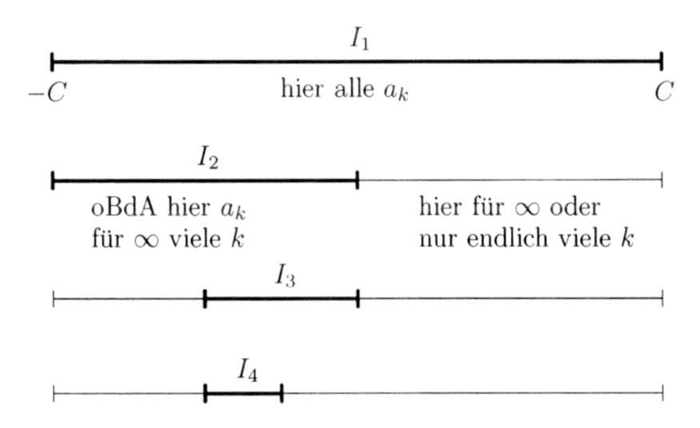

Fortgesetzte Intervallhalbierung nach Bolzano-Weierstraß

Wähle nun $n_1 < n_2 < \ldots$ so, dass jeweils $a_{n_k} \in I_k$. Dann ist offenbar $(a_{n_k})_{k\geqslant 1}$ eine Cauchyfolge und konvergiert deshalb. □

Nun können wir auch die Lücke schließen, die im ersten Band Abschnitt 19.4 beim Beweis des Satzes von Heine-Borel geblieben war, indem wir jetzt, wie dort versprochen, beweisen:

Satz: *Die so genannten kompakten Intervalle $[a, b]$ sind wirklich kompakt.*

Beweis: Sei $\{\Omega_\lambda\}_{\lambda\in\Lambda}$ eine Familie offener Teilmengen von $\mathbb{R}$ mit $[a, b] \subset \cup_{\lambda\in\Lambda}\Omega_\lambda$. Wir haben zu zeigen, dass es $\lambda_1, \ldots, \lambda_r$ gibt, für die bereits $[a, b] \subset \Omega_{\lambda_1} \cup \cdots \cup \Omega_{\lambda_r}$ gilt. — Unter einer ***Lebesgue-Zahl*** für die Überdeckung $\{\Omega_\lambda\}_{\lambda\in\Lambda}$ von $[a, b]$ versteht man ein $\delta > 0$ mit der Eigenschaft, dass es für jedes $x \in [a, b]$ ein λ mit

$$[x - \delta, x + \delta] \subset \Omega_\lambda$$

gibt. Offenbar genügte es, so eine Lebesgue-Zahl zu finden, denn mit endlich vielen Intervallen der Länge 2δ können wir $[a, b]$ natürlich überdecken. Angenommen also, es gäbe *keine* Lebesgue-Zahl!

Dann ist insbesondere $\frac{1}{n}$ keine Lebesgue-Zahl, also gibt es zu jedem $n \in \mathbb{N}$ ein $x_n \in [a,b]$ mit der Eigenschaft, dass $[x_n - \frac{1}{n}, x_n + \frac{1}{n}]$ in keines der Ω_λ passt. Nach Bolzano-Weierstraß konvergiert eine geeignete Teilfolge $(x_{n_k})_{k\geqslant 1}$ von $(x_n)_{n\geqslant 1}$ gegen ein $x \in \mathbb{R}$, nach der Limesregel (4), wonach die Limesbildung mit der Relation "$\leqslant$" verträglich ist, ist auch dieser Grenzwert x in unserem Intervall $[a,b]$ enthalten — das ist die Stelle, an der wir die Abgeschlossenheit des Intervalls ausnutzen, mit einem offenen oder halboffenen Intervall hätten wir so nicht schließen können.

Da deshalb x in einem der offenen Ω_λ liegen muss, gibt es ein $\varepsilon > 0$ mit $[x-\varepsilon, x+\varepsilon] \subset \Omega_\lambda$, und daher gilt $[y - \frac{\varepsilon}{2}, y + \frac{\varepsilon}{2}] \subset \Omega_\lambda$ für alle y in dem kleineren Intervall $[x - \frac{\varepsilon}{2}, x + \frac{\varepsilon}{2}]$:

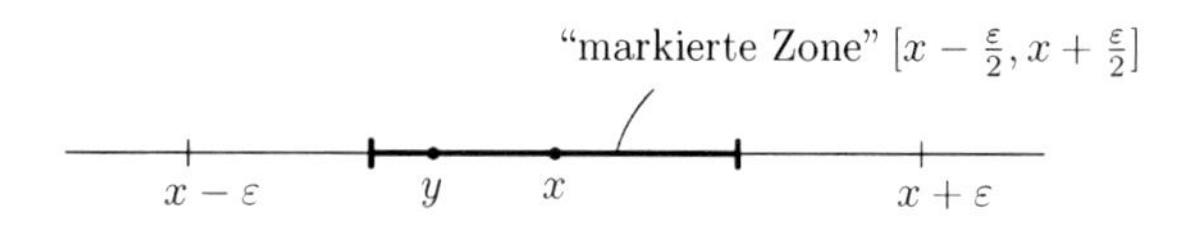

Jeder Punkt in der markierten Zone hat eine $\frac{\varepsilon}{2}$-Umgebung, die in Ω_λ passt, weil ja sogar das ganze $[x-\varepsilon, x+\varepsilon]$ in Ω_λ liegt.

Wegen $\lim\limits_{k\to\infty} x_{n_k} = x$ bleibt aber die Folge $(x_{n_k})_{k\geqslant 1}$ schließlich in der markierten Zone, und weil auch $\frac{1}{n_k}$ schließlich kleiner als $\frac{\varepsilon}{2}$ wird, steht das im Widerspruch dazu, dass keines der $[x_{n_k} - \frac{1}{n_k}, x_{n_k} + \frac{1}{n_k}]$ in ein Ω_λ passt. □

Auch über die Existenz von Extremwerten (Maxima und Minima) stetiger Funktionen gibt uns das Vollständigkeitsaxiom, das ja ein *Existenzaxiom* ist, neue Einsichten. Zunächst bemerken wir, dass im Falle einer *abgeschlossenen* beschränkten Teilmenge $M \subset \mathbb{R}$ Supremum und Infimum zur Menge gehören, denn wäre etwa $\sup M \notin M$, so gäbe es wegen der Offenheit von $\mathbb{R} \setminus M$ ein zu M disjunktes ε-Intervall um $\sup M$, im Widerspruch dazu, dass $\sup M$ die *kleinste* obere Schranke von M ist. Daraus schließen wir jetzt:

Satz: *Ist $f : X \to \mathbb{R}$ eine stetige Funktion auf einem kompakten topologischen Raum X, so nimmt f auf X ein Maximum und ein Minimum an, d.h. es gibt $x_0, x_1 \in X$ mit $f(x_0) \leqslant f(x) \leqslant f(x_1)$ für alle $x \in X$.*

Beweis: 'Stetige Bilder' kompakter Räume sind kompakt, wie wir aus dem Abschnitt 19.3 schon wissen, also ist $f(X) \subset \mathbb{R}$ kompakt, insbesondere beschränkt und abgeschlossen, enthält also sein Supremum und sein Infimum, d.h. es gibt $x_0, x_1 \in X$ mit $\inf f(X) = f(x_0)$ und $\sup f(X) = f(x_1)$, folglich nimmt f bei x_0 ein Minimum und bei x_1 ein Maximum an. □

Natürlich können stetige Funktionen auf nichtkompakten Räumen auch Extrema annehmen, wie etwa die Sinusfunktion auf $\mathbb{R}$, die ihre beiden Extremwerte ± 1 sogar sehr oft annimmt. Aber es gibt eben auch Beispiele beschränkter stetiger Funktionen, die keine Extrema annehmen, z.B. der Arcustangens auf $\mathbb{R}$ oder überhaupt jede streng monotone Funktion auf einem offenen allgemeinen Intervall. Ist aber der Definitionsbereich X kompakt, zum Beispiel die abgeschlossenen Einheitskreisscheibe D^2, und $f : X \to \mathbb{R}$ stetig, so müssen Extrema da sein.

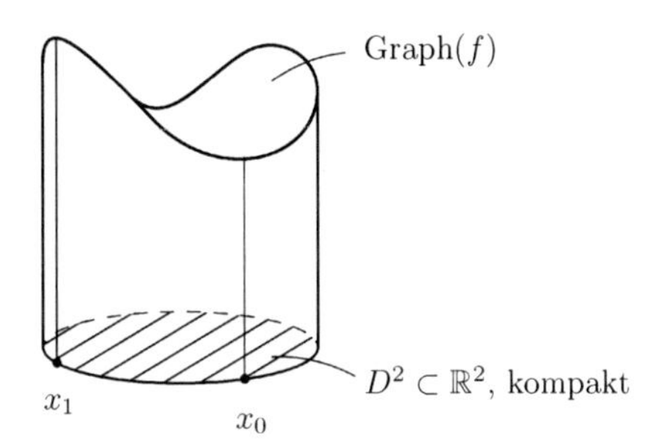

Kompaktheit von D^2 sichert die Existenz von Extremstellen, wenn nicht im Innern, dann eben auf dem Rand.

Mit dem Satz von der Existenz der Extrema bei kompaktem Definitionsbereich ist nun auch der Mittelwertsatz der Differentialrechnung saniert, den ich im ersten Band im Abschnitt 7.1 ohne Beweis angegeben hatte (eine stetige, auf (a, b) differenzierbare Funktion $f : [a, b] \to \mathbb{R}$ muss an einer Stelle ξ zwischen a und b ihren 'mittleren Anstieg' wirklich annehmen, $f'(\xi) = \frac{f(b)-f(a)}{b-a}$). Wie es geht, erst für $f(a) = f(b)$, dann allgemein, steht aber schon in der Fußnote 7.2, S. 529 des ersten Bandes.

Seinen vollen Glanz entfaltet der Satz von der Existenz der Extrema bei kompaktem Definitionsbereich in Verbindung mit dem

Satz von Heine-Borel in der *Analysis unter Nebenbedingungen*, der wir uns bald zuwenden werden. Dort sind nämlich komplizierte, durch nichtlineare Gleichungssysteme beschriebene Definitionsbereiche X an der Tagesordnung.

Auf der Vollständigkeit der reellen Zahlen beruht auch der topologische Zusammenhang der Intervalle.

Definition: Ein topologischer Raum heißt ***zusammenhängend***, wenn er sich nicht in zwei offene (nichtleere) Mengen zerlegen lässt. □

Das ist zum Beispiel deshalb ein interessanter Begriff, weil auf zusammenhängenden Räumen das *Zusammenhangsargument* als Beweistechnik funktioniert. Einfaches Beispiel:

Notiz: *Hat eine stetige Funktion $f : X \to \mathbb{R}$ auf einem zusammenhängenden Raum X keine Nullstelle, so hat sie einerlei Vorzeichen.* □

Denn sonst wäre $X = f^{-1}(\mathbb{R}^+) \cup f^{-1}(\mathbb{R}^-)$ eine verbotene offene Zerlegung. Ganz allgemein kann man das Zusammenhangsargument so fassen:

Bemerkung (Zusammenhangsargument): *Ist X ein zusammenhängender topologischer Raum und $\mathcal{E}$ eine Eigenschaft, die jeder Punkt von X entweder haben kann oder nicht. Wenn dann gilt:*

(1) *Hat ein Punkt die Eigenschaft $\mathcal{E}$, so auch alle Punkte in einer genügend kleinen Umgebung,*
(2) *hat ein Punkt die Eigenschaft $\mathcal{E}$ nicht, so auch kein Punkt in einer genügend kleinen Umgebung und*
(3) *es gibt einen Punkt, der die Eigenschaft $\mathcal{E}$ hat,*

dann haben alle Punkte von X die Eigenschaft $\mathcal{E}$.

Beweis: Bezeichnet $A \subset X$ die Menge der $\mathcal{E}$ erfüllenden, $B \subset X$ die der $\mathcal{E}$ nicht erfüllenden Punkte, so ist sowieso $A \cap B = \emptyset$ und $A \cup B = X$. Wegen (1) ist A offen, wegen (2) ist B offen, und weil X zusamenhängend ist, muss eine der Mengen leer und die andere der ganze Raum sein. Nach (3) ist A nicht leer, also $A = X$. □

Man sagt statt (1) auch, $\mathcal{E}$ sei eine ***offene Eigenschaft***. Man kann das Zusammenhangsargument also kurz so aussprechen: sind $\mathcal{E}$ und $\neg\,\mathcal{E}$ beides offene Eigenschaften und X zusammenhängend, dann herrscht eine der beiden in ganz X.

Zu wissen, dass ein gegebener Raum zusammenhängend ist, kann also nützlich sein. Wie erkennt man es? Oft schon mit Hilfe von Grundbeispielen und zwei einfachen Regeln:

Lemma (Zusammenhangsregeln): a) *Stetige Bilder zusammenhängender Räume sind zusammenhängend.* b) *Ist X Vereinigung zusammenhängender Teilräume X_λ, die alle einen Punkt x_0 gemeinsam haben, so ist auch X zusammenhängend.*

Beweis: a) Wäre $f(X) = A \cup B$ eine in $f(X)$ offene Zerlegung von $f(X)$, so wäre wegen der Stetigkeit ("Urbilder offener Mengen offen") auch

$$X = f^{-1}(A) \cup f^{-1}(B)$$

eine offene Zerlegung von X. b) Wäre $X = A \cup B$ eine offene Zerlegung und oBdA $x_0 \in A$, so wäre $X_\lambda \subset A$ für jedes λ, da ja sonst

$$X_\lambda = (A \cap X_\lambda) \cup (B \cap X_\lambda)$$

eine verbotene Zerlegung wäre, also $X = A$. □

Die Grundbeispiele sind die allgemeinen Intervalle, und um sie als zusammenhängend nachzuweisen, brauchen wir das Vollständigkeitsaxiom.

Lemma (Zusammenhang der Intervalle): *Jedes allgemeine Intervall $D \subset \mathbb{R}$ ist zusammenhängend.*

Beweis: Angenommen, D ließe sich — in der Teilraumtopologie, versteht sich — offen zerlegen, also $D = A \cup B$ mit $A \cap B = \emptyset$, A, B offen in D, beide nicht leer. Wähle $a \in A$ und $b \in B$, oBdA $a < b$. Jetzt wenden wir das Vollständigkeitsaxiom an: es sei

$$s := \sup\{x \in A \mid x < b\}\,.$$

Jedenfalls ist dann $s \in [a, b] \subset D$, und zwischen s und b gibt es keine Punkte von A mehr. Dann kann aber s auch nicht zu A gehören, denn dann wäre $s < b$ und wegen der Offenheit von A in D würde A auch Punkte aus $(s, b]$ enthalten, was wir gerade ausgeschlossen hatten. Also $s \in B$! Aber dann ist $a < s$ und es gibt ein $\varepsilon > 0$ mit $(s - \varepsilon, s + \varepsilon) \cap D \subset B$. Also wäre in $(a, s] \cap (s - \varepsilon, s]$ kein Punkt von A zu finden und daher s nicht die kleinste obere Schranke von $\{x \in A \mid x < b\}$. □

Ein topologischer Raum X heißt ***wegzusammenhängend***, wenn sich je zwei Punkte $p, q \in X$ immer durch einen stetigen Weg in X verbinden lassen, d.h. wenn es eine stetige Abbildung $\gamma : [0, 1] \to X$ mit $\gamma(0) = p$ und $\gamma(1) = q$ gibt. Aus dem Zusammenhang von $[0, 1]$ folgt mit den beiden Zusammenhangsregeln zum Beispiel, dass jeder wegzusammenhängende Raum erst recht zusammenhängend ist, weil er ja die Vereinigung aller bei einem festen Punkt $x_0 \in X$ beginnenden Wegebilder ist.

Wir wollen aber zum Schluss noch eine ganz direkte Folgerung aus dem Zusammenhang der Intervalle ziehen, nämlich den wichtigen *Zwischenwertsatz* beweisen:

Zwischenwertsatz: *Jede stetige Funktion $f : [a, b] \to \mathbb{R}$ nimmt alle Werte zwischen $f(a)$ und $f(b)$ an.*

Beweis: OBdA $f(a) < f(b)$, sei $f(a) < \eta < f(b)$.

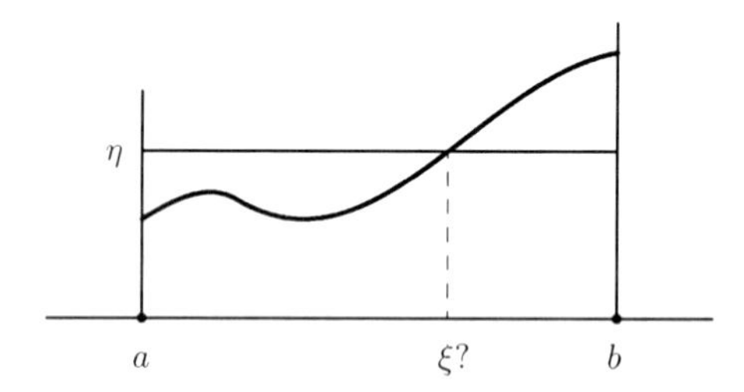

Anschauung nimmt den Zwischenwertsatz für selbstverständlich. Aber könnte das anschaulich gedachte ξ in dem abstrakten Objekt $\mathbb{R}$ nicht gerade 'fehlen'?

Angenommen, es gäbe kein $\xi \in (a, b)$ mit $f(\xi) = \eta$. Dann hätte die stetige Funktion $x \mapsto f(x) - \eta$ auf $[a, b]$ keine Nullstelle, wegen des Zusammenhangs von $[a, b]$ also einerlei Vorzeichen, im Widerspruch zu $f(a) - \eta < 0 < f(b) - \eta$. □

Korollar: *Ist $f : [a,b] \to \mathbb{R}$ eine stetige, streng monotone (oBdA steigende) Funktion, dann ist $f : [a,b] \to [f(a), f(b)]$ bijektiv und die Umkehrung*

$$f^{-1} : [f(a), f(b)] \to [a,b]$$

ist ebenfalls stetig.

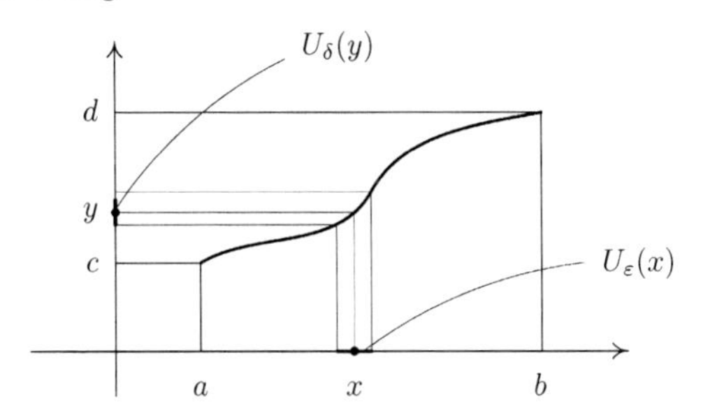

Zur Stetigkeit der Umkehrfunktion

Beweis: Die Injektivität folgt natürlich schon aus der strengen Monotonie, die Surjektivität aber aus dem Zwischenwertsatz, und dass f^{-1} an jedem Punkt $y \in [f(a), f(b)]$ stetig ist, sieht man, fallunterscheidend nach Rand- oder Innenlage von y, sofort mittels ε und δ ... □

... da braucht man die Kanone, dass f ja eine stetige Bijektion von einem kompakten auf einen Hausdorffraum sei, gar nicht erst hervorzuholen.

Mit diesem Korollar als Hilfsmittel sieht man dann auch leicht, dass für eine stetige streng monotone Funktion $f : D \to \mathbb{R}$ auf einem allgemeinen Intervall D stets auch die Bildmenge $f(D)$ ein allgemeines Intervall und $f^{-1} : f(D) \to D$ stetig ist.

Damit beschließe ich das Kapitel über die mathematischen Grundlagen der Analysis. Zwar habe ich Ihnen darin nicht sämtliche kleinen Lemmas vorbewiesen, mit denen in den ersten Wochen der Anfängervorlesung für die Mathematikstudenten die Lückenlosigkeit der Gesamtargumentation eindringlich demonstriert wird. Es fehlt aber nichts, was Sie sich jetzt bei Bedarf nicht auch selber überlegen könnten, und Sie dürfen sich nun auch über die *Grundlagen der Analysis* mit den Mathematikstudenten auf gleicher Augenhöhe unterhalten.

Das war ein *Lesekapitel*, Übungsaufgaben stelle ich dazu keine.

24 Funktionenfolgen und Reihen

24.1 Punktweise Konvergenz von Funktionenfolgen

Wird bei Funktionenfolgen nur von Konvergenz, ohne jede nähere Bestimmung gesprochen, so ist meistens die *punktweise* Konvergenz gemeint:

Definition: Eine Folge $(f_n)_{n\geqslant 1}$ von Funktionen $f_n : D \to \mathbb{R}$ mit dem gemeinsamen Definitionsbereich D ***konvergiert punktweise*** gegen eine Funktion $f : D \to \mathbb{R}$, wenn

$$\lim_{n\to\infty} f_n(x) = f(x)$$

für alle $x \in D$ gilt. □

Genau so heißt die Definition der punktweisen Konvergenz auch, wenn der Zielraum nicht $\mathbb{R}$, sondern etwa $\mathbb{C}$ oder $\mathbb{R}^n$ oder überhaupt irgendein metrischer Raum (M, d) ist. An den Definitionsbereich D werden dabei noch gar keine Forderungen gestellt.

Weshalb betrachtet man Funktionenfolgen? Meistens der Grenzfunktion wegen. — Freilich begibt man sich mit solchen Zweckangaben in der Mathematik immer auf's Glatteis. Es kann schon auch

K. Jänich, *Mathematik 2*, Springer-Lehrbuch, 2nd ed.,
DOI 10.1007/978-3-642-16150-6_2, © Springer-Verlag Berlin Heidelberg 2011

vorkommen, dass man nur an den Folgenfunktionen f_n selbst interessiert ist, etwa $\lim_{n\to\infty} f_n(x) = 0$ als eine wichtige Information über sie ansehen würde, und dann kann man natürlich nicht sagen, man habe die Folge betrachtet, um die Nullfunktion besser kennenzulernen. Typisch ist aber doch, dass uns eigentlich an f gelegen ist und die f_n ein Hilfsmittel sind.

So kann es zum Beispiel sein, dass wir eine Funktion f zwar schon gut kennen, aber unsere Gründe haben, sie näherungsweise durch andere Funktionen f_n beschreiben zu wollen, so wie in der Theorie der Fourierreihen die periodischen Funktionen durch trigonometrische Polynome approximiert werden, nicht weil diese unbedingt 'einfacher' wären, sondern — und hier fangen die Subtilitäten der Zweckdiskussion schon wieder an — wegen der physikalischen Rolle der trigonometrischen Funktionen als Eigenschwingungen oder mathematisch als Eigenfunktionen des harmonischen Oszillators, und analog sind auch andere *Entwicklungen nach Eigenfunktionen* motiviert, die Sie in der Physik noch kennenlernen werden.

Es kann auch sein, dass wir eine uns interessierende Funktion f zwar im Prinzip kennen, konkret aber nur eine gegen f konvergierende Folge f_n zu berechnen wüssten, und leider mit einem mit n rasch anwachsendem Aufwand. Wie weit muss man rechnen, um einen bestimmten Zweck zu erreichen? Sie verstehen, dass das auch mit der Art der Konvergenz $f_n \to f$ zu tun hat.

Schließlich sind konvergente Funktionenfolgen eines der wichtigsten *Konstruktionsmittel* der Analysis. Viele Funktionen werden damit überhaupt erst definiert, zum Beispiel die Exponentialfunktion auf $\mathbb{R}$ als Grenzfunktion der Folge der Polynome

$$f_n(x) = 1 + x + \frac{x^2}{2!} + \frac{x^3}{3!} + \cdots + \frac{x^n}{n!}$$

und ähnlich Sinus und Cosinus, wie Sie wissen, mittelbar also alle elementaren Funktionen.

Aber auch wo konkretes Rechnen nicht helfen kann, weil es sich gar nicht um ein Einzelproblem handelt, sondern etwa um die Lösbarkeit von Differentialgleichungen unter sehr allgemeinen Bedingungen, wie im Satz von Picard-Lindelöf, werden Lösungsfunktionen als Grenzfunktionen gewonnen. Aus einer mehr oder weniger willkürlich gewählten Anfangsfunktion f_1 wird mit Blick auf das Ziel eine Funktion f_2 konstruiert usw., immer f_{n+1} *rekursiv*, wie man sagt, aus f_n und zwar so, dass die Grenzfunktion $f := \lim f_n$ das Gewünschte leistet.

Wie stellt man fest, welche Eigenschaften die Grenzfunktion hat und ob sie das jeweils Gewünschte leistet? Ausrechnen und nachschauen? Das ist meistens nicht praktikabel. Vielmehr muss man etwas darüber wissen, inwieweit sich die Eigenschaften der f_n auf die Grenzfunktion übertragen.

Ist die Grenzfunktion mit den f_n wieder stetig, wieder differenzierbar? Bekomme ich die Ableitung $f'(x)$ dann als Grenzfunktion der mir bekannten Ableitungen $f_n'(x)$? Ist das Integral $\int_\Omega f(x)dx$, wenn es denn darum geht, der Grenzwert der mir bekannten Integrale $\int_\Omega f_n(x)dx$, ja ist f überhaupt wieder integrierbar? Überträgt sich das Verhalten der f_n "am Rande" oder "im Unendlichen", auf dem wir etwa aus physikalischen Gründen bestehen müssen, auf die Grenzfunktion?

Da sieht es nun an allen Fronten zunächst einmal schlecht aus. Die Grenzfunktion einer stetigen Folge braucht nicht stetig zu sein, einfache Beispiele:

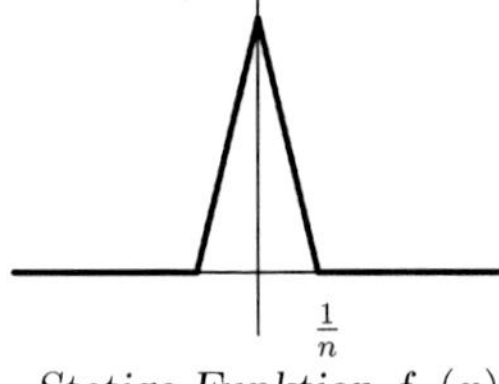

Stetige Funktion $f_n(x)$

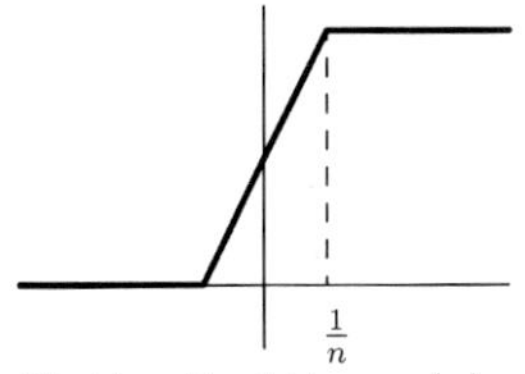

Stetige Funktion $g_n(x)$

Die Grenzfunktionen sind unstetig:

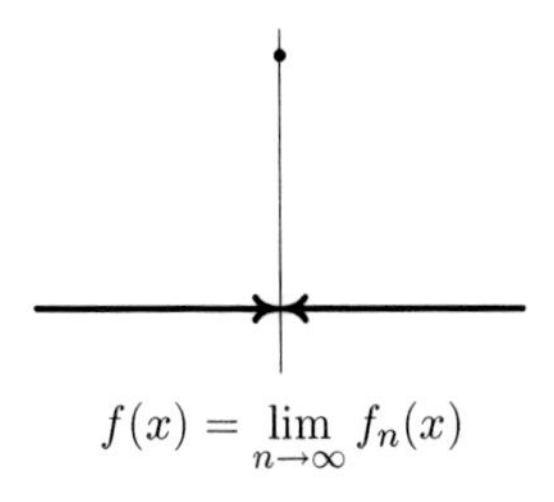

$f(x) = \lim_{n\to\infty} f_n(x)$

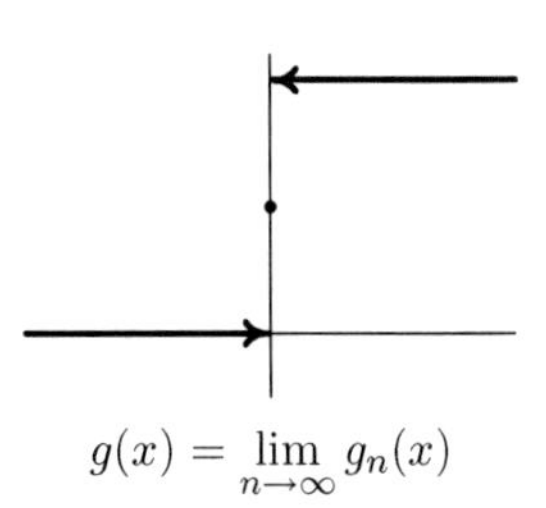

$g(x) = \lim_{n\to\infty} g_n(x)$

Dieselben unstetigen Grenzfunktionen lassen sich auch mit C^∞-Folgenfunktionen erzielen:

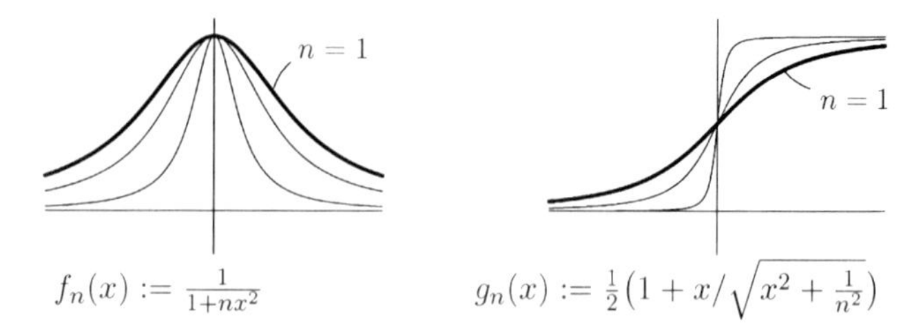

$f_n(x) := \frac{1}{1+nx^2}$ $\qquad$ $g_n(x) := \frac{1}{2}\big(1 + x/\sqrt{x^2 + \frac{1}{n^2}}\big)$

Auch wenn die Grenzfunktion stetig ist, braucht sie nicht die Differenzierbarkeit der Folgenfunktionen zu haben:

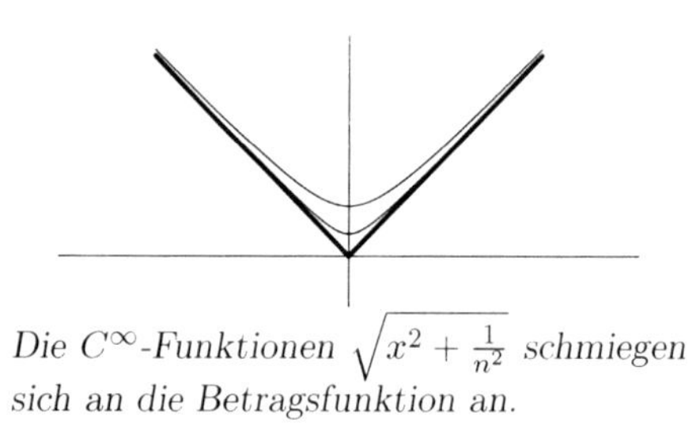

Die C^∞-Funktionen $\sqrt{x^2 + \frac{1}{n^2}}$ schmiegen sich an die Betragsfunktion an.

Ist die Grenzfunktion differenzierbar, so braucht sie noch nicht die 'richtige' Ableitung zu haben:

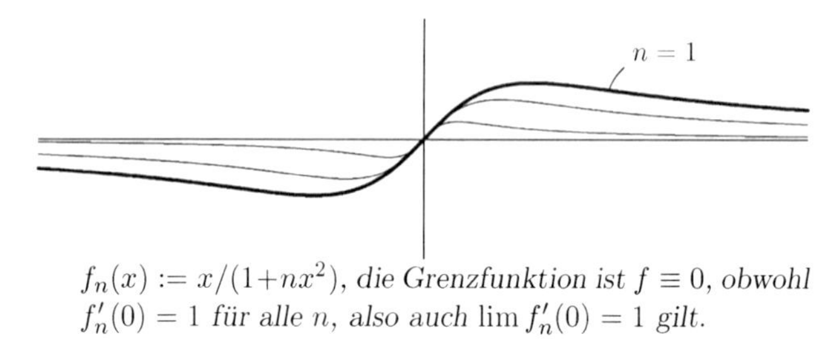

$f_n(x) := x/(1+nx^2)$, *die Grenzfunktion ist* $f \equiv 0$, *obwohl* $f_n'(0) = 1$ *für alle* n, *also auch* $\lim f_n'(0) = 1$ *gilt.*

Ein Beispiel einer nicht Riemann-integrierbaren Grenzfunktion einer Folge Riemann-integrierbarer Funktionen ist uns schon im Abschnitt 3.1 des ersten Bandes begegnet. Aber auch, wenn die Grenzfunktion Riemann-integrierbar ist und die Folge $\int_\Omega f_n(x)dx$ der Integrale der Folgenfunktionen artig konvergiert, kann es vorkommen, dass die Grenzfunktion das falsche Integral hat:

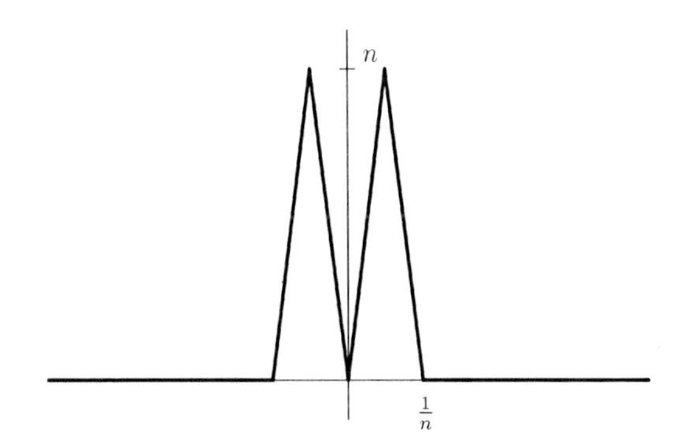

$\int\limits_{-1}^{1} f_n(x)dx = 1$ für alle n, aber die Grenzfunktion ist $f \equiv 0$.

Diese Funktionenfolge ist auch darin merkwürdig, dass die beiden 'Domtürme' an der Grenzfunktion überhaupt keine Spur hinterlassen. Allgemeiner: wenn wir an $f_n(0) = 0$ und an $f_n(x) = 0$ für $|x| \geqslant \frac{1}{n}$ für alle n festhalten, dann ist die Grenzfunktion auf jeden Fall identisch Null, wie immer sich die Funktionen f_n in ihrem verbliebenen Freiraum auch gebärden mögen.

Verhalten im Unendlichen? Oh weh. Betrachten Sie zum Beispiel $f_n(x) := \arctan\left(\frac{x}{n}\right)$.

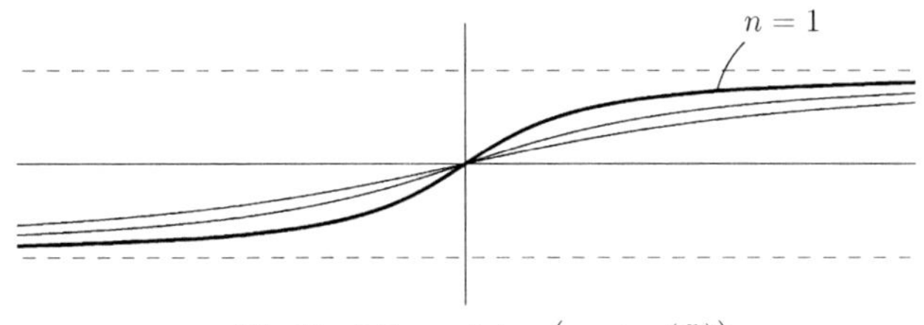

Die Funktionenfolge $\left(\arctan(\frac{x}{n})\right)_{n \geqslant 1}$

Die Grenzfunktion ist identisch Null, aber für jede einzelne Folgenfunktion ist $\lim\limits_{x \to \pm\infty} f_n(x) = \pm\frac{\pi}{2}$.

Diese Beispiele zeigen Ihnen, weshalb Sie im Allgemeinen die guten Eigenschaften der Folgenfunktionen nicht auch bei der Grenzfunktion erwarten dürfen, und weshalb es auf die Reihenfolge ankommen kann, in der Sie einen Grenzübergang und eine andere mathematische Operation vornehmen: es ist im Allgemeinen *nicht* egal, ob Sie vor oder nach dem Ableiten (oder worum es sich eben sonst handelt) zum Limes übergehen.

Warnungen werden von der Jugend gerne in den Wind geschlagen, aber Sie sollten die Beispiele nicht nur als Warnungen vor leichtfertigem Umgang mit Grenzprozessen auffassen, sondern als Bereicherung Ihrer anschaulichen Vorstellung von den Funktionenfolgen. Sie sehen damit manches auf einen Blick, was Sie sonst erst mühsam aus den Formeln herauslesen müssten, und Sie verstehen und merken sich auch die *positiven* Resultate viel besser, denen wir uns jetzt zuwenden.

24.2 Eine Grundausstattung an Konvergenzsätzen

Inhalt dieses Abschnittes sind drei gute Nachrichten über Funktionenfolgen: die erste handelt von der Stetigkeit, die zweite vom Integral und die dritte von der Ableitung. Alle drei haben etwas mit *gleichmäßiger Konvergenz* zu tun:

Definition: Es sei X eine Menge und (M, d) ein metrischer Raum. Eine Folge $(f_n)_{n \geqslant 1}$ von Abbildungen $f_n : X \to M$ ***konvergiert gleichmäßig*** gegen eine Abbildung $f : X \to M$, wenn sie für jedes $\varepsilon > 0$ schließlich im ε-Bereich um den Graphen bleibt, genauer wenn

$$\underset{\varepsilon>0}{\forall} \; \underset{n_0 \in \mathbb{N}}{\exists} \; \underset{n \geqslant n_0}{\forall} \; \underset{x \in X}{\forall} \; d(f_n(x), f(x)) < \varepsilon \, ,$$

d.h. wenn man zu jedem $\varepsilon > 0$ ein n_0 finden kann, so dass der Abstand zwischen $f(x)$ und $f_n(x)$ für alle $n \geqslant n_0$ und alle $x \in X$ kleiner als ε ist. □

Das n_0 muss also *für alle* $x \in X$ *zugleich* ε-wirksam sein, wenn ich einmal kurz so sagen darf. Wenn man für jedes x ein anderes n_0

wählen dürfte, dann wäre nur die punktweise Konvergenz verlangt, über die wir oben so viel Nachteiliges gehört haben.

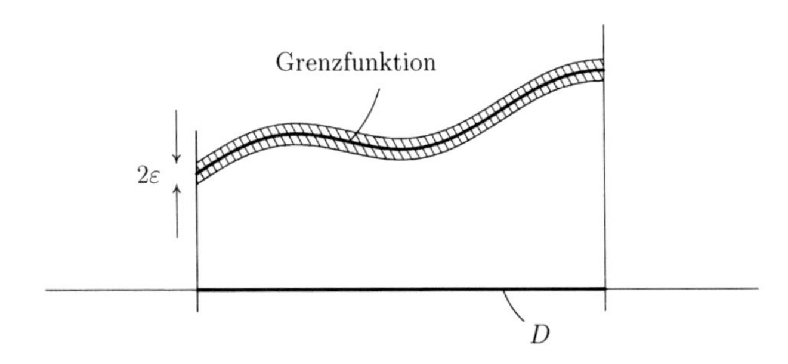

Der ε-Bereich um den Graphen einer reellwertigen Funktion. 'Domtürme' und dergleichen würden da herausschauen!

Unser Thema sind zwar momentan hauptsächlich die reell- oder komplexwertigen Funktionen, also die Fälle $M = \mathbb{R}$ mit $d(x, y) := |x - y|$ bzw. $M = \mathbb{C}$ mit $d(w, z) = |w - z|$, aber der Begriff der gleichmäßigen Konvergenz verlangt nur eine Metrik im Zielraum, warum sollten wir uns also jetzt schon auf Spezialfälle einschränken. Und was den Definitionsbereich X angeht, so darf es bei dem nun folgenden Stetigkeits-Konvergenzsatz ein beliebiger topologischer Raum sein. Stellen Sie sich ruhig ein Intervall darunter vor, oder eine Teilmenge $X \subset \mathbb{R}^n$, das sind Spezialfälle, die keineswegs geringgeschätzt werden. Einfacher wird der Satz aber nicht davon:

Stetigkeits-Konvergenzsatz: *Sei X ein topologischer und (M, d) ein metrischer Raum. Eine Folge stetiger Abbildungen $f_n : X \to M$ konvergiere gleichmäßig gegen eine Abbildung $f : X \to M$. Dann ist auch diese Grenzabbildung f stetig.*

Beweis: Sei also $\varepsilon > 0$ und $x_0 \in X$. Wir suchen eine offene Umgebung U von x_0 in X (für Anfänger: ein $\delta > 0$), so dass $d(f(x), f(x_0)) < \varepsilon$ für alle $x \in U$ (für Anfänger: $|f(x) - f(x_0)| < \varepsilon$ für alle x mit $|x - x_0| < \delta$) gilt.

Für jedes einzelne f_n wäre das möglich, weil diese als stetig vorausgesetzt sind. Andererseits wissen wir auch, dass für große n die Abstände zwischen $f(x)$ und $f_n(x)$ klein werden, und zwar für alle x

zugleich. Es liegt daher nahe, $f_n(x)$ und $f_n(x_0)$ bei der Abschätzung von $d(f(x), f(x_0))$ als Trittsteine der Dreiecksungleichung zu verwenden:

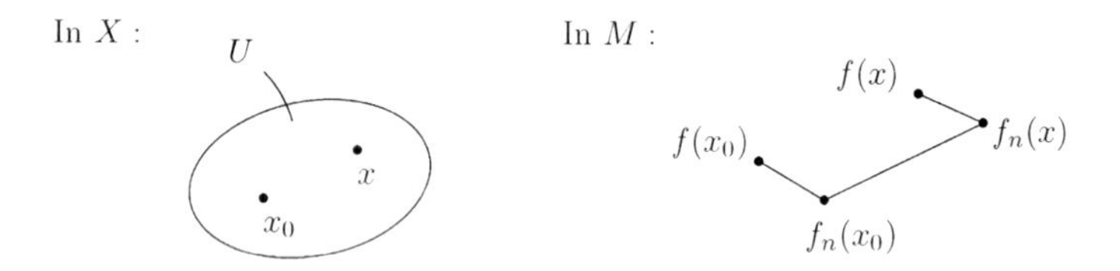

Wähle zuerst n und dann, dazu passend, U.

Zwei Trittsteine, drei Schritte! Also gehen wir von $\frac{\varepsilon}{3}$ aus und wählen zuerst ein n so, dass $d(f_n(x), f(x)) < \frac{\varepsilon}{3}$ für alle $x \in X$ gilt, und dann eine offene Umgebung U von x_0 mit $d(f_n(x), f_n(x_0)) < \frac{\varepsilon}{3}$ für alle $x \in U$. Dann ist nach der (zweifach angewandten) Dreiecksungleichung

$$\begin{aligned} &d(f(x), f(x_0)) \\ &\leq d(f(x), f_n(x)) + d(f_n(x), f_n(x_0)) + d(f_n(x_0), f(x_0)) \\ &< \quad \frac{\varepsilon}{3} \quad + \quad \frac{\varepsilon}{3} \quad + \quad \frac{\varepsilon}{3} \quad = \quad \varepsilon \end{aligned}$$

für alle $x \in U$ und damit f als stetig bei x_0 nachgewiesen. □

Integral-Konvergenzsatz: *Sei $\Omega \subset \mathbb{R}^m$ beschränkt und $(f_n)_{n \geqslant 1}$ eine Folge Riemann-integrierbarer Funktionen $f_n : \Omega \to \mathbb{R}$, die gleichmäßig gegen eine Funktion $f : \Omega \to \mathbb{R}$ konvergiert. Dann ist auch f Riemann-integrierbar und es gilt*

$$\boxed{\int_\Omega f(x)\, d^m x = \lim_{n\to\infty} \int_\Omega f_n(x)\, d^m x\,.}$$

Beweis: Sei $Q \subset \mathbb{R}^m$ ein kompakter Quader um Ω, also $\Omega \subset Q$. Auf $Q \setminus \Omega$ setzen wir f_n und f einfach Null und dürfen deshalb oBdA gleich $\Omega = Q$ annehmen.

Wie klein $\varepsilon > 0$ und $\delta > 0$ auch vorgegeben werden, immer können wir zu dem ε ein n_0 finden, so dass $|f(x) - f_n(x)| < \varepsilon$ für alle $n \geqslant n_0$ und alle $x \in Q$ gilt, wegen der gleichmäßigen Konvergenz, und dann zu dem δ eine Zange um f_{n_0} mit einer Integraltoleranz kleiner als δ, wegen der Riemannschen Integrierbarkeit der Folgenfunktionen. Öffnen wir die Zange nach oben und unten um ε, so passt danach auch f selbst hinein,

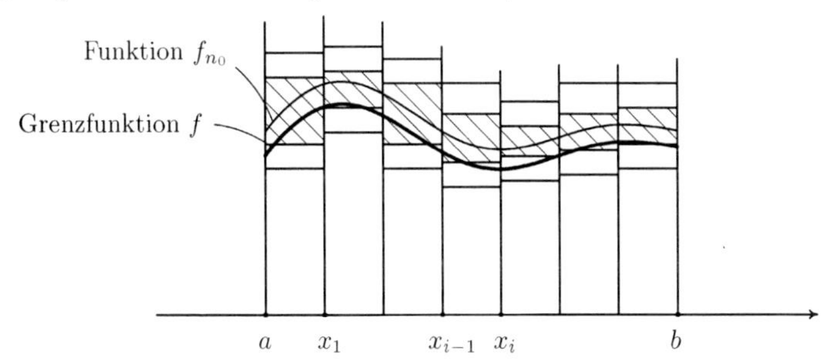

f_{n_0} und die Grenzfunktion f in der Zange

wie hier für den Fall einer Variablen angedeutet, ebenso in mehreren Variablen $x_1, \ldots, x_m$. Dann ist also f in einer Zange, deren Integraltoleranz kleiner als $\delta + 2\varepsilon \cdot \mathrm{Vol}(Q)$ ist, und da $\varepsilon > 0$ und $\delta > 0$ beliebig klein gewählt werden können, folgt daraus zunächst die Riemann-Integrierbarkeit von f.

Öffnen wir aber die ursprüngliche Zange statt um ε gleich um 2ε nach oben und unten, so passt nicht nur f, sondern auch jedes f_n mit $n > n_0$ hinein, also unterscheiden sich für alle diese n die Integrale $\int_\Omega f_n(x)d^m x$ und $\int_\Omega f(x)d^m x$ höchstens um $\delta + 4\varepsilon \cdot \mathrm{Vol}(Q)$, also ist $\lim\limits_{n\to\infty} \int_\Omega f_n(x)d^m x = \int_\Omega f(x)d^m x$. □

Ableitungs-Konvergenzsatz: *Sei $B \subset \mathbb{R}^m$ offen und $(f_n)_{n\geqslant 1}$ eine Folge von C^1-Funktionen $f_n : B \to \mathbb{R}$, die nicht nur selbst gleichmäßig konvergiert, sondern bei der auch die Folgen $\left(\frac{\partial f_n}{\partial x_i}\right)_{n\geqslant 1}$ der partiellen Ableitungen, $i = 1, \ldots, m$, alle gleichmäßig konvergieren. Dann ist auch die Grenzfunktion $f := \lim\limits_{n\to\infty} f_n$ eine C^1-Funktion und für alle $\vec{x} \in B$ gilt:*

$$\frac{\partial f}{\partial x_i}(\vec{x}) = \lim_{n\to\infty} \frac{\partial f_n}{\partial x_i}(\vec{x}).$$

Beweis: Nach dem Stetigkeits-Konvergenzsatz sind die Grenzfunktion f und die $g_i := \lim\limits_{n\to\infty} \frac{\partial f_n}{\partial x_i}$ jedenfalls stetig. Wir brauchen nur zu zeigen, dass g_i die i-te partielle Ableitung von f ist. Dazu verhilft uns der Integral-Konvergenzsatz für Funktionen einer Variablen! Betrachten wir nämlich unsere Folgenfunktionen f_n längs einer Koordinatenlinie $t \mapsto \vec{x}_0 + t\vec{e}_i$ durch einen Punkt $\vec{x}_0 \in B$.

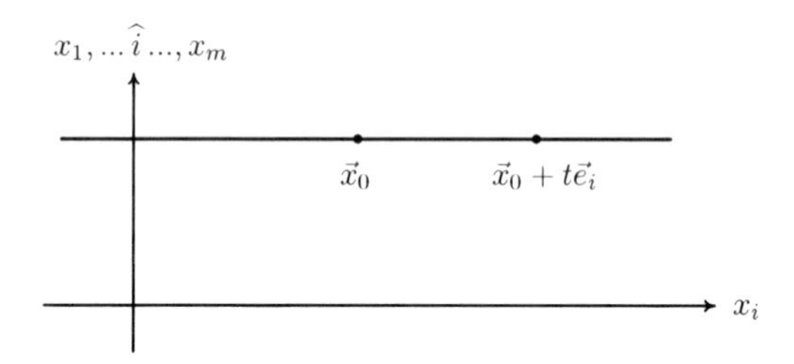

Die i-te Koordinatenlinie durch $\vec{x}_0$.

Dann ist nach dem 'HDI'

$$f_n(\vec{x}_0 + t\vec{e}_i) = f_n(\vec{x}_0) + \int_0^t \frac{\partial f_n}{\partial x_i}(\vec{x}_0 + \tau\vec{e}_i)\,d\tau\,.$$

Aus dem Integral-Konvergenzsatz folgt daraus jetzt

$$f(\vec{x}_0 + t\vec{e}_i) = f(\vec{x}_0) + \int_0^t g_i(\vec{x}_0 + \tau\vec{e}_i)\,d\tau$$

und daraus durch Ableiten nach t wie gewünscht $\frac{\partial f}{\partial x_i}(\vec{x}_0) = g_i(\vec{x}_0)$. □

Das wäre sie also, die versprochene Grundausstattung an Konvergenzsätzen. Hier noch ein paar Gebrauchshinweise unter der Rubrik "Was tun, wenn ... ?". Um die Gleichmäßigkeit einer Konvergenz $f_n \to f$ überprüfen zu können, muss man etwas über die Abstände $d(f_n(x), f(x))$ bzw. $|f_n(x) - f(x)|$ wissen. Was tun, wenn man die Grenzfunktion gar nicht explizit kennt, sondern nur die Folgenfunktionen f_n?

Definition: Eine Folge $(f_n)_{n\geqslant 1}$ wollen wir eine ***gleichmäßige Cauchyfolge*** nennen, wenn es zu jedem $\varepsilon > 0$ ein n_0 gibt, so dass $d(f_n(x), f_m(x)) < \varepsilon$ für alle $n, m \geqslant n_0$ und alle x zugleich. □

Das kann man überprüfen, ohne die Grenzfunktion zu kennen, und wenn man von einer gleichmäßigen Cauchyfolge nur weiß, dass sie punktweise konvergiert, dann konvergiert sie auch gleichmäßig. Denn wenn $f_n(x)$ für alle $n \geqslant n_0$ und alle x in der offenen ε-Kugel um $f_{n_0}(x)$ liegt, dann ist der Grenzpunkt $f(x)$ jedenfalls in der abgeschlossenen ε-Kugel um $f_{n_0}(x)$ und damit um höchstens 2ε von $f_n(x)$ entfernt — für alle x zugleich, und das genügt auch für die gleichmäßige Konvergenz.

Aber mehr noch: wenn im Zielraum *jede* Cauchyfolge von Punkten konvergiert, dann konvergiert jede gleichmäßige Cauchyfolge von Abbildungen dorthin natürlich automatisch punktweise. Solche metrischen Räume nennt man *vollständig*:

Definition: Ein metrischer Raum (M, d) heißt ***vollständig***, wenn darin jede Cauchyfolge konvergiert. □

Aus dem Vollständigkeitsaxiom hatte sich ergeben, dass $\mathbb{R}$ vollständig ist, und ebenso sind $\mathbb{C}$, $\mathbb{R}^n$, $\mathbb{C}^n$ und überhaupt jeder endlichdimensionale euklidische oder unitärer Raum mit der üblichen Metrik vollständig, das folgt aus der Vollständigkeit von $\mathbb{R}$. Jeder abgeschlossene metrische Teilraum eines vollständigen metrischen Raumes ist wieder vollständig, und auch jeder kompakte metrische Raum ist vollständig[1]. Also:

Hinweis: *Ist (M, d) ein vollständiger metrischer Raum, so ist jede gleichmäßige Cauchyfolge von Abbildungen $f_n : X \to M$ gleichmäßig konvergent gegen eine Grenzabbildung $f : X \to M$. Insbesondere ist jede gleichmäßige Cauchyfolge von reell- oder komplexwertigen Funktionen automatisch gleichmäßig konvergent.* □

Was aber tun, wenn der Nachweis der Gleichmäßigkeit daran scheitert, dass die Folge gar nicht gleichmäßig konvergiert? Dann ist die Lage ernst, aber nicht hoffnungslos. Versuchen Sie es mit *lokal gleichmäßiger* Konvergenz!

Definition: Sei X ein topologischer Raum und (M, d) ein metrischer Raum. Eine Folge von Abbildungen $f_n : X \to M$ heißt ***lokal gleichmäßig konvergent***, wenn es um jeden Punkt in X eine offene Umgebung gibt, auf der sie gleichmäßig konvergiert, d.h. eine offene Umgebung U, für die $(f_n|U)_{n\geqslant 1}$ gleichmäßig konvergiert. □

Stetigkeit und C^1-Eigenschaft sind *lokale* Eigenschaften, und Sie sehen, dass der Stetigkeits- und der Ableitungs-Konvergenzsatz gültig bleiben, wenn man die gleichmäßigen Konvergenzen nur lokal fordert, man wendet eben den ursprünglichen Satz auf die einzelnen U statt auf den ganzen Definitionsbereich auf einmal an.[2]

Beim Integral-Konvergenzsatz kann man nicht ebenso schließen, denn Integral und Integrierbarkeit sind keine bloß lokalen Begriffe. Ist aber Ω kompakt, dann genügt auch hier die lokal gleichmäßige Konvergenz, den nach dem ganz gewöhnlichen Kompaktheitsschluss folgt dann aus der lokalen die globale Gleichmäßigkeit.

Damit sind Sie für die nähere Zukunft mit Konvergenzsätzen hinlänglich versehen, und was sonst noch dazu zu sagen wäre, will ich lieber in den *Fußnoten und Ergänzungen*[3] verstecken, um Sie zu ermutigen, erst einmal weiter zu gehen.

24.3 Reelle und komplexe Zahlenreihen

Unter *unendlichen Reihen* oder kurz *Reihen* versteht man in der Analysis, grob gesprochen, "unendliche Summen". Zur Vorbereitung auf die Funktionenreihen, insbesondere die Potenzreihen, wollen wir in diesem Abschnitt Zahlenreihen betrachten. Die Summanden werden komplexe Zahlen sein, was ja die reellen Zahlen mit einschließt.

Definition: Sei $(a_k)_{k\geqslant 0}$ eine Folge komplexer Zahlen ("Summandenfolge"). Dann definiert man die ***Reihe*** $\sum_{k=0}^{\infty} a_k$ als die Folge

$$\Big(\sum_{k=0}^{n} a_k\Big)_{n\geqslant 0}$$

der so genannten ***Teilsummen*** oder ***Partialsummen***. □

Ebenso könnte man die Summandenfolge und die Reihe statt mit dem Index $k = 0$ mit irgend einem Index $k = k_1$ beginnen lassen. Wir schreiben Null, weil dieser Fall häufig in der Praxis vorliegt, zum Beispiel bei Potenzreihen, wollen diese Wahl aber 'oBdA' verstanden wissen.

Technisch gesehen ist jede Reihe eigentlich eine Folge, und auch umgekehrt ist jede komplexe Folge $(b_n)_{n\geqslant 0}$ eine Reihe, Sie brauchen nur $a_0 := b_0$ und $a_k := b_k - b_{k-1}$ für $k \geqslant 1$ zu setzen, dann erhalten Sie $\sum_{k=0}^{n} a_k = b_0 + (b_1 - b_0) + (b_2 - b_1) + \cdots + (b_n - b_{n-1}) = b_n$, also ist $(b_n)_{n\geqslant 0}$ die Teilsummenfolge von $\sum_{k=0}^{\infty} a_k$.

In diesem formalen Sinne sind also Reihen nur anders hingeschriebene Folgen, und alles was Sie über die Konvergenz komplexer Folgen schon wissen, können Sie auch auf Reihen (d.h. auf die Teilsummenfolgen) anwenden. Trotzdem bringt die Betrachtung der Reihen einen neuen Gesichtspunkt mit: man möchte jetzt die Konvergenzeigenschaften der Reihe aus den Eigenschaften der *Summandenfolge* verstehen.

Dass eine unendliche Reihe $\sum_{k=0}^{\infty} a_k$ genau genommen eine Folge ist, wirkt beim ersten Sehen vielleicht etwas befremdlich, eher hätte man doch das Symbol $\sum_{k=0}^{\infty} a_k$ für das *Ergebnis* der unendlichen Aufsummierung nehmen sollen, für den *Limes* der Partialsummenfolge also. Das macht man in der Tat zusätzlich auch noch:

Konvention: Wenn die Reihe $\sum_{k=0}^{\infty} a_k$ konvergiert, die Folge der Partialsummen also einen Limes besitzt, dann notiert man diesen Limes ebenfalls als $\sum_{k=0}^{\infty} a_k \in \mathbb{C}$. □

Kann es da keine Missverständnisse geben, wenn wir die Folge der Partialsummen und deren Limes mit ein und demselben Symbol bezeichnen? — Doch. Aber damit müssen Sie leben.

Wir werden nun einige Konvergenzkriterien für Zahlenreihen kennenlernen. Unter einem ***Konvergenzkriterium*** versteht man eine Bedingung an die Summandenfolge, aus der die Konvergenz der Reihe folgt, also eine für die Konvergenz *hinreichende* Bedingung.

Im täglichen Leben wird das Wort *Kriterium* etwas anders verwendet. Beim Kauf eines gebrauchten Autos zum Beispiel wird man das Fahrzeug nach verschiedenen Kriterien beurteilen, wie Alter, Kilometerstand, Preis usw. und sich nicht aufgrund nur *eines* Kriteriums schon zum Kauf entscheiden. Bei den Reihen ist aber der Sprachgebrauch, dass *ein* erfülltes Konvergenzkriterium die Konvergenz der Reihe bereits sichert.

Unser erstes Kriterium ist zugleich auch notwendig, also eine bloße Umformulierung der Konvergenzeigenschaft:

Cauchykriterium: *Eine komplexe Reihe* $\sum_{k=0}^{\infty} a_k$ *konvergiert genau dann, wenn es zu jedem* $\varepsilon > 0$ *ein* n_0 *gibt, so dass für alle* $m > n \geqslant n_0$ *der "Cauchyabschnitt" (*m*-te minus* n*-te Teilsumme) dem Betrage nach kleiner als* ε *ist, d.h.*

$$|a_{n+1} + \cdots + a_m| < \varepsilon$$

gilt. □

Das folgt natürlich daraus, dass eine reelle oder komplexe *Folge* genau dann konvergiert, wenn sie eine Cauchyfolge ist. — Da unter den Cauchyabschnitten auch die Summanden selbst sind, folgt aus dem Cauchykriterium insbesondere, dass die Summandenfolge einer konvergenten Reihe eine Nullfolge sein muss. Das ist aber kein Konvergenzkriterium:

Lemma und Definition: *Für die Konvergenz einer reellen oder komplexen Reihe* $\sum_{k=0}^{\infty} a_k$ *ist es offenbar notwendig, dass die Summandenfolge* $(a_n)_{\geqslant 0}$ *eine Nullfolge ist, aber das allein ist nicht hinreichend, wie das Beispiel der divergenten so genannten* ***harmonischen Reihe***

$$\sum_{n=1}^{\infty} \frac{1}{n} = \infty$$

zeigt.

Beweis: Der Cauchyabschnitt der harmonischen Reihe zwischen zwei aufeinander folgenden Zweierpotenzen (z.B. $n = 8$, $m = 16$)

ist

$$\frac{1}{2^n+1} + \cdots + \frac{1}{2^{n+1}} \geqslant 2^n \cdot \frac{1}{2^{n+1}} = \frac{1}{2},$$

die Teilsummenfolge, die ja monoton wächst, ist also nicht beschränkt, sie 'geht gegen unendlich', wie auch gesagt wird, und ist jedenfalls nicht konvergent. □

Ganz allgemein konvergiert eine Reihe $\sum_{k=0}^{\infty} b_k$ mit lauter reellen, nichtnegativen Summanden genau dann, wenn sie beschränkt ist, denn ihre Teilsummenfolge ist monoton wachsend. Die Notation $\sum_{k=0}^{\infty} b_k < \infty$ ist dann wohl nicht missverständlich.

Definition: Eine komplexe Reihe $\sum_{k=0}^{\infty} a_k$ heißt ***absolut konvergent***, wenn sogar $\sum_{k=0}^{\infty} |a_k| < \infty$ gilt. □

Beachte, dass "sogar" zu sagen hier berechtigt ist, denn nach der Dreiecksungleichung ist $|a_{n+1} + \cdots + a_m| \leqslant |a_{n+1}| + \cdots + |a_m|$, also konvergiert eine absolut konvergente Reihe nach dem Cauchykriterium erst recht selber.

Nicht jede konvergente Reihe ist auch absolut konvergent! Zum Beispiel divergiert $\sum_{k=1}^{\infty} \frac{1}{k}$, wie wir gerade gesehen haben, aber $\sum_{k=1}^{\infty} (-1)^{k+1} \frac{1}{k}$ ist natürlich konvergent, denn wenn Sie immer einen Schritt nach vorn tun, dann einen kleineren Schritt zurück, dann einen noch kleineren wieder nach vorn usw., so ist klar, dass Sie aus dem zuletzt abgeschrittenen Intervall nicht wieder herauskommen, und wenn die Schrittlängen eine Nullfolge bilden, in unserem Beispiel $(\frac{1}{k})_{k \geqslant 1}$, so ist die Folge der Teilsummen eine Cauchyfolge. Das nennt man das

Leibniz-Kriterium: *Ist $(a_k)_{k \geqslant 0}$ eine monotone Nullfolge, dann konvergiert $\sum_{k=0}^{\infty} (-1)^k a_k$.* □

Die Kriterien für die absolute Konvergenz beruhen zumeist auf der trivialen Tatsache, die man *Majorantenkriterium* nennt:

Majorantenkriterium: *Gilt für eine komplexe Summandenfolge $(a_k)_{k \geqslant 0}$ eine Abschätzung $|a_k| \leqslant b_k$ für alle k und ist $\sum_{k=0}^{\infty} b_k < \infty$, so konvergiert $\sum_{k=0}^{\infty} a_k$ absolut.* □

Klar aus dem Cauchykriterium. — Man sagt dann, $\sum_{k=0}^{\infty} a_k$ werde durch die Reihe $\sum_{k=0}^{\infty} b_k$ ***majorisiert***, oder die Reihe $\sum_{k=0}^{\infty} b_k$ sei eine ***Majorante*** von $\sum_{k=0}^{\infty} a_k$.

Natürlich greift das Majorantenkriterium auch, wenn die Abschätzung $|a_k| \leqslant b_k$ erst ab einem Index k_0 gilt, die eine Reihe also nur *schließlich* von der anderen majorisiert wird. Das muss ich vielleicht nicht umständlich in die Kriterien hineinschreiben, sondern Sie werden den Anfangsindex dort gutwillig als oBdA $k_0 = 0$ lesen und bei den Anwendungen flexibel handhaben?

Um das Majorantenkriterium ausnutzen zu können, braucht man natürlich einige Beispiele möglicher Majoranten. Die Mathematiker des 18. Jahrhunderts waren darin sehr erfinderisch, und auch in den heutigen Analysisbüchern finden Sie viele individuelle konkrete Beispiele konvergenter Reihen.

Beispiel: *Es gilt*

$$\sum_{k=1}^{\infty} \frac{1}{k(k+1)} = 1\,,$$

denn wegen $\frac{1}{k(k+1)} = \frac{1}{k} - \frac{1}{k+1}$ *ist die* n*-te Partialsumme der Reihe nichts weiter als* $1 - \frac{1}{n+1}$. □

Korollar: $\sum\limits_{k=1}^{\infty} \frac{1}{k^2} < \infty$ *und erst recht* $\sum\limits_{k=1}^{\infty} \frac{1}{k^r} < \infty$ *für* $r > 2$*, denn* $\sum\limits_{k=1}^{\infty} \frac{1}{k(k+1)}$ *majorisiert* $\sum\limits_{k=1}^{\infty} \frac{1}{(k+1)^2}$. □

Eine gute Idee, gewiss so alt wie die Integralrechnung selbst, ist auch der Vergleich von Partialsummen mit Integralen, denn Integrale sind oftmals leichter auszurechnen als Partialsummen:

Integralvergleichskriterium: *Ist* $f : \mathbb{R}_0^+ \to \mathbb{R}^+$ *eine monoton fallende stetige Funktion und* $a_k := f(k)$*, so konvergiert* $\sum\limits_{k=0}^{\infty} a_k$ *genau dann, wenn die (monoton wachsende) Folge* $(I_n)_{n \geqslant 0}$ *der Integrale* $I_n := \int\limits_0^n f(x)\,dx$ *beschränkt ist.*

Beweis:

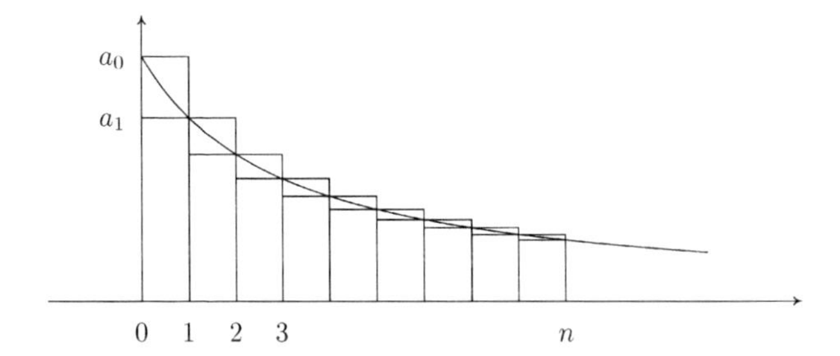

Zum Integralvergleichskriterium

Ersichtlich ist $\sum\limits_{k=1}^{n} a_k \leqslant \int\limits_0^n f(x)\,dx \leqslant \sum\limits_{k=0}^{n-1} a_k$. □

Korollar: *Für jedes* $\varepsilon > 0$ *ist*

$$\sum_{k=1}^{\infty} \frac{1}{k^{1+\varepsilon}} < \infty\,.$$

Das folgt aus der Beschränktheit der entsprechenden Integralfolge, es ist ja

$$\int_1^n \frac{dx}{x^{1+\varepsilon}} = -\frac{1}{\varepsilon}\left[\frac{1}{x^{\varepsilon}}\right]_1^n = \frac{1}{\varepsilon}(1-\frac{1}{n^{\varepsilon}}) < \frac{1}{\varepsilon}\,.$$

Schöne Sachen! Schade, dass wir gar keine Zeit dafür haben.

Direkt auf unser Ziel, die Potenzreihen losgehend, begegnen wir der allereinfachsten "Potenzreihe", eben der Reihe $\sum_{k=0}^{\infty} q^k$ der Potenzen einer Zahl $q \in \mathbb{C}$, der so genannten ***geometrischen Reihe in*** q. Sie wird sich als die wichtigste Vergleichsreihe überhaupt herausstellen: die am häufigsten benutzten Konvergenzkriterien beruhen auf dem Vergleich mit der geometrischen Reihe.

Lemma: *Für $|q| < 1$ konvergiert die geometrische Reihe, und zwar gilt*

$$\sum_{k=0}^{\infty} q^k = \frac{1}{1-q}$$

für alle $q \in \mathbb{C}$ mit $|q| < 1$.

BEWEIS: Für jedes $q \neq 1$ ist die n-te Partialsumme gleich $\frac{1-q^{n+1}}{1-q}$, da ja offenbar $(1 + q + \cdots + q^n)(1 - q) = 1 - q^{n+1}$ gilt, und für $|q| < 1$ ist $\lim_{n\to\infty} q^{n+1} = 0$. □

Oft bietet sich ein direkter Vergleich mit der geometrischen Reihe oder einem konstanten Vielfachen der geometrischen Reihe an, nach dem Majorantenkriterium folgt ja nun: *Gibt es ein $C > 0$ und ein $0 < q < 1$, so dass $|a_k| \leqslant C \cdot q^k$ für alle k* (oder auch nur für alle $k \geqslant k_0$, wie gesagt), *so ist $\sum_{k=0}^{\infty} a_k$ absolut konvergent.* Noch öfter aber wendet man den Vergleich mit der geometrischen Reihe in der folgenden leicht verschlüsselten Form an:

Quotientenkriterium: *Gibt es für eine komplexe Reihe $\sum_{k=0}^{\infty} a_k$ eine Zahl q mit $0 < q < 1$, so dass für alle k (oder auch nur für alle $k \geqslant k_0$, s.o.) $a_k \neq 0$ und*

$$\left|\frac{a_{k+1}}{a_k}\right| \leqslant q$$

gilt, so ist die Reihe absolut konvergent.

BEWEIS: OBdA $k_0 = 0$. Dann ist $|a_{k+1}| \leqslant q|a_k|$, per Induktion also $|a_k| \leqslant |a_0|q^k$ für alle k, die Reihe wird also durch die Reihe $|a_0| \sum_{k=0}^{\infty} q^k$ majorisiert. □

Beachte: Die schwächere Bedingung "$|\frac{a_{k+1}}{a_k}| < 1$ für alle k" reicht *nicht* aus, um die Konvergenz zu sichern, wie ja die harmonische Reihe $\sum_{k=1}^{\infty} \frac{1}{k} = \infty$ zeigt: $\frac{\frac{1}{k+1}}{\frac{1}{k}} = \frac{k}{k+1} < 1$. □

Erfahrungsgemäß predigt man das immer auch einigen tauben Ohren. Prüfen Sie sich, ob Sie etwa auch zu jenen Menschen gehören, die den Unterschied zwischen

$$\underset{k\geqslant 0}{\forall} \left|\frac{a_{k+1}}{a_k}\right| < 1$$

und

$$\underset{q<1}{\exists} \; \underset{k\geqslant 0}{\forall} \left|\frac{a_{k+1}}{a_k}\right| \leqslant q$$

einfach nicht einsehen können, und wenn ja, suchen Sie einmal Ihren Übungsgruppenleiter auf und lassen sich's erklären.

Nicht ebenso oft wie das Quotientenkriterium, aber manchmal doch, begegnet Ihnen der Vergleich mit der geometrischen Reihe in der Form des *Wurzelkriteriums*:

Wurzelkriterium: *Gibt es ein q mit $0 < q < 1$ und $\sqrt[k]{|a_k|} \leqslant q$ für alle $k \geqslant 1$ (oder auch nur für alle $k \geqslant k_0$), so ist $\sum_{k=0}^{\infty} a_k$ absolut konvergent.* □

Na, das ist ja nichts anderes als der direkte Vergleich $|a_k| \leqslant q^k$. Der Vorteil des Wurzel- und auch des Quotientenkriteriums gegenüber dem direkten Vergleich ist eher psychologischer Natur. Im Anwendungsfalle bekommen Sie das q ja nicht mitgeliefert, sondern Sie haben nur die Reihe und müssen q erst finden, und ob ein Kandidat $0 < q < 1$ schließlich eine obere Schranke für $\sqrt[k]{|a_k|}$ oder für $|\frac{a_{k+1}}{a_k}|$ ist, kann man oft leichter überblicken als die Gültigkeit von $|a_k| \leqslant Cq^k$. Wenn zum Beispiel die Folge der Quotienten oder die der Wurzeln *konvergiert* und der Limes kleiner als 1 ist:

$$\lim_{k\to\infty} \left|\frac{a_{k+1}}{a_k}\right| = 1 - \varepsilon \quad \text{oder} \quad \lim_{k\to\infty} \sqrt[k]{|a_k|} = 1 - \varepsilon$$

für ein $\varepsilon > 0$, dann greift das Quotienten- bzw Wurzelkriterium schließlich, etwa mit $q := 1 - \frac{\varepsilon}{2}$. Da man Grenzwerte, wenn sie existieren, oft *ausrechnen* kann, entfällt dann das Erraten von q, auf das Sie beim direkten Vergleich angewiesen wären.

24.4 Potenzreihen

Eine allgemeine Bemerkung über Funktionenreihen vorweg. Sei X irgend eine Menge und $(f_k)_{k\geqslant 0}$ eine Folge reell- oder komplexwertiger Funktionen darauf, dann liefern die Konvergenzkriterien des vorigen Abschnitts natürlich Kriterien für die *punktweise* Konvergenz der Funktionenreihe $\sum_{k=0}^{\infty} f_k$, denn für einen festen Punkt $x \in X$ ist ja $\sum_{k=0}^{\infty} f_k(x)$ einfach eine Zahlenreihe. In der Tat sagen die Kriterien aber auch etwas über die *gleichmäßige* Konvergenz, woran wir wegen der Konvergenzsätze interessiert sein müssen:

Bemerkung: *Wird eine Funktionenreihe $\sum_{k=0}^{\infty} f_k$ durch eine konvergente Zahlenreihe $\sum_{k=0}^{\infty} b_k$ schließlich majorisiert, d.h. gilt*

$$\underset{k_0\in\mathbb{N}}{\exists}\ \underset{k\geqslant k_0}{\forall}\ \underset{x\in X}{\forall}\ |f_k(x)| \leqslant b_k\,,$$

so konvergiert die Funktionenreihe gleichmäßig auf X, da ihre Teilsummenfolge dann eine gleichmäßige Cauchyfolge ist. □

Wenn also zum Beispiel ab einem festen k_0 und für ein festes $q < 1$ das Quotientenkriterium oder das Wurzelkriterium *für alle $x \in X$ zugleich* greift, dann ist die Konvergenz der Reihe sogar gleichmäßig.

Definition: Ist $z_0 \in \mathbb{C}$ und $(a_k)_{k\geqslant 0}$ eine komplexe Zahlenfolge, so heißt die auf $\mathbb{C}$ durch

$$\sum_{k=0}^{\infty} a_k(z-z_0)^k$$

definierte Funktionenreihe eine ***komplexe Potenzreihe um den Punkt*** z_0. Die a_k nennt man die ***Koeffizienten*** der Potenzreihe. □

Der Punkt $z_0 \in \mathbb{C}$ ist also fest, während $z \in \mathbb{C}$ die Variable der Funktionen bezeichnet. Den Luxus oder besser die Beschwerlichkeit einer eigenen Bezeichnung für die Summandenfunktionen, etwa f_k

mit $f_k(z) := a_k(z - z_0)^k$, dürfen wir uns in diesem Zusammenhang ersparen.

Ebenso könnten wir ***reelle Potenzreihen*** $\sum_{k=0}^{\infty} a_k(x - x_0)^k$ betrachten, wobei jetzt die Koeffizienten a_k und der Punkt x_0 reell sind und x die Variable in $\mathbb{R}$ bezeichnet. Aber alles was wir darüber wissen wollen, erfahren wir bei der Behandlung der komplexen Potenzreihen gleich mit. Und oBdA sei $z_0 = 0$! Zur Anwendung auf den scheinbar allgemeineren Fall brauchen wir ja nur $(z - z_0)$ statt z einzusetzen.

Dass eine Reihe definiert ist, bedeutet noch nicht, dass sie auch konvergiert. Was haben wir vom Konvergenzbereich

$$\left\{ z \in \mathbb{C} \;\middle|\; \sum_{k=0}^{\infty} a_k z^k \text{ konvergiert} \right\}$$

einer Potenzreihe zu erwarten? Jedenfalls konvergiert die Reihe für $z = 0$, und manche Potenzreihen tatsächlich *nur* dort (z.B. $\sum k^k z^k$, weil die Summandenfolge für kein $z \neq 0$ eine Nullfolge ist). Wenn die Reihe aber noch an einem anderen Punkt $z_1 \in \mathbb{C}$ konvergiert, dann gilt für jeden kleineren Radius, $0 < r < |z_1|$, dass die Reihe auf der ganzen (abgeschlossenen, erst recht auf der offenen) Kreisscheibe um 0 vom Radius r absolut und sogar *gleichmäßig* konvergiert!

Das liegt einfach daran, dass am Konvergenzpunkt z_1 die Summandenfolge eine Nullfolge und daher erst recht beschränkt sein muss, also $|a_k z_1^k| \leqslant C$ für ein geeignetes C und alle k, und unsere Potenzreihe

$$\boxed{\sum_{k=0}^{\infty} a_k z^k = \sum_{k=0}^{\infty} a_k z_1^k \cdot \left(\frac{z}{z_1}\right)^k}$$

somit auf der ganzen Kreisscheibe $|z| \leqslant r$ durch die geometrische Reihe

$$C \sum_{k=0}^{\infty} \left|\frac{r}{z_1}\right|^k =: C \sum_{k=0}^{\infty} q^k$$

majorisiert wird. Der Trick in der Box ist das ganze Geheimnis, daraus folgt nun ohne zusätzliche Anstrengung der Satz vom Konvergenzradius:

Satz und Definition (Konvergenzradius): *Zu jeder komplexen Potenzreihe $\sum_{k=0}^{\infty} a_k z^k$ gibt es ein $\rho \in [0, \infty]$ mit der Eigenschaft, dass die Reihe für $|z| < \rho$ absolut konvergiert und für $|z| > \rho$ divergiert. Man nennt ρ den* ***Konvergenzradius*** *der Potenzreihe. Für jedes $r < \rho$ konvergiert die Reihe auf der Kreisscheibe $|z| \leqslant r$ dann sogar gleichmäßig.* □

Das ergibt sich sofort aus der obigen Betrachtung, wir brauchen nur ρ als das Supremum der Menge der Beträge der Konvergenzpunkte zu definieren, also als den Radius des kleinsten Kreises um den Nullpunkt, in den man den Konvergenzbereich einschließen kann. Ist der Konvergenzbereich nicht beschränkt, so wird $\rho = \infty$ gesetzt.

Unsere Überlegung zeigt auch, dass für jedes z mit $|z| > \rho$ die Reihe nicht nur divergiert, sondern sogar die Summandenfolge $(a_k z^k)_{k \geqslant 0}$ nicht mehr beschränkt ist. Für $|z| = \rho$ aber verweigert der Satz jede Aussage.

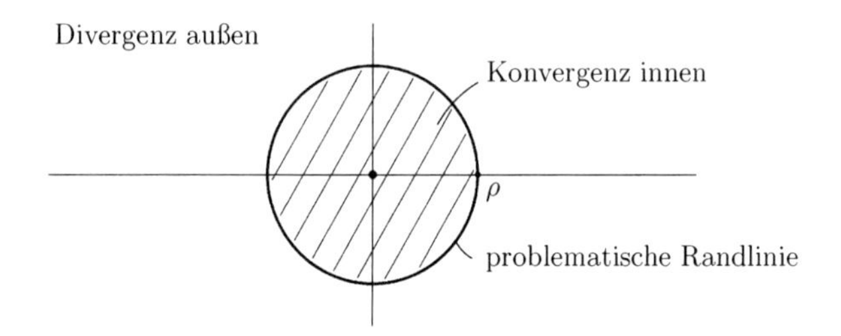

Konvergenzverhalten von Potenzreihen $\sum\limits_{k=1}^{\infty} a_k z^k$.

Das kann man ihm auch nicht übel nehmen, sehen Sie sich die drei einfachen Beispiele an:

$$\sum_{k=0}^{\infty} z^k, \quad \sum_{k=1}^{\infty} \frac{z^k}{k} \quad \text{und} \quad \sum_{k=1}^{\infty} \frac{z^k}{k^2}.$$

Alle drei haben den Konvergenzradius 1, denn für $|z| =: r < 1$ werden sie durch die geometrische Reihe in r majorisiert und für $z = 1 + \varepsilon > 1$ ist selbst die Summandenfolge $\frac{(1+\varepsilon)^k}{k^2}$ nicht mehr beschränkt. Aber die erste Reihe konvergiert an *keinem* Randpunkte ihrer Konvergenzkreisscheibe, weil $(z^k)_{k\geqslant 0}$ für $|z| = 1$ keine Nullfolge sein kann, die dritte Reihe an *jedem*, weil sie für $|z| = 1$ durch $\sum_{k=1}^{\infty} \frac{1}{k^2} < \infty$ majorisiert wird, und die mittlere *divergiert* für $z = 1$ als die harmonische Reihe und *konvergiert* für $z = -1$ nach dem Leibniz-Kriterium.

Analog natürlich für Potenzreihen $\sum_{k=0}^{\infty} a_k(z-z_0)^k$ um einen anderen Punkt z_0 als gerade den Nullpunkt. Der Konvergenzkreis ist dann eben ein Kreis um z_0. Für *reelle* Potenzreihen $\sum_{k=0}^{\infty} a_k(x-x_0)^k$ bilden die reellen Konvergenzpunkte also ein Intervall der Länge 2ρ mit x_0 als Mittelpunkt. Für die Konvergenz an den Randpunkten $x_0 \pm \rho$ gibt es keine allgemeine Regel, aber jedenfalls setzt mit $|x - x_0| > \rho$ gnadenlos auf *beiden* Seiten die Divergenz ein.

Muss man den Konvergenzradius konkret bestimmen, so kann man nachschauen, wo die Summandenfolge keine Nullfolge ist, um Divergenzpunkte aufzuspüren und kann die gewöhnlichen Konvergenzkriterien nach Konvergenzpunkten befragen und so den Konvergenzradius eingrenzen. Unter einer nicht immer, aber häufig erfüllten Voraussetzung lässt sich dieses Verfahren gleichsam automatisieren:

Quotientenformel für den Konvergenzradius: *Sind die Koeffizienten schließlich von Null verschieden und konvergiert die Folge der Quotienten $|a_k|/|a_{k+1}|$ gegen eine Zahl oder gegen ∞ ('bestimmte Divergenz'), so ist dieser Grenzwert*

$$\boxed{\rho := \lim_{k\to\infty} \left| \frac{a_k}{a_{k+1}} \right|}$$

der Konvergenzradius von $\sum_{k=0}^{\infty} a_k z^k$.

Beweis: Für $z \neq 0$ ist dann der im Hinblick auf das Quotientenkriterium interessante Limes

$$\lim_{k\to\infty} \left| \frac{a_{k+1} z^{k+1}}{a_k z^k} \right| = \frac{|z|}{\rho},$$

gutwillig gelesen im Falle $\rho = 0$ oder $\rho = \infty$, und daher konvergiert die Potenzreihe jedenfalls für $|z| < \rho$ nach dem Quotientenkriterium und divergiert für $|z| > \rho$, weil dann schließlich auch

$|\frac{a_{k+1}z^{k+1}}{a_k z^k}| > 1$ werden, die Folge der $|a_k z^k|$ also schließlich monoton wachsen müsste und daher keine Nullfolge sein könnte. Also ist ρ wirklich der Konvergenzradius der Reihe. □

Soviel darüber, *wo* die Potenzreihen konvergieren, jetzt fragen wir danach, *wohin* sie konvergieren, also nach den Eigenschaften der Grenzfunktion. Wegen der für jedes $r < \rho$ *gleichmäßigen* Konvergenz auf $|z| < r$ konvergiert jede Potenzreihe auf dem Inneren ihres Konvergenzkreises lokal gleichmäßig und daher folgt aus dem Stetigkeits-Konvergenzsatz:

Korollar 1: *Jede komplexe Potenzreihe stellt auf dem Inneren ihres Konvergenzkreises, also auf* $\{z \in \mathbb{C} \mid |z| < \rho\}$, *eine stetige Funktion* $f(z) := \sum_{k=0}^{\infty} a_k z^k$ *dar.* □

Die Funktion ist aber nicht nur stetig, sondern sogar *analytisch* oder *holomorph*. Von solchen Funktionen handelt die so genannte *Funktionentheorie*, ein Gebiet, das wir im vorliegenden Buch nicht betreten werden.[4] Wir wollen aber auch den Ableitungs-Konvergenzsatz auf die Potenzreihen anwenden, und dazu brauchen wir als Vorbereitung das folgende Lemma über Konvergenzradien:

Lemma: *Hat die Potenzreihe* $\sum_{k=0}^{\infty} a_k z^k$ *den Konvergenzradius* ρ, *so haben die Potenzreihen*

$$c + \sum_{k=0}^{\infty} \frac{a_k}{k+1} z^{k+1} \quad \text{(“formale Stammfunktion”)}$$

$$\text{und} \quad \sum_{k=1}^{\infty} k a_k z^{k-1} \quad \text{(“formale Ableitung”)}$$

ebenfalls den Konvergenzradius ρ.

Beweis: Es bezeichne ρ_S und ρ_A die vorläufig noch unbekannten Konvergenzradien von formaler Stammfunktion und Ableitung. Ist $(a_k z^k)_{k \geqslant 0}$ beschränkt, so auch $\left(\frac{a_k}{k+1} z^{k+1}\right)_{k \geqslant 0}$, also $\rho_S \geqslant \rho$ und deshalb auch $\rho \geqslant \rho_A$, denn die Potenzreihe selbst ist ja auch eine formale Stammfunktion ihrer formalen Ableitung.

Andererseits: Ist $|z| < \rho$, so wird die Potenzreihe bei z für ein $0 < q < 1$ und ein $C > 0$ durch $C \sum_{k=0}^{\infty} q^k$ majorisiert, wie wir gesehen hatten, und deshalb wird die formale Ableitung von

$C \sum_{k=1}^{\infty} kq^{k-1}$ majorisiert, was nach dem Quotientenkriterium auch konvergiert, denn $\lim_{k\to\infty} \frac{k+1}{k} q = q < 1$. Also ist auch $\rho_A \geqslant \rho$ und deshalb $\rho \geqslant \rho_S$. □

Beachten Sie nun, dass für die Teilsummen, die ja einfach Polynome in $z = x + iy$ sind, die formale Ableitung auf sehr einfache Weise mit den partiellen Ableitungen nach x und y zu tun hat. Notieren wir einmal die formale Ableitung von $f_n(z) = a_0 + a_1 z + \cdots + a_n z^n$ mit $f_n'(z)$, so gilt[5]

$$\frac{\partial}{\partial x} f_n(z) = f_n'(z) \quad \text{und} \quad \frac{\partial}{\partial y} f_n(z) = i f_n'(z)\,.$$

Somit haben wir jetzt freie Bahn für die Anwendung des Ableitungs-Konvergenzsatzes auf Potenzreihen, weil die Ableitungsreihe als Potenzreihe mit demselben Konvergenzradius ebenfalls lokal gleichmäßig konvergiert:

Korollar 2: *Hat die Potenzreihe $\sum_{k=0}^{\infty} a_k z^k$ den Konvergenzradius ρ, so stellt sie auf der offenen Konvergenzkreisscheibe eine C^1-Funktion $f(z) := \sum_{k=0}^{\infty} a_k z^k$ dar, und die partiellen Ableitungen können gliedweise gebildet werden, d.h.*

$$\frac{\partial}{\partial x} f(z) = \sum_{k=1}^{\infty} k a_k z^{k-1} \quad \textit{und} \quad \frac{\partial}{\partial y} f(z) = i \sum_{k=1}^{\infty} k a_k z^{k-1}\,.$$

Durch Induktion folgt daraus natürlich weiter, dass f sogar eine C^{∞}-Funktion ist. □

Korollar 3: *Für reelle Potenzreihen $f(x) := \sum_{k=0}^{\infty} a_k x^k$ gilt auf dem offenen Konvergenzintervall $(-\rho, \rho)$*

$$\boxed{f'(x) = \sum_{k=1}^{\infty} k a_k x^{k-1}\,,}$$

und die formalen Stammfunktionen reeller Potenzreihen sind deren richtige Stammfunktionen auf $(-\rho, \rho)$. □

24.5 Schuldenrückzahlung

Brauchen wir eine Funktion f mit gewissen Eigenschaften, können wir einen *Potenzreihenansatz* machen, also uns fragen: vielleicht geht es mit einer konvergenten Potenzreihe

$$f(x) = \sum_{k=0}^{\infty} a_k x^k$$

oder $f(x) = \sum_{k=0}^{\infty} a_k (x - x_0)^k$? Wie müssten die Koeffizienten beschaffen sein, damit f die gewünschten Eigenschaften hat? Können wir solche a_k finden, so bestimmen wir den Konvergenzradius ρ der Reihe, haben somit eine C^∞-Funktion f auf $(-\rho, \rho)$ definiert, und je nachdem wie sorgfältig wir die Beziehung zwischen der Forderung an f und der Koeffizientenwahl untersucht hatten, wissen wir jetzt entweder schon, dass f unser Problem löst, oder wir können es zumindest nachträglich prüfen.

Ein Potenzreihenansatz klappt nicht immer, sei es dass wir die Koeffizienten nur nicht herausbekommen, sei es dass es gar keine Potenzreihe gibt, die das Problem löst. Es gibt aber wichtige Fälle, in denen der Ansatz zum Ziel führt.

Einfaches Beispiel: Wir suchen eine Funktion $f : \mathbb{R} \to \mathbb{R}$ mit $f(0) = 1$ und $f'(x) = f(x)$. Bei einem Potenzreihenansatz würde $f(0) = 1$ gerade $a_0 = 1$ bedeuten, und gliedweises Ableiten zeigt, dass $f'(x) = f(x)$ jedenfalls erfüllt wäre, wenn immer $ka_k = a_{k-1}$ wäre, also

$$a_k = \frac{1}{k} a_{k-1} = \frac{1}{k(k-1)} a_{k-2} = \cdots = \frac{1}{k!} a_0 = \frac{1}{k!}\,.$$

Wissen wir deshalb schon, dass

$$f(x) := \sum_{k=0}^{\infty} \frac{x^k}{k!}$$

unser Problem löst? Noch nicht ganz: wenn es der Teufel wollte und die Reihe konvergierte nur bei $x = 0$, so nützte sie uns gar nichts, und wäre $\rho < \infty$, so nützte sie nicht genug. Wir müssen also den Konvergenzradius noch bestimmen, das ist hier leicht: die Quotientenformel liefert $\rho = \lim_{k\to\infty}(k+1) = \infty$, wie gehofft. □

Das wussten wir doch schon lange, dass es eine Funktion mit

$$f(0) = 1 \quad \text{und} \quad f'(x) = f(x)$$

gibt, die altbekannte e-Funktion!? — Ja, aber wir wollen uns eingestehen, dass diese Bekanntschaft bisher etwas oberflächlich war. Würdigen Sie dagegen die Tiefe Ihrer jetzigen Einsicht: den ganzen hier vorgestellten Potenzreihenkalkül können Sie lückenlos, ohne Anleihen bei einem sagenhaften Schulunterricht, auf die Axiome der reellen Zahlen, ja letztlich auf die natürlichen Zahlen zurückführen. Wenn wir jetzt e^z, $\sin z$ und $\cos z$ durch die bekannten Reihen festsetzen, dann sind das richtige, hypothekenfreie Definitionen, wir haben gezeigt, dass das C^∞-Funktionen auf ganz $\mathbb{C}$ sind, und dass die Ableitungsregeln $\frac{d}{dx}e^x = e^x$, $\frac{d}{dx}\sin x = \cos x$ und $\frac{d}{dx}\cos x = -\sin x$ gelten. Auch die Eulersche Formel

$$e^{iz} = \cos z + i \sin z\,,$$

sogar für beliebige $z \in \mathbb{C}$, ist jetzt eine bewiesene Tatsache.

Freilich haben wir damit noch nicht *alle* Schulden zurückgezahlt, die wir zu Beginn des ersten Bandes gemacht haben, um erst einmal ins Geschäft zu kommen. Logischer nächster Schritt ist der Beweis der Funktionalgleichung der e-Funktion.

Satz (Funktionalgleichung): *Für alle $z, w \in \mathbb{C}$ gilt*

$$e^{z+w} = e^z e^w\,.$$

Der Beweis der Funktionalgleichung besteht im Wesentlichen aus der Anwendung der binomischen Formel auf die Summanden der Reihe für e^{z+w} in der Form

$$\frac{(z+w)^n}{n!} = \frac{1}{n!}\sum_{p+q=n}\binom{n}{p} z^p w^q = \sum_{p+q=n}\frac{z^p}{p!}\frac{w^q}{q!}$$

und aus Konvergenzbetrachtungen, die zwar unterhaltsam und lehrreich sind (Cauchy-Produkt von Reihen, Umordnungssatz), die ich aber doch in die Fußnoten[6] verweise, damit ich gleich mit Ihnen an die letzte unserer Sanierungsarbeiten gehe, nämlich an eine wissenschaftliche Definition der Kreiszahl π und den Beweis der Periodizitätseigenschaften der trigonometrischen Funktionen und damit auch der komplexen e-Funktion. Der bloße Anblick der definierenden Potenzreihen gibt darauf ja gar keinen Hinweis.

Die Zahl π wächst an vielen Stellen der Analysis aus dem Boden, welche davon man zur Definition wählt ist gleich, das Wesentliche ist sowieso das unterirdische Geflecht, das sie alle verbindet. Unsere Grundlegung führte von den Zahlen über die Folgen, Reihen, Potenzreihen zur e-Funktion und zu Sinus und Cosinus, und deshalb schließe ich mich dem Brauch an davon auszugehen, dass ja $\frac{\pi}{2}$ die kleinste positive Nullstelle des Cosinus werden soll.

Wir tun nicht so, als ob wir auch heuristisch keine Ahnung von π hätten, sondern es geht darum, diese Vorstellungen durch richtige Definitionen und bewiesene Aussagen zu befestigen. Einstweilen haben wir noch nicht einmal bewiesen, dass der Cosinus überhaupt eine Nullstelle hat. Dazu betrachten wir jetzt einmal die Reihen für Sinus und Cosinus auf dem Intervall $[0, 2]$ mit ganz naiven Blicken.

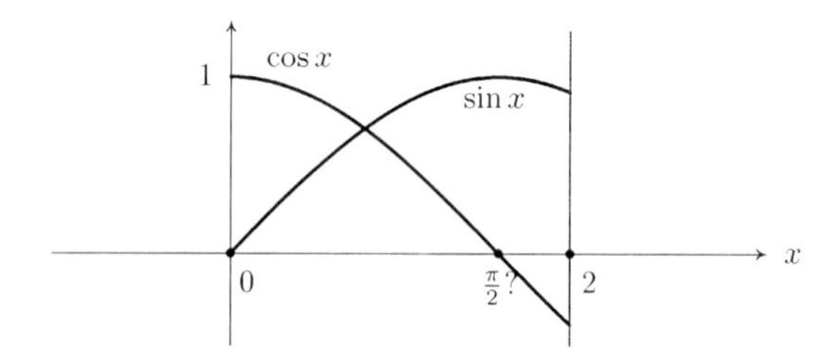

Sieht das wirklich so aus?

Die Beträge der Summanden der Cosinus-Reihe sind dort ab dem zweiten Glied monoton fallend, die der Sinusreihe schon von Anfang an, weil nämlich $\frac{x^2}{n(n+1)} < 1$ für alle $n \geqslant 2$ und $|x| \leqslant 2$ gilt, während die Vorzeichen abwechseln. Deshalb führt das Hinzufügen eines positiven Summanden jeweils an eine Stelle, die von den nachfolgenden Teilsummen nie mehr übertroffen wird, also auch von deren Limes nicht. Analog beim Schritt zurück: ist der letzte Summand einer Teilsumme negativ gewesen, so kann keine der folgenden Teilsummen kleiner sein, also auch der Limes nicht. Also ist jedenfalls

$$\cos 2 \leqslant 1 - \frac{2^2}{2!} + \frac{2^4}{4!} = -\frac{1}{3},$$

und der Cosinus *hat* nach dem Zwischenwertsatz eine Nullstelle zwischen $x = 0$, wo er den Wert 1 hat, und $x = 2$, wo er negativ ist. Mehr brauchten wir für die Definition von π vorerst gar nicht zu wissen, aber wir sehen ja schon, dass für $x \in [0, 2]$ auch

$$\sin x \geqslant x(1 - \frac{x^2}{3!}) \geqslant x(1 - \frac{2^2}{3!}) = \frac{1}{3}x$$

gilt, der Cosinus auf $(0, 2]$ also negative Ableitung hat und deshalb streng monoton fällt und daher dort auch *nur eine* Nullstelle hat.

Definition: Die Zahl π definieren wir als jene eindeutig bestimmte reelle Zahl zwischen Null und 4, welche

$$\boxed{\cos \frac{\pi}{2} = 0}$$

erfüllt. □

Die Periodizität der trigonometrischen Funktionen folgt nun aus der Funktionalgleichung der komplexen e-Funktion! Beachten Sie zunächst, dass wir aus der Eulerformel jetzt $e^{i\frac{\pi}{2}} = i \sin \frac{\pi}{2}$ und $e^{-i\frac{\pi}{2}} = -i \sin \frac{\pi}{2}$ erfahren, aus der Funktionalgleichung also

$$\sin^2 \frac{\pi}{2} = e^{i\frac{\pi}{2}} e^{-i\frac{\pi}{2}} = e^{i\frac{\pi}{2} - i\frac{\pi}{2}} = e^0 = 1\,.$$

Da wir oben schon bemerkt haben, dass der Sinus auf $(0, 2]$ positiv ist, muss also $\sin \frac{\pi}{2} = 1$ und daher

$$\boxed{e^{i\frac{\pi}{2}} = i}$$

sein, woraus wir weiter $e^{i\pi} = -1$ und $e^{2\pi i} = 1$ erhalten. Damit sind wir aber bei der Periodizität der Exponentialfunktion angelangt, denn mit der Funktionalgleichung folgt nun

$$\boxed{e^{z+2\pi i} = e^z e^{2\pi i} = e^z}$$

für alle $z \in \mathbb{C}$. Aus der Eulerschen Formel $e^{ix} = \cos x + i \sin x$ folgt damit auch die 2π-Periodizität des reellen Sinus und Cosinus, und für reelle x und y liest man von

$$e^{i(x+y)} = e^{ix} e^{iy}$$

die bekannten Additionstheoreme für $\sin(x + y)$ und $\cos(x + y)$ ab, auch $\cos^2 x + \sin^2 x = 1$, was ja nichts anderes als $e^{ix}e^{-ix} = 1$ bedeutet. Weiter sehen wir, wie der Cosinus durch Translation aus dem Sinus hervorgeht, da

$$\sin(x + \frac{\pi}{2}) = \cos x$$

nach dem Additionstheorem für den Sinus, usw. usw., es läuft alles wie auf Schienen!

Angemerkt sei noch, dass diese Formeln für Sinus und Cosinus, insbesondere die Additionstheoreme, nicht nur für reelle, sondern auch für komplexe Werte der Variablen gelten. Wenn Sie später die Funktionentheorie kennen, ist Ihnen das aufgrund des so genannten *Identitätssatzes* sowieso klar, einstweilen können wir's aber auch mit wenig Mühe zu Fuß ausrechnen: die Eulerformel, die direkt aus der Reihendarstellung folgt, gilt ja für beliebige $z \in \mathbb{C}$, und aus $e^{\pm iz} = \cos z \pm i \sin z$ gewinnen wir

$$\boxed{\cos z = \frac{e^{iz} + e^{-iz}}{2} \quad \text{und} \quad \sin z = \frac{e^{iz} - e^{-iz}}{2i}}$$

für alle $z \in \mathbb{C}$, was die meisten Fragen beantwortet, die man zum komplexen Sinus und Cosinus stellen kann.

So haben wir den ganzen Exponential- und trigonometrischen Investitionskredit zurückgezahlt, und behalten wir nicht eine hübsche Summe mathematischen Reingewinns übrig? Das will ich meinen.

24.6 Übungsaufgaben

Aufgabe R24.1: Zeigen Sie direkt mittels der Exponentialreihe, dass

$$\lim_{x\to\infty} \frac{x^n}{e^x} = 0$$

für jedes $n \in \mathbb{N}$ gilt, also auch $\lim_{x\to\infty} xe^{-x/n} = 0$, und beweisen Sie daraus (mittels $y := e^{-x}$) dass auch $\lim_{y\searrow 0} \sqrt[n]{y}\ln y = 0$ für jedes $n \in \mathbb{N}$ gilt.

Aufgabe R24.2: Bei der Entwicklung von x^2 in eine Fourierreihe im Intervall $[-\pi, \pi]$ ergibt sich $1 - \frac{1}{4} + \frac{1}{9} - \frac{1}{16} \pm \cdots = \pi^2/12$. Das zu verifizieren ist aber nicht Gegenstand der Aufgabe. Berechnen Sie damit das Integral

$$\int_0^1 \frac{\ln(1+x)}{x} dx$$

mit Hilfe einer Potenzreihe des Integranden, vgl. Aufgabe T24.5.

Aufgabe T24.1: Es bezeichne X einen topologischen Raum und $(f_n)_{n\geq 1}$ eine Folge von Funktionen $f_n : X \to \mathbb{R}$. Schreiben Sie die folgenden Aussagen mittels der Quantoren $\forall$ und $\exists$ nieder: a) Die Folge konvergiert punktweise gegen eine Funktion $f : X \to \mathbb{R}$, b) Die Folge ist lokal beschränkt und c) Die Folge konvergiert nicht lokal gleichmäßig gegen f.

Aufgabe T24.2: Es sei X ein topologischer, (M, d) ein metrischer Raum und $(f_n)_{n\in\mathbb{N}}$ eine Folge von Abbildungen $f_n : X \to M$. Schreiben Sie die folgenden Aussagen mittels der Quantoren $\forall$ und $\exists$ nieder: a) Die Folge konvergiert nicht punktweise, b) Die Folge konvergiert nicht gleichmäßig gegen $f : X \to M$ und c) Die Folge konvergiert lokal gleichmäßig gegen f.

Aufgabe T24.3: Es sei $f : \mathbb{R} \to \mathbb{R}$ eine stetige Funktion mit $f(x) > 0$ für $0 < x < 1$ und $f(x) = 0$ sonst. Sei $f_n : \mathbb{R} \to \mathbb{R}$ durch $f_n(x) := nf(nx)$ definiert. Skizzieren Sie in einem Beispiel die Graphen von f_1, f_2 und f_3. Untersuchen Sie die Funktionenfolge $(f_n)_{n\geq 1}$ auf Konvergenz, gleichmäßige Konvergenz und lokal gleichmäßige Konvergenz.

Aufgabe T24.4: Sei $\sum_{k=1}^{\infty} k(|a_k| + |b_k|) < \infty$. Zeigen Sie, dass die Fourierreihe $\frac{a_0}{2} + \sum_{k=1}^{\infty}(a_k \cos kx + b_k \sin kx)$ eine C^1-Funktion f darstellt und dass $f'(x) = \sum_{k=1}^{\infty}(kb_k \cos kx - ka_k \sin kx)$ gilt.

Aufgabe T24.5: Für $|x| < 1$ ist $\frac{1}{1-x} = \sum_{n=0}^{\infty} x^n$, woraus man z.B. durch Übergang zu Stammfunktionen, durch Ableiten, durch Einsetzen von Potenzen, durch Multiplizieren mit Potenzen weitere Potenzreihendarstellungen von Funktionen herleiten kann. Bestimmen Sie solche Darstellungen um Null und deren Gültigkeitsbereich für

a) $\ln(1+x)$, b) $\ln \dfrac{1}{1-x}$, c) $\dfrac{1}{1+x^2}$, d) $\dfrac{x}{1+x^2}$ und
e) $\arctan x$,

und zeigen Sie umgekehrt, welche Funktionen und wo durch

f) $\sum\limits_{n=0}^{\infty} nx^n$, g) $\sum\limits_{n=0}^{\infty} nx^{2n}$, h) $\sum\limits_{n=1}^{\infty} n^2x^n$ und
i) $\sum\limits_{n=0}^{\infty} n(n-1)x^{2n}$ dargestellt werden.

Aufgabe T24.6: Bestimmen Sie

a) $1 + \frac{2}{10} + \frac{3}{100} + \frac{4}{1000} + \cdots$
b) $1 + \frac{4}{10} + \frac{9}{100} + \frac{16}{1000} + \cdots$
c) $1 - \frac{1}{2} + \frac{1}{3} - \frac{1}{4} \pm \cdots$
d) $1 - \frac{1}{3} + \frac{1}{5} - \frac{1}{7} \pm \cdots$
f) $\frac{\pi^2}{3!} - \frac{\pi^4}{5!} + \frac{\pi^6}{7!} \mp \ldots$

durch Deutung als Wert $f(x_0) = \sum_{n=0}^{\infty} a_n x_0^n$ jeweils einer bekannten Potenzreihe. Hinweis: Bei c) und d) liegt $x_0 > 0$ am Rande des Konvergenzintervalls, beweisen Sie deshalb ad hoc die gleichmäßige Konvergenz der Reihe auf $[0, x_0]$.

25 Taylorentwicklung

25.1 Taylorreihen

Jetzt betrachten wir wieder einmal reellwertige Funktionen $f(x)$ einer reellen Variablen x, und wir fragen uns zunächst, ob, wann und wie man eine solche Funktion um einen gegebenen Punkt x_0 *in eine Potenzreihe entwickeln* kann. Ist $f(x)$ in der Form

$$f(x) = \sum_{k=0}^{\infty} a_k (x - x_0)^k$$

darstellbar? Für welche x? Wie finden wir gegebenenfalls die Koeffizienten a_k? Am leichtesten können wir diese letzte Frage beantworten:

Notiz: *Falls f in einem offenen Intervall um x_0 als Potenzreihe $f(x) = \sum_{k=0}^{\infty} a_k(x - x_0)^k$ darstellbar ist, muss f dort jedenfalls C^∞ sein und es muss*

$$a_k = \frac{1}{k!} f^{(k)}(x_0)$$

für alle k gelten. □

Bilden wir nämlich für ein $n \geqslant 0$ die n-te Ableitung und setzen dann $x = x_0$, so verschwinden die Summanden mit $k < n$ schon beim Ableiten und die mit $k > n$ beim Einsetzen von $x = x_0$, nur der Summand $a_n(x - x_0)^n$ liefert einen Beitrag zu $f^{(n)}(x_0)$, nach n-fachem Ableiten eben $n!a_n$, so kommt das.

K. Jänich, *Mathematik 2*, Springer-Lehrbuch, 2nd ed.,
DOI 10.1007/978-3-642-16150-6_3, © Springer-Verlag Berlin Heidelberg 2011

Definition: Ist $f : (a, b) \to \mathbb{R}$ eine C^∞-Funktion und $x_0 \in (a, b)$, so heißt die Potenzreihe

$$\sum_{k=0}^{\infty} \frac{f^{(k)}(x_0)}{k!}(x - x_0)^k$$

die ***Taylorreihe*** und ihre Koeffizienten die ***Taylorkoeffizienten*** der Funktion f bei x_0. □

Unter allen Potenzreihen um x_0 ist die Taylorreihe also der einzige Kandidat für die Darstellung der Funktion in einer Umgebung von x_0, aber tut sie es wirklich? Nicht immer.

Wenn ich Sie durch den geöffneten Türspalt ins Raritätenkabinett der Beispiele schauen ließe, so dürften Sie sich natürlich fragen, ob Sie das etwas angeht. So etwa werden Sie in freier Wildbahn schwerlich einer Taylorreihe begegnen, die den Konvergenzradius Null hat, also nur an der Stelle x_0 selbst konvergiert. Konstruieren kann man solche Beispiele aber, ja man kann sogar jede beliebig vorgegebene Koeffizientenfolge als Folge der Taylorkoeffizienten einer C^∞-Funktion realisieren.

Dagegen kommt es auch in der Praxis auf Schritt und Tritt vor, dass das Konvergenzintervall $(x_0 - \rho, x_0 + \rho)$ der Taylorreihe kleiner als der Definitionsbereich der Funktion f ist, nehmen Sie $f(x) := \frac{1}{1+x^2}$ als Beispiel, eine auf ganz $\mathbb{R}$ sehr harmlose Funktion, aber $\frac{1}{1+x^2} = \sum_{k=0}^{\infty}(-1)^k x^{2k}$ gilt nur auf $(-1, 1)$, außerhalb dieses Intervalls divergiert die Reihe sogar.

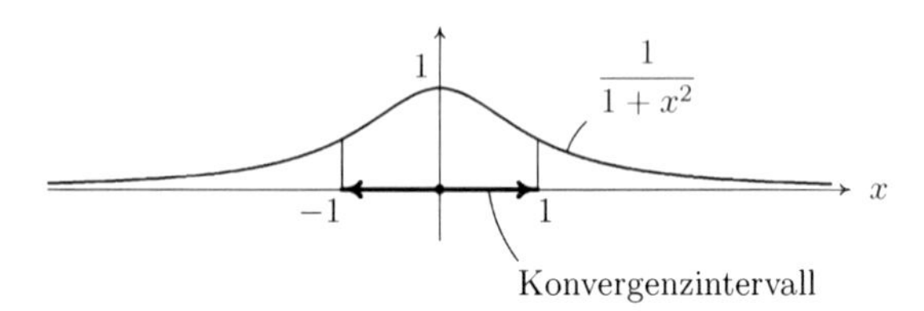

Kleines Konvergenzintervall der Taylorreihe trotz großem Definitionsbereich der Funktion

Im Komplexen sieht man freilich, inwiefern doch die Funktion $\frac{1}{1+z^2}$ selbst daran Schuld ist, denn $1/(1 + z^2) = \sum_{k=0}^{\infty}(-1)^k z^{2k}$ gilt auf der ganzen Kreisscheibe $|z| < 1$, bei Annäherung $z \to \pm i$ geht die Funktion und mit ihr die darstellende Reihe betragsmäßig gegen ∞, also kann die Reihe beim besten Willen keinen größeren Konvergenzradius haben. Aber was immer die komplexen Hintergründe seien: das kommt im Reellen alle Tage vor.

Nicht alltäglich, aber aus einem technischen Grunde später für uns wichtig, ist das Vorkommnis, dass eine Taylorreihe konvergiert, aber die Funktion in keinem Intervall um x_0 darstellt. Es ist nämlich zuweilen nützlich, eine C^∞-Funktion $\lambda(x)$ zur Hand zu haben, die für alle $x \leqslant 0$ Null, für alle $x > 0$ aber positiv ist. Daraus könnte man sich dann allerlei weitere C^∞-Funktionen mit speziellen Eigenschaften maßschneidern, schauen Sie zum Beispiel $\mu(x) := \lambda(1{+}x)\lambda(1{-}x)$ und die Stammfunktion $\nu(x) := \int_0^x \mu(t)\,dt$ davon an:

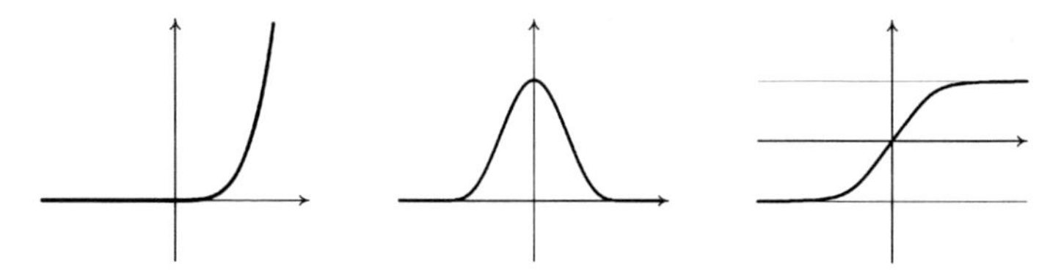

λ aus Null aufsteigend *'Buckelfunktion' μ* *Stufenfunktion ν*

Die Ableitungen einer solchen Funktion λ wären dann für $x \leqslant 0$ natürlich auch alle Null, insbesondere die Taylorkoeffizienten bei $x_0 = 0$, die Taylorreihe um 0 ist also identisch Null. Die Funktion soll aber für $x > 0$ positiv sein!

Hinzeichnen lässt sich so etwas leicht, aber lässt es sich C^∞ verwirklichen? Die Funktion $f(x) := 0$ für $x \leqslant 0$ und $f(x) := x^2$ für $x > 0$, die so ähnlich aussieht, ist zwar C^1, aber nicht C^2, mit x^3 statt x^2 erhielten wir eine C^2-Funktion, die aber nicht C^3 wäre, Sie sehen das Problem. Es geht aber doch, zum Beispiel so[1]:

$$\lambda(x) := \begin{cases} 0 & \text{für } x \leqslant 0 \\ e^{-\frac{1}{x}} & \text{für } x > 0. \end{cases}$$

Die Beziehungen zwischen den C^∞-Funktionen und ihren Taylorreihen sind also nicht immer ganz ungetrübt, manchmal gehen die Taylorreihen ihre eigenen Wege. Für diejenigen Funktionen, die sich *gut* mit ihren Taylorreihen vertragen, gibt es eine spezielle Bezeichnung:

Definition: Eine C^∞-Funktion $f : D \to \mathbb{R}$ mit offenem Definitionsbereich $D \subset \mathbb{R}$ heißt ***reell-analytisch***, wenn sie für jedes $x_0 \in D$ in einer Umgebung von x_0 durch ihre Taylorreihe bei x_0 dargestellt wird. □

Reell-analytische Funktionen sind keine Seltenheit, man kann zum Beispiel zeigen, dass alle die so genannten *elementaren Funktionen* reell-analytisch sind. Ich will aber jetzt nicht näher darauf eingehen,[2] es ist ein Thema, das seinen besten Nährboden in der Funktionentheorie findet.

25.2 Taylorpolynome

Nicht immer will oder kann man eine Funktion, an deren Verhalten in der Nähe eines Punktes x_0 man interessiert ist, dort in eine Taylorreihe entwickeln. Oft möchte man stattdessen für ein festes n (und oft genug einfach für $n = 2$) dasjenige Polynom höchstens n-ten Grades kennen, welches die Funktion nahe x_0 am besten approximiert. Es wird Sie zwar nicht überraschen, dass dieses Polynom so aussieht wie der Anfang der Taylorreihe:

Definition: Es sei wieder $D \subset \mathbb{R}$ offen, $x_0 \in D$, $n \geqslant 0$, und es sei $f : D \to \mathbb{R}$ eine C^n-Funktion. Dann heißt

$$P_n(x) := \sum_{k=0}^{n} \frac{f^{(k)}(x_0)}{k!}(x - x_0)^k$$

das ***n-te Taylorpolynom*** von f an der Stelle x_0. □

Aber die Aussage, das n-te Taylorpolynom sei bestapproximierend, erhält natürlich erst einen Sinn, wenn wir angeben, wie die Güte der Approximation gemessen werden soll. Würden wir zum Beispiel ein

$\varepsilon > 0$ vorgeben und die kleinste Fehlerschranke auf $[x_0 - \varepsilon, x_0 + \varepsilon]$, also das Minimum

$$\min\{|f(x) - P(x)| \mid |x - x_0| \leqslant \varepsilon\}$$

als Maß der Approximationsgüte von f durch P ansehen, dann wäre das Taylorpolynom meistens *nicht* das Beste unter allen Polynomen höchstens n-ten Grades. Beim Taylorpolynom geht es aber nicht um gleichmäßige Fehlerschranken auf festem Intervall, sondern um das Verhalten des Fehlers beim Grenzübergang $x \to x_0$.

Definition: Zwei um x_0 definierte Funktionen f und g ***approximieren einander von n-ter Ordnung*** an der Stelle x_0, wenn

$$\lim_{x \to x_0} \frac{f(x) - g(x)}{|x - x_0|^n} = 0$$

gilt, also die Abweichung selbst bei Division durch $|x - x_0|^n$ noch gegen Null geht. □

Es ist klar, dass eine Funktion nur von *einem* Polynom höchstens n-ten Grades von n-ter Ordnung bei x_0 approximiert werden kann. Denn wenn zwei Polynome P und Q das tun, dann approximieren sie nach der Dreiecksungleichung auch *einander* von n-ter und damit erst recht von jeder kleineren Ordnung, und wenn wir nun die Abweichung $P(x) - Q(x)$, nach Potenzen von $(x - x_0)$ geordnet, als $\sum_{k=0}^n b_k(x - x_0)^k$ schreiben, so folgt $b_0 = 0$ wegen der Approximation nullter Ordnung, danach $b_1 = 0$ wegen der Approximation erster Ordnung und induktiv so weiter, also $P = Q$.

Ob aber das n-te Taylorpolynom die Funktion von n-ter Ordnung approximiert? Wird die Funktion lokal um x_0 durch ihre Taylorreihe $\sum_{k=0}^\infty a_k(x - x_0)^k$ dargestellt, dann schon, denn dann ist

$$f(x) - P_n(x) = (x - x_0)^{n+1} \sum_{k=0}^{\infty} a_{n+1+k}(x - x_0)^k ,$$

wobei diese Potenzreihe noch für dieselben x konvergiert, also auch eine stetige Funktion darstellt und es deshalb keine bösen Überraschungen beim Limes geben kann. Wenn aber die Taylorreihe die

Funktion nicht darstellt? Oder wenn wir die Taylorreihe gar nicht bilden können, weil die Funktion nur C^n und nicht C^∞ ist? Gibt es dann wieder ein Raritätenkabinett seltsamer Beispiele? Gibt es nicht, denn es gilt:

Approximationslemma: *Zwei um x_0 definierte C^n-Funktionen f und $\widetilde{f}$ approximieren einander genau dann von n-ter Ordnung bei x_0, wenn $f^{(k)}(x_0) = \widetilde{f}^{(k)}(x_0)$ für $k = 0, \dots, n$ gilt.*

Beweis: OBdA dürfen wir $\widetilde{f} \equiv 0$ annehmen, sonst betrachteten wir eben $f - \widetilde{f}$ und 0 statt f und $\widetilde{f}$. Zu zeigen ist also, dass

$$f(x_0) = f'(x_0) = \cdots = f^{(n)}(x_0) = 0$$

bei einer C^n-Funktion genau dann eintritt, wenn

$$\lim_{x \to x_0} \frac{f(x)}{(x - x_0)^n} = 0$$

gilt. Für $n = 0$ und $n = 1$ ist das ja klar, für $n = 2$ aber schon nicht mehr! Es gibt aber in der Infinitesimalrechnung eigens für die Bestimmung von Grenzwerten von Quotienten differenzierbarer Funktionen, bei denen Zähler und Nenner beide gegen Null gehen, so genannte *l'Hospitalsche Regeln.* Diese Regeln sind zwar schon über dreihundert Jahre alt (der Marquis de l'Hospital lebte von 1661-1704), sie sind aber heute noch so frisch wie damals, hier ist eine:

l'Hospitalsche Regel: *Es seien $f, g : [0, a) \to \mathbb{R}$ zwei stetige Funktionen mit $f(0) = g(0) = 0$, die auf dem offenen Intervall $(0, a)$ sogar differenzierbar sind, und es gelte $g(x) \neq 0$ und $g'(x) \neq 0$ für alle $0 < x < a$. Existiert dann der Limes $\lim\limits_{x \searrow 0} \frac{f'(x)}{g'(x)}$, so gilt*

$$\boxed{\lim_{x \searrow 0} \frac{f(x)}{g(x)} = \lim_{x \searrow 0} \frac{f'(x)}{g'(x)}\,.}$$

Beweis der l'Hospitalschen Regel: Der Trick besteht darin, für jedes feste x mit $0 < x < a$ die Hilfsfunktion

$$\begin{aligned} h_x : [0, x] &\to \mathbb{R} \\ \xi &\mapsto f(\xi)g(x) - f(x)g(\xi) \end{aligned}$$

zu betrachten. Diese Funktion verschwindet an den Intervall-Enden 0 und x, und deshalb gibt es nach dem Satz von Rolle (Mittelwertsatz) jeweils ein $0 < \xi_x < x$ mit $\frac{dh_x}{d\xi}(\xi_x) = 0$, das heißt aber $f'(\xi_x)g(x) - f(x)g'(\xi_x) = 0$ oder

$$\frac{f(x)}{g(x)} = \frac{f'(\xi_x)}{g'(\xi_x)},$$

und daraus folgt die l'Hospitalsche Regel.

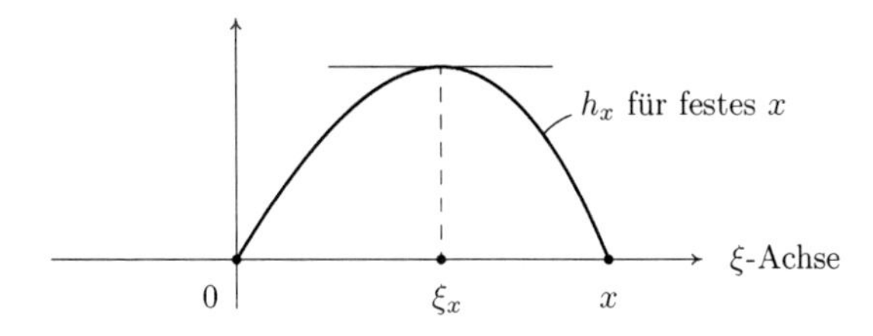

Die Hilfsfunktion beim Beweis der l'Hospitalschen Regel

Ausgerüstet mit der l'Hospitalschen Regel fahren wir nun im Beweis des Approximationslemmas fort. Sobald man von einer C^n-Funktion nur weiß, dass sie bei x_0 eine Nullstelle mindestens $(n-1)$-ter Ordnung hat, dass also $f(x_0) = \cdots = f^{(n-1)}(x_0) = 0$ gilt, folgt induktiv aus der l'Hospitalschen Regel:

$$\lim_{x \to x_0} \frac{f(x)}{(x-x_0)^n} = \lim_{x \to x_0} \frac{f'(x)}{n(x-x_0)^{n-1}} = \cdots = \lim_{x \to x_0} \frac{f^{(n)}(x)}{n!} = \frac{f^{(n)}(x_0)}{n!},$$

das ist immer so. Beim Induktionsschritt des Approximationslemmas von $n-1$ auf n *wissen* wir aber, dass f bei x_0 eine Nullstelle mindestens $(n-1)$-ter Ordnung hat, beim Beweis der einen Richtung ($\Rightarrow$) sowieso und beim Beweis der anderen Richtung aus der Induktionsannahme. □

Somit haben wir also das Approximationslemma bewiesen und wissen jetzt, dass zwei C^n-Funktionen, deren Ableitungen bei x_0 von der nullten bis zur n-ten Ordnung übereinstimmen, einander auch von n-ter Ordnung approximieren. Da nun das n-te Taylorpolynom gerade so definiert ist, dass es bei x_0 dieselben Ableitungen bis zur n-ten Ordnung wie die Funktion hat, folgt natürlich:

Korollar: *Das n-te Taylorpolynom bei x_0 einer um x_0 definierten C^n-Funktion ist das einzige Polynom höchstens n-ten Grades, das die Funktion bei x_0 von n-ter Ordnung approximiert.* □

Dieses Korollar spricht rein und rund den Sinn des Taylorpolynoms aus.

Wir haben im Beweis des Approximationslemmas eine l'Hospitalsche Regel kennengelernt. Darin wird ein Limes durch einen anderen ausgedrückt. Wenn Sie aber noch mehr Voraussetzungen treffen, kommen Sie auch ohne erneute Limesbildung zum Ziel:

Noch eine l'Hospitalsche Regel: *Sind f und g zwei C^n-Funktionen um x_0 und ist*

$$\begin{aligned} f(x_0) = f'(x_0) = \ldots = f^{(n-1)}(x_0) = 0 \quad \textit{und} \\ g(x_0) = g'(x_0) = \ldots = g^{(n-1)}(x_0) = 0\,, \end{aligned}$$

aber $g^{(n)}(x_0) \neq 0$, so gilt

$$\boxed{\lim_{x \to x_0} \frac{f(x)}{g(x)} = \frac{f^{(n)}(x_0)}{g^{(n)}(x_0)}}$$

Beweis: Unter den gemachten Voraussetzungen sind die n-ten Taylorpolynome von f und g bei x_0 einfach $P_n = \frac{1}{n!} f^{(n)}(x_0)(x - x_0)^n$ und $Q_n = \frac{1}{n!} g^{(n)}(x_0)(x - x_0)^n$, und daher gilt für $x \neq x_0$

$$\frac{f(x)}{g(x)} = \frac{P_n(x) + (f(x) - P_n(x))}{Q_n(x) + (g(x) - Q_n(x))} = \frac{f^{(n)}(x_0) + \frac{n!(f(x) - P_n(x))}{(x - x_0)^n}}{g^{(n)}(x_0) + \frac{n!(g(x) - Q_n(x))}{(x - x_0)^n}}\,,$$

und die Regel folgt aus der Approximationseigenschaft der Taylorpolynome. □

Oft kommt man mit dem Fall $n = 1$ schon aus, für den sich die Formel direkt aus der Definition der Ableitung ergibt, denn $f(x)/g(x)$ ist im Falle $f(x_0) = g(x_0) = 0$ ja auch der Quotient $\frac{f(x)}{x - x_0} \Big/ \frac{g(x)}{x - x_0}$

der Differenzenquotienten. Beachten Sie aber, dass unsere allererste Fassung der l'Hospitalschen Regel auch härtere Nüsse knackt, weil sie auch noch greift, wenn die Funktionen bei x_0 selbst gar nicht mehr differenzierbar sind.

25.3 Das Restglied

Unter dem ***n-ten Restglied*** R_n der Taylorentwicklung einer C^n-Funktion f an einer Stelle x_0 versteht man die Differenz zwischen Funktion und n-tem Taylorpolynom, also den *Fehlerterm* des n-ten Taylorpolynoms:

$$R_n(x) := f(x) - \sum_{k=0}^{n} \frac{f^{(k)}(x_0)}{k!}(x - x_0)^k$$

Davon kennen wir bisher eigentlich nur die das Taylorpolynom charakterisierende Eigenschaft

$$\lim_{x \to x_0} \frac{R_n(x)}{(x - x_0)^n} = 0\,,$$

was für theoretische Zwecke meist auch ausreicht. Oft kommt es aber auf genauere Informationen oder numerische Abschätzungen an, und dazu dienen verschiedene *Restgliedformeln*, von denen wir hier zwei betrachten wollen.

Die älteste Restgliedformel stammt von Brook Taylor (1685-1731) selbst. Sie prägt sich nicht ohne weiteres dem Gedächtnis ein, lässt sich dafür aber auf eine leicht zu merkende elegante Weise jederzeit reprodzieren: *beginne für festes x mit der Aussage des 'HDI'*

$$f(x) = f(x_0) + \int_{x_0}^{x} f'(t)\,dt$$

und treibe den Ableitungsgrad im Integranden durch fortgesetzte partielle Integration immer höher!

Machen wir das. Bei der ersten partiellen Integration setzen wir also $u := f'$ und $v' = 1$, folglich $u' = f''$, und wir könnten zwar

$v = t$ wählen, aber der Situation besser angepasst ist $v = t - x$, weil dann der Term $\big[u(t)v(t)\big]_{t=x_0}^{t=x}$ nur die Ableitung von f an der Stelle x_0 enthält, was schon gleich viel taylorpolynomischer aussieht. So ergibt sich

$$f(x) = f(x_0) + f'(x_0)(x - x_0) - \int_{x_0}^{x} (t - x)f''(t)\,dt\,.$$

Wenn Sie jetzt das Minuszeichen *nicht* in das Integral hineinziehen, geht auch alles gut, aber ein bisschen übersichtlicher ist es schon, wenn wir

$$f(x) = f(x_0) + f'(x_0)(x - x_0) + \int_{x_0}^{x} (x - t)f''(t)\,dt$$

daraus machen, wie Sie bei der nächsten partiellen Integration merken, die nun

$$f(x) = f(x_0) + f'(x_0)(x - x_0) + f''(x_0)\frac{(x - x_0)^2}{2} + \int_{x_0}^{x} \frac{(x - t)^2}{2} f'''(t)\,dt$$

ergibt, und Sie sehen schon, wie es weiter geht. Nach dem n-ten Schritt steht die fertige Formel da:

Restgliedformel von Taylor: *Ist f eine C^{n+1}-Funktion auf einem offenen allgemeinen Intervall $D \subset \mathbb{R}$ und $x_0 \in D$, so gilt für das n-te Restglied der Taylorentwicklung bei x_0*

$$R_n(x) = \int_{x_0}^{x} \frac{(x - t)^n}{n!} f^{(n+1)}(t)\,dt$$

für alle $x \in D$. □

Aus der Taylorschen Restgliedformel leiten wir als Korollar die Restgliedformel von Lagrange ab, die den Vorteil hat, kein Integral mehr zu enthalten, dafür aber mit einer nicht näher bekannten Zwischenstelle operieren muss:

Restgliedformel von Lagrange: *Ist f wie oben eine C^{n+1}-Funktion auf einem offenen allgemeinen Intervall $D \subset \mathbb{R}$ und $x_0 \in D$, so gibt es für jedes $x \in D$ eine Stelle ξ_x zwischen x_0 und x, so dass*

$$R_n(x) = \frac{f^{(n+1)}(\xi_x)}{(n+1)!}(x-x_0)^{n+1}$$

gilt. □

Beweis: OBdA sei $x_0 < x$. Die stetige Funktion $f^{(n+1)}|[x_0, x]$ nimmt Maximum und Minimum an, sagen wir an den Stellen x_1 und x_2 in $[x_0, x]$. Dann folgt aus der Taylorschen Restgliedformel

$$f^{(n+1)}(x_1)\int_{x_0}^{x}\frac{(x-t)^n}{n!}\,dt \leqslant R_n(x) \leqslant f^{(n+1)}(x_2)\int_{x_0}^{x}\frac{(x-t)^n}{n!}\,dt\,.$$

Das Integral ist aber $(x-x_0)^{(n+1)}/(n+1)!$, und die Behauptung folgt deshalb aus dem Zwischenwertsatz für $f^{(n+1)}$. □

Das Lagrange-Restglied sieht also fast wie der $(n+1)$-te Taylorsummand aus, nur muss die Ableitung nicht bei x_0, sondern an einer geeigneten Stelle ξ_x zwischen x_0 und x genommen werden. Aber wenn diese Stelle auch unbekannt ist, folgt doch aus der Lagrangeschen Restgliedformel sofort die meistgebrauchte Fehlerabschätzung bei der Taylorentwicklung:

Korollar: *Ist $|f^{(n+1)}(\xi)| \leqslant C$ für alle ξ zwischen x_0 und x, so gilt für das Lagrangesche Restglied offenbar*

$$|R_n(x)| \leqslant \frac{C}{(n+1)!}|x-x_0|^{n+1}\,.$$

25.4 Taylorentwicklung in mehreren Variablen

In der *Multiindexschreibweise*, die ich gleich erklären werde, sieht die Taylorentwicklung in mehreren Variablen genau so wie in einer Variablen aus, man merkt fast gar nicht, dass man im mehrdimensionalen Fall ist! Freilich muss man sich an die Multiindexschreibweise erst gewöhnen. So sieht sie aus:

Definition: Unter einem ***Multiindex*** für n Variable versteht man ein n-tupel $\alpha = (\alpha_1, \dots \alpha_n) \in \mathbb{N}_0^n$ von nichtnegativen ganzen Zahlen. Man nennt $|\alpha| := \alpha_1 + \cdots + \alpha_n$ den ***Grad*** des Multiindex. Die ***Multiindexschreibweise*** besteht in den Notationen

$$\begin{aligned} \alpha! &:= \alpha_1! \cdot \ldots \cdot \alpha_n! \\ \vec{x}^{\,\alpha} &:= x_1^{\alpha_1} \cdot \ldots \cdot x_n^{\alpha_n} \\ D^\alpha &:= \frac{\partial^{|\alpha|}}{\partial x_1^{\alpha_1} \ldots \partial x_n^{\alpha_n}}\,. \end{aligned}$$

□

Notieren wir zum Gewöhnen an die neue Schreibweise einige einfache und, wie sich bald zeigen wird, zum Ausrechnen der Taylorentwicklung nützliche Tatsachen. Offenbar ist

(1) $\vec{x}^{\,\alpha}\vec{x}^{\,\beta} = \vec{x}^{\,\alpha+\beta}$,

(2) $D^\alpha D^\beta = D^{\alpha+\beta}$,

(3) $x_i = \vec{x}^{\,(0,..,1,..,0)} = \vec{x}^{\,\vec{e}_i}$,

(4) $\frac{\partial}{\partial x_i} = D^{\vec{e}_i}$ und

(5) $D^\alpha \vec{x}^{\,\alpha} = \alpha!$.

Das einzelne Produkt $\vec{x}^{\,\alpha}$ nennt man ein ***Monom*** vom Grade $|\alpha|$, eine Linearkombination

$$P(\vec{x}) = \sum_{|\alpha| \leqslant r} c_\alpha \vec{x}^{\,\alpha}$$

von Monomen ein ***Polynom*** vom Grade kleiner oder gleich r in den Variablen $x_1, \dots, x_n$. Die Koeffizienten $c_\alpha \in \mathbb{R}$ sind durch das

Polynom eindeutig bestimmt, denn aus (5) folgt $(D^\alpha P)(0) = \alpha! c_\alpha$, weil alle anderen Summanden entweder schon beim Ableiten oder nach dem Einsetzen von $\vec{x} = 0$ verschwinden.

Für ein festes $\vec{x}_0$ ist natürlich auch $\sum_{|\alpha|\leqslant r} c_\alpha(\vec{x} - \vec{x}_0)^\alpha$ ein Polynom in den Variablen $x_1, \ldots, x_n$, und umgekehrt kann man auch jedes Polynom der Form $P(\vec{x}) = \sum_{|\alpha|\leqslant r} c_\alpha \vec{x}^\alpha$ nach Multipotenzen von $(\vec{x} - \vec{x}_0)$ ordnen, also in der Form $\sum_{|\beta|\leqslant r} b_\beta(\vec{x} - \vec{x}_0)^\beta$ schreiben, das macht man wie in einer Variablen, indem man von $P(\vec{x}) = P((\vec{x} - \vec{x}_0) + \vec{x}_0)$ ausgeht.

Eine Linearkombination von Monomen eines festen Grades k nennt man ein ***homogenes Polynom*** vom Grade k. Für $k \leqslant 2$ treffen wir hier gute Bekannte aus der linearen Algebra an. Ein homogenes Polynom vom Grade Null ist natürlich einfach eine Konstante, aber ein homogenes Polynom vom Grade 1 ist eine lineare Form $\mathbb{R}^n \to \mathbb{R}$ und eines vom Grade 2 ist eine quadratische Form $\mathbb{R}^n \to \mathbb{R}$. Wissen Sie noch, wie man aus einer als homogenes Polynom hingeschriebenen quadratischen Form Q auf dem $\mathbb{R}^n$ die symmetrische Matrix B findet, die Q durch $Q(\vec{x}) = \vec{x}^t B \vec{x}$ beschreibt? Rasch ein Beispiel in drei Variablen x, y, z. Es sei $Q(x, y, z) = 3x^2 + y^2 - z^2 - xy + 4yz + 2xz$. Dann ist

$$B = \begin{pmatrix} 3 & -\frac{1}{2} & 1 \\ -\frac{1}{2} & 1 & 2 \\ 1 & 2 & -1 \end{pmatrix}$$

die dazu gehörige Matrix. Die Koeffizienten der Quadrate übernehmen wir direkt in die Hauptdiagonale, aber den Koeffizienten des gemischten Terms $4yz$ zum Beispiel müssen wir je zur Hälfte auf b_{23} und b_{32} verteilen, denn diese beiden leisten zu $\vec{x}^t B \vec{x}$ den Beitrag $b_{23}x_2x_3 + b_{32}x_3x_2$ oder $(b_{23} + b_{32})yz$ in der x, y, z-Schreibweise, wegen der Symmetrie der Matrix bekommt also jeder die Hälfte des Koeffizienten vor dem Monom yz.

Das r-te *Taylorpolynom* $P_r(\vec{x})$ einer Funktion $f(\vec{x})$ bei $\vec{x}_0$ soll natürlich wieder jenes eindeutig bestimmte Polynom höchstens r-ten Grades sein, das die Funktion bei $\vec{x}_0$ von r-ter Ordnung approximiert, d.h. welches $\lim_{\vec{x}\to\vec{x}_0}(f(\vec{x}) - P_r(\vec{x}))/\|\vec{x} - \vec{x}_0\|^r = 0$ erfüllt.

Die Aufgabe, ein solches Polynom zu finden und Genaueres über das Restglied auszusagen, führt man mittels einer einfachen Idee auf den Fall einer Variablen zurück. Für festes $\vec{x} \neq \vec{x}_0$ betrachten wir nämlich f längs der Geraden durch $\vec{x}_0$ und $\vec{x}$! Technisch heißt das, wir studieren die nur von einer Variablen t abhängige Hilfsfunktion $g(t) := f(\vec{x}_0 + t(\vec{x} - \vec{x}_0))$.

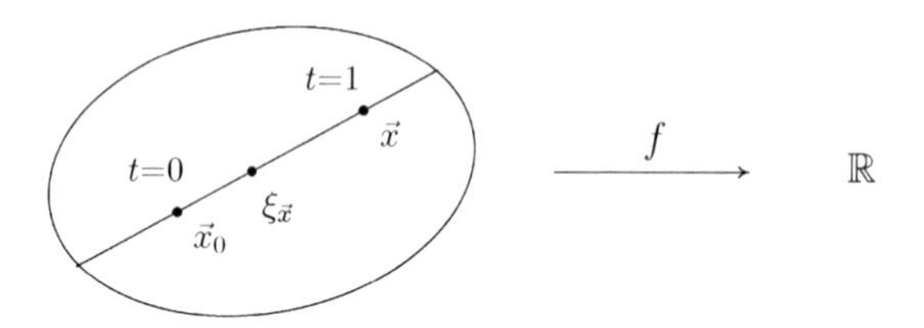

Die Funktion f wird längs einer Geraden betrachtet

Dann ist $g(1) = f(\vec{x})$, und wir rechnen nun aus und schauen nach, was die gewöhnliche Taylorentwicklung

$$g(t) = g(0) + \dot{g}(0)t + \cdots + \frac{g^{(r)}(0)}{r!}\, t^r + \text{Restglied}$$

für $g(1)$ bedeutet. Der Einfachheit halber wollen wir gleich f und damit auch g als C^{r+1}-Funktionen voraussetzen und die Restgliedformel von Lagrange anwenden. Dann ergibt sich:

Lemma (Taylorentwicklung in n Variablen): *Sei $B \subset \mathbb{R}^n$ offen, $\vec{x}_0 \in B$ und $f : B \to \mathbb{R}$ eine C^{r+1}-Funktion. Dann gibt es für jedes $\vec{x} \in B$, für welches die Strecke zwischen $\vec{x}_0$ und $\vec{x}$ ganz in B liegt, eine "Zwischenstelle" $\xi_{\vec{x}}$ auf dieser Strecke, d.h. ein $\xi_{\vec{x}} = \vec{x}_0 + t_{\vec{x}}(\vec{x} - \vec{x}_0)$ für ein geeignetes $0 < t_{\vec{x}} < 1$ mit*

$$f(\vec{x}) = \underbrace{\sum_{|\alpha| \leqslant r} \frac{D^\alpha f(\vec{x}_0)}{\alpha!}(\vec{x} - \vec{x}_0)^\alpha}_{\text{Taylorpolynom}} + \underbrace{\sum_{|\alpha| = r+1} \frac{D^\alpha f(\xi_{\vec{x}})}{\alpha!}(\vec{x} - \vec{x}_0)^\alpha}_{\text{Restglied}} .$$

BEWEIS: Sie glauben mir's freilich auch so, aber ich will den Beweis trotzdem nicht in die Fußnoten abschieben, weil Sie etwas Übung im Umgang mit den Multiindices gebrauchen können. — Zur Abkürzung sei jetzt $\vec{v} := \vec{x} - \vec{x}_0$ gesetzt. Wir haben nur

$$g^{(k)}(t) = k! \sum_{|\alpha|=k} \frac{D^\alpha f(\vec{x}_0 + t\vec{v})}{\alpha!} \vec{v}^\alpha$$

zu zeigen, dann folgt die Behauptung aus der uns schon bekannten eindimensionalen Taylorentwicklung für g. Induktion nach k beginnt trivial, wir führen den Schluss von k auf $k+1$. Nach Induktionsannahme ist

$$g^{(k+1)}(t) = \frac{d}{dt} g^{(k)}(t) = k! \sum_{|\alpha|=k} \frac{\frac{d}{dt} D^\alpha f(\vec{x}_0 + t\vec{v})}{\alpha!} \vec{v}^\alpha .$$

Wir haben uns also um den Zähler $\frac{d}{dt} D^\alpha f(\vec{x}_0 + t\vec{v})$ zu kümmern. Nach der Kettenregel beim Einsetzen einer Kurve γ in eine Funktion φ, an die ich hier aus reiner Gutmütigkeit wieder erinnere, gilt allgemein $\frac{d}{dt}\varphi(\gamma_1(t), \ldots, \gamma_n(t)) = \sum\limits_{i=1}^{n} \frac{\partial \varphi}{\partial x_i}(\gamma(t))\, \dot{\gamma}_i(t)$, und daher ist

$$\frac{d}{dt} D^\alpha f(\vec{x}_0 + t\vec{v}) = \sum_{i=1}^{n} \frac{\partial}{\partial x_i} D^\alpha f(\vec{x}_0 + t\vec{v})\, v_i .$$

Wenn wir nun $\frac{\partial}{\partial x_i}$ und das v_i in die Multiindexschreibweise einbeziehen, dann liest sich das als

$$\frac{d}{dt} D^\alpha f(\vec{x}_0 + t\vec{v}) = \sum_{i=1}^{n} D^{\alpha + \vec{e}_i} f(\vec{x}_0 + t\vec{v})\, \vec{v}^{\vec{e}_i} ,$$

und so erhalten wir das Zwischenresultat

$$\boxed{g^{(k+1)}(t) = k! \sum_{|\alpha|=k} \frac{D^{\alpha+\vec{e}_i} f(\vec{x}_0 + t\vec{v})}{\alpha!} \vec{v}^{\alpha+\vec{e}_i} .}$$

Jetzt hebt das große Zählen an. Es ist $|\alpha + \vec{e}_i| = k+1$, man kann die rechte Seite deshalb in der Form $\sum_{|\beta|=k+1} c_\beta\, D^\beta f(\vec{x}_0 + t\vec{v}) \vec{v}^\beta$

schreiben, aber gilt auch wirklich $c_\beta = (k+1)!/\beta!$ wie wir zeigen sollen? Für festes β ist c_β jedenfalls eine Summe über die i mit $\beta_i > 0$, nämlich $c_\beta = k! \sum_i \frac{1}{(\beta - \vec{e}_i)!}$, und da sich $\beta!$ nur um den Faktor β_i von $(\beta - \vec{e}_i)!$ unterscheidet, ist $c_\beta = k! \sum_{i=1}^n \frac{\beta_i}{\beta!}$, wobei es nichts schadet, der Deutlichkeit halber über alle i zu summieren, die eigentlich nicht zugelassenen steuern eh' nichts bei. Aber $\sum_{i=1}^n \beta_i = |\beta| = k+1$, und daher ist c_β wirklich $k!(k+1)/\beta!$, wie es sein soll. □

Korollar: *Ist $f : B \to \mathbb{R}$ wieder eine C^{r+1}-Funktion und $K \subset B$ eine kompakte Kugel um $\vec{x}_0$, so gibt es ein $C > 0$, so dass für das Restglied $R_r(\vec{x})$ des r-ten Taylorpolynoms die Abschätzung*

$$|R_r(\vec{x})| \leqslant C \|\vec{x} - \vec{x}_0\|^{r+1}$$

für alle $\vec{x} \in K$ gilt, insbesondere ist

$$\boxed{\lim_{\vec{x} \to \vec{x}_0} \frac{R_r(\vec{x})}{\|\vec{x} - \vec{x}_0\|^r} = 0\,.}$$

BEWEIS: Weil f als C^{r+1} vorausgesetzt ist, sind die partiellen Ableitungen $D^\alpha f$ auch für $|\alpha| = r+1$ noch stetig und daher auf K beschränkt. Außerdem ist jeder Faktor $(x_i - x_{0i})$ von $(\vec{x} - \vec{x}_0)^\alpha$ dem Betrage nach kleiner oder gleich $\|\vec{x} - \vec{x}_0\|$. □

25.5 Hesse-Matrix und kritische Stellen

Schauen wir das zweite Taylorpolynom genauer an. Es sei $\vec{x}_0 \in B$ ein fester Punkt im offenen Definitionsbereich $B \subset \mathbb{R}^n$ einer C^3-Funktion $f : B \to \mathbb{R}$. Statt $\vec{x} - \vec{x}_0$ schreiben wir jetzt systematisch immer $\vec{v}$ und notieren auch das zweite Restglied als $R_2(\vec{v})$, so dass die Taylorentwicklung bis zur zweiten Ordnung jetzt als

$$f(\vec{x}_0 + \vec{v}) = \sum_{|\alpha| \leqslant 2} \frac{D^\alpha f(\vec{x}_0)}{\alpha!} \vec{v}^\alpha + R_2(\vec{v})$$

dasteht, und wir wissen, dass $\lim_{\vec{v} \to 0} R_2(\vec{v})/\|\vec{v}\|^2 = 0$ gilt. — Multiindices vom Grade $|\alpha| = 0$ gibt es nur einen, nämlich $(0, \dots, 0)$, und wir sehen $\sum_{|\alpha|=0} \frac{D^\alpha f(\vec{x}_0)}{\alpha!}\vec{v}^\alpha = f(\vec{x}_0)$. Die Multiindices vom Grad $|\alpha| = 1$ sind genau die "Einheitsindices" $\vec{e}_i = (0, \ldots, 1, \ldots, 0)$ und deshalb ist der lineare Term $\sum_{|\alpha|=1} \frac{D^\alpha f(\vec{x}_0)}{\alpha!}\vec{v}^\alpha$ im Taylorpolynom gerade

$$\sum_{i=1}^{n} \frac{\partial f}{\partial x_i}(\vec{x}_0)v_i,$$

also, wie es ja auch sein muss, die Anwendung des Differentials oder der Jacobimatrix (hier eine Zeile) an der Stelle $\vec{x}_0$ auf den Vektor $\vec{v}$, oder auch das Skalarprodukt des Gradienten von f mit $\vec{v}$.

Nun aber zu den Multiindices vom Grade zwei! Davon gibt es zwei Arten, nämlich den Typ $\alpha = (0, \ldots, 2, \ldots, 0)$ mit einer 2 und sonst Nullen, also $\alpha! = 2$, und den Typ $\alpha = (0,...,1,...,1,...,0)$ mit je einer 1 an zwei Stellen $1 \leqslant i < j \leqslant n$ und sonst Nullen, $\alpha! = 1$. Deshalb ist der quadratische Anteil im zweiten Taylorpolynom

$$\sum_{|\alpha|=2} \frac{D^\alpha f(\vec{x}_0)}{\alpha!}\vec{v}^\alpha = \sum_{i=1}^{n} \frac{1}{2}\frac{\partial^2 f}{\partial x_i^2}(\vec{x}_0)v_i^2 + \sum_{i<j} \frac{\partial^2 f}{\partial x_i \partial x_j}(\vec{x}_0)v_i v_j\,.$$

Die symmetrische Matrix dieser quadratischen Form ist also die Matrix $\left(\frac{1}{2}\frac{\partial^2 f}{\partial x_i \partial x_j}(\vec{x}_0)\right)_{i,j=1,\ldots,n}$.

Definition, Erinnerung: Die Matrix der zweiten partiellen Ableitungen einer C^2-Funktion f von n Variablen nennt man die ***Hesse-Matrix***, wir bezeichnen sie hier mit

$$H := H_f(\vec{x}_0) := \left(\frac{\partial^2 f}{\partial x_i \partial x_j}(\vec{x}_0)\right)_{i,j=1,\ldots,n},$$

und die zugehörige quadratische Form $Q_H : \mathbb{R}^n \to \mathbb{R}$, gegeben durch

$$Q_H(\vec{v}) := \vec{v}^t H_f(\vec{x}_0)\vec{v} = \sum_{i,j=1}^{n} \frac{\partial^2 f}{\partial x_i \partial x_j}(\vec{x}_0)v_i v_j$$

heißt die ***Hesse-Form*** der Funktion an der Stelle $\vec{x}_0$. □

Korollar: *Für eine C^3-Funktion f hat die Taylorentwicklung bis zur zweiten Ordnung an einer Stelle $\vec{x}_0$ die Gestalt*

$$\begin{aligned} f(\vec{x}_0+\vec{v}) &= f(\vec{x}_0)+df_{\vec{x}_0}(\vec{v})+\tfrac{1}{2}Q_H(\vec{v})+R_2 \\ &= f(\vec{x}_0)+J_f(\vec{x}_0)(\vec{v})+\tfrac{1}{2}\vec{v}^{\,t}H_f(\vec{x}_0)\vec{v}+R_2\,, \end{aligned}$$

und dabei gilt $\lim\limits_{\vec{v}\to 0} R_2/\|\vec{v}\|^2 = 0.$ □

Dominierenden Einfluss auf das lokale Verhalten der Funktion gewinnt die Hesseform an den singulären oder *kritischen* Stellen.

Definition, Erinnerung: Sei $B \subset \mathbb{R}^n$ offen. Die Stellen, an denen das Differential (der Gradient) einer differenzierbaren Funktion $f : B \to \mathbb{R}$ verschwindet, nennt man die ***kritischen*** Stellen oder kritischen Punkte der Funktion. □

Dazu gehören natürlich die lokalen Extrema, aber nicht *nur* diese, wenn wir bei einer Wanderung im Funktionsgebirge eine Passhöhe, einen "Sattel" erreichen, dann stehen wir auch auf einem kritischen Punkt, oder genauer gesagt: *über* einem kritischen Punkt, denn die kritischen Punkte sind ja Elemente des Definitionsbereiches B, nicht des Graphen.

Satz: *Sei $f : B \to \mathbb{R}$ eine C^3-Funktion auf einer offenen Teilmenge $B \subset \mathbb{R}^n$ und $\vec{x}_0 \in B$ ein kritischer Punkt von f. Dann gilt:*

(1) Ist die Hesseform von f bei $\vec{x}_0$ positiv definit, so hat f bei $\vec{x}_0$ ein isoliertes lokales Minimum, d.h. es gibt eine Kugel K um $\vec{x}_0$ mit $f(\vec{x}) > f(\vec{x}_0)$ für alle $\vec{x} \in K \setminus \{\vec{x}_0\}$.

(2) Hat f bei $\vec{x}_0$ ein lokales Minimum, d.h. gibt es eine Kugel K um $\vec{x}_0$ mit $f(\vec{x}) \geqslant f(\vec{x}_0)$ für alle $\vec{x} \in K$, so ist die Hesseform positiv semidefinit.

Beweis: Zu (1): Es ist $f(\vec{x}_0+\vec{v}) - f(\vec{x}_0) = \frac{1}{2}Q_H(\vec{v}) + R_2(\vec{v})$ für kleine $\vec{v}$, und $\lim_{\vec{v}\to 0} R_2(\vec{v})/\|\vec{v}\|^2 = 0$. Für $\vec{v} \neq 0$ ist die Hesseform nach Voraussetzung positiv, und wir haben zu zeigen, dass für alle genügend kleinen $\vec{v} \neq 0$ auch $\frac{1}{2}Q_H(\vec{v}) + R_2(\vec{v})$ noch positiv ist. Über $R_2(\vec{v})/\|\vec{v}\|^2$ wissen wir etwas. Was wissen wir über $Q_H(\vec{v})/\|\vec{v}\|^2$?

Beachte $Q_H(\vec{v})/\|\vec{v}\|^2 = Q_H(\vec{v}/\|\vec{v}\|)$. Die Vektoren $\vec{v}/\|\vec{v}\|$ haben die Länge 1, also $\vec{v}/\|\vec{v}\| \in S^{n-1}$. Weil S^{n-1} kompakt ist, nimmt Q_H darauf ein Minimum an, und weil Q_H positiv definit ist, ist dieses Minimum positiv. Also gibt es jedenfalls ein $\varepsilon > 0$ mit

$$\frac{1}{2}\frac{Q_H(\vec{v})}{\|\vec{v}\|^2} \geqslant \varepsilon$$

für alle $\vec{v} \neq 0$. Wähle nun $\delta > 0$ so, dass

$$\frac{|R_2(\vec{v})|}{\|\vec{v}\|^2} < \frac{1}{2}\varepsilon$$

für alle $\vec{v}$ mit $0 < \|\vec{v}\| < \delta$ gilt! Für diese $\vec{v}$ ist dann also wie gewünscht $f(\vec{x}_0 + \vec{v}) - f(\vec{x}_0) > 0$, genauer sogar

$$f(\vec{x}) - f(\vec{x}_0) \geqslant \frac{1}{2}\varepsilon\|\vec{x} - \vec{x}_0\|^2$$

für alle $\vec{x}$ in der offenen Kugel K vom Radius δ um $\vec{x}_0$. (1)□

Zu (2): Jetzt ist $f(\vec{x}_0 + \vec{v}) - f(\vec{x}_0) \geqslant 0$ für alle genügend kleinen $\vec{v}$ *vorausgesetzt.* Dann ist also auch

$$\frac{1}{2}Q_H\Big(\frac{\vec{v}}{\|\vec{v}\|}\Big) + \frac{|R_2(\vec{v})|}{\|\vec{v}\|^2} \geqslant 0$$

für alle genügend kleinen $\vec{v} \neq 0$. Wegen $\lim_{\vec{v}\to 0} |R_2(\vec{v})|/\|\vec{v}\|^2 = 0$ folgt daraus, dass Q_H auf S^{n-1} nirgends negativ sein kann, also ist Q_H jedenfalls positiv semidefinit. (2)□

Der Satz gibt natürlich auch Auskunft über die Beziehung zwischen lokalen Maxima und *negativer* Definitheit, wir brauchen ihn ja nur auf $-f$ anzuwenden. Also: *Ist die Hessematrix an einer kritischen Stelle negativ definit, so hat die Funktion dort ein isoliertes lokales Maximum, und umgekehrt muss an jedem lokalen Maximum die Hessematrix zumindest negativ semidefinit sein.* Insbesondere kann die Funktion kein lokales Extremum an einer Stelle haben, wo die Hesseform indefinit ist.

Im Anwendungsfalle möchte man meist aus Informationen über die Hessematrix auf das lokale Verhalten der Funktion am kritischen Punkt schließen und nicht umgekehrt, denn die Hessematrix ist leicht auszurechnen und linear-algebraisch zu analysieren, während die Funktion kompliziert und schwer durchschaubar sein mag. Diese Schlussrichtung funktioniert aber nur dann richtig gut, wenn die Hesseform das Restglied gewissermaßen dominiert, und das ist garantiert, wenn die Hessematrix den vollen Rang n hat.

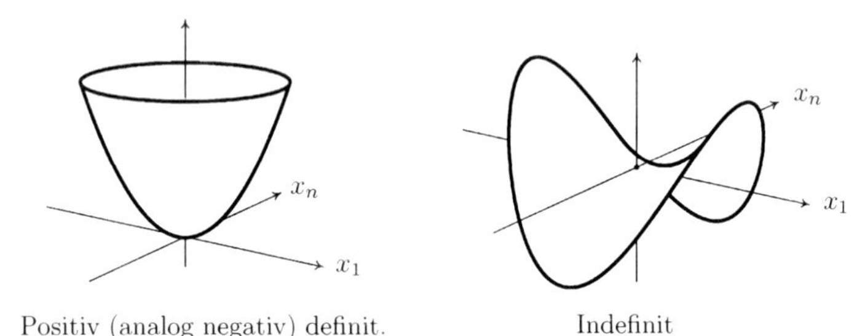

Sylvestersche Normalformen der quadratischen Formen vollen Ranges. Statt x_1 und x_n ist die "hochdimensionale Beschriftung" $x_1, \ldots, x_p$ und $x_{p+1}, \ldots, x_n$ zu lesen.

In unserem Satz deutet sich das immerhin an, definite Formen haben ja insbesondere vollen Rang (keine Nullen auf der Diagonalen in der Sylvesterschen Normalform). Man kann aber mehr beweisen. Sei oBdA der kritische Punkt bei $\vec{x}_0 = 0$ und $f(0) = 0$, und die Hessematrix habe vollen Rang. Dann lässt sich nach dem *Morse-Lemma*[3] ein lokales Koordinatensystem finden, in dem die Funktion mit ihrer Hesseform übereinstimmt! Speziell für *indefinite* Hesseformen vollen Ranges ist das natürlich eine viel genauere Information über f als nur unsere bescheidene Schlussfolgerung, dass f dort kein lokales Extremum haben kann.

Bei vollem Rang vermittelt der Graph der Hesseform die richtige anschauliche Vorstellung vom Funktionsverhalten am kritischen Punkt. Aber auch bei kleinerem Rang, insbesondere im zwar nicht definiten aber semidefiniten Falle sollen Sie den Graphen der Hesseform nicht als nutzlos verwerfen. Immer noch berührt der Hessegraph den Funktionsgraphen (bis auf Translation) von zweiter Ordnung, und bei Einschränkung auf einen geeigneten Teilraum kann er wieder vollen Rang und Kraft haben. Über die Extremaleigenschaft entscheidet eine nur semidefinite Hesseform freilich nicht mehr, dafür liefern die beiden Funktionen $f(x, y) = x^2 \pm y^4$, die bei Null beide die Hessematrix $\begin{pmatrix} 2 & 0 \\ 0 & 0 \end{pmatrix}$ haben, ein typisches Beispiel.

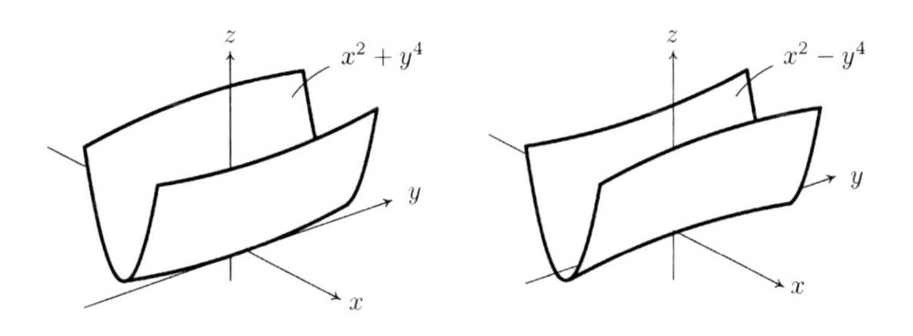

Isoliertes Minimum *Kein lokales Extremum*

25.6 Wie untersucht man die Definitheit der Hesseform?

Wenn Sie zufällig sowieso alle Eigenwerte der Hessematrix kennen, dann wissen Sie natürlich alles über die Definitheitseigenschaften der Hesseform, denn nach dem Satz über die Hauptachsentransformation gibt es ja dann eine orthogonale Matrix $S \in O(n)$ mit

$$S^t H S = \begin{pmatrix} \lambda_1 & & \\ & \ddots & \\ & & \lambda_n \end{pmatrix},$$

also $(S\vec{v})^t H(S\vec{v}) = \lambda_1 v_1^2 + \cdots + \lambda_n v_n^2$, und daher ist die Hesseform genau dann positiv definit, wenn die Eigenwerte alle positiv sind, positiv semidefinit wenn kein Eigenwert negativ ist, indefinit, wenn sowohl ein positiver als auch ein negativer Eigenwert vorkommt, und voller Rang liegt vor, wenn kein Eigenwert Null ist.

Wenn Sie aber die Eigenwerte nicht zufällig schon kennen, sondern eigens für die Definitheitsanalyse erst als Nullstellen des charakteristischen Polynoms $\det(H - \lambda E)$ mühsam berechnen müssten, dann wäre das gewöhnlich kein ökonomisches Verfahren. Es liegt ja für unseren Zweck gar nichts daran, dass die Transformation S, mit der wir die Hesseform diagonalisieren, orthogonal sei. Sobald nur $S^t H S =: D$ diagonal und S invertierbar ist, können wir an den Diagonalelementen von D die Definitheitseigenschaften der Hessematrix ablesen wie oben an den Eigenwerten.

Insbesondere würde es auch genügen, die Sylvestersche Normalform der Hessematrix zu kennen. Gegen Ende des Abschnitts 12.1 im ersten Band finden Sie die praktische Anleitung, wie man die Sylvestersche Normalform mittels *symmetrischer elementarer Umformungen* herstellt. Dabei müssen nur die vier Grundrechenarten angewendet und keine polynomialen Gleichungen gelöst werden.

Oft hat man mit symmetrischen Matrizen zu tun, die so klein oder einfach sind, dass sie ihre Definitheitseigenschaften schon dem gesunden Menschenverstand verraten. Nehmen Sie einmal die $n \times n$-Matrix

$$H := \begin{pmatrix} c & \dots & c \\ \vdots & & \vdots \\ c & \dots & c \end{pmatrix},$$

deren Einträge alle gleich $c > 0$ sind. Ersichtlich hat diese Matrix den Rang 1, nach einer Diagonalisierung würden also $n - 1$ Nullen und ein von Null verschiedenes Element in der Diagonalen stehen, also ist die quadratische Form dazu jedenfalls semidefinit, und zwar positiv semidefinit, wie Einsetzen von $\vec{e}_1$ zum Beispiel zeigt.

Oder Sie haben es mit einer symmetrischen 3×3-Matrix H zu tun und wissen schon $\det H > 0$, und eines der Diagonalelemente von H ist negativ, sagen wir $h_{22} < 0$. Dann ist die quadratische Form indefinit und genauer hat H zwei negative und einen positiven Eigenwert, denn $\det H = \lambda_1 \lambda_2 \lambda_3$, und wären alle drei positiv, so wäre Q_H positiv definit und es könnte nicht $Q_H(\vec{e}_2) = h_{22} < 0$ sein.

Ich will damit nur sagen, dass man vor dem Anwerfen einer systematisch arbeitenden Maschine erst einmal hinschauen soll, ob man das Ergebnis nicht eh' schon weiß, damit es Ihnen nicht geht wie jenem Anfänger, der die Lösungen von $(x - a)(x - b) = 0$ durch Umwandlung der Gleichung in $x^2 - (a + b)x + ab = 0$ und schulgerecht über

$$x_{1,2} = \frac{a + b}{2} \pm \sqrt{\frac{(a + b)^2}{4} - ab}$$

als $x_1 = a$ und $x_2 = b$ richtig gefunden hat. Ja, Sie lachen! Aber tatsächlich ist es eine ziemlich verbreitete Unsitte, Kochrezepte blindlings anzuwenden. Das ist eine Einstellungssache; jener Anfänger hat natürlich auch gewusst, dass Null mal etwas Null ergibt. Ich wollte das ja als eines jeden Privatangelegenheit ansehen, wenn diese Einstellung nicht das mathematische Denken beschädigte und unflexibel machte. So muss gelegentlich dagegen angepredigt werden.

Und nun überliefere ich Ihnen gerne das *Hauptabschnittsdeterminantenkriterium*, ein Kochrezept, das in vielen Fällen den Definitheitstyp einer symmetrischen Matrix ermitteln kann.

Hauptabschnittsdeterminantenkriterium: *Die quadratische Form* $\vec{v} \mapsto \vec{v}^t H \vec{v}$ *einer symmetrischen Matrix* H *ist genau dann positiv definit, wenn ihre so genannten Hauptabschnittsdeterminanten alle positiv sind, d.h. wenn*

$$\underbrace{\det \begin{pmatrix} h_{11} & \dots & h_{1k} \\ \vdots & & \vdots \\ h_{k1} & \dots & h_{kk} \end{pmatrix}}_{k\text{-te Hauptabschnittsdeterminante}} > 0$$

für $k = 1, \dots, n$ *gilt.*

Beweis: Die Determinante einer positiv definiten symmetrischen Matrix muss natürlich positiv sein, $\det H = \lambda_1 \cdot \ldots \cdot \lambda_n$ (oder: sie hat ja dasselbe Vorzeichen wie die Determinante $\det(S^t HS) = (\det S)^2 \det H$ der Sylvesterschen Normalform von H). Also gibt das Kriterium eine notwendige Bedingung an, denn die k-te Hauptabschnittsmatrix ist die Matrix von $Q_H|\mathbb{R}^k \times 0$, und diese quadratische Form auf $\mathbb{R}^k$ ist natürlich erst recht positiv definit, wenn sogar ganz Q_H es ist.

Wir zeigen nun durch Induktion nach n, dass die Bedingung auch hinreichend ist. Klar für $n = 1$, Induktionsschluss von $n-1$ auf n: Nach Induktionsannahme ist $Q_H\big|\mathbb{R}^{n-1} \times 0$ positiv definit. Angenommen, es gäbe ein $\vec{v} \neq 0$ mit $Q_H(\vec{v}) =: -a^2 \leqslant 0$. Dann wäre $\vec{v} \in \mathbb{R}^n \smallsetminus (\mathbb{R}^{n-1} \times 0)$ und würde zusammen mit einer Sylvesterbasis $(\vec{v}_1, \dots, \vec{v}_{n-1})$ von $Q_H\big|\mathbb{R}^{n-1} \times 0$ eine Basis $(\vec{v}_1, \dots, \vec{v}_{n-1}, \vec{v})$ von ganz

$\mathbb{R}^n$ bilden, in Bezug auf welche die Matrix von Q_H die Gestalt

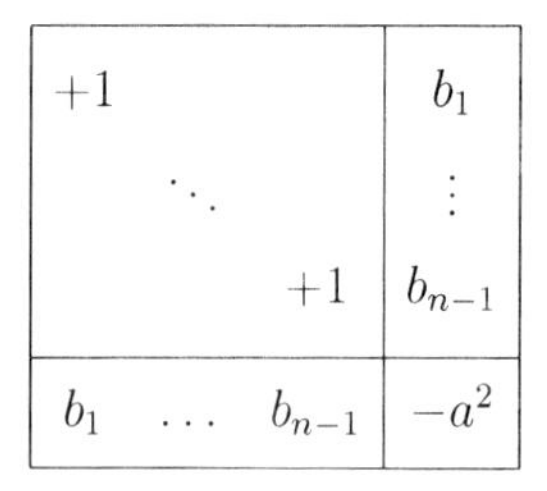

hätte. Wegen $\det H > 0$ müsste auch diese Matrix positive Determinante haben. Hat sie aber nicht: wir verwandeln die Matrix in eine Dreiecksmatrix, indem wir zuerst das b_1-fache der ersten Zeile von der letzten abziehen, dann das b_2-fache der zweiten ... und sehen am Ende, dass die Determinante $-a^2 - b_1^2 - \cdots - b_{n-1}^2 \leqslant 0$ ist, ein Widerspruch. □

Als Korollar ergibt sich ein ähnliches Hauptabschnittsdeterminantenkriterium für die negative Definitheit. Wie lautet die Bedingung? Dass alle Hauptabschnittsdeterminanten negativ sind? Nein.

25.7 Übungsaufgaben

Aufgabe R25.1: Die Lindhard-Funktion $g(x) = \frac{1}{2} + \frac{1-x^2}{4x} \ln \left|\frac{1+x}{1-x}\right|$ spielt in der Elektronentheorie eine wichtige Rolle. Berechnen Sie die Grenzwerte dieser Funktion bei $x = 0$ und $x = 1$.

Aufgabe R25.2: Auch für nichtganzzahliges $r \in \mathbb{R}$ benutzt man das Symbol $\binom{r}{n} := \frac{r(r-1)\cdot\ldots\cdot(r-n+1)}{n!}$. Berechnen Sie, direkt durch Bestimmung der Ableitungen, die Taylorreihe von $f(x) = (1+x)^r$ um $x = 0$ und bestimmen Sie den Konvergenzradius ρ der Reihe. Zeigen Sie, dass die Reihe für $|x| < \rho$ gegen $f(x)$ konvergiert. Geben Sie für $|r| \leq 1$ Abschätzungen der Restglieder $R_1(x)$ und $R_2(x)$ für $|x| \leq 10^{-3}$ an.

Aufgabe R25.3: Berechnen Sie $(999)^{1/3}$ auf 5 Dezimalen genau.

Aufgabe R25.4: Für die (halbe) Schwingungszeit eines Pendels der Länge l im Schwerefeld (g Gravitationskonstante) als Funktion der Amplitude α gilt $T = 2\sqrt{\frac{l}{g}} \int_0^{\pi/2} \frac{dx}{\sqrt{1-\sigma^2 \sin^2 x}}$, wobei $\sigma = \sin(\alpha/2)$. Berechnen Sie dieses so genannte elliptische Integral näherungsweise für kleine σ durch Taylorentwicklung bis zur zweiten Ordnung in σ.

Aufgabe R25.5: Die Schwingungen eines 2-atomigen Moleküls, z.B. H_2, werden gut durch ein Potential der Form

$$V(r) = D(e^{-2\alpha(r-r_0)/r_0} - 2e^{-\alpha(r-r_0)/r_0})$$

mit $D, \alpha > 0$ beschrieben. Dabei ist r der Abstand der beiden Atome. Approximieren Sie das Potential durch Entwicklung nach r um den Gleichgewichtsabstand r_0 durch ein harmonisches Potential $V(r) = V_0 + \frac{\kappa}{2}(r - r_0)^2$ und berechnen Sie die effektive Federkonstante κ.

Aufgabe R25.6: Betrachten Sie die Taylorentwicklung des $\sin x$ um $x = 0$. Von welcher Ordnung muss das Taylorpolynom sein, wenn die Abschätzung des Lagrange-Restgliedes sichern soll, dass
(a) für $|x| < 10$ eine Genauigkeit von 10^{-1} bzw.
(b) für $|x| < 10^{-3}$ eine Genauigkeit von 10^{-10}
erreicht wird? (Benutzen Sie bei der Teilaufgabe (a) einen Taschenrechner zur Bestimmung von $n!$.)

Aufgabe R25.7: Bestimmen Sie aus $\tan x \cdot \cos x = \sin x$ durch *Koeffizientenvergleich* das Taylorpolynom fünfter Ordnung des Tangens bei $x_0 = 0$.

Aufgabe R25.8: Bestimmen Sie das Verhalten der Funktionen an den kritischen Punkten:

(a) $f(x, y, z) = \frac{1}{2}x^4 + 2y^2 - 2xy - 2yz + z^2$.

(b) $f(x, y) = -\cos x - \cos y$. (Eine solche Funktion beschreibt z.B. die Energiedispersion, $\epsilon(\vec{k}) = -2t(\cos k_x a + \cos k_y a)$, von Elektronen in 2-dimensionalen Leitern als Funktion des Wellenvektors $\vec{k}$.)

(c) $f(x, y) = (1 + \cos^2 x)(1 + \cos^2 y)$. (Eine solche Funktion dient z.B. zur Modellierung eines 2-dimensionalen doppelt-periodischen Potentials.)

Aufgabe T25.1: Das n-te Taylorpolynom von f bei x_0 werde in dieser Aufgabe mit $P_{n,x_0}(f)$ bezeichnet. Beweisen Sie

(a) die 'Produktregel': $P_{n,x_0}(f \cdot g) = P_{n,x_0}(P_{n,x_0}(f) \cdot P_{n,x_0}(g))$ und

(b) die 'Kettenregel': $P_{n,x_0}(f \circ g) = P_{n,x_0}(P_{n,y_0}(f) \circ P_{n,x_0}(g))$.

für Taylorpolynome unter den naheliegenden Voraussetzungen, die Sie auch formulieren sollen.

Anwendungs- (nicht Lösungs-) Hinweis: Es ist klar, wie man das Taylorpolynom eines Polynoms durch 'Weglassen der höheren Terme' erhält. Man sieht deshalb im konkreten Fall, welche Terme von $P_{n,x_0}(f)$ und $P_{n,x_0}(g)$ bzw. $P_{n,y_0}(f)$ und $P_{n,x_0}(g)$ man auf der rechten Seite wirklich zu kennen braucht.

Aufgabe T25.2: Zeigen Sie

(a) Aus $\sum_{|\alpha| \leq r} c_\alpha \vec{x}^\alpha \equiv 0$ folgt $c_\alpha = 0$ für alle α (Hinweis: Genau für welche Multiindizes α, β verschwindet $D^\beta \vec{x}^\alpha$ an der Stelle $\vec{x} = 0$?) und

(b) Hat ein Polynom $P(\vec{x}) := \sum_{|\alpha| \leq r} c_\alpha \vec{x}^\alpha$ vom Grade $\leq r$ die Verschwindungseigenschaft $\lim\limits_{\vec{x} \to 0} P(\vec{x})/\|\vec{x}\|^r = 0$, so ist $P(\vec{x}) \equiv 0$. (Induktion nach r; nutze auch aus, dass aus $\lim_{\vec{x} \to 0} f(\vec{x}) = 0$ erst recht $\lim_{\lambda \to 0} f(\lambda \vec{x}) = 0$ für festes $\vec{x}$ folgt.)

Aufgabe T25.3: Sei $M \subset \mathbb{R}^n$ offen und $f : M \to \mathbb{R}$ eine C^2-Funktion.

(a) Für welche $\vec{x} \in M$ ist durch $\dot{\gamma}(0) \longmapsto \frac{d^2}{dt^2}\Big|_0 f(\gamma(t))$ für jede C^2-Kurve in M mit $\gamma(0) = \vec{x}$ eine Abbildung $\mathbb{R}^n \to \mathbb{R}$ wohldefiniert, und was hat diese dann mit der Hesseform von f bei $\vec{x}$ zu tun?

(b) Jetzt sei $\vec{\gamma} : (a, b) \to M$ eine reguläre C^1-Kurve in M. Beweisen Sie: Ist $\vec{\gamma}(t)$ für jedes $t \in (a, b)$ eine kritische Stelle von f, so kann die Hessematrix von f an keiner dieser Stellen vollen Rang haben.

26 Das lokale Verhalten nichtlinearer Abbildungen an regulären Stellen

26.1 Der Umkehrsatz

Im vorigen Kapitel haben wir differenzierbare Funktionen betrachtet, jetzt wenden wir uns wieder den differenzierbaren *Abbildungen* zu. Und zwar geht es um die Frage der *Umkehrbarkeit* von Abbildungen, genauer:

Definition, Erinnerung: Es seien U und V offene Teilmengen des $\mathbb{R}^n$ und $k \geqslant 1$. Eine C^k-Abbildung $f : U \to V$ heißt ***umkehrbar*** oder ein ***C^k-Diffeomorphismus***, wenn f bijektiv und die deshalb vorhandene inverse Abbildung $f^{-1} : V \to U$ ebenfalls eine C^k-Abbildung ist. □

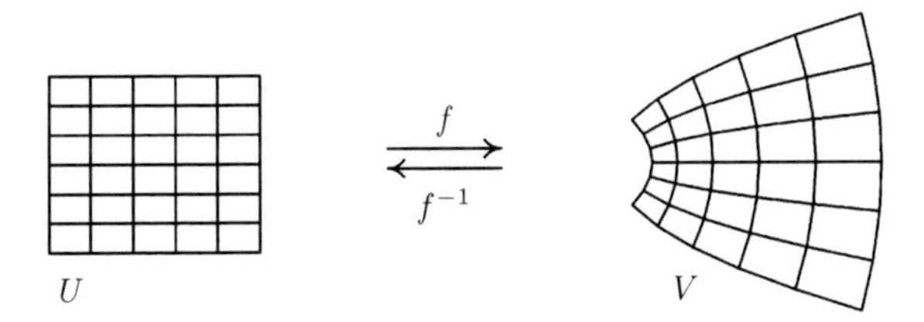

Abbildung und Umkehrabbildung

Den Nachweis der Umkehrbarkeit kann man sich ersparen, wenn man zufällig schon eine C^k-Abbildung $g : V \to U$ kennt, die $f \circ g = \mathrm{Id}_V$ und $g \circ f = \mathrm{Id}_U$ erfüllt, denn dann ist f umkehrbar und $g = f^{-1}$, daran sei auch erinnert.

Anders als bei linearen Abbildungen $A : \mathbb{R}^n \to \mathbb{R}^n$ ist es bei nichtlinearen Abbildungen $f : U \to V$ nicht so leicht festzustellen,

K. Jänich, *Mathematik 2*, Springer-Lehrbuch, 2nd ed.,
DOI 10.1007/978-3-642-16150-6_4, © Springer-Verlag Berlin Heidelberg 2011

ob sie umkehrbar sind. Zu jedem $y \in V$ einen Urbildpunkt $x \in U$ zu finden (die Vektorpfeilchen wollen wir bis auf weiteres im Köcher lassen[1]), hieße doch das nichtlineare Gleichungssystem

$$\begin{array}{rcl} f_1(x_1, \ldots, x_n) & = & y_1 \\ \vdots & & \vdots \\ f_m(x_1, \ldots, x_n) & = & y_m \end{array}$$

gelöst zu haben, sodann hätte man zu zeigen, dass es nur *eine* Lösung $x \in U$ zu jedem $y \in V$ gibt, und schließlich müsste man über die Lösungen formelmäßig oder sonstwie so gute Kontrolle haben, dass man die Existenz und Stetigkeit der partiellen Ableitungen der Zuordnung $y \mapsto x$ beurteilen könnte!

Was hilft nun hierbei die Haupttechnik der Analysis, komplizierte nichtlineare Objekte, zum Beispiel f, durch einfache lineare, zum Beispiel $J_f(x_0)$, zu approximieren? Eben davon handelt der Umkehrsatz. Natürlich kann die Jacobi-Matrix bei x_0 nur über das Verhalten von f in der Nähe von x_0 etwas wissen, deshalb spricht der Umkehrsatz von der *lokalen Umkehrbarkeit*:

Definition: Sei $B \subset \mathbb{R}^n$ offen, $1 \leqslant k \leqslant \infty$. Eine C^k-Abbildung $f : B \to \mathbb{R}^n$ heiße ***lokal umkehrbar*** bei $x_0 \in B$, wenn es eine offene Umgebung $U \subset B$ von x_0 derart gibt, dass auch $f(U) =: V$ offen in $\mathbb{R}^n$ und $f|U : U \to V$ ein C^k-Diffeomorphismus ist.[2] □

Trivialerweise ist dann die Jacobi-Matrix bei x_0 invertierbar, denn wenn wir $g := (f|U)^{-1}$ und $y_0 := f(x_0)$ schreiben, ist nach der Kettenregel $J_g(y_0)$ die zu $J_f(x_0)$ inverse Matrix oder, in der Differentialschreibweise, dg_{y_0} die zu df_{x_0} inverse lineare Abbildung.

Aus demselben Grunde kann es übrigens keinen C^1-Diffeomorphismus zwischen nichtleeren offenen Teilmengen in $\mathbb{R}^n$ und $\mathbb{R}^m$ für $n \neq m$ geben[3], das Differential müsste sonst wegen $df_{x_0} \circ dg_{y_0} = \mathrm{Id}_{\mathbb{R}^m}$ und $dg_{y_0} \circ df_{x_0} = \mathrm{Id}_{\mathbb{R}^n}$ einen Isomorphismus $df_{x_0} : \mathbb{R}^n \cong \mathbb{R}^m$ herstellen, und das geht ja nicht. Wir versäumen also nichts dadurch, dass wir bei der Definition des Begriffes "lokal umkehrbar" von vornherein $n = m$ annehmen.

Gar nicht trivial, sondern ein zentraler Satz der Differentialrechnung in mehreren Variablen ist aber, dass die Invertierbarkeit der Jacobimatrix bei x_0 die lokale Umkehrbarkeit schon impliziert:

Umkehrsatz: *Sei $B \subset \mathbb{R}^n$ offen, $1 \leqslant k \leqslant \infty$ und $f : B \to \mathbb{R}^n$ eine C^k-Abbildung. Ist das Differential von f an einem Punkte x_0 ein Isomorphismus,*

$$df_{x_0} : \mathbb{R}^n \xrightarrow{\cong} \mathbb{R}^n ,$$

d.h. $\det J_f(x_0) \neq 0$, *dann ist f bei x_0 bereits lokal umkehrbar.* □

Den Beweis will ich hier nicht führen. Vielleicht kommt Ihnen der Satz auch nicht besonders beweisbedürftig vor: was denn, eine differenzierbare Abbildung sieht unter'm Mikroskop wie ihr Differential aus,

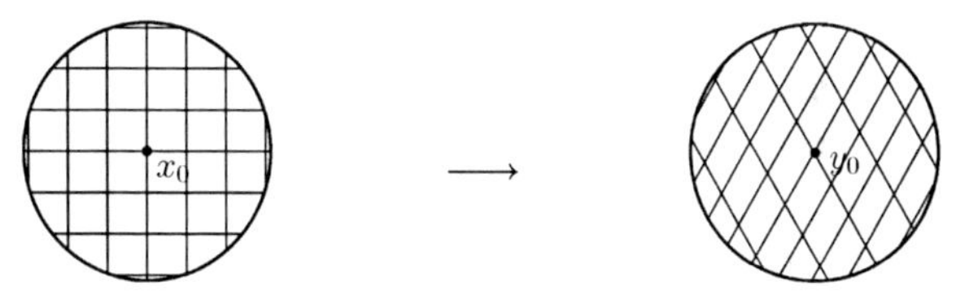

Abbildung bei x_0 unter dem Mikroskop

und wenn dieses invertierbar ist, so muss ja wohl f lokal invertierbar sein ... Wenn Ihnen diese heuristische Betrachtung hilft, sich jedenfalls die Aussage des Satzes einzuprägen, so ist das doch schon etwas. Bei näherer Überlegung werden Sie sich aber sagen, dass Bijektivität und hohe Differenzierbarkeit der Umkehrabbildung subtile, leicht durch kleinste Abänderungen störbare Eigenschaften sind:

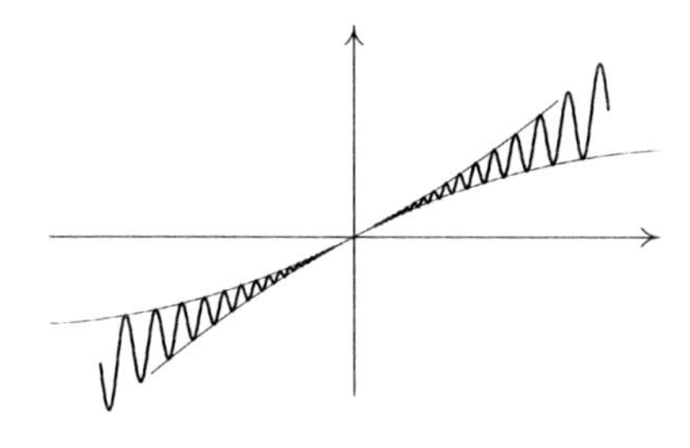

Eine differenzierbare Funktion mit $f'(0) > 0$, die in keinem Intervall um 0 injektiv ist.

Dieses eindimensionale Beispiel etwa zeigt, dass es auf die Stetigkeit der partiellen Ableitungen wirklich ankommt.

Muss eine Abbildung, die *überall* lokal umkehrbar ist und einen zusammenhängenden Definitionsbereich hat, als Abbildung auf ihr Bild auch im Ganzen umkehrbar sein? Im Falle einer Variablen ist es so. Wollte die Funktion einen Wert ein zweites Mal annehmen, müsste der im Zielraum $\mathbb{R}$ fahrende Bildpunkt gleichsam 'wenden' und würde dort die lokale Injektivität verletzen.[4] Für $n \geqslant 2$ aber hat die Abbildung im $\mathbb{R}^n$ die Möglichkeit, ohne Störung der lokalen Umkehrbarkeit in einem großen Bogen zu bereits angenommenen Werten zurückzukehren, wie man etwa sagen könnte, wenn man eine der Koordinaten im Definitionsbereich als die Zeit interpretierte.

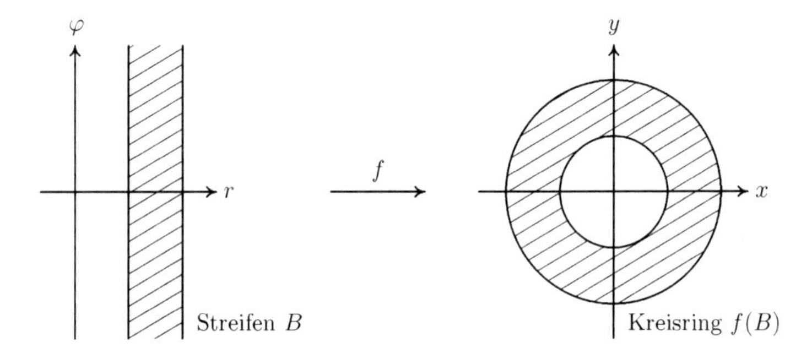

Beispiel: Polarkoordinatenabbildung f auf einem Streifen

Der Streifen $(1,2) \times \mathbb{R}$ wird zum Beispiel von der Polarkoordinatenabbildung in unendlich vielen Windungen auf den Kreisring $1 < \sqrt{x^2+y^2} < 2$ gewickelt. Die Polarkoordinatenabbildung ist überall lokal umkehrbar, wir können lokale Umkehrungen mit Hilfe der Arcusfunktionen auch hinschreiben, aber im Ganzen ist die Abbildung nicht injektiv und deshalb auch nicht umkehrbar.

Diesem Problem ist auch durch Verkleinerung des Definitionsbereiches (beabsichtigtes 'Wegwerfen der überzähligen Urbildpunkte') nicht beizukommen, denn jede Abbildung g vom Kreisring zurück in den Streifen, die $f \circ g = \text{Id}$ erfüllte, würde unstetig sein, weil nach einmaligem Umlauf im Kreisring der stetig mitgeführte Polarwinkel φ um 2π zugenommen hätte.

26.2 Abbildungen zwischen verschieden-dimensionalen Räumen

In diesem Abschnitt wollen wir ausloten, was uns der Umkehrsatz über $\mathbb{R}^m$-wertige Abbildungen von n Variablen sagen kann, wenn $n \neq m$ ist. Sei also wieder $B \subset \mathbb{R}^n$ offen, $x_0 \in B$ und $1 \leqslant k \leqslant \infty$, und sei $f : B \to \mathbb{R}^m$ eine C^k-Abbildung.

Die naheliegende, wenn auch vorerst noch vage Idee ist, die Räume auf gleiche Dimension zu bringen, indem man dem kleineren noch ein paar Koordinaten hinzufügt und die Abbildung f zu einer Abbildung F zwischen den gleichdimensionalen Räumen ergänzt. Dann könnte man den Umkehrsatz auf F anwenden und nachschauen, was das für das f bedeutet, das uns eigentlich interessiert. Demnach würden wir im Falle $n > m$ aus f eine Abbildung $F : B \to \mathbb{R}^m \times \mathbb{R}^{n-m}$ machen wollen,

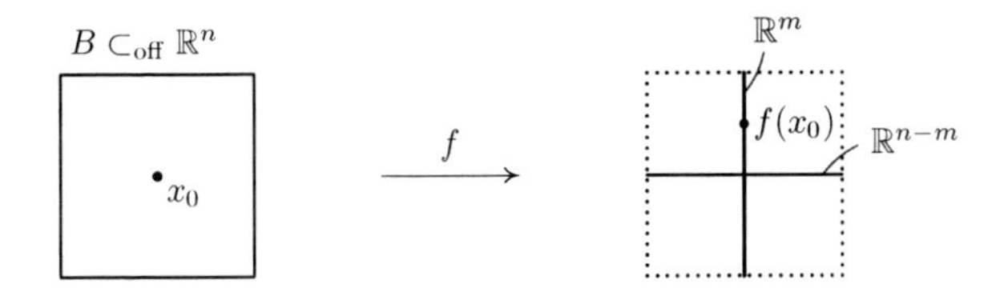

1. Fall: Großer Urbildraum, kleiner Zielraum

im Falle $n < m$ eine Abbildung $F : B \times \mathbb{R}^{m-n} \to \mathbb{R}^m$.

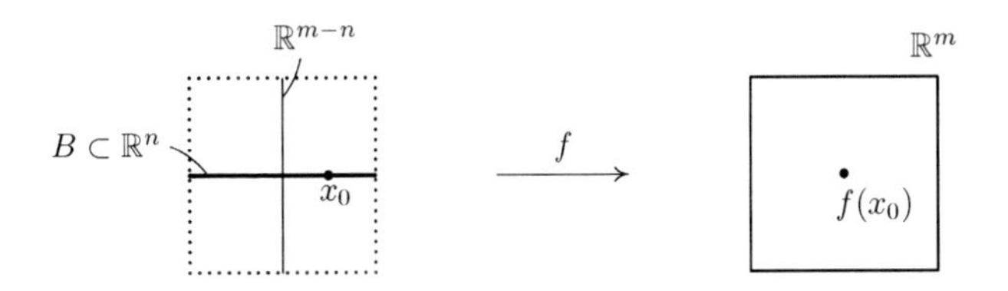

2. Fall: Kleiner Urbildraum, großer Zielraum

Wie? Das schreibt uns niemand vor. Aber wenn wir uns einerseits noch nicht zu früh festlegen, andererseits unmotivierte Kompliziertheiten meiden wollen, so bietet es sich im Fall $n > m$ an, die m vorhandenen Komponentenfunktionen $f_1(x), \dots, f_m(x)$ durch weitere $n - m$ Funktionen $g_1(x), \dots, g_{n-m}(x)$ zu ergänzen und F durch

$$\begin{array}{rccc} F: & B & \longrightarrow & \mathbb{R}^m \times \mathbb{R}^{n-m} \\ & x & \longmapsto & (f(x), g(x)) \end{array}$$

zu definieren. Im Falle $n < m$ dagegen, wo wir zu den 'wenigen' unabhängigen Variablen $x_1, \dots, x_n$ neue $y_1, \dots, y_{m-n}$ hinzufügen müssen, könnten wir erst einmal ins Auge fassen, eine Abbildung $g : \mathbb{R}^{m-n} \to \mathbb{R}^m$ mit $g(0) = 0$ zu wählen und F durch

$$\begin{array}{rccc} F: & B \times \mathbb{R}^{m-n} & \longrightarrow & \mathbb{R}^m \\ & (x, y) & \longmapsto & f(x) + g(y) \end{array}$$

festzusetzen, was wir dann bei $(x_0, 0)$ auf seine lokale Umkehrtauglichkeit prüfen wollen. Halten wir hier einmal inne, um nach dem Ziele hinzuschauen. Die Beziehung zwischen f und F ist in beiden Fällen sehr übersichtlich: im ersten Falle haben wir

$$f = \pi \circ F\,,$$

wenn $\pi : \mathbb{R}^m \times \mathbb{R}^{n-m} \to \mathbb{R}^m$ die Projektion auf die ersten m Koordinaten bezeichnet, und im zweiten Falle ist

$$f = F \circ \iota$$

mit der durch $\iota(x) := (x, 0)$ gegebenen Inklusion

$$\iota : B \to B \times \mathbb{R}^{m-n}.$$

Wäre nun wirklich der Umkehrsatz auf F anwendbar und benutzten wir den lokalen Diffeomorphismus zur Einführung eines neuen (krummlinigen) Koordinatensystems um x_0 im Falle $n > m$ bzw. um $f(x_0)$ im Falle $n < m$, so könnten wir im ersten Fall mit Fug und Recht sagen, f sähe in geeigneten lokalen Koordinaten um x_0 einfach wie die Projektion π und im zweiten Fall, wiederum lokal bei x_0, aber bezüglich geeigneter lokaler Koordinaten um den *Bildpunkt* $f(x_0)$, wie die ganz gewöhnliche Inklusion $x \mapsto (x, 0)$ aus.

Diese weitgehenden lokalen Informationen über f aus dem bloßen linear-algebraischen Datum $J_f(x_0)$, also praktisch kostenlos zu erhalten ist das Ziel, das wir mit Hilfe des Umkehrsatzes erreichen wollen. Betrachten wir dazu nun die Jacobimatrix von F an der Stelle x_0 bzw. $(x_0, 0)$:

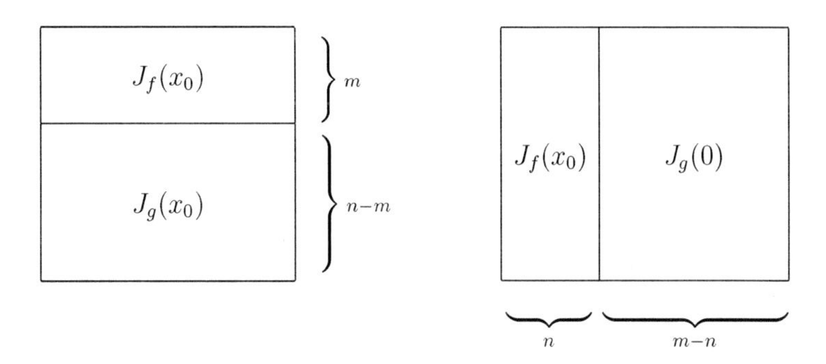

1. Fall $F(x) = (f(x), g(x))$ *2. Fall* $F(x, y) = f(x) + g(y)$

Eine quadratische Matrix ist bekanntlich genau dann invertierbar, wenn ihre Zeilen oder, was dasselbe bedeutet, ihre Spalten linear unabhängig sind. Im ersten Fall, $n > m$, kann die Jacobimatrix von F also nur dann invertierbar werden, wenn zumindest die *Zeilen* von $J_f(x_0)$ linear unabhängig sind, im zweiten Fall nur, wenn die *Spalten* der Jacobimatrix $J_f(x_0)$ linear unabhängig sind.

Dann ist es aber auch einfach, ein passendes g zu finden, sogar unter den linearen Abbildungen. Wir brauchen ja nur im ersten Fall die Zeilen, im zweiten Fall die Spalten von $J_f(x_0)$ durch weitere $n - m$ Zeilen bzw. $m - n$ Spalten zu einer Basis von $\mathbb{R}^n$ bzw. $\mathbb{R}^m$ zu ergänzen und g durch die Matrix A dieser Zeilen (Spalten) zu definieren: $g(x) := Ax$ bzw. $g(y) := Ay$.

Was bedeutet die lineare Unabhängigkeit der Zeilen (bzw. Spalten) der Jacobimatrix $J_f(x_0)$ *geometrisch* für das Differential, die lineare Abbildung $J_f(x_0) = df_{x_0} : \mathbb{R}^n \to \mathbb{R}^m$? Nichts anderes, als dass das Differential surjektiv (bzw. injektiv) ist, denn es bedeutet ja, dass die Zeilenzahl m (bzw. Spaltenzahl n) der *Rang* der Matrix ist, und eine $m \times n$-Matrix $\mathbb{R}^n \to \mathbb{R}^m$ ist genau dann surjektiv, wenn ihr Rang gleich m und genau dann injektiv, wenn ihre Kerndimension gleich Null, also nach der Dimensionsformel (Rang+Kerndimension=n) genau dann, wenn ihr Rang gleich n ist.

Die mathematische Arbeit dieses Abschnitts ist damit eigentlich schon getan. Um aber das Ergebnis in der üblichen Form präsentieren zu können, muss ich ein wenig über die *Terminologie* reden.

Definition: Sei $B \subset \mathbb{R}^n$ offen und $f : B \to \mathbb{R}^m$ ein C^1-Abbildung. Ein Punkt $x \in B$ heißt ein ***regulärer Punkt*** von f, wenn das Differential $df_x : \mathbb{R}^n \to \mathbb{R}^m$ surjektiv ist. Die nicht regulären Punkte in B heißen ***singuläre Punkte*** von f. □

Wie Sie sich denken können, ist "regulär" und "singulär" ein vielbeschäftigtes Wortpaar, das im Allgemeinen einfach den Gegensatz zwischen dem typischen und dem Ausnahmefall bezeichnet. Im Falle $n \geqslant m$ ist Surjektivität wirklich eine typische Eigenschaft der $m \times n$-Matrizen, die Zeilen sind eben nur 'ausnahmsweise' linear abhängig. Für $n = m$ bedeutet injektiv und surjektiv für lineare Abbildungen bekanntlich dasselbe, aber im Falle $n < m$ ist die Surjektivität einer Matrix $\mathbb{R}^n \to \mathbb{R}^m$ nicht nur *untypisch*, sondern kann überhaupt nicht vorkommen! In diesem Dimensionsbereich würde vielmehr die *Injektivität* des Differentials den Titel "regulär" verdienen, wie man ja auch von einer regulären Kurve spricht, wenn der Geschwindigkeitsvektor stets ungleich Null ist. Das hilft aber alles nichts, wir haben als Faktum zu akzeptieren: *In der Theorie des lokalen Verhaltens von Abbildungen ist das Wort "regulär" fest in der Hand des surjektiven Differentials.* Im Falle $n < m$ gibt es eben gar keine regulären Punkte und basta.

Die Abbildung als Ganzes betreffend gibt es eine ausgewogenere Terminologie: ist an *jedem* Punkte des Definitionsbereiches das Differential surjektiv, so nennt man die Abbildung auch eine ***Submersion***, ist es an jedem Punkte injektiv, eine ***Immersion***. Von einer Abbildung zu sagen, sie verhielte sich bei einem einzelnen Punkte x_0 *submersiv*, wenn das Differential dort surjektiv, und *immersiv*, wenn es dort injektiv ist, würde von einem Mathematiker schon verstanden, aber recht üblich ist das nicht. Wenn vom injektiven Differential die Rede sein soll, müssen wir das eben aussprechen: injektives Differential. Soviel zu den Sprechweisen, und nun wieder zum mathematischen Inhalt.

Satz vom regulären Punkt: *Ist x_0 ein regulärer Punkt einer C^k-Abbildung $f: B \to \mathbb{R}^m$, $B \subset \mathbb{R}^n$ offen, $k \geqslant 1$, so gibt es lokale C^k-Koordinaten um x_0, in denen f durch die Projektion π auf die ersten m Koordinaten gegeben ist:*

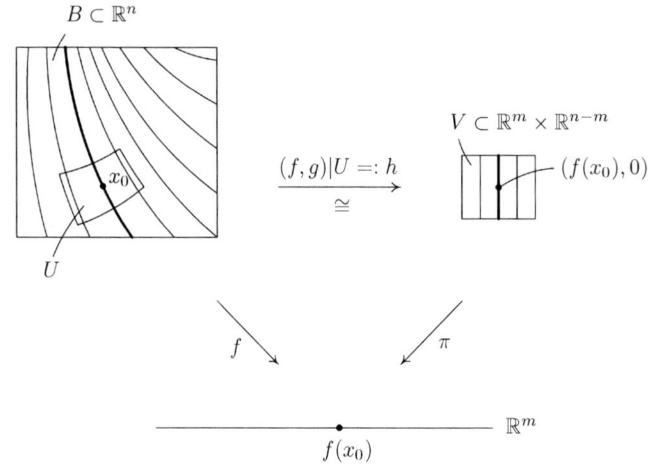

Zur Aussage des Satzes vom regulären Punkt

Genauer: es gibt eine offene Umgebung U von x_0 in B und einen C^k-Diffeomorphismus $h: U \to V$ auf eine offene Teilmenge $V \subset \mathbb{R}^n$, so dass

$$f \circ h^{-1}(x_1, \ldots, x_m, x_{m+1}, \ldots, x_n) = (x_1, \ldots, x_m)$$

für alle $x \in V$ gilt.

Beweis: Ergänze f wie oben schon beschrieben zu einer Abbildung $F := (f, g)$, auf die bei x_0 der Umkehrsatz anwendbar ist. Wähle offene Umgebungen U von x_0 und V von $(f(x_0), 0)$ so, dass $F: U \to V$ ein Diffeomorphismus ist und setze $h := F|U$. □

Satz vom injektiven Differential: *Sei $f : B \to \mathbb{R}^m$ eine C^k-Abbildung, $B \subset \mathbb{R}^n$ offen, $k \geqslant 1$, und $x_0 \in B$ ein Punkt für den das Differential df_{x_0} injektiv ist. Dann gibt es lokale C^k-Koordinaten um $f(x_0)$, in denen f durch die übliche Inklusion gegeben ist.*

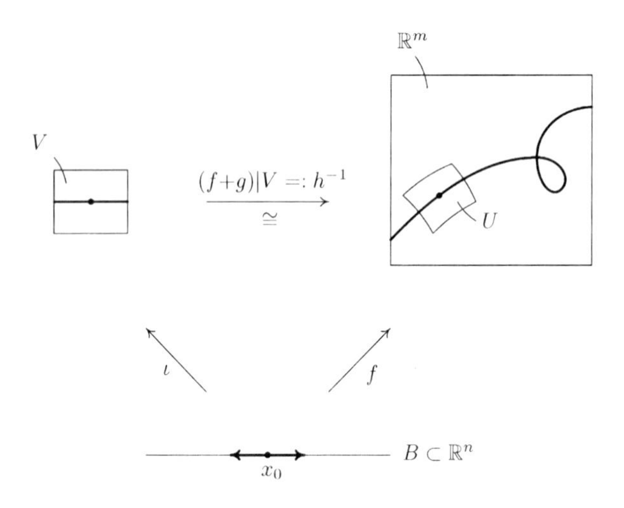

Zum Beweis des Satzes vom Injektiven Differential

Genauer: es gibt eine offene Umgebung U von $f(x_0)$ in $\mathbb{R}^m$ und einen C^k-Diffeomorphismus $h : U \to V$ auf eine offene Teilmenge $V \subset \mathbb{R}^m$, so dass

$$h \circ f(x_1, \ldots, x_n) = (x_1, \ldots, x_n, 0, \ldots, 0)$$

für alle x mit $(x, 0) \in V$ ist.

Beweis: Ergänze f durch $F(x, y) := f(x) + g(y)$ wie oben beschrieben zu einer Abbildung F, auf die bei $(x_0, 0)$ der Umkehrsatz anwendbar ist. Wähle offene Umgebungen V von $(x_0, 0)$ und U von $f(x_0)$ so, dass $F|V : V \to U$ ein Diffeomorphismus ist und setze $h := (F|V)^{-1}$. □

Die Botschaft der beiden Sätze ist wohl klar: bei allen lokalen Untersuchungen, bei denen es auf die Wahl der Koordinaten um x_0

(im regulären Fall) bzw. um $f(x_0)$ (im immersiven Fall) nicht ankommt, darf man oBdA annehmen, die Abbildung f sei einfach die Standard-Projektion bzw. -Inklusion! Klingt beinahe etwas zu märchenhaft, denn was gibt es an der Projektion oder Inklusion noch zu untersuchen? Na daran nichts, aber Sie müssen bedenken, dass es in einer realen mathematischen Anwendungssituation außer f gewöhnlich noch mehr Mitspieler gibt, weitere Abbildungen, Funktionen, ein dynamisches System, was nicht alles. Das f als Standardabbildung voraussetzen zu dürfen, löst das Problem vielleicht nicht in Wohlgefallen auf, kann es aber drastisch vereinfachen. Schreiben Sie nur ganz professionell: *nach dem Satz vom regulären Punkt darf ich f als die Projektion auf die ersten m Koordinaten voraussetzen,* Ihr Übungsleiter wird sich schon melden, wenn er das nicht versteht.

26.3 Implizite Funktionen

In diesem Abschnitt geht es um die Auflösung nichtlinearer Gleichungssysteme aus m einzelnen Gleichungen

$$\begin{array}{rcl} f_1(x_1,\dots,x_n,y_1,\dots,y_m) & = & c_1 \\ \vdots & & \vdots \\ f_m(x_1,\dots,x_n,y_1,\dots,y_m) & = & c_m \end{array}$$

nach den Variablen $y_1,\dots,y_m$. Gesucht ist also die *explizite* Gestalt von m Funktionen

$$\begin{array}{rcl} y_1 & = & y_1(x_1,\dots,x_n) \\ \vdots & & \vdots \\ y_m & = & y_m(x_1,\dots,x_n), \end{array}$$

die durch das Gleichungssystem nur *implizit* gegeben sind, wie man sagt. So über den Daumen gepeilt sieht das auch ganz gut aus: wenn man etwa in der letzten Gleichung des Systems das y_m isolieren, "auf eine Seite bringen", die Gleichung also in der Form $y_m = g_m(x_1,\dots,x_n,y_1,\dots,y_{m-1})$ schreiben kann, so geht man damit in die anderen Gleichungen hinein und hat so die Zahl der Unbekannten und der Gleichungen schon um eins verringert, und so fährt man fort, nach Möglichkeit. Was die expliziten Funktionen für Eigenschaften haben, sieht man ja dann, wenn sie da stehen. Wenn Sie damit zum Ziele kommen, will ich Ihnen auch gar nicht dreinreden. Oft führt dieser Fußweg aber nirgends hin.

Erstens ist das implizite System $f(x, y) = c$ (wie wir auch weiterhin kurz schreiben wollen) vielleicht gar nicht konkret gegeben, sondern man verfügt nur über gewisse Teilinformationen, aus denen gleichwohl über die explizite Auflösbarkeit Schlüsse gezogen werden sollen. Dass die Anwendung der Mathematik in wissenschaftlichen Zusammenhängen oft diesen "detektivischen" Charakter hat, ist Ihnen inzwischen längst klar geworden, wenn auch die Laienwelt, die sich unter Mathematik immer nur Ausrechnen vorstellen kann, davon nichts ahnt.

Zweitens wird man auch bei konkret vorliegendem $f(x, y) = c$ die Auflösung nach y durch konkretes Manipulieren der Formeln häufig als zu kompliziert, ja undurchführbar aufgeben müssen, und drittens schließlich kann es leicht vorkommen, dass es zu einem x mehrere oder auch *gar kein* y mit $f(x, y) = c$ gibt, und was soll $y = y(x)$ dann überhaupt bedeuten?

Ein Patentrezept zur Auflösung nichtlinearer impliziter Systeme gibt es eben nicht, auch der von uns angestrebte *Satz von den impliziten Funktionen* ist keines. Als Abkömmling des Umkehrsatzes macht er nur eine *lokale* Aussage, und zuerst wollen wir einmal die Fragestellung genau definieren.

Definition: Sei $B \subset \mathbb{R}^n \times \mathbb{R}^m$ offen und $f : B \to \mathbb{R}^m$ eine C^k-Abbildung, $k \geq 1$. Sei ferner $c \in \mathbb{R}^m$ und sei $(x_0, y_0) \in B$ ein Punkt mit $f(x_0, y_0) = c$. Wir wollen sagen, das Gleichungssystem $f(x, y) = c$ sei ***lokal bei*** (x_0, y_0) nach den y-Variablen C^k***-auflösbar,*** wenn es offene Umgebungen U und V von x_0 in $\mathbb{R}^n$ und y_0 in $\mathbb{R}^m$ und eine C^k-Abbildung $g : U \to V$ gibt, so dass für $(x, y) \in U \times V$ gilt:

$$f(x, y) = c \quad \Longleftrightarrow \quad y = g(x) .$$

□

Ob ein System $f(x, y) = c$ an einer vorgegebenen Stelle (x_0, y_0) lokal auflösbar ist, dafür gibt der Satz von den impliziten Funktionen eine hinreichende Bedingung an. — Innerhalb des Kästchens $U \times V$ wäre die Auflösungsaufgabe dann durch die Abbildung g perfekt gelöst: die implizite Aussage $f(x, y) = c$ ist dort mit der expliziten $y = g(x)$ genau gleichbedeutend. Das schließt aber nicht aus, dass $x \in U$ außerhalb von V noch mehr y-Partner hat, mit denen zusammen es das System $f(x, y) = c$ erfüllt. Anschauung durch eine hochdimensional beschriftete niederdimensionale Skizze:

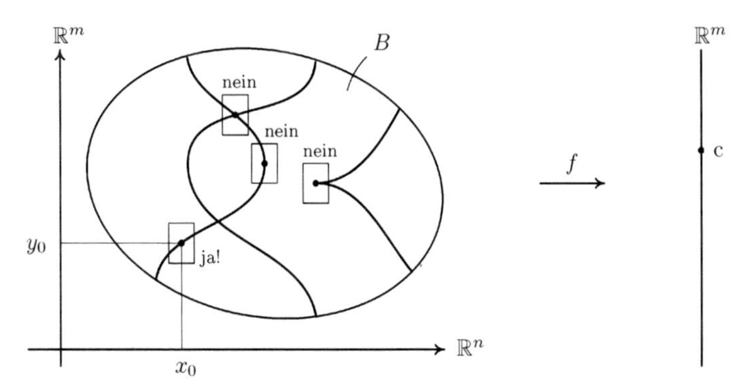

Ist $f(x, y) = c$ an den hier markierten Stellen lokal auflösbar?

Um den Satz einprägsam formulieren zu können, wollen wir noch eine Notation vereinbaren. Wir wollen die "partiellen" Jacobimatrizen von f nach den x- bzw. den y-Variablen kurz als

$$\frac{\partial f}{\partial x} := \left(\frac{\partial f_i}{\partial x_j}\right)_{i=1,..,m;j=1,..,n} \qquad \text{und}$$

$$\frac{\partial f}{\partial y} := \left(\frac{\partial f_i}{\partial y_j}\right)_{i,j=1,..,m}$$

bezeichnen. Die gesamte Jacobimatrix von f ist dann also

$$J_f(x, y) =: \underbrace{\left[\frac{\partial f}{\partial x}(x, y)\right.}_{n} \underbrace{\left.\frac{\partial f}{\partial y}(x, y)\right]}_{m} \Bigg\} m$$

Satz von den impliziten Funktionen: *"Ist das Gleichungssystem $f(x,y) = c$, bestehend aus m Gleichungen für m implizite Funktionen $y_1, \dots, y_m$ an einem Punkte (x_0, y_0) erfüllt und seine partielle Jacobimatrix nach den y-Variablen an diesem Punkte invertierbar, so ist es dort lokal nach den y-Variablen auch auflösbar."* Genauer: Sei $B \subset \mathbb{R}^n \times \mathbb{R}^m$ offen, $(x_0, y_0) \in B$, $f : B \to \mathbb{R}^m$ eine C^k-Abbildung, $k \geq 1$. Ist $f(x_0, y_0) =: c$ und $\det \frac{\partial f}{\partial y}(x_0, y_0) \neq 0$, so gibt es eine C^k-Abbildung $g : U \to V$ zwischen offenen Umgebungen von x_0 und y_0, so dass in $U \times V$ die Bedingung $f(x,y) = c$ gleichbedeutend mit $y = g(x)$ ist.

Beweis: Da wir den Umkehrsatz anwenden wollen, werden wir jedenfalls zuerst den zu kleinen Zielraum $\mathbb{R}^m$ zu $\mathbb{R}^n \times \mathbb{R}^m$ vergrößern und $f : B \to \mathbb{R}^m$ durch Hinzufügung einer $\mathbb{R}^n$-Komponente zu einer Abbildung $F : B \to \mathbb{R}^n \times \mathbb{R}^m$ ergänzen, und zwar setzen wir probehalber

$$F(x,y) := (x, f(x,y)) .$$

Dazu braucht man noch nicht den ganzen Beweis bis zum Ende überblicken zu können, wir versuchen ja einstweilen nur f auf möglichst einfache Weise so zu ergänzen, dass $J_F(x_0, y_0)$ invertierbar wird, damit der Umkehrsatz überhaupt greifen kann. Die Jacobimatrix von F sieht jetzt so aus:

$$J_F(x,y) = \left(\begin{array}{c|c} \begin{matrix} 1 & & \\ & \ddots & \\ & & 1 \end{matrix} & 0 \\ \hline \dfrac{\partial f}{\partial x}(x,y) & \dfrac{\partial f}{\partial y}(x,y) \end{array}\right)$$

und hat deshalb dieselbe Determinante wie die partielle Jacobimatrix $\frac{\partial f}{\partial y}$, ist bei (x_0, y_0) also ebenfalls invertierbar, der Umkehrsatz ist auf F anwendbar.

Also gibt es offene Umgebungen, nennen wir sie W von (x_0, y_0) in B und W' vom Bildpunkt (x_0, c) in $\mathbb{R}^n \times \mathbb{R}^m$, zwischen denen F

einen C^k-Diffeomorphismus stiftet. Wir bezeichnen dessen Umkehrung mit $\Phi := (F|W)^{-1} : W' \to W$.

Weil F die $\mathbb{R}^n$-Komponente nicht ändert, kann das auch Φ nicht tun, sonst wäre $F \circ \Phi$ nicht die Identität auf W'. Daher ist nicht nur F von der Gestalt $F(x,y) = (x, f(x,y))$, sondern automatisch auch $\Phi(x,y) = (x, \varphi(x,y))$, wobei also $\varphi : W' \to \mathbb{R}^m$ eine C^k-Abbildung ist.

Die Umkehreigenschaft $F \circ \Phi(x,y) = (x,y)$ besagt nun nichts anderes als $f(x, \varphi(x,y)) = y$ für alle $(x,y) \in W'$, insbesondere

$$f(x, \varphi(x,c)) = c$$

für all jene x, für die $(x,c) \in W'$ ist. Wenn wir uns also um Definitionsbereiche und Umgebungen und dergleichen nicht kümmern wollten und nur auf die Formeln schauten, so hätten wir in $y(x) := \varphi(x,c)$ unsere impliziten Funktionen schon gefunden. Diesmal ist das auch die Hauptsache, das will ich schon zugeben.

Wir müssen aber auch auf das Kleingedruckte achten und wählen deshalb jetzt unser "offenes Kästchen" $U \times V$ um (x_0, y_0) so, dass die folgenden Bedingungen erfüllt sind.

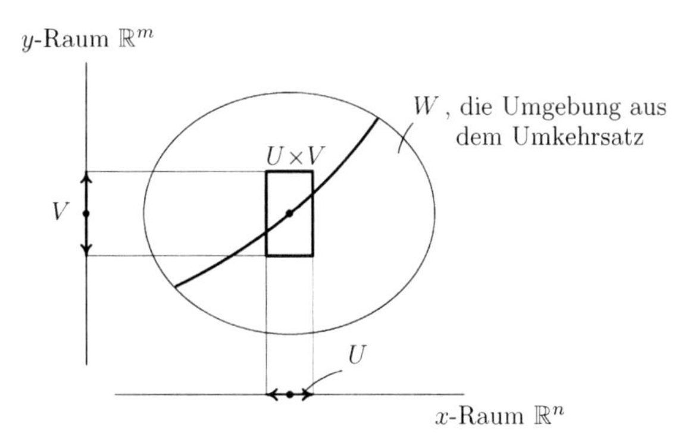

Zur Wahl von $U \times V$ beim Beweis des "impliziten Funktionensatzes" aus dem Umkehrsatz

Erstens soll $U \times V \subset W$ gelten. Kein Problem, W ist ja offen, also brauchen wir die offenen Umgebungen U von x_0 und V von y_0 nur klein genug wählen.

Zweitens soll $(x, c) \in W'$ für alle $x \in U$ gelten, damit $\varphi(x, c)$ auch wirklich für alle $x \in U$ erklärt ist. Auch kein Problem, W' ist ebenfalls offen, wir brauchen deshalb nur U, falls es nicht sowieso schon klein genug ist, nochmals zu verkleinern.

Und drittens wollen wir $\varphi(x, c) \in V$ für alle $x \in U$ haben. Aber da wir bereit sind, U abermals zu verkleinern, können wir das wegen $\varphi(x_0, c) = y_0$ und der Stetigkeit von φ erreichen, denn V ist ja eine Umgebung von y_0.

Dann ist durch $g : U \to V$, $x \mapsto \varphi(x, c)$ eine C^k-Abbildung mit $f(x, g(x)) \equiv c$ definiert, von der wir nun behaupten, dass sie alle in dem Satz aufgeführten Forderungen erfüllt, auch die letzte noch ungeprüfte, dass nämlich aus $(x, y) \in U \times V$ und $f(x, y) = c$ jetzt $y = g(x)$ folgt.

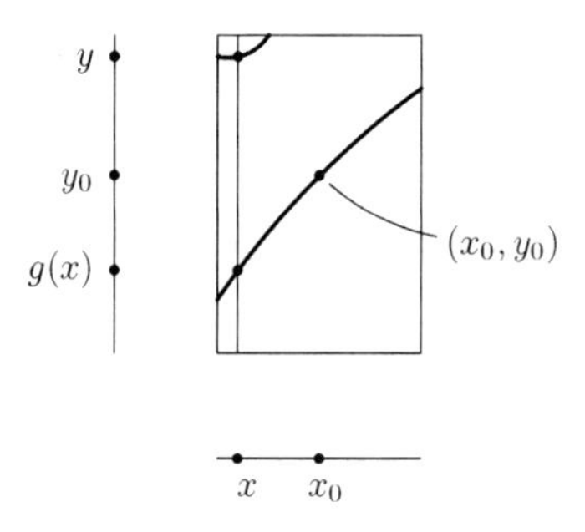

Letztes noch ungeprüftes Detail: könnte ein $x \in U$ neben $g(x)$ noch einen anderen Partner $y \in V$ mit $f(x, y) = c$ haben?

Das wird aber durch $\Phi \circ F|W = \mathrm{Id}_W$ aufgeklärt, denn danach gilt für solch ein (x, y) ja $(x, \varphi(x, f(x, y))) = (x, \varphi(x, c)) = (x, y)$, und somit $y = \varphi(x, c) = g(x)$. Also ist x ganz unschuldig, und der Satz von den impliziten Funktionen ist als Korollar aus dem Umkehrsatz bewiesen. □

Der Implizite-Funktionen-Satz gibt keine direkte Anleitung, wie die implizit durch $f(x, y) = c$ lokal gegebenen Funktionen $y = g(x)$ explizit zu konstruieren sind. Trotzdem kann man die Jacobimatrix von g an der Stelle x_0 ganz einfach konkret ausrechnen. Nach der Kettenregel ist

$$\frac{df(x,g(x))}{dx} = \frac{\partial f}{\partial x}(x,g(x)) + \frac{\partial f}{\partial y}(x,g(x)) \cdot \frac{dg}{dx}(x)\,,$$

wenn man die gewöhnlichen und die partiellen Jacobimatrizen, die dabei vorkommen in der naheliegenden Weise durch das gerade d und das runde ∂ notiert, voll ausgeschrieben eben

$$\frac{\partial f_i(x,g(x))}{\partial x_j} = \frac{\partial f_i}{\partial x_j}(x,g(x)) + \sum_{k=1}^{m} \frac{\partial f_i}{\partial y_k}(x,g(x)) \cdot \frac{\partial g_k}{\partial x_j}(x)\,.$$

Das gilt soweit ganz allgemein. Aber speziell für unsere impliziten Funktionen ist ja $f(x,g(x)) \equiv c$, also ist die linke Seite Null, und da $g(x_0) = y_0$ ist und die partielle Jacobimatrix $\partial f/\partial y$ an der Stelle (x_0,y_0) nach Voraussetzung invertierbar ist, ergibt sich die Jacobimatrix von g bei x_0 aus den beiden partiellen Jacobimatrizen von f als

$$\boxed{J_g(x_0) = \frac{dg}{dx}(x_0) = -\left(\frac{\partial f}{\partial y}(x_0,y_0)\right)^{-1} \frac{\partial f}{\partial x}(x_0,y_0)\,.}$$

Eine Formel, die man nicht auswendig wissen muss, weil sie sich so leicht aus $f(x,g(x)) \equiv c$ reproduzieren lässt — durch Ableiten, und wer wird nicht ans Ableiten denken, wenn er etwas über die Ableitungen von $g(x)$ wissen will.

26.4 Übungsaufgaben

In diesem Kapitel habe ich den Vektorpfeil nicht benutzt, schlage aber vor, dass Sie, um Freiheit gegenüber der Notation einzuüben, bei der Bearbeitung der R-Aufgaben die Pfeile verwenden, bei den T-Aufgaben nicht.

Aufgabe R26.1: Sei $f : \mathbb{R}^2 \to \mathbb{R}^1$ durch $f(x,y) := \sin(x+y)$ gegeben. Ergänzen Sie diese Funktion durch eine (lineare) Funktion $g(x,y)$, so dass die Abbildung $\vec{F} : \mathbb{R}^2 \to \mathbb{R}^2$, $\vec{F}(x,y) := (g(x,y), f(x,y))$ bei $(x_0,y_0) := (0,0)$ lokal invertierbar wird.

Aufgabe R26.2: Ein sphärisches Doppelpendel bestehe aus zwei frei drehbar aneinander geknüpften Pendeln der Länge l_1, l_2. Das erste Pendel sei im Koordinatenursprung befestigt. Die Position der beiden Massenpunkte an den Pendelenden seien durch $\vec{x}$ und $\vec{y}$ beschrieben. Sei $\vec{f} : \mathbb{R}^3 \times \mathbb{R}^3 \to \mathbb{R}^2$ durch $\vec{f}(\vec{x}, \vec{y}) := (\|\vec{x}\|^2, \|\vec{y} - \vec{x}\|^2)$ definiert. Zeigen Sie, dass der Konfigurationsraum des Pendels, d.h. die Menge der Punkte mit $\vec{f}(\vec{x}, \vec{y}) = \vec{c} := (l_1^2, l_2^2)$ nur aus regulären Punkten besteht.

Aufgabe R26.3: Energie und Drehimpuls des zweidimensionalen, isotropen harmonischen Oszillators lauten $E(\vec{x}, \vec{p}) = \|\vec{p}\|^2/2 + \|\vec{x}\|^2/2$ und $L_z(\vec{x}, \vec{p}) = x_1 p_2 - x_2 p_1$. Sei $\vec{F} : \mathbb{R}^2 \times \mathbb{R}^2 \to \mathbb{R}^2$ die durch $\vec{F}(\vec{x}, \vec{p}) := (E(\vec{x}, \vec{p}), L_z(\vec{x}, \vec{p}))$ definierte Abbildung. Bestimmen Sie die regulären und singulären Punkte von $\vec{F}$. Um welche Punkte $(\vec{x}_0, \vec{p}_0)$ ist die Gleichung $\vec{F}(\vec{x}, \vec{p}) = \vec{c}$ lokal nach $\vec{p}$ auflösbar?

Aufgabe R26.4: Das Potential eines elektrischen Dipols hat die Form $V(\vec{x}) = \vec{p} \cdot \vec{x}/\|\vec{x}\|^3$. Der Dipol habe die Komponenten $\vec{p} = (0, 0, p)$. Analysieren Sie die Flächen mit $V = \text{const}$ $(> 0, < 0, = 0)$ für $\vec{x} \neq 0$ in kartesischen Koordinaten und in Kugelkoordinaten. Wo lässt sich $V = \text{const}$ lokal nach $x_3 = x_3(x_1, x_2)$ bzw $r = r(\theta, \varphi)$ auflösen? Bestimmmen Sie dort die entsprechenden ersten Ableitungen.

Aufgabe T26.1: Sei $B \subset \mathbb{R}^n$ offen, $x_0 \in B$ und $f : B \to \mathbb{R}^m$ eine C^k-Abbildung. Wir wollen sagen, f habe bei x_0 eine lokale Rechtsinverse, wenn es eine offene Umgebung V von $y_0 := f(x_0)$ im Zielraum $\mathbb{R}^m$ und eine C^k-Abbildung $g : V \to B$ mit $f \circ g = \mathrm{Id}_V$ und $g(y_0) = x_0$ gibt. Beweisen Sie, dass f genau dann bei x_0 eine lokale Rechtsinverse hat, wenn x_0 ein regulärer Punkt von f ist.

Aufgabe T26.2: Sei $\lambda_0 \in \mathbb{R}$ ein Eigenwert der algebraischen Vielfachheit Eins von der reellen $n \times n$-Matrix A_0 . Zeigen Sie, dass es offene Umgebungen U von A_0 in $\mathbb{R}^{n^2}$ und V von λ_0 in $\mathbb{R}$ und eine C^∞-Funktion $\lambda : U \to V$ gibt, so dass jeweils $\lambda(A)$ der einzige Eigenwert von A in V ist. ("Differenzierbare Abhängigkeit des Eigenwerts von der Matrix"). Hinweis: Betrachte $P_A(\lambda) := \det(A - \lambda E)$ als Funktion der $n^2 + 1$ reellen Variablen a_{ij} und λ.

Aufgabe T26.3: Sei $k \geq 1$. Von zwei auf offenen Nullumgebungen $U \subset \mathbb{R}^n$ und $V \subset \mathbb{R}^m$ definierten C^k-Abbildungen $\pi : U \to \mathbb{R}^m$, $\pi(0) = 0$, und $\sigma : V \to U$, $\sigma(0) = 0$, sei $\pi \circ \sigma = \mathrm{Id}_V$ bekannt. Beweisen Sie, dass man lokale Koordinaten (ξ, η) um $0 \in U \subset \mathbb{R}^n = \mathbb{R}^m \times \mathbb{R}^{n-m}$ so einführen kann, dass jeweils lokal um 0 nicht nur π durch $(\xi, \eta) \mapsto \xi$, sondern zugleich auch σ durch $x \mapsto (x, 0)$ gegeben ist.

27 Die k-dimensionalen Flächen im $\mathbb{R}^n$

27.1 Der Begriff

Bisher haben wir mehrdimensionale Analysis auf *offenen* Teilmengen der Räume $\mathbb{R}^n$ betrieben. Auf offenen Bereichen $B \subset \mathbb{R}^n$ sind unsere Funktionen, Abbildungen, dynamischen Systeme usw. definiert, und damit haben wir um jeden Punkt die volle Bewegungsfreiheit z.B. für das partielle Ableiten und die lineare (Jacobimatrix) und polynomiale Approximation (Taylorentwicklung).

Es gibt aber Fragestellungen im $\mathbb{R}^n$ bei denen, etwa aus physikalischen Gründen, ein System von "Nebenbedingungen"

$$\begin{array}{rcl} \Psi_1(x_1,\ldots,x_n) & = & c_1 \\ \vdots & & \vdots \\ \Psi_m(x_1,\ldots,x_n) & = & c_m \end{array}$$

stets erfüllt bleiben soll. Dann tritt die Menge $M := \Psi^{-1}(c) \subset \mathbb{R}^n$ der die Nebenbedingungen erfüllenden Punkte als Definitionsbereich uns interessierender Funktionen $f : M \to \mathbb{R}$ und Abbildungen $f : M \to X$ in Erscheinung. Betrachten wir als Beispiel im $\mathbb{R}^3$ die Nebenbedingung

$$x^2 + y^2 + z^2 = 1\,.$$

Die Erfüllungsmenge ist dann die Kugeloberfläche $M := S^2 \subset \mathbb{R}^3$. Stellen wir uns vor, wir sollten die lokalen Extrema einer gegebenen Funktion $f : S^2 \to \mathbb{R}$ suchen. Bei *offenem* Definitionsbereich würden wir zunächst die kritischen Punkte durch Nullsetzen der partiellen Ableitungen $\frac{\partial f}{\partial x}$, $\frac{\partial f}{\partial y}$ und $\frac{\partial f}{\partial z}$ bestimmen und dann nach-

K. Jänich, *Mathematik 2*, Springer-Lehrbuch, 2nd ed.,
DOI 10.1007/978-3-642-16150-6_5, © Springer-Verlag Berlin Heidelberg 2011

schauen, welche davon lokale Extrema sind, etwa mittels der Hessematrix. Aber Sie sehen ja, dass wir die partiellen Ableitungen gar nicht bilden können, wenn f überhaupt nur auf S^2 gegeben ist.

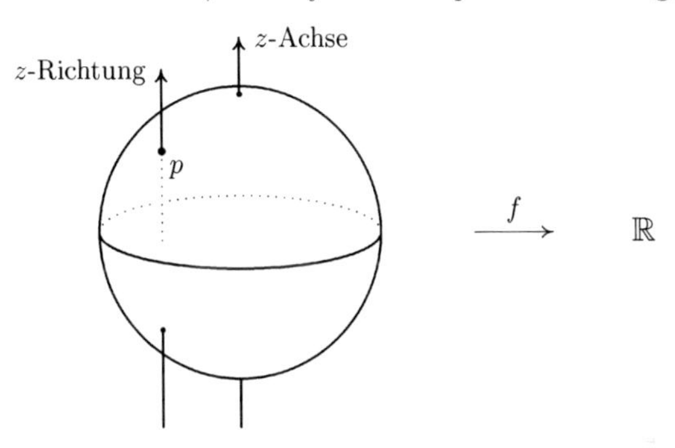

Partielle Ableitungen $\frac{\partial f}{\partial x}, \frac{\partial f}{\partial y}$ *und* $\frac{\partial f}{\partial z}$ *für* $f : S^2 \to \mathbb{R}$ *?*

Und ist f etwa durch eine Formel $f(x, y, z)$ beschrieben, die sich auch außerhalb S^2 lesen lässt, dann können wir die partiellen Ableitungen zwar berechnen, aber was fangen wir damit an? Sie brauchen an den Extremstellen von $f : S^2 \to \mathbb{R}$ nicht zu verschwinden, das sieht man schon an dem einfachen Beispiel $f(x, y, z) := z$. Die Funktion nimmt an den Polen ihre Extremwerte ± 1 an, aber die partielle Ableitung $\frac{\partial f}{\partial z} \equiv 1$ verschwindet weder dort noch sonst wo. Von solchen und ähnlichen Fragen handeln das gegenwärtige und das folgende Kapitel.

Zuerst müssen wir definieren, auf *welchen* Definitionsbereichen $M \subset \mathbb{R}^n$ wir nun Analysis betreiben wollen, denn für "ganz beliebige" Definitionsbereiche ist eher die Topologie zuständig. Wie die Sphäre dürfen sie krumm, sollen aber *glatt* sein.

Bei der Definition dieser Glattheit wollen wir es uns etwas bequemer als bisher machen und nicht mehr die Differenzierbarkeitsordnung C^k überall mit hinschleppen, sondern vereinbaren, dass von nun an *differenzierbare Funktion*, *differenzierbare Abbildung* und *Diffeomorphismus* immer im C^∞-Sinne verstanden werden, wenn nicht ausdrücklich etwas anderes gesagt wird. Den dadurch wieder zu anderer Verwendung freiwerdenden Buchstaben k nehmen wir gleich in Gebrauch:

Definition: Eine Teilmenge $M \subset \mathbb{R}^n$ heißt eine ***k-dimensionale Fläche*** oder ***k-dimensionale Untermannigfaltigkeit*** von $\mathbb{R}^n$, wenn sich um jeden Punkt $p \in M$ eine offene Umgebung W von p in $\mathbb{R}^n$ und ein Diffeomorphismus $H : W \xrightarrow{\cong} W'$ auf eine offene Teilmenge $W' \subset \mathbb{R}^n$ derart finden lassen, dass

$$H(M \cap W) = (\mathbb{R}^k \times 0) \cap W'$$

gilt. □

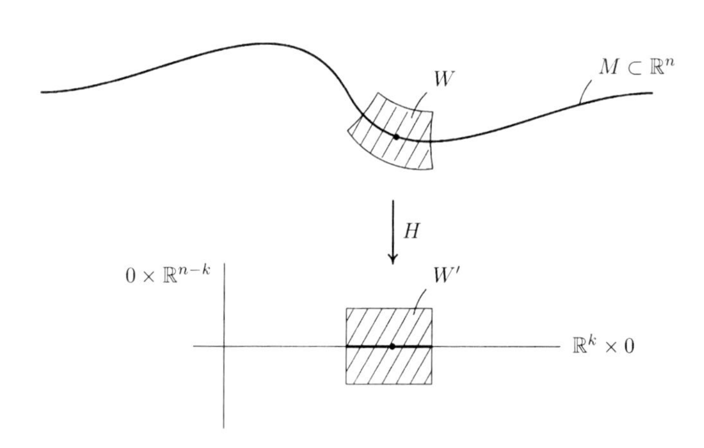

Aus dem vielleicht "krummen" $U := M \cap W$ macht H das "flache" $U' \times 0 := (\mathbb{R}^k \times 0) \cap W'$.

In den neuen Koordinaten $x'_1, \ldots, x'_n$, die durch $H : W \to W'$ in W eingeführt werden, ist der in W gelegene Teil $M \cap W$ von M somit durch $x'_{k+1} = \cdots = x'_n = 0$ beschrieben. Etwas lax gesagt: eine Teilmenge $M \subset \mathbb{R}^n$ ist eine k-dimensionale Fläche, wenn sie um jeden Punkt $p \in M$ lokal, in geeigneten krummlinigen Koordinaten des $\mathbb{R}^n$, wie der $\mathbb{R}^k$ aussieht.

Einen solchen Diffeomorphismus $H : W \to W'$ wollen wir, seiner anschaulichen Bedeutung nach, auch einen ***Flachmacher*** für M um p nennen. In einer anderen Sprechweise heißt ein Flachmacher $H : W \to W'$ eine ***äußere Karte*** für M um $p \in M$, im Unterschied nämlich zur zugehörigen ***inneren Karte*** $H|M \cap W : M \cap W \xrightarrow{\cong} (\mathbb{R}^k \times 0) \cap W'$ von M um p, die wir als

$$h : U \xrightarrow{\cong} U'$$

notieren wollen, wobei $U := M \cap W$ und $U' \subset \mathbb{R}^k$ als die offene Teilmenge des $\mathbb{R}^k$ zu lesen ist, für die $U' \times 0 = (\mathbb{R}^k \times 0) \cap W'$ ist, wenn wir nämlich so pedantisch sein wollen, zwischen $\mathbb{R}^k$ und $\mathbb{R}^k \times 0 \subset \mathbb{R}^n$ in der Notation zu unterscheiden, sonst könnten wir gleich $U' = \mathbb{R}^k \cap W'$ schreiben.

Die anschauliche Vorstellung und der Name kommen von dem Fall $n = 3$ und $k = 2$ her, also von den gewöhnlichen (zweidimensionalen) Flächen im dreidimensionalen Raum:

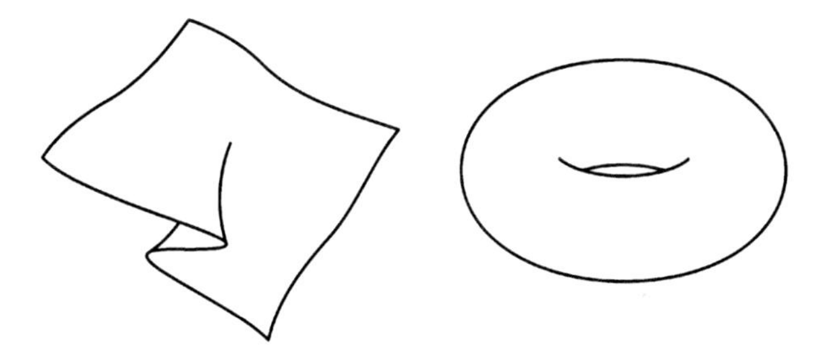

Gewöhnliche Flächen im Raum: $k = 2$, $n = 3$.

Die Benennung k-dimensionale *Flächen* wird man vor allem verwenden, wenn $k = 2$ oder nicht näher bestimmt ist und die Anschauung der gewöhnlichen Flächen nützlich erscheint. In besonderen Fällen kann das Wort aber so schräg klingen, dass man besser neutral von k-dimensionalen *Untermannigfaltigkeiten* spricht, was immer passend ist. Ist z.B. ausdrücklich $k = 1$, so wird man im Allgemeinen nicht von "eindimensionalen Flächen" sprechen, obwohl es nach unserer Definition nicht falsch wäre, sondern eher von *eindimensionalen Untermannigfaltigkeiten.* Auch diese leisten übrigens ihren Beitrag zur Anschauung des allgemeinen Begriffs, weil sie zeigen, wie im Falle höherer ***Kodimension*** (so nennt man die Differenz $n-k$) die Fläche, lokal an jedem ihrer Punkte, gleichsam "rundherum" vom Raum umgeben ist, anstatt nur "von zwei Seiten" wie die Flächen der Kodimension eins.

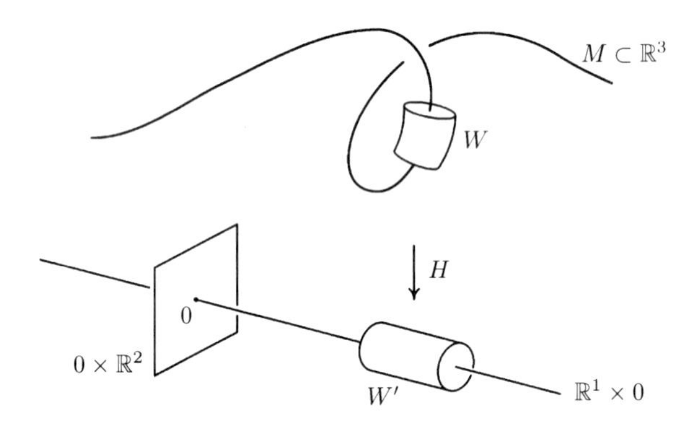

Untermannigfaltigkeit der Kodimension zwei, hier $n=3$, $k=1$.

Die 1-kodimensionalen Flächen im $\mathbb{R}^n$ werden zuweilen ohne Dimensionsangabe noch ***Hyperflächen*** genannt, oder man spricht allgemeiner von *k-dimensionalen Hyperflächen* statt von k-dimensionalen Flächen oder Untermannigfaltigkeiten im $\mathbb{R}^n$, wenn $2<k<n$ ist. Der Zusatz "hyper" wirkt dabei aber heute etwas altmodisch, weil höherdimensionale Flächen nichts Besonderes sind.

Ein allgemeiner Begriff umfasst auch Extremfälle, derentwegen er gewiss nicht erfunden wurde, die auszuschließen aber nicht sinnvoll wäre, das sind in diesem Falle die nulldimensionalen und die n-dimensionalen "Flächen" im $\mathbb{R}^n$. Weil $\mathbb{R}^k \times 0 \subset \mathbb{R}^n$ für $k=0$ nur aus dem Nullpunkt im $\mathbb{R}^n$ besteht, für $k=n$ aber als der ganze $\mathbb{R}^n$ zu verstehen ist, ergibt sich:

Bemerkung: (a) *Eine Teilmenge $M \subset \mathbb{R}^n$ ist genau dann eine nulldimensionale Fläche im $\mathbb{R}^n$, wenn sie nur aus isolierten Punkten besteht, d.h. wenn jeder Punkt $p \in M$ eine Umgebung im $\mathbb{R}^n$ besitzt, in der er der einzige Punkt aus M ist.* (b) *Die n-dimensionalen Flächen im $\mathbb{R}^n$ sind genau die offenen Teilmengen des $\mathbb{R}^n$.* □

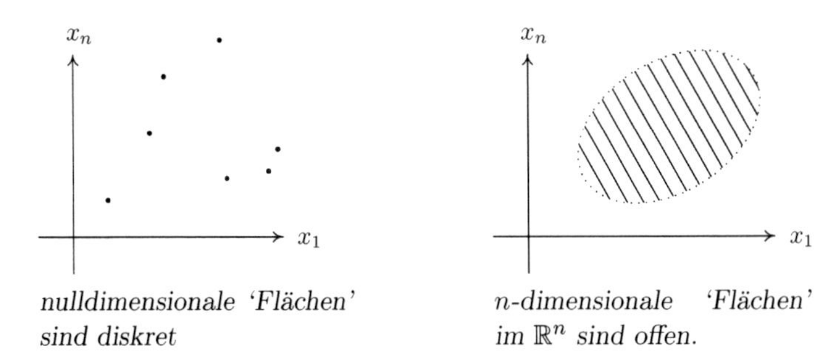

nulldimensionale 'Flächen' sind diskret — *n-dimensionale 'Flächen' im $\mathbb{R}^n$ sind offen.*

In der Sprache der Topologie gesagt: die nulldimensionalen Flächen im $\mathbb{R}^n$ sind einfach durch eine Eigenschaft ihrer induzierten Topologie charakterisiert, es sind die *diskreten* topologischen Teilräume des $\mathbb{R}^n$.

Die k-dimensionalen *Untervektorräume* $V \subset \mathbb{R}^n$ sind Beispiele k-dimensionaler Flächen im $\mathbb{R}^n$, auf die die Definition des Flächenbegriffes sicher nicht abzielte, die aber nun auch mit dazu gehören.

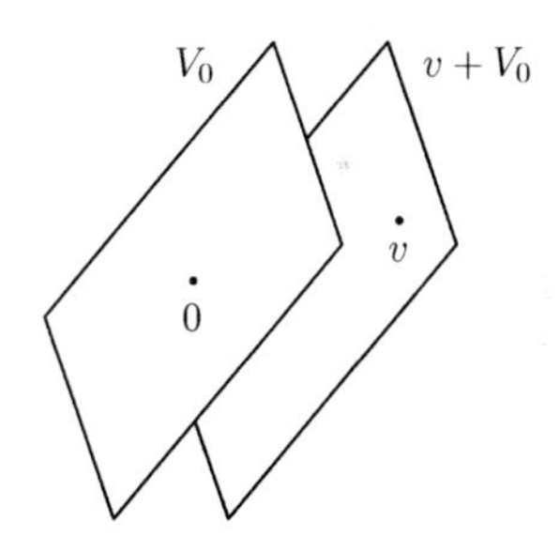

Auch k-dimensionale Untervektorräume und affine Räume sind Beispiele k-dimensionaler Flächen.

Wir brauchen nur eine Basis $(\vec{v}_1, \dots, \vec{v}_k)$ von V durch weitere Vektoren $\vec{v}_{k+1}, \dots, \vec{v}_n$ zu einer Basis des $\mathbb{R}^n$ zu ergänzen, dann ist der durch $H(\vec{v}_i) = \vec{e}_i$ festgelegte Isomorphismus $H : \mathbb{R}^n \to \mathbb{R}^n$ eine äußere Karte für V, um jeden Punkt von V. Schaltet man noch die Translation um $-\vec{v}_0$ davor, so hat man eine äußere Karte für den affinen Teilraum $\vec{v}_0 + V \subset \mathbb{R}^n$.

Ist $M \subset \mathbb{R}^n$ eine k-dimensionale Fläche, dann ist auch jede in der Teilraumtopologie von M oder kurz "in M" offene Teilmenge $M_0 \subset M$ eine k-dimensionale Fläche im $\mathbb{R}^n$:

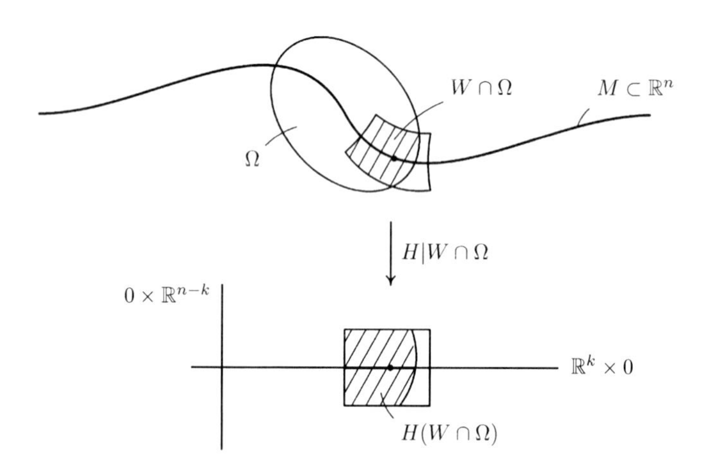

Mit M ist auch $M \cap \Omega$ eine k-dimensionale Fläche im $\mathbb{R}^n$, wenn $\Omega \subset \mathbb{R}^n$ offen ist: klar.

Denn dann ist $M_0 = \Omega \cap M$ für ein offenes $\Omega \subset \mathbb{R}^n$, und zu $p \in M \cap \Omega$ brauchen wir nur einen Flachmacher $H : W \to W'$ von M um p zu nehmen, um durch $H|W \cap \Omega$ sofort einen Flachmacher für $M \cap \Omega$ um p zu haben. Umgekehrt gilt aber auch:

Notiz 1: *Ist $M \subset \mathbb{R}^n$ eine Teilmenge und gibt es zu jedem $p \in M$ eine offene Umgebung $\Omega_p \subset \mathbb{R}^n$, für die $M \cap \Omega_p$ eine k-dimensionale Fläche im $\mathbb{R}^n$ ist, dann ist auch ganz M eine.* □

Man sagt deshalb, eine k-dimensionale Fläche zu sein, sei eine *lokale Eigenschaft* von Teilmengen $M \subset \mathbb{R}^n$, und sie braucht im Zweifelsfall auch nur lokal nachgeprüft zu werden. Angesichts der Definition ist das fast eine Tautologie, beachten Sie aber die kleine Subtilität, dass ein Flachmacher $H : W \to W'$ für $M \cap \Omega_p$ nicht automatisch schon einer für M zu sein braucht (weshalb?), aber $H|W \cap \Omega_p$ ist ein solcher.

Notiz 2: *Ist* $\Phi : \Omega \xrightarrow{\cong} \widetilde{\Omega}$ *ein Diffeomorphismus zwischen offenen Mengen im* $\mathbb{R}^n$ *und ist* $M \subset \Omega$ *eine* k*-dimensionale Fläche im* $\mathbb{R}^n$*, so auch* $\Phi(M)$.

Das ist klar, weil ein Flachmacher $H : W \to W'$ für M um p sofort einen für $\Phi(M)$ um $\Phi(p)$ liefert, nämlich $H \circ \Phi^{-1}|\Phi(W \cap \Omega)$. □

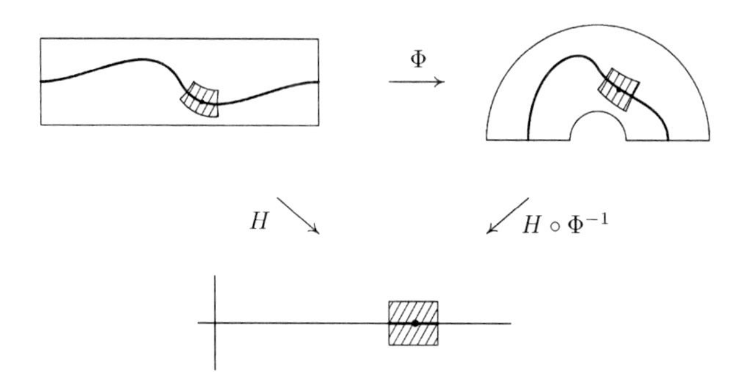

Die Flächeneigenschaft ist invariant unter Diffeomorphismen

Auch diese Notiz birgt einen praktischen Nutzen. Die Flächeneigenschaft ist demnach nicht nur lokal, sondern auch *koordinatenunabhängig*, wie man sagen könnte. Statt $M \cap \Omega_p$ darf man bei der lokalen Überprüfung, nach Notiz 2, ebensogut irgend ein 'diffeomorphes Bild' $\Phi_p(M \cap \Omega_p)$ auf die Flächeneigenschaft hin untersuchen, wenn das einfacher erscheint.

Noch eine dritte Notiz zum Flächenbegriff wollen wir festhalten, nämlich seine Verträglichkeit mit der Produktbildung.

Notiz 3: *Sind* $M_i \subset \mathbb{R}^{n_i}$ k_i*-dimensionale Flächen, i=1,2, so ist* $M_1 \times M_2 \subset \mathbb{R}^{n_1+n_2}$ *eine* $k_1 + k_2$*-dimensionale Fläche.*

Das Produkt $H_1 \times H_2 : W_1 \times W_2 \to W_1' \times W_2'$ zweier Flachmacher für die Faktoren ist ja schon fast einer für das Produkt, man muss als ordentlicher Mensch nur noch die Koordinatenvertauschung

$$(\mathbb{R}^{k_1} \times \mathbb{R}^{n_1-k_1}) \times (\mathbb{R}^{k_2} \times \mathbb{R}^{n_2-k_2}) \xrightarrow{\cong} \mathbb{R}^{k_1+k_2} \times \mathbb{R}^{n_1+n_2-(k_1+k_2)}$$

nachschalten. □

27.2 Regularität

Viele konkreten Beispiele, darunter die meisten, die Ihnen in der Praxis begegnen werden, erhält man aus dem so genannten *Satz vom regulären Wert*, der seinerseits ein Korollar aus dem *Satz vom regulären Punkt* ist.

Definition und Satz vom regulären Wert: *Sei $B \subset \mathbb{R}^n$ offen, $\Psi : B \to \mathbb{R}^m$ eine C^∞-Abbildung und $c \in \mathbb{R}^m$ ein so genannter* ***regulärer Wert*** *für Ψ, d.h. dass alle $x \in \Psi^{-1}(c)$ reguläre Punkte von Ψ sind. Dann ist $\Psi^{-1}(c) \subset B$ eine $(n-m)$-dimensionale Fläche im $\mathbb{R}^n$.*

Beweis: "Da die Flächeneigenschaft lokal und koordinatenunabhängig ist, dürfen wir nach dem Satz vom regulären *Punkt* oBdA voraussetzen, dass $\Psi : B \to \mathbb{R}^m$ die Projektion auf die ersten m Koordinaten und damit $\Psi^{-1}(c) = B \cap (c \times \mathbb{R}^{n-m})$ trivialerweise eine $(n-m)$-dimensionale Fläche ist."

Vollkommen richtig, wir wollen aber doch übungshalber, weil der Satz so wichtig ist, uns ohne "oBdA" anschauen, wie der Satz vom regulären Punkt aus dem Abschnitt 26.2 uns einen Flachmacher um ein beliebiges $x_0 \in M$ liefert.

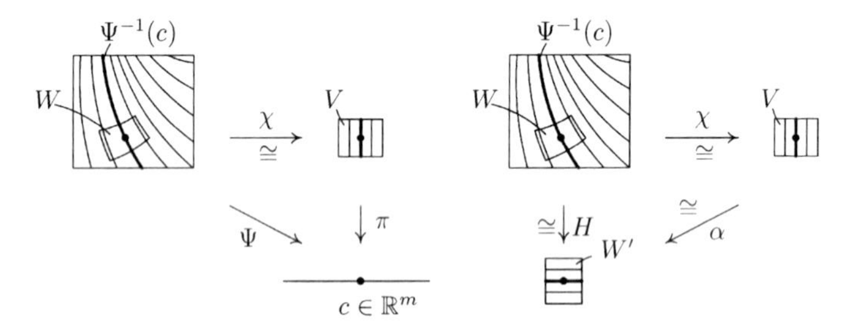

Anwendung des Satzes vom regulären Punkt auf die Abbildung Ψ an der Stelle $x_0 \in \Psi^{-1}(c)$.

Konstruktion des Flachmachers H aus den Vorgaben des Satzes vom regulären Punkt.

Taufen wir die dort f, U, h genannten Gegenstände, unserem jetzigen Zweck entsprechend, in Ψ, W und sagen wir χ um. Dann gibt uns die direkte, unbearbeitete Anwendung des Satzes vom regulären

Punkt einen Diffeomorphismus $\chi : W \to V$ einer offenen Umgebung W von x_0 in B auf eine offene Teilmenge $V \subset \mathbb{R}^n = \mathbb{R}^m \times \mathbb{R}^{n-m}$ derart, dass $\Psi \circ \chi^{-1} : V \to \mathbb{R}^m$ die Projektion auf die ersten m Koordinaten ist.

Beinahe *ist* χ schon ein Flachmacher für M bei x_0, nur gilt nicht $\chi(M \cap W) = (\mathbb{R}^{n-m} \times 0) \cap V$, wie es dann sein müsste, sondern offenbar $\chi(M \cap W) = (c \times \mathbb{R}^{n-m}) \cap V$. Wir brauchen aber nur noch Translation um $-c$ und Koordinatentausch nachzuschalten, also $\alpha : \mathbb{R}^m \times \mathbb{R}^{n-m} \to \mathbb{R}^{n-m} \times \mathbb{R}^m$, $(\xi, \eta) \mapsto (\eta, \xi - c)$, um einen auch formal richtigen Flachmacher $H := \alpha \circ \chi : W \to W' := \alpha(V)$ zu erhalten. □

Oft kommt uns eine Fläche schon als ***reguläres Urbild*** entgegen, etwa wenn wir mit einer ***regulären Nebenbedingung*** $\Psi(x) = c$ zu tun haben und unser Blick deshalb auf die ***Erfüllungsmenge*** $M := \Psi^{-1}(c)$ fällt. Aber auch wenn wir uns aus ganz anderen Gründen für eine bestimmte Teilmenge $M \subset \mathbb{R}^n$ interessieren, die wir als k-dimensionale Fläche nachweisen möchten, ist es sinnvoll, nach einer Abbildung $\Psi : B \to \mathbb{R}^{n-k}$ mit regulärem Wert c und $M = \Psi^{-1}(c)$ Ausschau zu halten. Regularität ist leicht nachzuprüfen, man braucht nur partiell abzuleiten und nachzusehen, ob der Rang der Jacobimatrix an allen Urbildpunkten wirklich m ist, und oft klappt es. Die Beschaffung von Flachmachern ist dagegen meist eine lästige Angelegenheit, und wir sind dem Satz vom regulären Wert deshalb dankbar, dass er uns diese Arbeit bei regulären Urbildern abnimmt.

Mit diesem neuen Verständnis für Urbilder wollen wir unsere intuitive Vorstellung vom Mechanismus nichtlinearer Abbildungen etwas erweitern. Offensichtlich kennt man eine Abbildung $\Psi : B \to \mathbb{R}^m$, wenn man für alle $c \in \mathbb{R}^m$ die Urbilder $\Psi^{-1}(c)$ kennt, und dadurch kann man sich die Abbildung auch zu *veranschaulichen* suchen, so wie auf einer Wanderkarte die Höhenfunktion durch die Höhenlinien dargestellt wird.

Sei nun $\Psi : B \to \mathbb{R}^m$, $B \subset \mathbb{R}^n$ offen, eine ***reguläre Abbildung***, d.h. an allen Punkten des Definitionsbereichs B regulär. Sämtliche Urbilder oder "Niveaus" $\Psi^{-1}(c)$ sind dann $(n - m)$-dimensionale

Flächen, und der Satz vom regulären *Punkt* sagt uns darüber hinaus, wie schön ordentlich sie nebeneinander liegen. Schematisch, für $n = 2$, $m = 1$:

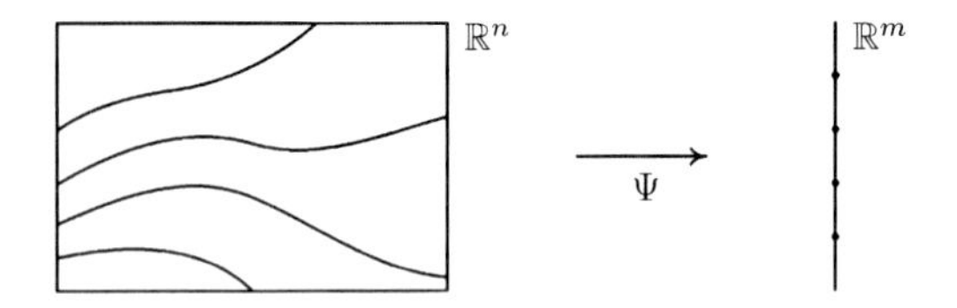

Niveaus einer regulären Abbildung

Direkt vor Augen können wir natürlich nur die Fälle $m \leq n \leq 3$ haben, darüber hinaus müssen wir uns, wie immer, mit dem Analogiedenken behelfen. Schauen wir uns an, wie sich für $n = 3$ die Fälle $m = 1$ und $m = 2$ unterscheiden:

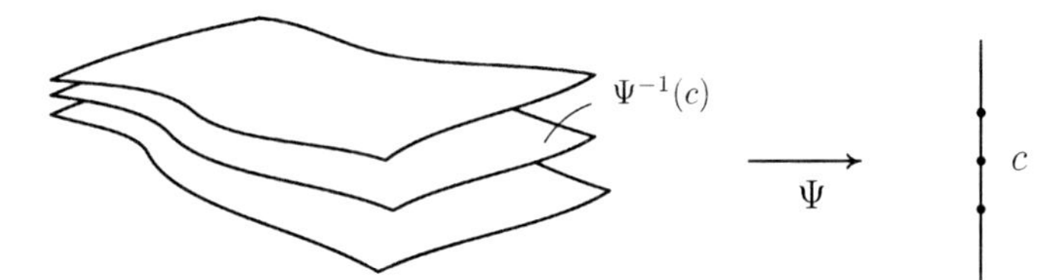

Gewöhnliche Flächen als Urbilder einer regulären Abbildung von $B \subset_{\text{offen}} \mathbb{R}^3$ nach $\mathbb{R}^1$

Reguläre Funktionen von drei Variablen haben gewöhnliche, zweidimensionale Flächen als Niveaus, reguläre Abbildungen von drei Variablen in den $\mathbb{R}^2$ dagegen eindimensionale Untermannigfaltigkeiten, "Linien".

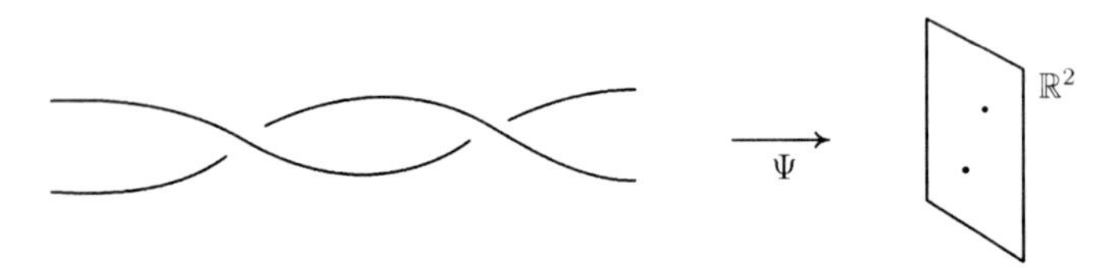

Urbilder einer regulären Abbildung von $B \subset_{\text{offen}} \mathbb{R}^3$ nach $\mathbb{R}^2$

Der Extremfall $m = 0$ ist nicht interessant, denn dann ist Ψ einfach konstant. Aber der Fall $n = m$ ist bedenkenswert.

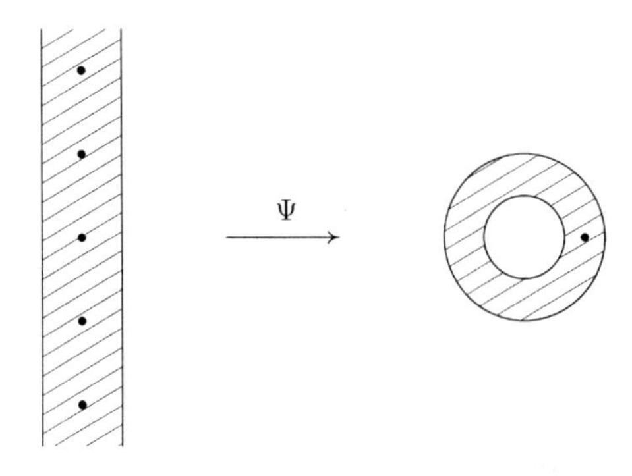

Im Falle $n = m$ sind die Urbilder $\Psi^{-1}(c)$ bei regulärem Ψ stets Mengen isolierter Punkte.

Was hilft uns das aber, wenn die Abbildung nicht überall regulär ist, sondern auch singuläre Punkte hat? Skizzieren wir dazu ein einfaches Beispiel mit $n = 2$ und $m = 1$, sagen wir eine Funktion auf einer offenen Kreisscheibe im $\mathbb{R}^2$, deren Funktionsgebirge zwei Gipfel und einen Sattel hat, etwa so:

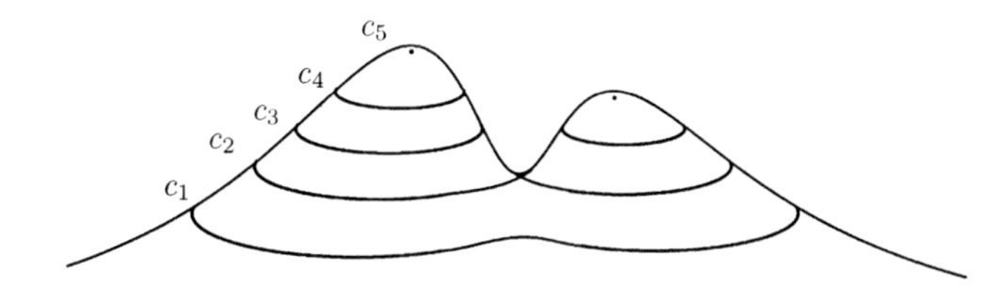

Graph einer Funktion $\Psi(x, y)$ mit drei kritischen oder singulären Punkten

Für fünf Funktionswerte $c_1, \ldots, c_5$, nämlich für die drei singulären und für zwei reguläre, sind die entsprechenden Teilmengen auf dem Graphen angedeutet. Beim realen Wandern im Gebirge wären das die Höhenlinien am Berg, beachten Sie aber, dass die mathematischen Niveaus oder Urbilder $\Psi^{-1}(c_i) \subset B$, von denen wir hier immer sprechen, nicht im Graphen, sondern darunter im Definitionsbereich B zu finden sind und im vorliegenden Beispiel etwa so aussehen:

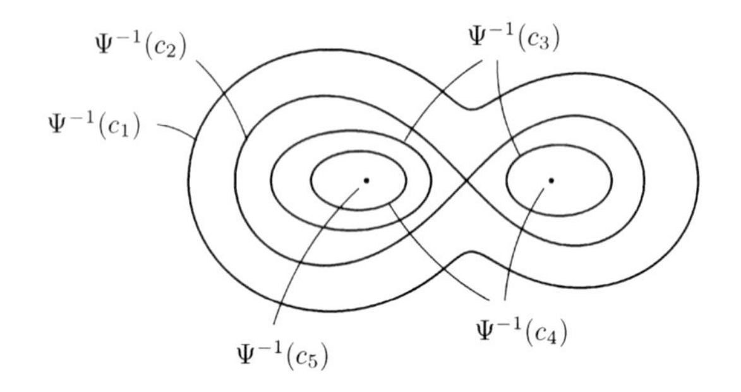

Die Urbilder $\Psi^{-1}(c_i) \subset B$, $i = 1, \ldots, 5$

Singuläre Urbilder können ausnahmsweise auch einmal $(n-m)$-dimensionale Flächen sein, aber hier jedenfalls nicht: $\Psi^{-1}(c_5)$ ist ein einzelner Punkt, also nicht eindimensional, $\Psi^{-1}(c_4)$ hat zwei Zusammenhangskomponenten, von denen eine nur ein Punkt ist, und $\Psi^{-1}(c_2)$ hat einen "Kreuzungspunkt". Keines der drei singulären Urbilder ist also lokal am jeweiligen singulären Punkt eine $(n-m)$-dimensionale Fläche. Jedoch sind sie dort auch nicht kompliziert oder bizarr, nur anders.

Was ist an diesem Beispiel typisch und was nicht? In der Zerlegung $B = B_{\text{reg}} \cup B_{\text{sing}}$ des offenen Definitionsbereiches einer differenzierbaren Abbildung $\Psi : B \to \mathbb{R}^m$ in die Mengen der regulären bzw. singulären Punkte ist B_{reg} jedenfalls immer eine offene Menge, das folgt sofort aus dem Satz vom regulären Punkt. Die Einschränkung $\Psi|B_{\text{reg}}$ ist dann eine überall reguläre Abbildung, auf B_{reg} ist die Welt in Ordnung.

In unserem Beispiel besteht B_{sing} nur aus drei Punkten. Es kann natürlich vorkommen, dass *alle* Punkte von B singulär sind, z.B. trifft das ja für $m \geq 1$ auf die konstanten Abbildungen zu. Für *eine* wichtige Beispielklasse sind aber die singulären Punkte wirklich isoliert. Ist nämlich $m = 1$, also Ψ eine reellwertige Funktion, und ist $p \in B$ ein kritischer Punkt, an dem die Hessematrix den vollen Rang n hat, dann ist nach dem im Abschnitt 25.5 schon erwähnten *Morse-Lemma* p ein isolierter singulärer Punkt von Ψ. Das Morse-Lemma besagt ja sogar, dass es dann ein lokales (krummliniges) Koordinatensystem gibt, einen lokalen Diffeomorphismus um p eben, der Ψ bis auf den konstanten Term $\Psi(p)$ in seine eigene Hesseform an der Stelle p überführt.

In diesem Falle sehen also auch die Urbilder $\Psi^{-1}(c)$ in der Nähe von p bis auf lokalen Diffeomorphismus wie die Niveaus nichtentarteter quadratischer Formen aus, die wir schon im Abschnitt 22.3 (im ersten Band) bei Gelegenheit der Hauptachsentransformation besichtigt hatten.

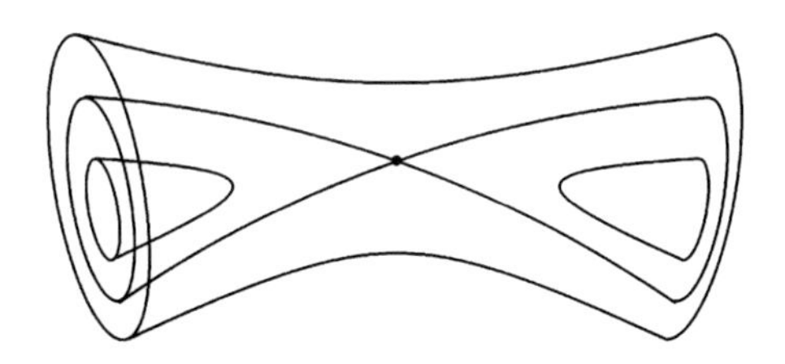

Niveaus einer Funktion dreier Variablen in der Nähe eines nichtentarteten kritischen Punktes mit indefiniter Hesseform

Im Allgemeinen aber, bei entarteten Singularitäten und bei höherer Dimension des Zielraums $\mathbb{R}^m$, werden die singuläre Menge und das Verhalten der Abbildung in ihrer Nähe, das *singuläre Verhalten* der Abbildung, kompliziert sein. Die mathematische *Singularitätentheorie* untersucht diese Phänomene.

27.3 Differenzierbare Abbildungen von Flächen im $\mathbb{R}^n$

Wir fahren fort, das Wort *differenzierbar* im C^∞-Sinne zu gebrauchen. Bisher kennen wir den Begriff der differenzierbaren Abbildungen $f : B \to \mathbb{R}^k$ auf offenen Definitionsbereichen $B \subset \mathbb{R}^n$, und ich erinnere daran, dass wir auch von Abbildungen sprechen, die *lokal bei einem Punkte* $p \in B$ oder kurz *bei* p differenzierbar im

C^∞-Sinne sind. Das bedeutet einfach, dass es zumindest eine kleine offene Umgebung von p gibt, auf der die Abbildung C^∞ ist. Jetzt wollen wir diese Begriffe auf Flächen übertragen.

Sei also $M \subset \mathbb{R}^n$ eine k-dimensionale Fläche. Unter der Differenzierbarkeit von Abbildungen $f : M \to \mathbb{R}^m$ stellt man sich instinktiv das Richtige vor, erwarten Sie keine Überraschungen:

Definition und Lemma: Eine Abbildung $f : M \to \mathbb{R}^m$ einer k-dimensionalen Fläche im $\mathbb{R}^n$ in einen $\mathbb{R}^m$ heißt lokal bei $p \in M$ differenzierbar (C^∞), kurz: ***bei p differenzierbar***, wenn

$$f \circ h^{-1} : U' \to \mathbb{R}^m$$

bei $h(p)$ differenzierbar ist, nämlich für die innere Karte $h : U \to U'$ eines *und damit automatisch eines jeden* Flachmachers um p.

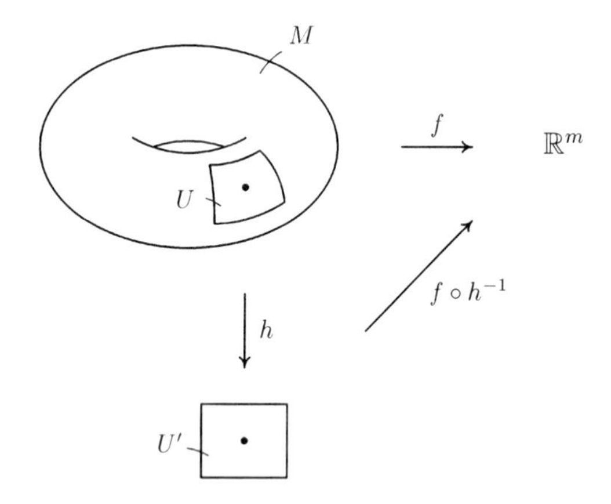

Differenzierbarkeit bedeutet Differenzierbarkeit bezüglich Karten

Die Abbildung $f : M \to \mathbb{R}^m$ im Ganzen heißt natürlich dann differenzierbar, wenn sie an *jedem* ihrer Punkte $p \in M$ differenzierbar ist. □

Inhalt des dabei ausgesprochenen Lemmas ist die beweisbedürftige Aussage, dass die Differenzierbarkeit von $f \circ h^{-1}$ bei $h(p)$ für *einen* Flachmacher H um p automatisch die Differenzierbarkeit von

$f \circ \widetilde{h}^{-1}$ bei $\widetilde{h}(p)$ für *jeden anderen* Flachmacher $\widetilde{H}$ um p nach sich zieht. Sie sehen, weshalb das nützlich ist: ist uns die Differenzierbarkeit von f bei p schon bekannt, dann dürfen wir sie für *jedes* H ausnutzen, müssen wir sie dagegen erst nachweisen, so genügt es, das für ein uns besonders bequem erscheinendes H zu tun.

Wahr ist die Behauptung, denn $f \circ h^{-1}$ und $f \circ \widetilde{h}^{-1}$ unterscheiden sich lokal um $h(p)$ bzw. $\widetilde{h}(p)$ nur durch einen vorgeschalteten Diffeomorphismus:

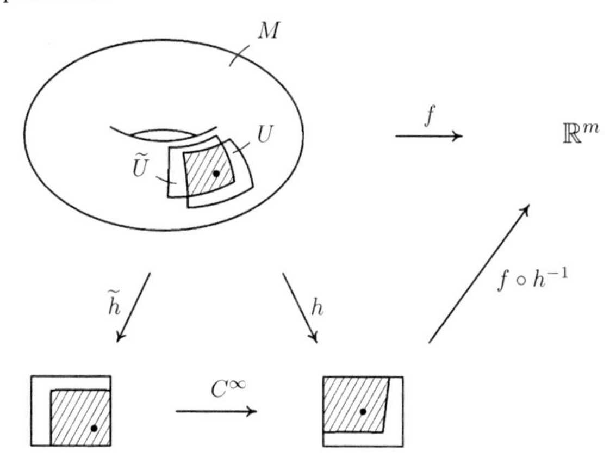

Zwei Karten zur Untersuchung von f bei p

Wenn Sie zu diesem Diagramm noch eine Formel sehen wollen, offeriere ich

$$f \circ \widetilde{h}^{-1} | \widetilde{h}(U \cap \widetilde{U}) = (f \circ h^{-1}) \circ (h \circ \widetilde{h}^{-1} | \widetilde{h}(U \cap \widetilde{U})),$$

wo auf der rechten Seite $f \circ h^{-1}$ nach Voraussetzung lokal um $h(p)$ differenzierbar ist, während $h \circ \widetilde{h}^{-1} | \widetilde{h}(U \cap \widetilde{U})$, das ja durch Einschränkung aus $H \circ \widetilde{H}^{-1} | \widetilde{H}(W \cap \widetilde{W})$ hervorgeht, sogar ein Diffeomorphismus von $\widetilde{h}(U \cap \widetilde{U})$ auf $h(U \cap \widetilde{U})$ ist. Aber eben das sagt die Figur auch, nur viel übersichtlicher. □

Kurz und gut: *Die Differenzierbarkeit auf k-dimensionalen Flächen wird mittels Karten auf die gewöhnliche Differenzierbarkeit im $\mathbb{R}^k$ zurückgeführt.* So sollen Sie sich das merken, und erst wenn Sie fürchten nicht mehr zu wissen, was das heißen soll, müssen Sie auf obige genaue Ausformulierung zurückgreifen.

Wie immer gilt auch hier: Definitionen dienen der genauen Begriffsbestimmung, der bequeme Umgang mit den Begriffen wird meistens erst durch Lemmas gewährleistet, die uns die Mühe abnehmen, in jedem Einzelfall wieder bis auf die Definition zurück zu gehen. Grundbeispiele und Regeln!

Notiz 1: *Ist $M \subset \mathbb{R}^n$ eine k-dimensionale Fläche, $\Omega \subset \mathbb{R}^n$ offen und $F : \Omega \to \mathbb{R}^m$ differenzierbar, so ist auch*

$$f := F|\Omega \cap M : \Omega \cap M \to \mathbb{R}^m$$

eine differenzierbare Abbildung. □

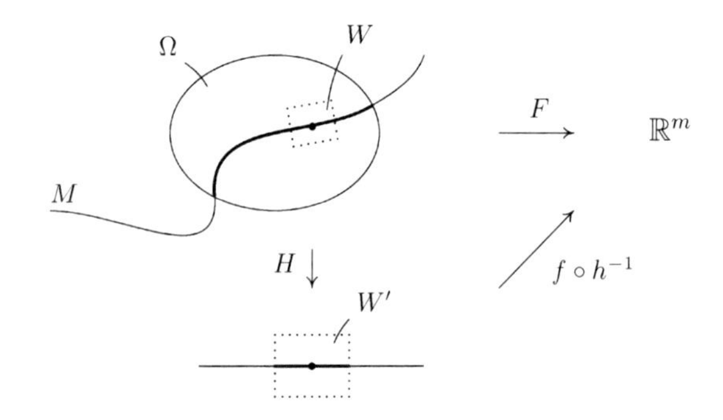

Weshalb Einschränkungen differenzierbar bleiben

Das ist klar, denn für einen Flachmacher $H : W \to W'$ mit innerer Karte $h : U \to U'$ und oBdA $W \subset \Omega$ (sonst betrachte $W \cap \Omega$) ist ja $f(h^{-1}(u_1, \dots, u_k))$ nichts anderes als $F(H^{-1}(u_1, \dots, u_k, 0, \dots, 0))$, also differenzierbar.

Damit haben wir gleich einen großen Vorrat kostenloser Beispiele differenzierbarer Abbildungen auf Flächen, und in der Tat kommen sie in konkreten Anwendungsfällen oft schon als solche Einschränkungen daher. — Von Notiz 1 gilt auch eine Umkehrung:

Notiz 2: *Ist $M \subset \mathbb{R}^n$ eine k-dimensionale Fläche und $f : M \to \mathbb{R}^m$ bei $p \in M$ differenzierbar, so gibt es eine offene Umgebung Ω_p von p in $\mathbb{R}^n$ und eine differenzierbare Abbildung $F_p : \Omega_p \to \mathbb{R}^m$, die auf $M \cap \Omega_p$ mit f übereinstimmt.* □

Dazu brauchen wir ja nur einen Flachmacher $H : W \to W'$ um p und in W' ein so kleines offenes Kästchen $A \times B \subset \mathbb{R}^k \times \mathbb{R}^{n-k}$ um $h(p)$ zu wählen, dass $f \circ h^{-1}$ auf A differenzierbar ist. Dann setzen wir $\Omega_p := H^{-1}(A \times B)$ und definieren $F_p : \Omega_p \to \mathbb{R}^m$ natürlich durch

$$F_p(x) := f(h^{-1}(\pi(H(x))),$$

wobei $\pi : A \times B \to A$ die Projektion auf den ersten Faktor bezeichnet. — Diese Formeln und Argumentation zu finden ist kein Kunststück, sie werden uns ja praktisch von unserem anschaulichen Verständnis der Situation diktiert:

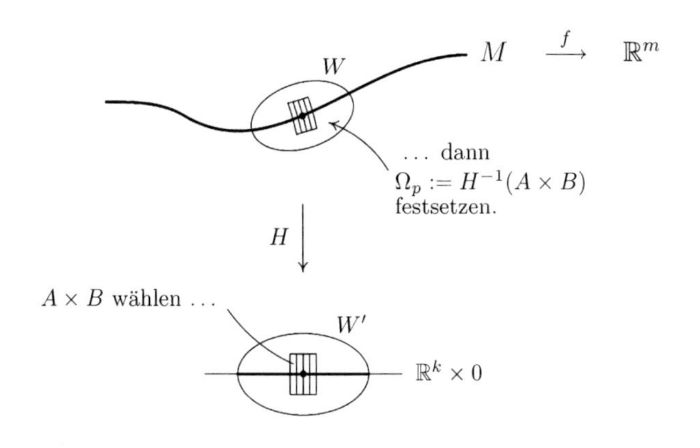

Lokale Erweiterbarkeit: differenzierbares $f \circ h^{-1} : A \to \mathbb{R}^m$ schon da, differenzierbares $F_p : \Omega_p \to \mathbb{R}^m$ daraus gewinnen.

Wenden wir uns nun den differenzierbaren Abbildungen zwischen Flächen zu. Seien $M_1 \subset \mathbb{R}^{n_1}$ und $M_2 \subset \mathbb{R}^{n_2}$ zwei k_1- bzw. k_2-dimensionale Flächen. Differenzierbar werden wir eine Abbildung $f : M_1 \to M_2$ natürlich nennen, wenn sie als Abbildung in den $\mathbb{R}^{n_2}$ differenzierbar ist. Es ist aber nützlich zu bemerken, dass sich die Differenzierbarkeit auch allein mittels innerer Karten durch k_1- und k_2-dimensionale Analysis beschreiben lässt. Und zwar ist f bei $p \in M_1$, wie man leicht sieht, genau dann differenzierbar, wenn es bezüglich einer (dann jeder) Wahl innerer Karten $h_1 : U_1 \to U_1'$ und $h_2 : U_2 \to U_2'$ um p bzw. $f(p)$ mit oBdA $f(U_1) \subset U_2$ dort differenzierbar ist:

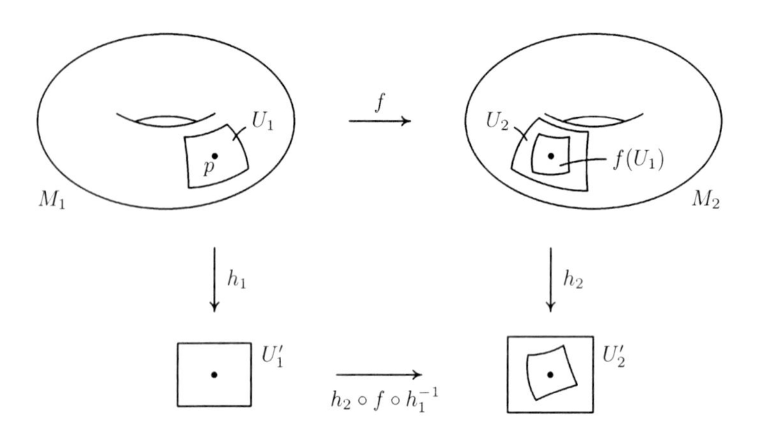

Die Abbildung f ist bei p differenzierbar, wenn $h_2 \circ f \circ h_1^{-1}$ bei $h_1(p)$ differenzierbar ist.

Daraus ist auch sogleich ersichtlich, dass die Verkettung zweier differenzierbarer Abbildungen $M_1 \xrightarrow{f} M_2 \xrightarrow{g} M_3$ von Flächen eine differenzierbare Abbildung $g \circ f : M_1 \to M_3$ ergibt:

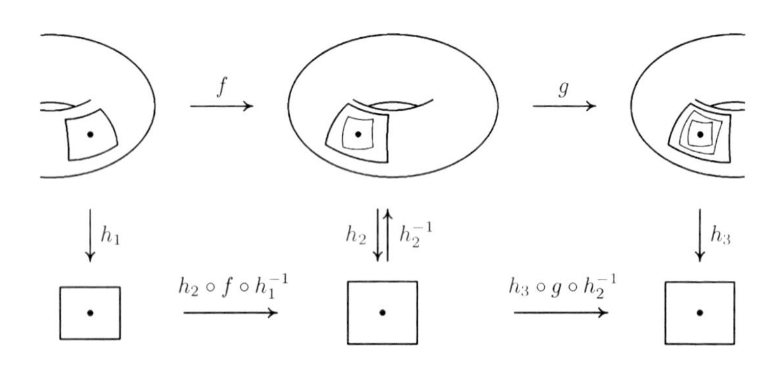

Verkettung differenzierbarer Abbildungen zwischen Flächen

Da natürlich auch die Identität jeweils differenzierbar ist, haben wir damit auch festgestellt:

Notiz 3: *Die Flächen als Objekte bilden mit den differenzierbaren Abbildungen als Morphismen eine Kategorie.* □

Unter ***Diffeomorphismen*** zwischen Flächen versteht man natürlich die Isomorphismen dieser Kategorie, das sind also jene bijektiven Abbildungen $f : M \to \widetilde{M}$, bei denen sowohl f als auch f^{-1} differenzierbar sind.

27.4 Koordinatensysteme auf k-dimensionalen Flächen

Das Kapitel 17 im ersten Band handelte zwar von Koordinaten*transformationen*, aber über die Koordinaten selbst konnten wir dort nur vorläufig und anschaulich sprechen, weil uns noch die mathematischen Begriffe für die koordinatenbedürftigen Objekte fehlten. Als solche Objekte betrachten wir jetzt die k-dimensionalen Flächen im $\mathbb{R}^n$.

Definition: Sei $M \subset \mathbb{R}^n$ eine k-dimensionale Fläche. Unter einer ***inneren Karte*** oder kurz einer ***Karte*** für M verstehen wir einen Diffeomorphismus $h : U \to U'$ zwischen einer in M offenen Teilmenge $U \subset M$ und einer offenen Teilmenge $U' \subset \mathbb{R}^k$. □

Die zu Flachmachern gehörigen inneren Karten sind Beispiele *innerer Karten* in diesem neuen Sinne, deshalb sind das verträgliche Benennungen, wenn auch nicht jede innere Karte von einem Flachmacher herkommen muss.[1]

Eine Karte $h : U \to U'$ wollen wir auch kurz als (U, h) notieren — obwohl "h" auch korrekt und noch kürzer wäre — weil man oft über U etwas zu sagen hat. Ist (U, h) eine Karte, so nennen wir U den ***Kartenbereich*** oder ***Koordinatenbereich*** und h ein ***Koordinatensystem auf U***, womit ich ausdrücken will, dass h wirklich auf ganz U definiert ist. Unspezifischer gesprochen ist (U, h) ein ***(lokales) Koordinatensystem für M***. Das Wort "lokal", wenn es denn überhaupt hinzugesetzt wird, soll hervorheben, dass nicht $U = M$ zu sein braucht.

Diese Verwendung von "auf" und "für" zur Unterscheidung der unterschiedlichen Rolle von U und M wollen wir hier unter uns verabreden, aber die Redeweisen sind nicht so zwingend, dass nicht jemand anders z.B. von Koordinaten *in* oder *auf* oder *von* M sprechen könnte, da müssen Sie gegebenenfalls etwas hinhören. — Für $p \in U$ heißen dann die Zahlen $h_1(p), \ldots, h_k(p)$ die ***Koordinaten*** des Punktes. Die Kartenabbildung $h : U \to U'$ ist deshalb die ***Koordinatenabbildung***, die jedem Punkt das k-tupel seiner Koordinaten zuordnet, ihre einzelnen Komponentenfunktionen $h_i : U \to \mathbb{R}$ sind die ***Koordinatenfunktionen*** des Koordinatensystems.

Definition: Die inverse Abbildung $\varphi := h^{-1} : U' \to U$ einer Karte $h : U \to U'$ wollen wir eine ***Parametrisierung von U*** und eine ***(lokale) Parametrisierung für M*** nennen. □

Die Variablen im $\mathbb{R}^k$ heißen nämlich in diesem Zusammenhang auch *Parameter*, und die Parametrisierung φ gibt an, welcher Punkt in U zu gegebenen k Parameterwerten gehört.

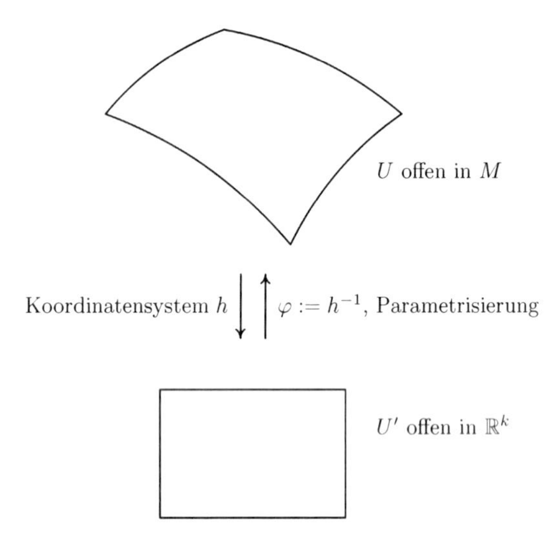

Die Parametrisierung ist die Umkehrung der Koordinatenabbildung

Beachte, dass die Koordinatenabbildung h zwar k Komponentenfunktionen $h_1, \ldots, h_k$ hat, die Parametrisierung $\varphi = h^{-1}$, als Abbildung in den $\mathbb{R}^n$ geschrieben, in dem M liegt, jedoch n Komponentenfunktionen $\varphi_i : U' \to \mathbb{R}$, $i = 1, \ldots, n$.

Es unterstützt die Anschauung von h und h^{-1}, sich in U die Koordinatenlinien zu denken, die durch h^{-1} aus dem $\mathbb{R}^k$ importiert werden:

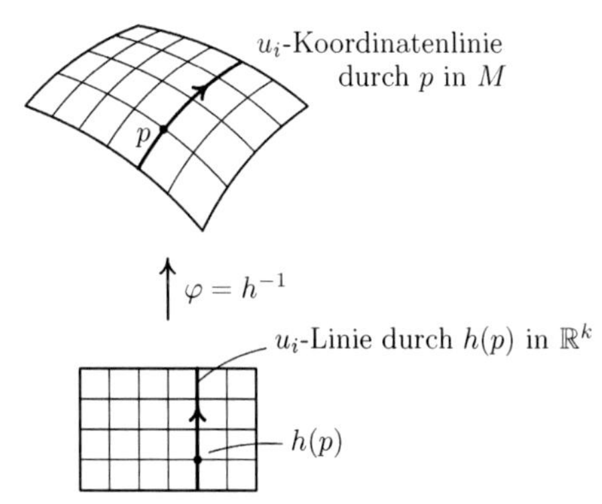

Koordinatenlinien im $\mathbb{R}^k$ und im Kartenbereich

Definition: Sind (U, h) und $(\widetilde{U}, \widetilde{h})$ zwei Karten für M, so heißt der Diffeomorphismus

$$\widetilde{h} \circ h^{-1}|h(U \cap \widetilde{U}) : h(U \cap \widetilde{U}) \xrightarrow{\cong} \widetilde{h}(U \cap \widetilde{U})$$

offener Mengen im $\mathbb{R}^k$ der ***Kartenwechsel*** oder die ***Koordinatentransformation*** von (U, h) zu $(\widetilde{U}, \widetilde{h})$. □

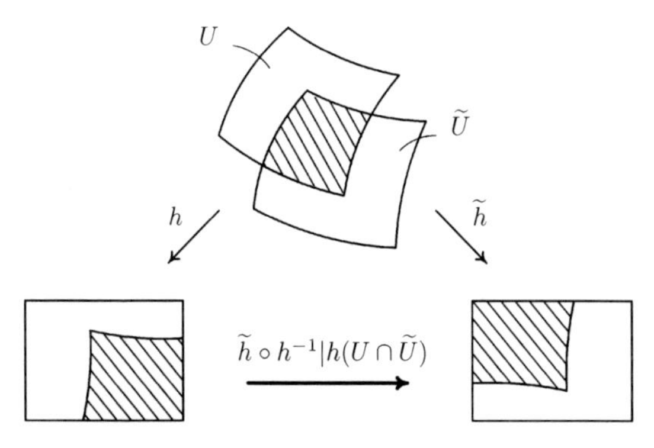

Koordinatentransformation von (U, h) zu $(\widetilde{U}, \widetilde{h})$.

Die Koordinatentransformation ordnet den Koordinaten $h(p)$ eines Punktes im (U, h)-System ("alte Koordinaten") seine Koordinaten $\widetilde{h}(p)$ im $(\widetilde{U}, \widetilde{h})$-System zu ("neue Koordinaten"), für die Punkte nämlich, die von beiden Systemen erfasst werden, d.h. für $p \in U \cap \widetilde{U}$. Deshalb ist $h(U \cap \widetilde{U})$ der Definitionsbereich der Koordinatentransformation, wie wir im Kapitel 17 im ersten Band ja auch schon besprochen hatten.

Noch eine letzte mathematische Kartensprechweise wollen wir verabreden, sie bezieht sich auf die Gewohnheit, in Skizzen die Fläche und den Kartenbereich U "oben", den $\mathbb{R}^k$ und den Parameterbereich U' dagegen "unten" hinzuzeichnen. Ist $f : M_1 \to M_2$ eine stetige Abbildung zwischen Flächen und sind (U_1, h_1) und (U_2, h_2) Karten um $p \in M_1$ bzw. $f(p) \in M_2$, so soll $h_2 \circ f \circ h_1^{-1}$ mit dem Definitionsbereich $h_1(U_1 \cap f^{-1}(U_2))$ die ***heruntergeholte*** Abbildung heißen. Haben wir speziell $f(U_1) \subset U_2$ vorausgesetzt, was wegen der Stetigkeit von f ja immer durch Verkleinerung von U_1 erreicht werden kann, so ist natürlich ganz $h_1(U_1)$ der Definitionsbereich der heruntergeholten Abbildung.

Ist $f : M \to X$ eine Abbildung von einer Fläche irgendwohin, zum Beispiel in irgendeinen topologischen Raum, und ist nur von einer Karte für M die Rede, so nennen wir $f \circ h^{-1} : h(U) \to X$ die mittels (U, h) heruntergeholte Abbildung, obwohl dabei eigentlich nur der Definitionsbereich "heruntergeholt" wird und der Zielraum derselbe bleibt:

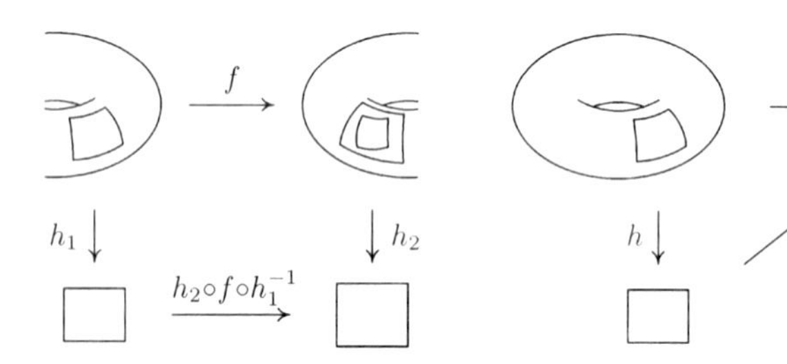

Mittels Karten für Original- und Zielfläche heruntergeholte Abbildung zwischen Flächen

Mittels einer Karte für M heruntergeholte Abbildung einer Fläche M irgendwohin.

Ein Physiker würde wohl nicht von einer "heruntergeholten Abbildung" sprechen, sondern eher sagen, es handele sich noch um dieselbe Abbildung f, nur sei sie jetzt in den Koordinaten ausgedrückt. Und damit sind wir bei dem Thema des unterschiedlichen Umgangs mit Koordinaten in Physik und Mathematik.

Einig sind sich Mathematik und Physik darin, dass Koordinaten ein *Hilfsmittel* sind und das eigentliche Interesse den Objekten gilt, die mit den Koordinaten beschrieben werden. Die k-dimensionalen Flächen im $\mathbb{R}^n$ sind ein eher spezieller Typ solcher Objekte. Allgemeiner sind es in der Mathematik die so genannten *Mannigfaltigkeiten*[2], die man mit lokalen Koordinaten versehen kann, während in der Physik Koordinaten oft, vielleicht meistens, direkt die physikalischen Gegebenheiten beschreiben.

Man kann sich auf den Standpunkt stellen, durch die Einführung der Koordinaten würden die physikalischen Begriffe überhaupt erst mathematischer Behandlung zugänglich. Mathematiker werden eher sagen, die durch die Koordinaten erfassten physikalischen Größen bildeten schon vorher eine Mannigfaltigkeit, welche bei Bedarf lokal durch Koordinaten beschrieben werden kann.[3]

In unserer Situation übernehmen die Untermannigfaltigkeiten oder Flächen im $\mathbb{R}^n$ die Rolle der Mannigfaltigkeiten. Stellen wir uns vor, durch eine vorangegangene erste Koordinateneinführung habe der $\mathbb{R}^n$ eine physikalische Bedeutung gewonnen, sei es dass Lorentz-Koordinaten (x_0, x_1, x_2, x_3) uns erlauben, den $\mathbb{R}^4$ als die Raumzeit zu verstehen, sei es dass die Position von ℓ Massenpunkten im dreidimensionalen Raum mittels ihrer 3ℓ räumlichen Koordinaten als ein Punkt $(\vec{r}_1, \ldots, \vec{r}_\ell) \in \mathbb{R}^{3\ell}$ aufgefasst wird, oder dergleichen.

Einer gewissen k-dimensionalen Fläche M in diesem $\mathbb{R}^n$ gelte nun das physikalische Interesse, etwa einem regulären Urbild $\Psi^{-1}(c) \subset \mathbb{R}^{3\ell}$, das als "Konfigurationsraum" eines Systems von ℓ Massenpunkten unter m "holonomen Zwangsbedingungen"

$$\begin{array}{rcl} \Psi_1(x_1, \ldots, x_{3\ell}) & = & c_1 \\ \vdots & & \vdots \\ \Psi_m(x_1, \ldots, x_{3\ell}) & = & c_m \end{array}$$

in der theoretischen Mechanik physikalisch wichtig wird. Um damit zu arbeiten, werden lokale Koordinaten darin betrachtet. Dabei öffnet sich nun eine Kluft zwischen den Notationen in der mathematischen und der physikalischen Literatur, die von Anfängern aus eigener Kraft nicht so leicht überbrückt werden kann; eine Schwierigkeit, die von den Dozenten beider Fächer ein wenig unterschätzt wird, wie mir scheint.

Die physikalische Formelsprache bezeichnet nämlich U, h und U', ja sogar M selbst, nicht einfach *anders*, sondern *überhaupt nicht!* Ist denn das die Möglichkeit!? Oh ja, und zwar lastet die ganze Bürde der Notation auf denselben Buchstaben, mit denen auch die gewöhnlichen Koordinaten im $\mathbb{R}^k$ und $\mathbb{R}^n$ bezeichnet werden.

In der klassischen Flächentheorie des neunzehnten Jahrhunderts wurde das ganz genau so gemacht. Die Raumkoordinaten heißen dort x, y, z, und die Variablen in dem $\mathbb{R}^2$, der den Parameterbereich enthält, heißen u und v.

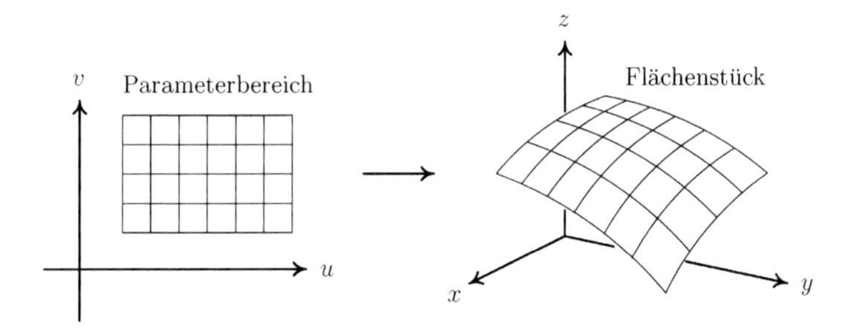

Variablenbezeichnungen in der klassischen Flächentheorie

Wie beschreibt man ein lokales Koordinatensystem, wenn man keinen Buchstaben dafür investieren will? Ganz einfach, man gibt die zugehörige Parametrisierung in Gestalt dreier Formeln an:

$$\begin{aligned} x &= x(u,v) \\ y &= y(u,v) \\ z &= z(u,v). \end{aligned}$$

Ohne Vorwarnung werden u und v bei Bedarf aber auch als die beiden Koordinatenfunktionen gelesen, also $u(p)$ und $v(p)$ als die Koordinaten eines Punktes p auf der Fläche, der im Geltungsbereich des Koordinatensystems liegt. In expliziten Formeln wäre dann

$$\begin{aligned} u &= u(x,y,z) \\ v &= v(x,y,z), \end{aligned}$$

wobei aber nur Punkte (x, y, z) auf der Fläche (genauer: aus dem Koordinatenbereich) eingesetzt werden dürfen.[4]

Ebenso in der Physik: die Koordinaten im $\mathbb{R}^n$ heißen oft x, y, z oder x_0, x_1, x_2, x_3 oder $x_1, \ldots, x_n$ oder $(x_{i1}, x_{i2}, x_{i3})_{i=1,\ldots,\ell}$, wie wir gesehen hatten. Halten wir uns einmal an $x_1, \ldots, x_n$. Werden nun lokale Koordinaten $q_1, \ldots, q_k$ für eine k-dimensionale Fläche im $\mathbb{R}^n$ eingeführt, so mag man sich M und $h : U \to U'$ allenfalls denken,

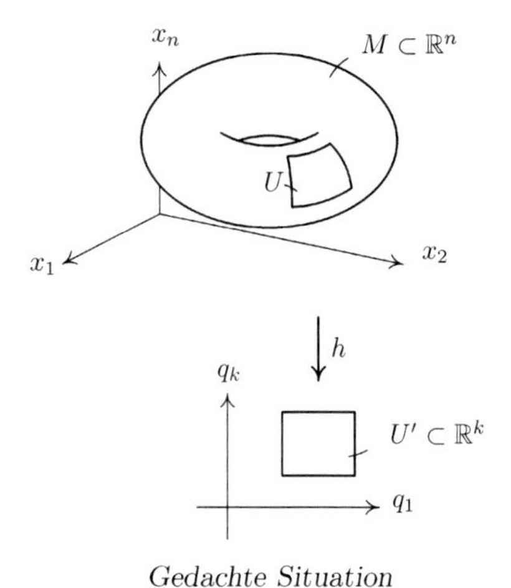

Gedachte Situation

aber bezeichnet werden sie nicht, sondern die zugehörige Parametrisierung durch (gegebenenfalls konkrete) Formeln

$$\begin{aligned} x_1 &= x_1(q_1, \ldots, q_k) \\ \vdots & \qquad \vdots \\ x_n &= x_n(q_1, \ldots, q_k) \end{aligned}$$

angegeben und je nach Bedarf die q_i wahlweise als die Variablen im $\mathbb{R}^k$ oder als die Koordinatenfunktionen $q_i : U \to \mathbb{R}$ aufgefasst. Konsequenterweise bleiben dann auch Koordinaten*transformationen* ohne eigene Bezeichnung und ohne Angabe von Definitionsbereich und Bildbereich. Heißen die alten Koordinaten $q_1, \dots, q_k$ und die neuen $\widetilde{q}_1, \dots, \widetilde{q}_k$, so wird die Koordinatentransformation durch gegebenenfalls konkrete Formeln

$$\begin{aligned} \widetilde{q}_1 &= \widetilde{q}_1(q_1, \dots, q_k) \\ \vdots & \qquad \vdots \\ \widetilde{q}_k &= \widetilde{q}_k(q_1, \dots, q_k) \end{aligned}$$

hingeschrieben.

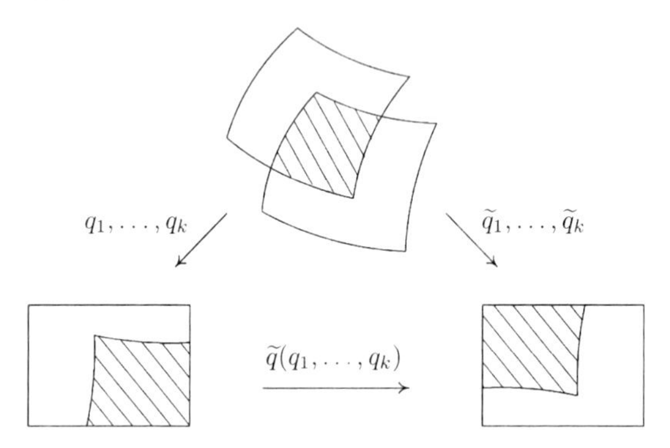

Richtige Vorstellung bei minimalem Notationsaufwand

War $f(q_1, \dots, q_k)$ die Bezeichnung für eine "heruntergeholte" Funktion in den alten Koordinaten, so wird sie in den neuen vielleicht $\widetilde{f}(\widetilde{q}_1, \dots, \widetilde{q}_k)$ heißen, und dann gilt also, in Kurzschreibweise

$$\widetilde{f}(\widetilde{q}(q)) = f(q),$$

wie es ja sein muss. Es wird Ihnen aber auch begegnen, dass eine Funktion in allen Koordinatensystemen mit demselben Symbol, sagen wir f, notiert wird. Fantasielos gelesen würde das zu mathematischen Widersinnigkeiten wie $f(\widetilde{q}(q)) = f(q)$ führen, aber Sherlock Holmes weiß dann natürlich sofort, dass der Autor mit f eigentlich die Funktion "oben" meint und $f(q_1, \dots, q_k)$ als: 'die Funktion $f(p)$, ausgedrückt in den Koordinaten $q_1(p), \dots, q_k(p)$' verstanden wissen will.

Das war nun wieder so ein Stückchen Übersetzungshilfe, und noch nicht das letzte. Wenden Sie es bei Bedarf an, aber verlangen Sie nicht das Unmögliche. Die Physiker haben keinen Vertrag unterschrieben, das begriffliche Regelwerk der Mathematiker, wenn auch in anderer Sprache, stets streng einzuhalten. Vielmehr wissen sie den Spielraum, den das Verschweigen der genauen Voraussetzungen und Definitionsbereiche usw. gibt, weidlich auszunutzen um langwierigen mathematischen Erörterungen auszuweichen, die den eigentlichen physikalischen Vortrag zum Stillstand brächten. Ein Rest an Interpretationsbedarf wird deshalb immer bleiben und Ansprüche an Ihren Durchblick, Ihre Flexibilität oder Ihre Duldsamkeit stellen.

27.5 Übungsaufgaben

Aufgabe R27.1: Zeigen Sie, dass

$$M := \{(\vec{x}, \vec{y}) \in \mathbb{R}^3 \times \mathbb{R}^3 \mid \|\vec{x}\| = \|\vec{y}\| = 1, \vec{x} \cdot \vec{y} = 0\}$$

Urbild eines regulären Wertes einer C^∞-Abbildung (sogar einer polynomialen Abbildung) $\vec{F} : \mathbb{R}^3 \times \mathbb{R}^3 \to \mathbb{R}^3$ ist. Weshalb ist damit gezeigt, dass auch $SO(3) \subset \mathbb{R}^9$ eine dreidimensionale Fläche ist?

Aufgabe R27.2: Seien $a > 0$ und $b \in \mathbb{R}$ Konstanten. Ein System aus zwei identischen Massenpunkten im festen Abstand a kann sich im $\mathbb{R}^2$ so bewegen, dass die Position $\vec{x}$ des ersten Massenpunkts immer $x_1^2 - x_2^2 = b$ erfüllt. Beschreiben Sie die Menge M der demnach erlaubten Positionen $(\vec{x}, \vec{y}) \in \mathbb{R}^2 \times \mathbb{R}^2$ des Systems durch eine nach Möglichkeit reguläre Nebenbedingung $\vec{F}(\vec{x}, \vec{y}) = \vec{c}$. Für welche b lässt sich Regularität nicht erreichen?

Aufgabe T27.1: Zeigen Sie, dass eine Teilmenge $M \subset \mathbb{R}^n$ genau dann eine k-dimensionale Fläche in $\mathbb{R}^n$ ist, wenn jeder Punkt $p \in M$ eine offene Umgebung Ω in $\mathbb{R}^n$ hat, so dass $\Omega \cap M$ ein reguläres Urbild $\Psi^{-1}(0)$ unter einer C^∞-Abbildung $\Psi : \Omega \to \mathbb{R}^{n-k}$ ist.

Aufgabe T27.2: Beweisen Sie, dass für jede quadratische Form $q : \mathbb{R}^n \to \mathbb{R}$ jeder Wert $c \neq 0$ regulär ist.

Aufgabe T27.3: Sei $B \subset \mathbb{R}^n$ offen. Reguläre Nebenbedingungen $F_i(x) = c_i \in \mathbb{R}^{m_i}$, $i = 1, \ldots, r$ in B heißen *unabhängig*, wenn sie auch zusammen eine reguläre Nebenbedingung in B darstellen, d.h. also wenn $c := (c_1, \dots, c_r) \in \mathbb{R}^{m_1+\dots+m_r}$ regulärer Wert der durch $F(x) := (F_1(x), \dots, F_r(x))$ definierten Abbildung

$$F : B \to \mathbb{R}^{m_1+\dots+m_r}$$

ist. Frage: Wenn von drei regulären Nebenbedingungen je zwei unabhängig sind, sind sie dann auch alle drei unabhängig? Beweis oder Gegenbeispiel.

28 Analysis unter Nebenbedingungen

28.1 Tangentialraum und Normalraum

Die lokale Approximation nichtlinearer Abbildungen durch lineare, das Bilden des Differentials, verlangt im Falle differenzierbarer Abbildungen auf Flächen eine Vorarbeit: zuerst muss die Fläche selbst "linear approximiert" werden, und dazu dient der Begriff des Tangentialraums T_pM von M am Punkte $p \in M$. Anschauung:

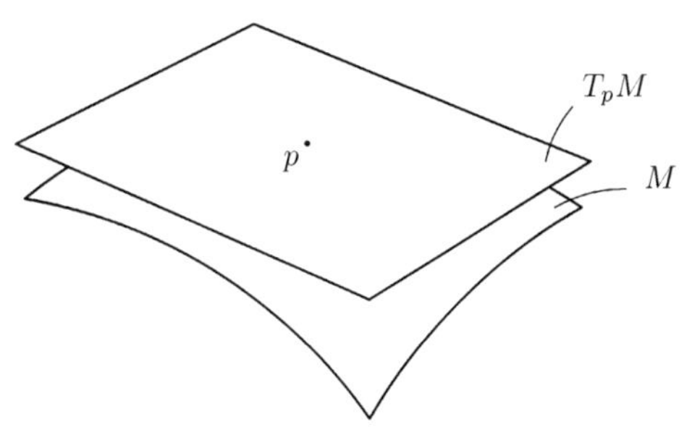

Der Tangentialraum am Punkte $p \in M$

Definition: Es sei $M \subset \mathbb{R}^n$ eine k-dimensionale Fläche und $p \in M$. Ist $\alpha : (-\varepsilon, \varepsilon) \to M$ eine differenzierbare Kurve mit $\alpha(0) = p$, so heißt der Geschwindigkeitsvektor $\dot{\alpha}(0) \in \mathbb{R}^n$ ein ***Tangentialvektor*** an M im Punkte p, und die Menge T_pM aller Tangentialvektoren an M im Punkte p heißt der ***Tangentialraum*** an M im Punkte p. □

Einstweilen sehen wir noch nicht, weshalb die Menge dieser Tangentialvektoren einen k-dimensionalen Untervektorraum von $\mathbb{R}^n$ bilden

K. Jänich, *Mathematik 2*, Springer-Lehrbuch, 2nd ed.,
DOI 10.1007/978-3-642-16150-6_6, © Springer-Verlag Berlin Heidelberg 2011

sollten. Zwar ist der Nullvektor als Geschwindigkeitsvektor einer konstanten Kurve $t \mapsto p$ immer tangential zu M an p, aber weshalb ist zum Beispiel die Summe $\dot\alpha(0) + \dot\beta(0)$ zweier Tangentialvektoren wieder von der Form $\dot\gamma(0)$ für eine Kurve γ auf M durch p?

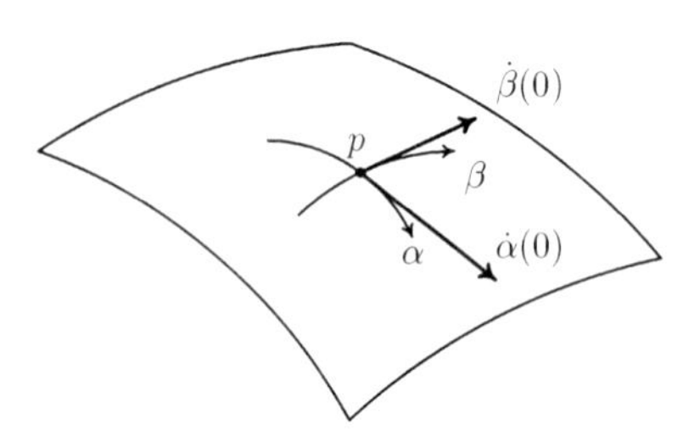

Tangentialvektoren an M im Punkte p

Lemma 1: *Ist $h : U \to U' \subset_{\text{offen}} \mathbb{R}^k$ eine Karte für M um p und $h^{-1} =: \varphi : U' \to U$ die zugehörige Parametrisierung, so ist das Differential $d\varphi_{h(p)} : \mathbb{R}^k \to \mathbb{R}^n$ injektiv, und sein Bild ist der Tangentialraum:*

$$d\varphi_{h(p)}(\mathbb{R}^k) = T_pM\,.$$

Insbesondere ist T_pM ein k-dimensionaler Untervektorraum von $\mathbb{R}^n$.

BEWEIS: Lokal um p lässt sich h wie jede differenzierbare Abbildung zu einer differenzierbaren Abbildung $H : \Omega \to \mathbb{R}^k$ auf einer offenen Umgebung Ω von p in $\mathbb{R}^n$ erweitern, deshalb folgt aus der gewöhnlichen Kettenregel[1] $dH_p \circ d\varphi_{h(p)} = \mathrm{Id}_{\mathbb{R}^k}$, also ist jedenfalls $d\varphi_{h(p)} : \mathbb{R}^k \to \mathbb{R}^n$ injektiv. Natürlich ist $d\varphi_{h(p)}(\mathbb{R}^k) \subset T_pM$, denn für jedes $w \in \mathbb{R}^k$ ist

$$d\varphi_{h(p)}(w) = \frac{d}{dt}\bigg|_{t=0} \varphi(h(p) + tw) \in T_pM\,.$$

Ist umgekehrt ein Tangentialvektor $\dot\alpha(0) \in T_pM$ wie in der Definition vorgegeben, so dürfen wir oBdA annehmen, α verlaufe ganz in U, sonst verkleinere $\varepsilon > 0$. Wir holen α als $\beta := h \circ \alpha$ herunter nach $U' \subset \mathbb{R}^k$ und setzen $w := \dot\beta(0)$. Dann ist $\alpha = \varphi \circ \beta$, und daher liegt $\dot\alpha(0) = d\varphi_{h(p)}(w)$ im Bild von $d\varphi_{h(p)}$. □

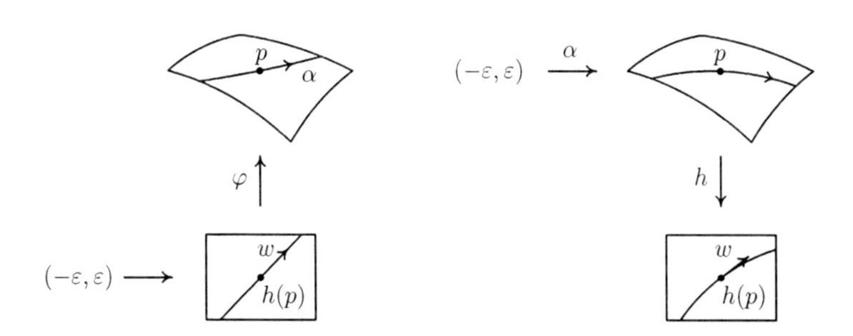

Wie man zu w ein α findet *Wie man zu α ein w findet*

Die Definition der Tangentialvektoren an M als Geschwindigkeitsvektoren von Kurven auf der Fläche nimmt nicht auf ein bestimmtes Koordinatensystem Bezug und zeichnet auch keine Basis von T_pM aus. In Gegenwart eines Koordinatensystems (U, h) um p bietet aber eine naheliegende Basis ihre Dienste an, denn das Differential der Parametrisierung ist ja, wie wir nun wissen, ein Isomorphismus $d\varphi_h(p) : \mathbb{R}^k \to T_pM$.

Definition (Koordinatenbasis des Tangentialraums): Ist ein Koordinatensystem (U, h) für M um p gegeben, so nennen wir das Bild der kanonischen Basis des $\mathbb{R}^k$ unter'm Differential der Parametrisierung $\varphi = h^{-1}$ an der Stelle $h(p)$ die durch das Koordinatensystem ausgezeichnete oder kurz die ***Koordinatenbasis*** von T_pM. □

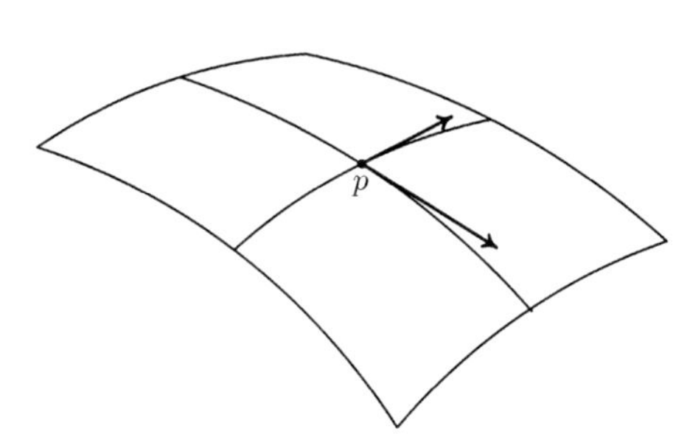

Die Koordinatenbasisvektoren sind die Geschwindigkeitsvektoren der Koordinatenlinien.

Die Vektoren der Koordinatenbasis des Tangentialraums sind also die Spalten der Jacobimatrix $J_\varphi(p)$, und wenn die Parametrisierung in anonymer Notation etwa als

$$\begin{array}{rcl} x_1 & = & x_1(u_1, \ldots, u_k) \\ \vdots & & \vdots \\ x_n & = & x_n(u_1, \ldots, u_k) \end{array}$$

geschrieben ist und wir die Vektorpfeilchen wieder einmal hervorholen wollen, so ist die Koordinatenbasis am Punkte $\vec{x}(u_1, \ldots, u_k)$ als

$$\left(\frac{\partial \vec{x}}{\partial u_1}, \ldots, \frac{\partial \vec{x}}{\partial u_k}\right)$$

auszurechnen.

Soviel über den Tangentialraum, und nun zu dem senkrecht dazu stehenden so genannten *Normalraum:*

Definition: Das orthogonale Komplement

$$(T_pM)^\perp := \{v \in \mathbb{R}^n \mid v \perp T_pM\}$$

heißt der ***Normalraum*** von $M \subset \mathbb{R}^n$ an der Stelle p. □

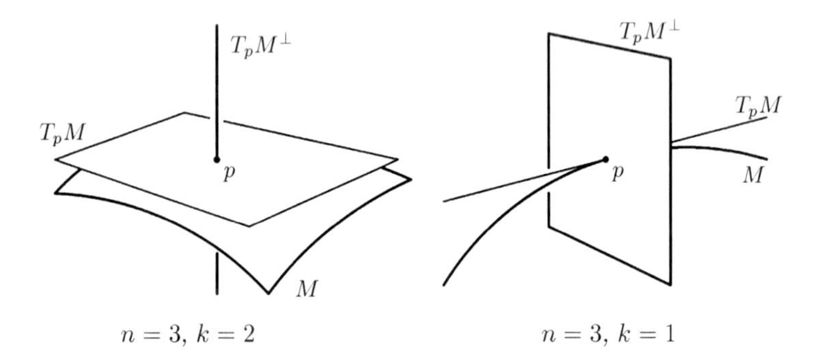

$n = 3$, $k = 2$ $n = 3$, $k = 1$

Sie verstehen, weshalb wir in Skizzen den Tangential- und den Normalraum "an Ort und Stelle" sehen wollen. Diese Skizzen sind aber so gemeint, dass der Punkt in der Zeichnung, der $p \in M$ darstellt, im Tangentialraum T_pM die Null bedeutet. Würde jemand monieren, dass wir ja gar nicht T_pM, sondern den affinen Raum $p + T_pM$ hinzeichnen, so müssten wir das zugeben und versichern, dass wir das wohl wissen, aber die Figur changierend zu lesen verstehen. In Zweifelsfällen gilt natürlich immer die Definition, ganz klar, und nach dieser ist $T_pM \subset \mathbb{R}^n$ ein Untervektorraum und geht deshalb insbesondere durch den Nullpunkt des $\mathbb{R}^n$, ebenso der Normalraum $(T_pM)^\perp$.

Auch die verwirrend einfachen Sonderfälle des allgemeinen Flächenbegriffs, als da waren: die 0-dimensionalen und die n-dimensionalen 'Flächen' im $\mathbb{R}^n$ sowie die k-dimensionalen Untervektorräume $V \subset \mathbb{R}^n$ und affinen Unterräume $x_0 + V \subset \mathbb{R}^n$, haben durch die Definition jetzt an jedem ihrer Punkte Tangentialräume bekommen, und welche? Den Nullraum $\{0\}$, den ganzen Raum $\mathbb{R}^n$ und V! Jaja, für jedes $p \in x_0 + V$ gilt $T_p(x_0 + V) = V$, ohne Vorbehalte wie 'kanonisch' oder 'bis auf ... ', sondern richtig $T_p(x_0 + V) = V$, und ebenso natürlich $T_pM = V$ für jede in $x_0 + V$ offene Teilmenge $M \subset x_0 + V$.

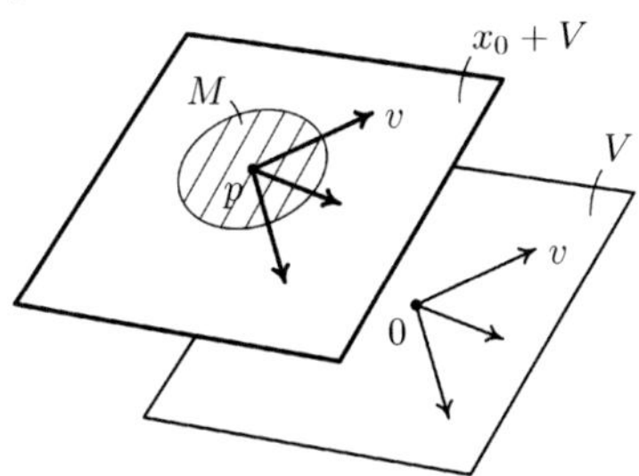

Tangentialvektoren $v \in T_pM = V$ für M offen in $x_0 + V$ zweckmäßig am Punkte p skizziert

Nur damit Sie sehen, dass auf diese "ebenen" und insofern etwas langweiligen Flächen der Tangentialraumbegriff auch anwendbar ist. Erfunden wurde er freilich nicht für sie, denn lineare Objekte sind schon linear, die braucht man nicht erst linear zu approximieren.

Schließlich wollen wir uns die Tangential- und Normalräume regulärer Urbilder genauer anschauen.

Lemma 3: *Sei $B \subset \mathbb{R}^n$ offen, $\Psi : B \to \mathbb{R}^m$ eine C^∞-Abbildung und $c \in \mathbb{R}^m$ ein regulärer Wert. Sei $p \in M := \Psi^{-1}(c)$. Dann ist*

$$T_pM = Kern\, d\Psi_p\,,$$

und die Gradienten der m Komponentenfunktionen von Ψ bilden eine Basis $(grad_p\Psi_1, \ldots, grad_p\Psi_m)$ des Normalraums $(T_pM)^\perp$.

Beweis: Für jede Kurve α auf M ist $\Psi \circ \alpha \equiv c$ konstant, also

$$(\Psi \circ \alpha)^{\cdot}(0) = d\Psi_{\alpha(0)}(\dot\alpha(0)) = 0\,,$$

also $T_pM \subset \operatorname{Kern} d\Psi_p$ und daher $T_pM = \operatorname{Kern} d\Psi_p$ aus Dimensionsgründen, womit die Behauptung über den Tangentialraum schon bewiesen ist. Der Normalraum $(T_pM)^\perp$ enthält jedenfalls die Gradienten $\operatorname{grad}_p\Psi_i$, denn wegen

$$(\Psi_i \circ \alpha)^{\cdot}(0) = \operatorname{grad}_p\Psi_i \cdot \dot\alpha(0)$$

folgt $\operatorname{grad}_p\Psi_i \perp \dot\alpha(0)$ aus $\Psi_i \circ \alpha \equiv c_i$. Die Gradienten sind auch linear unabhängig, denn es sind ja die (als Spalten geschriebenen) m Zeilen der Jacobimatrix von Ψ, und diese hat wegen der vorausgesetzten Regularität den Rang m. Aus Dimensionsgründen bilden sie daher sogar eine Basis des Normalraums. □

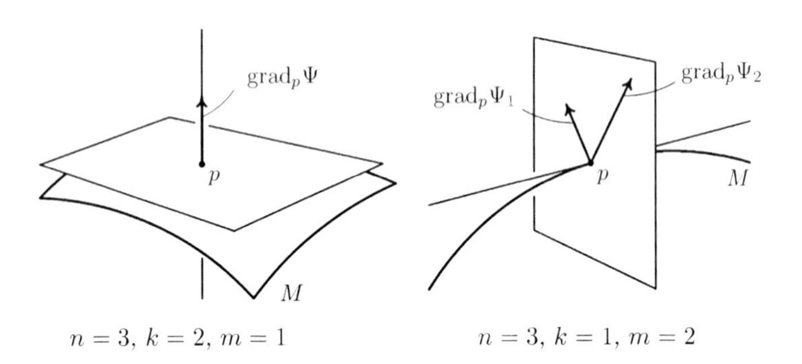

$n = 3,\ k = 2,\ m = 1$ $\qquad$ $n = 3,\ k = 1,\ m = 2$

Das Lemma zeigt uns auch, wie man Normal- und Tangentialraum an ein reguläres Urbild ‘konkret berechnen’ kann, wenn darunter die explizite Angabe einer Basis verstanden wird. Für den Normalraum braucht man nur partiell abzuleiten, für den Tangentialraum hat man noch das homogene lineare Gleichungssystem $J_\Psi(p)v = 0$ zu lösen, zu Fuß oder nach dem Gaußschen Verfahren. Ein Koordinatensystem für die Fläche braucht man dabei nicht heranzuziehen.

28.2 Differential und Kettenregel auf Flächen

Nun können wir die Tangentialräume in Betrieb nehmen und die Differentiale von Abbildungen $f : M \to \mathbb{R}^m$ darauf erklären. Wir haben zwei Beschreibungen des Tangentialraums T_pM zur Auswahl, die eine mittels Kurven als $T_pM = \{\dot\alpha(0) \mid \ldots\}$ und die andere mittels Koordinaten als $T_pM = d\varphi_{h(p)}(\mathbb{R}^k)$. Deshalb bieten sich auch zwei Wege an, das Differential $df_p : T_pM \to \mathbb{R}^m$ zu definieren, nämlich entweder mittels Kurven als $df_p^{\text{kurv}}(\dot\alpha(0)) := (f \circ \alpha)^{\cdot}(0)$:

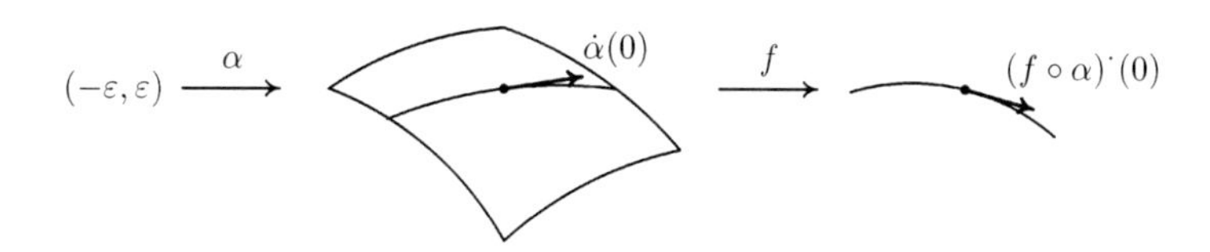

Definition des Differentials durch Kurventransport,

oder mittels Koordinaten als $df_p^{\text{koord}}(d\varphi_{h(p)}(w)) := d(f \circ \varphi)_{h(p)}(w)$:

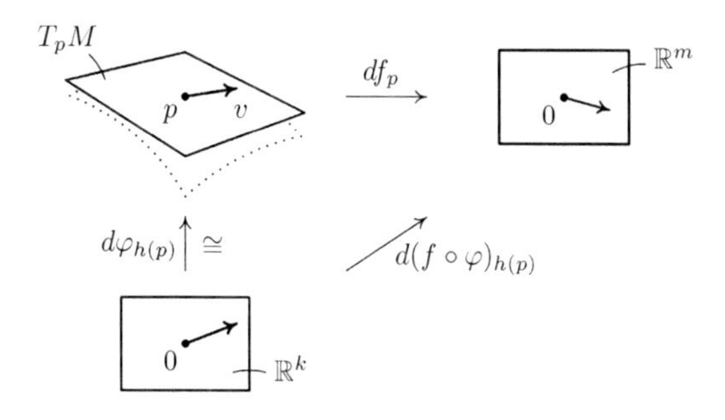

Definition des Differentials mittels der heruntergeholten Abbildung.

Beide Versionen sind von dem Wunsch diktiert, dass auch nach Einbeziehung von Flächenabbildungen die Kettenregel noch gelten soll. Wenn das überhaupt erreichbar ist, dann muss df_p beiden Formeln genügen, insofern haben wir keine Wahl. Entscheiden müssen wir uns aber, welche Version wir zur Definition benutzen wollen.

Ein Wohldefiniertheitsproblem bringen beide mit sich. Bei der Definition durch Kurventransport hätten wir zu prüfen, dass aus $\dot\alpha(0) = \dot\beta(0)$ auch wirklich stets $(f \circ \alpha)^{\cdot}(0) = (f \circ \beta)^{\cdot}(0)$ folgt, bei der Definition durch 'Herunterholen', dass $df_p^{\text{koord}} : T_pM \to \mathbb{R}^m$ von der Wahl des Koordinatensystems nicht abhängt.[2]

Der Kurventransport hat den Vorzug der großen Anschaulichkeit, ist koordinatenunabhängig und reduziert in scheinbar verwickelten Anwendungssituationen die Berechnung des Differentials auf bloßes Ableiten nach der einen Variablen t. Der Nachteil des Kurventransports ist, dass er die Linearität des Differentials nicht direkt zeigt.

Wir brauchen aber nur einmal Kurven und Koordinaten in einem Diagramm zusammenzuführen um zu sehen, wie sich dann die Vorteile beider Methoden kombinieren, die Nachteile verschwinden und die Wohldefiniertheit sich von selbst einstellt:

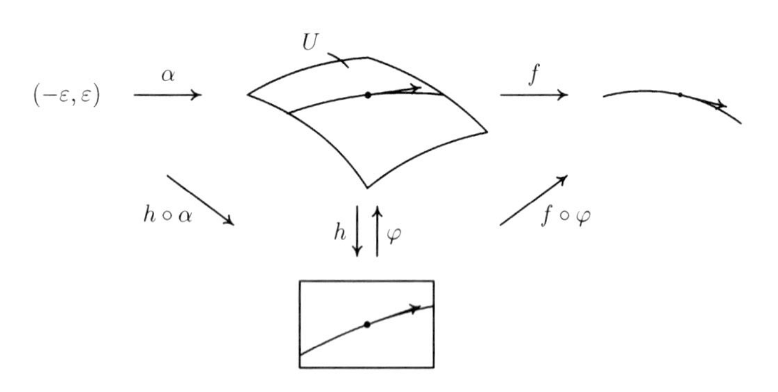

Kurve α, Abbildung f und Koordinatensystem (U, h)

Für jede differenzierbare Kurve $\alpha : (-\varepsilon, \varepsilon) \to U$ mit $\alpha(0) = p$ ist dann $(f\circ\alpha)^{\cdot}(0) = ((f\circ\varphi)\circ(h\circ\alpha))^{\cdot}(0) = d(f\circ\varphi)_{h(p)}(h\circ\alpha)^{\cdot}(0)$ nach der gewöhnlichen Kettenregel, und da $d\varphi_{h(p)}(h \circ \alpha)^{\cdot}(0) = \dot\alpha(0)$ ist, folgt $df_p^{\text{kurv}}(\dot\alpha(0)) = df_p^{\text{koord}}(\dot\alpha(0))$. Für gegebenes $\dot\alpha(0) =: v$ hängt ersichtlich die linke Seite nicht von der Wahl des Koordinatensystems, die rechte nicht von der Wahl der v repräsentierenden Kurve ab, und somit ist durch beide Seiten das Differential

$$df_p := df_p^{\text{kurv}} = df_p^{\text{koord}}$$

wohldefiniert. Den Tanz im Diagramm auf und ab mussten wir ausführen, weil wir ja df_p und dh_p nicht benutzen und in Kettenregeln einbinden durften, solange wir das Differential auf Flächen noch nicht fertig definiert hatten. Jetzt aber können wir zusammenfassen:

Lemma und Definition (Differential auf Flächen): *Es sei M eine k-dimensionale Fläche im $\mathbb{R}^n$ und $f : M \to \mathbb{R}^m$ eine differenzierbare Abbildung, $p \in M$. Dann ist das* ***Differential***

$$df_p : T_pM \to \mathbb{R}^m$$

von f bei p durch $df_p(\dot{\alpha}(0)) := (f \circ \alpha)^{\cdot}(0)$, für jede differenzierbare Kurve $\alpha : (-\varepsilon, \varepsilon) \to M$ mit $\alpha(0) = p$, wohldefiniert und es gilt

$$df_p = d(f \circ \varphi)_{h(p)} \circ d\varphi^{-1}_{h(p)}$$

für jedes Koordinatensystem (U, h) für M um p mit Parametrisierung $\varphi := h^{-1}$, insbesondere ist df_p eine lineare Abbildung. Ist speziell $f : M \to N \subset \mathbb{R}^m$ eine differenzierbare Abbildung zwischen Flächen, so ist wegen $(f \circ \alpha)^{\cdot}(0) \in T_{f(p)}N$ das Differential eine lineare Abbildung

$$df_p : T_pM \longrightarrow T_{f(p)}N$$

zwischen den jeweiligen Tangentialräumen. □

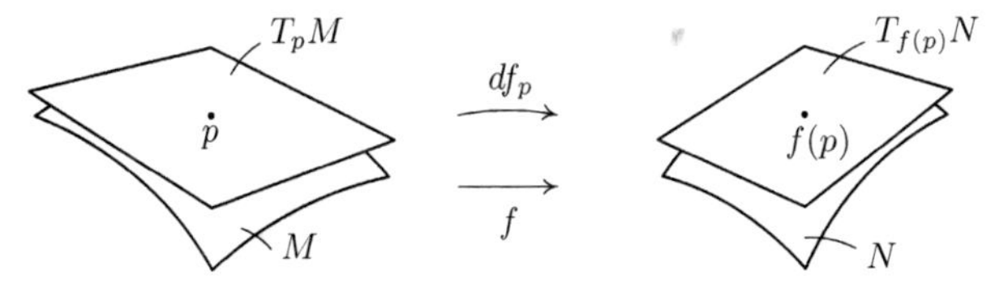

Abbildung $f : M \to N$ und Differential $df_p : T_pM \to T_{f(p)}N$

Aus der Beschreibung des Differentials mittels Kurven ergibt sich unmittelbar die Kettenregel. Ist $g : N \to L$ eine weitere Abbildung, so gilt ja trivialerweise $(g \circ f) \circ \alpha = g \circ (f \circ \alpha)$ beim Kurventransport, also:

Korollar (Kettenregel auf Flächen): *Für differenzierbare Abbildungen* $M \xrightarrow{f} N \xrightarrow{g} L$ *zwischen Flächen ist*

$$d(g \circ f)_p = dg_{f(p)} \circ df_p\,.$$

□

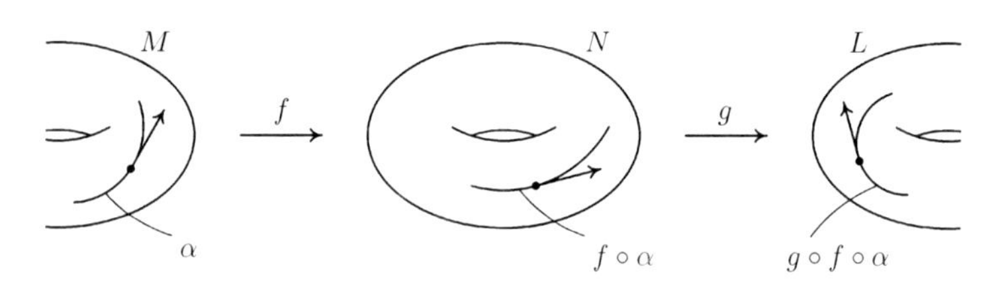

Das Differential der Verkettung ist die Verkettung der Differentiale.

Wollen wir das Differential $df_p : T_pM \to T_{f(p)}N$ durch eine Matrix beschreiben, müssen wir uns für Basen in den Tangentialräumen entscheiden. Wählen wir Koordinatenbasen, so ist die Matrix einfach die Jacobimatrix der heruntergeholten Abbildung:

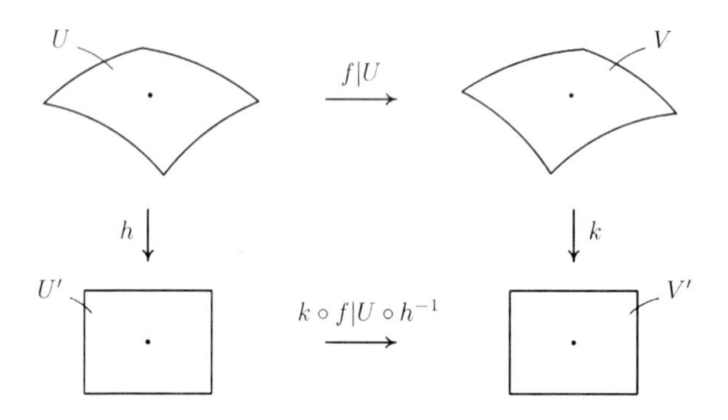

Die heruntergeholte Abbildung $k \circ (f|U) \circ h^{-1}$

Sind nämlich Koordinatensysteme (U, h) für M um p und (V, k) für N um $f(p)$ mit oBdA $f(U) \subset V$ gegeben, mit Parametrisierungen $\varphi := h^{-1}$ und $\psi := k^{-1}$, so gilt für die heruntergeholte Abbildung $\overline{f} := k \circ (f|U) \circ h^{-1}$ offenbar $\psi \circ \overline{f} = f \circ \varphi$, nach der Kettenregel ist also auch das Diagramm der Differentiale kommutativ:

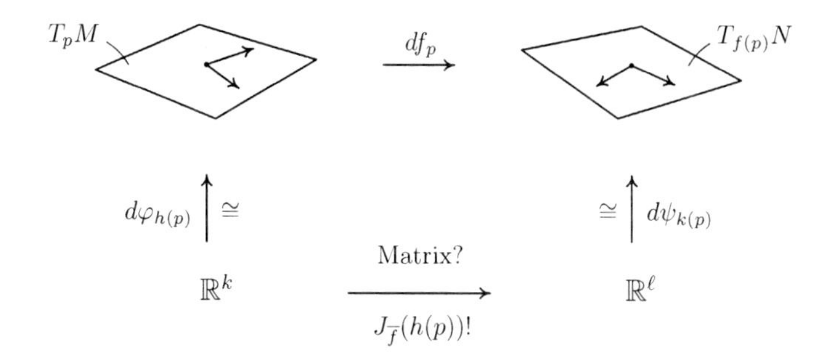

Die Differentiale der Parametrisierungen sind die Basisisomorphismen der Koordinatenbasen

Deshalb ist die Jacobimatrix $J_{\overline{f}}(h(p))$ die Matrix des Differentials $df_p : T_pM \to T_{f(p)}N$ bezüglich der Koordinatenbasen.

In der anonymen Notation, in der weder M noch N noch f noch (U, h) noch (V, k) noch p noch $f(p)$ eigene Namen haben, brauchen nur die lokalen Koordinaten irgendwie bezeichnet sein, benutzen wir etwa $\xi_1, \ldots, \xi_k$ für die Koordinaten von M und $\eta_1, \ldots, \eta_\ell$ für die Koordinaten der ℓ-dimensionalen Fläche $N \subset \mathbb{R}^m$. Die Abbildung f erscheint dann lokal in der Gestalt eines Systems von Formeln

$$\begin{array}{rcl} \eta_1 & = & \eta_1(\xi_1, \ldots, \xi_k) \\ \vdots & & \vdots \\ \eta_\ell & = & \eta_\ell(\xi_1, \ldots, \xi_k). \end{array}$$

Die Matrix der Differentials der (nicht erwähnten) Abbildung zwischen den (nicht erwähnten) Flächen bezüglich der (nicht erwähnten) Koordinatenbasen ist dann keine andere als die Jacobimatrix

$$\begin{pmatrix} \frac{\partial\eta_1}{\partial\xi_1} & \cdots & \frac{\partial\eta_1}{\partial\xi_k} \\ \vdots & & \vdots \\ \frac{\partial\eta_\ell}{\partial\xi_1} & \cdots & \frac{\partial\eta_\ell}{\partial\xi_k} \end{pmatrix},$$

alles andere wäre ja auch sehr verdächtig gewesen. — Ich verstehe vollkommen die Versuchung, Flächen, Tangentialräume und Differentiale beiseite zu lassen, die Koordinaten physikalisch zu motivieren und mit Matrizen und partiellen Ableitungen als leichter Ausrüstung sogleich loszuwandern. Das mag auch manchmal das Gebotene sein! Es kommt eben immer darauf an, wo man eigentlich hingelangen will.

28.3 Kritische Punkte von Funktionen auf Flächen

Wir wenden uns nun speziell den reellwertigen differenzierbaren Funktionen $f : M \to \mathbb{R}$ auf k-dimensionalen Flächen im $\mathbb{R}^n$ zu. Ein Punkt $p \in M$ heißt natürlich ein ***kritischer Punkt*** von f, wenn $df_p = 0$ ist. Gehen wir auf die Definition des Differentials zurück, so lesen wir, dass p genau dann kritisch für f ist, wenn $(f \circ \alpha)^{\cdot}(0) = 0$ für alle Kurven auf M mit $\alpha(0) = p$ gilt und auch genau dann, wenn für ein (dann jedes) Koordinatensystem (U, h) um p die heruntergeholte Funktion $f \circ h^{-1}$ bei $h(p)$ einen kritischen Punkt hat.

Zu den kritischen Punkten gehören die lokalen Extrema von $f : M \to \mathbb{R}$, aber nicht *nur* diese. Auf offenen Definitionsbereichen im $\mathbb{R}^n$ konnten wir das lokale Verhalten an kritischen Stellen mittels der Hesseform weiter untersuchen. Lässt sich diese Hesseform-Analyse auch auf Flächen übertragen?

Natürlich kann man im Prinzip immer die Hessematrix von $f \circ h^{-1}$ bei $h(p)$ bestimmen, also in lokalen Koordinaten rechnen, daraus die üblichen Schlüsse über $f \circ h^{-1}$ und daraus dann über f selbst ziehen. Ist nicht verboten! Ich will Ihnen jetzt aber einen wichtigen *koordinatenunabhängigen* Aspekt der Hesseform erklären. Dazu müssen wir erst noch einmal in die gewöhnliche Analysis auf offenen Teilmengen im $\mathbb{R}^n$ zurückkehren.

Notation: Ist $B \subset \mathbb{R}^n$ offen, $f : B \to \mathbb{R}$ eine C^∞-Funktion und $x_0 \in B$, so wollen wir die Hesseform von f bei x_0 mit $qf_{x_0} : \mathbb{R}^n \to \mathbb{R}$ bezeichnen[3]. □

Die Hesseform ist ja bekanntlich die quadratische Form auf dem $\mathbb{R}^n$, die durch die *Hessematrix* $H_f(x_0)$, die Matrix der zweiten partiellen Ableitungen gegeben ist, also, wenn ich ohne Vektorpfeilchen daran erinnern darf:

$$qf_{x_0}(v) = v^t H_f(x_0) v = \sum_{i,j=1}^{n} \frac{\partial^2 f}{\partial x_i \partial x_j}(x_0) v_i v_j \,.$$

Die Taylorentwicklung bis zur zweiten Ordnung heißt dann

$$f(x_0 + v) = f(x_0) + df_{x_0}(v) + \tfrac{1}{2} qf_{x_0}(v) + R_2 \,,$$

wenn R_2 das (natürlich auch von f, x_0 und v abhängige) Restglied bezeichnet, das mit v so schnell klein wird, dass sogar $\lim\limits_{v \to 0} \frac{R_2}{\|v\|^2} = 0$ gilt. Soviel zur Erinnerung.

Kehren wir nun zu unseren Funktionen $f : M \to \mathbb{R}$ auf k-dimensionalen Flächen zurück. Geht dort alles "genauso"? Es wäre immerhin einen Versuch wert, Koordinaten zu wählen und die Hesseform $q(f \circ h^{-1})_{h(p)} : \mathbb{R}^k \to \mathbb{R}$ der heruntergeholten Funktion mittels $dh_p : T_pM \cong \mathbb{R}^k$ zu einer quadratischen Form auf dem Tangentialraum hochzuheben:

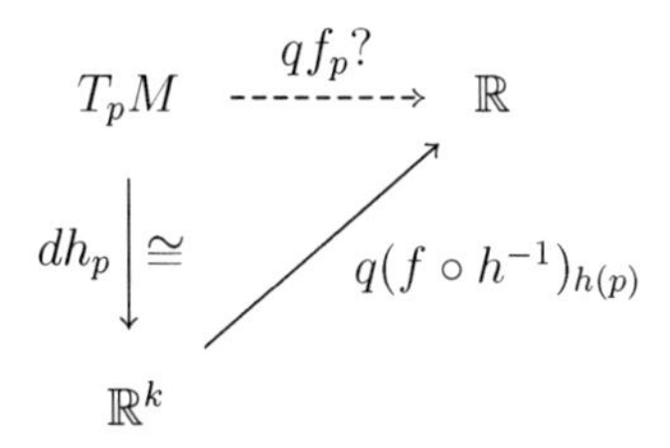

Wäre das nicht ein guter Ansatz für die Definition einer Hesseform $qf_p : T_pM \to \mathbb{R}$? Klappt nicht: das so definierte qf_p ist im Allgemeinen koordinatenabhängig.[4] Im Allgemeinen — aber just in dem uns besonders interessierenden Fall, dass p ein kritischer Punkt ist, klappt es doch!

Lemma (gewöhnliche Hesseform an kritischen Punkten): *Ist $B \subset \mathbb{R}^n$ offen, $f : B \to \mathbb{R}$ eine C^∞-Funktion und $x_0 \in B$ ein kritischer Punkt von f, dann gilt $qf_{x_0}(\dot\alpha(0)) = (f \circ \alpha)^{\cdot\cdot}(0)$ für alle C^∞-Kurven α in B mit $\alpha(0) = x_0$.*

Beweis: Wir rechnen $(f \circ \alpha)^{\cdot\cdot}(0)$ einfach aus. Es ist

$$\begin{aligned}(f\circ\alpha)^{\cdot}(t) &= \sum_{i=1}^n \frac{\partial f}{\partial x_i}(\alpha(t))\dot\alpha_i(t) \quad \text{und daher}\\ (f\circ\alpha)^{\cdot\cdot}(t) &= \sum_{i,j=1}^n \frac{\partial^2 f}{\partial x_i \partial x_j}(\alpha(t))\dot\alpha_i(t)\dot\alpha_j(t) + \sum_{i=1}^n \frac{\partial f}{\partial x_i}(\alpha(t))\ddot\alpha_i(t),\end{aligned}$$

nach der ganz gewöhnlichen Produktregel. Für $t = 0$ verschwindet die letzte Summe, weil $\frac{\partial f}{\partial x_i}(\alpha(0)) = 0$ nach der Voraussetzung, dass $\alpha(0) = x_0$ ein kritischer Punkt ist. Also bleibt nur $(f \circ \alpha)^{\cdot\cdot}(0) = \dot\alpha(0)^t H_f(x_0)\dot\alpha(0)$ stehen, was zu zeigen war. □

An den kritischen Punkten einer Funktion hat man also für jeden Richtungsvektor v eine wohldefinierte doppelte Richtungsableitung, während an den anderen Stellen $(f\circ\alpha)^{\cdot\cdot}(0)$ auch von $\ddot\alpha(0)$ abhängt, nicht nur von $\dot\alpha(0) = v$. Und diese doppelte Richtungsableitung ist nichts anderes als der Wert der Hesseform bei v, das ist eine interessante Interpretation der Hesseform.

Korollar und Definition (Hesseform auf Flächen an kritischen Punkten): *Sei $M \subset \mathbb{R}^n$ eine k-dimensionale Fläche und $p \in M$ ein kritischer Punkt einer C^∞-Funktion $f : M \to \mathbb{R}$. Dann ist durch*

$$\boxed{qf_p(\dot\alpha(0)) := (f \circ \alpha)^{\cdot\cdot}(0),}$$

für alle differenzierbaren Kurven α auf M mit $\alpha(0) = p$, eine quadratische Form $qf_p : T_pM \to \mathbb{R}$ wohldefiniert, die in lokalen Koordinaten gerade die Hesseform der heruntergeholten Funktion ist, d.h. $qf_p = q(f \circ h^{-1})_{h(p)} \circ dh_p$ für jedes Koordinatensystem (U, h) um p erfüllt. Wir nennen $qf_p : T_pM \to \mathbb{R}$ natürlich die ***Hesseform*** von $f : M \to \mathbb{R}$ am kritischen Punkt p.

Beweis: OBdA verlaufe α in U. Dann ist $f \circ \alpha = (f \circ h^{-1}) \circ (h \circ \alpha)$ und daher $(f\circ\alpha)^{\cdot\cdot}(0) = ((f\circ h^{-1})\circ(h\circ\alpha))^{\cdot\cdot}(0)$. Auf die rechte Seite dieser Gleichung, die ja von der heruntergeholten Funktion und der heruntergeholten Kurve handelt, können wir aber das obige Lemma von der gewöhnlichen Hesseform an kritischen Punkten anwenden und erhalten

$$(f \circ \alpha)^{\cdot\cdot}(0) = q(f \circ h^{-1})_{h(p)}(dh_p(\dot{\alpha}(0))),$$

wegen $(h \circ \alpha)^{\cdot}(0) = dh_p(\dot{\alpha}(0))$. Die rechte Seite hängt nicht von $\ddot{\alpha}(0)$ ab, die linke nicht von der Wahl des Koordinatensystems, also beide Seiten von beidem nicht. Daher ist qf_p wohldefiniert und $qf_p = q(f \circ h^{-1})_{h(p)} \circ dh_p$ für jedes Koordinatensystem, wie behauptet, und das zeigt natürlich auch, dass $qf_p : T_pM \to \mathbb{R}$ wirklich eine quadratische Form ist. □

Da $h : U \to U'$ ein Diffeomorphismus und $dh_p : T_pM \to \mathbb{R}^k$ ein Isomorphismus ist, haben die Hesseform von f bei p und die gewöhnliche Hesseform der heruntergeholten Funktion $f \circ h^{-1}$ bei $h(p)$ dieselben Definitheitseigenschaften, die in der bekannten Weise mit dem lokalen Verhalten von $f \circ h^{-1}$ und damit von f bei p zusammenhängen. Ist also $qf_p : T_pM \to \mathbb{R}$ positiv definit, so hat $f : M \to \mathbb{R}$ an dem kritischen Punkt p ein isoliertes lokales Minimum. Ist umgekehrt dort überhaupt ein lokales Minimum, so muss qf_p zumindest positiv semidefinit sein, analog für lokale Maxima und positive (semi-) Definitheit. Ist qf_p indefinit, so kann bei p kein lokales Extremum vorliegen.

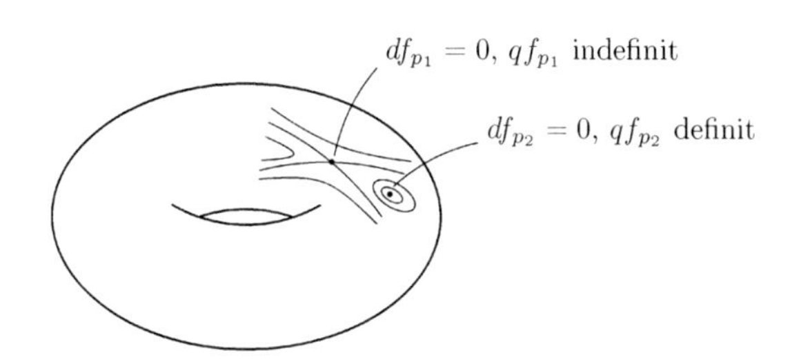

Kritische Punkte einer Funktion auf einer Fläche

Weshalb haben wir die Hesseform auf der Fläche überhaupt eingeführt, wenn man an der Hessematrix der in Koordinaten geschriebenen Funktion das auch alles ablesen kann? Zum Beispiel weil Koordinaten nicht immer zur Hand oder, wie oft bei regulären Urbildern, so unpraktikabel sind, dass man sich besser nach anderen Informationsquellen über qf_p umschaut. Im nächsten Abschnitt wollen wir solche Informationsquellen anzapfen, und wie sollte ich Ihnen das erklären, wenn Sie von der Hesseform auf der Fläche gar keinen Begriff hätten?[5]

28.4 Extrema unter Nebenbedingungen

Wir betrachten eine differenzierbare (C^∞) Funktion $f : B \to \mathbb{R}$ auf einer offenen Teilmenge $B \subset \mathbb{R}^n$. In B sei ferner, etwa durch reguläre Nebenbedingungen, eine k-dimensionale Fläche $M \subset B$ gegeben.

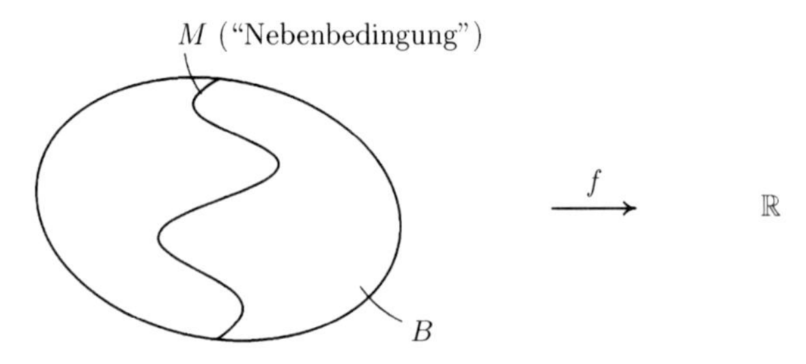

Gesucht sind die kritischen Punkte, insbesondere die lokalen Extrema von $f|M$

Wie finden wir die lokalen Extrema von $f|M : M \to \mathbb{R}$, die Extrema *unter der Nebenbedingung* M, sozusagen? Zuerst einmal suchen wir die kritischen Punkte von $f|M$.

Lemma 1: *Ist $B \subset \mathbb{R}^n$ offen, $f : B \to \mathbb{R}$ differenzierbar und $M \subset B$ eine k-dimensionale Fläche, dann ist $p \in M$ genau dann ein kritischer Punkt von $f|M$, wenn*

$$T_pM \subset \mathrm{Kern}\, df_p$$

gilt, d.h. wenn $\mathrm{grad}_p f \in (T_pM)^\perp$ ist.

BEWEIS: Definitionsgemäß heißt die Bedingung $d(f|M)_p = 0$, aber $d(f|M)_p$ ist einfach $df_p|T_pM$, da $f \circ \alpha = (f|M) \circ \alpha$ für jede Kurve auf M gilt; oder lesen Sie $d(f|M)_p = df_p|T_pM$ als die Kettenregel für $M \hookrightarrow B \xrightarrow{f} \mathbb{R}$. Daher ist $d(f|M)_p$ genau dann Null, wenn T_pM im Kern von df_p liegt, und wegen $df_p(v) = \text{grad}_p f \cdot v$ bedeutet das $T_pM \perp \text{grad}_p f$ oder $\text{grad}_p f \in (T_pM)^\perp$. □

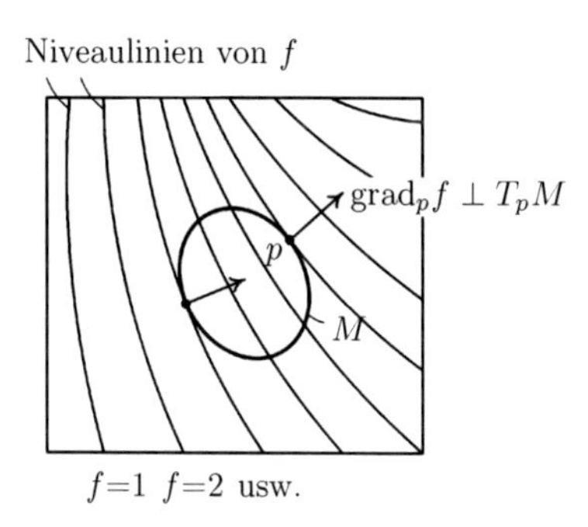

Die Gradienten von f an den kritischen Punkten von $f|M$, Anschauung für $n = 2$, $k = 1$

Wenden wir uns nun dem Fall zu, dass M durch eine reguläre Nebenbedingung, also als Urbild $M = \Psi^{-1}(c)$ eines regulären Wertes $c \in \mathbb{R}^m$ einer differenzierbaren Abbildung $\Psi : B \to \mathbb{R}^m$ gegeben ist. Dann haben wir die Normalräume $(T_pM)^\perp$, ohne lokale Koordinaten einführen zu müssen, auch rechnerisch in der Hand, denn nach dem Lemma 3 in 28.1 bilden die Gradienten $\text{grad}_p\Psi_i$, $i = 1, \ldots, m$, der Nebenbedingungsfunktionen eine Basis von $(T_pM)^\perp$.

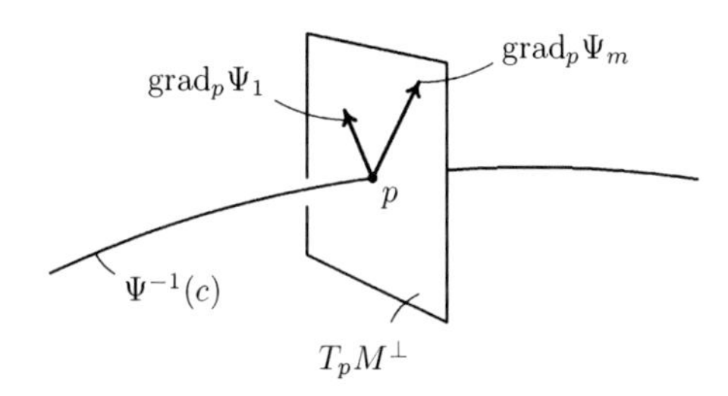

Zur Erinnerung: Nebenbedingungsgradienten als eine Basis des Normalraums der Erfüllungsfläche

Damit wird die Überprüfung, ob der Gradient $\text{grad}_p f$ der Funktion $f : B \to \mathbb{R}$ ebenfalls dem Normalraum angehört, zu einer konkreten linear-algebraischen Aufgabe:

Lemma 2 (Lagrange-Multiplikatoren): *Es sei $B \subset \mathbb{R}^n$ offen, $f : B \to \mathbb{R}$ eine C^∞-Funktion und $\Psi(x) = c$ oder ausgeschrieben*

$$\begin{aligned}\Psi_1(x_1, \dots, x_n) &= c_1 \\ \vdots \quad & \quad \vdots \\ \Psi_m(x_1, \dots, x_n) &= c_m\end{aligned}$$

eine reguläre Nebenbedingung in B, wobei also $\Psi : B \to \mathbb{R}^m$ eine C^∞-Abbildung und $c \in \mathbb{R}^m$ einen regulären Wert von Ψ bezeichnet. Ein die Nebenbedingung erfüllender Punkt $p \in B$ ist genau dann "kritisch für f unter der Nebenbedingung", soll heißen ein kritischer Punkt von $f|\Psi^{-1}(c)$, wenn es reelle Zahlen $\lambda_1, \dots, \lambda_m$ mit

$$\boxed{\text{grad}_p f + \sum_{i=1}^{m} \lambda_i \text{grad}_p \Psi_i = 0}$$

gibt. □

Diese Zahlen $\lambda_1, \dots, \lambda_m$, die für gefundenes p dann wegen der linearen Unabhängigkeit der Nebenbedingungsgradienten auch eindeutig bestimmt sind, werden ***Lagrangesche Multiplikatoren*** genannt. Der gesamte Ansatz, den man zum Finden der kritischen Punkte $p = (x_1, \dots, x_n)$ und ihrer Lagrange-Multiplikatoren $\lambda_1, \dots, \lambda_m$ machen muss, besteht also aus den $m+n$ einzelnen Gleichungen

$$\begin{gathered}\Psi_1(x) = c_1 \\ \vdots \\ \Psi_m(x) = c_m \\ \frac{\partial f}{\partial x_1}(x) + \lambda_1 \frac{\partial \Psi_1}{\partial x_1}(x) + \cdots + \lambda_m \frac{\partial \Psi_m}{\partial x_1}(x) = 0 \\ \vdots \\ \frac{\partial f}{\partial x_n}(x) + \lambda_1 \frac{\partial \Psi_1}{\partial x_n}(x) + \cdots + \lambda_m \frac{\partial \Psi_m}{\partial x_n}(x) = 0.\end{gathered}$$

Linear ist dieses Gleichungssystem freilich nur in den $\lambda_1, \dots, \lambda_m$, in Bezug auf die ebenfalls gesuchten $x_1, \dots, x_n$ ist es im Allgemeinen nichtlinear. Aber die Suche nach kritischen Punkten führt ja auch ohne Nebenbedingungen im Allgemeinen auf nichtlineare Gleichungen, also gibt es hier gar keinen neuen Grund zum Seufzen.[6]

Haben wir nun einen kritischen Punkt p von $f|M$ gefunden, $M := \Psi^{-1}(c)$, dann möchten wir gern die Hesseform $q(f|M)_p : T_pM \to \mathbb{R}$ kennen, weil sie Auskünfte über das lokale Verhalten von $f|M$ bei p gibt. Die Hesseform $qf_p : \mathbb{R}^n \to \mathbb{R}$ von $f : B \to \mathbb{R}$ selbst wäre leicht auszurechnen, ihre Matrix ist ja die Matrix der zweiten partiellen Ableitungen von f. Das nützt aber nichts, denn die Hesseform der Einschränkung $f|M$ ist im Allgemeinen[7] nicht einfach die Einschränkung der Hesseform qf_p auf T_pM.

Einen Ausnahmefall gibt es jedoch. Wenn zufällig p nicht nur für $f|M$, sondern sogar für f selbst kritisch ist, dann ist, wie wir aus dem vorigen Abschnitt wissen, auch qf_p selbst durch die 'doppelte Richtungsableitung' gegeben, und deshalb gilt

$$q(f|M)_p(\dot{\alpha}(0)) = \ddot{\alpha}(0) = qf_p(\dot{\alpha}(0))$$

für jede auf M verlaufende Kurve α mit $\alpha(0) = p$. Was hilft uns das, wenn, wie meist, p nur für $f|M$, nicht aber für f kritisch ist? Hier kommen nun wieder die Lagrangeschen Multiplikatoren ins Spiel.

Lemma 3 (Bestimmung der Hesseform mittels Lagrangescher Multiplikatoren): *Sei $B \subset \mathbb{R}^n$ offen, $f : B \to \mathbb{R}$ eine differenzierbare Funktion und $c \in \mathbb{R}^m$ regulärer Wert einer differenzierbaren Abbildung $\Psi : B \to \mathbb{R}^m$. Sind $\lambda_1, \dots, \lambda_m$ die Langrangeschen Multiplikatoren eines unter der Nebenbedingung $\Psi(x) = c$ kritischen Punktes p für f, also eines kritischen Punktes für $f|M$, wobei $M := \Psi^{-1}(c)$, dann ist die Hesseform $q(f|M)_p$ auf der Fläche gleich der Einschränkung der Hesseform der gewöhnlichen Funktion $f + \lambda_1\Psi_1 + \dots + \lambda_m\Psi_m : B \to \mathbb{R}$ auf T_pM, also*

$$\boxed{q(f|M)_p = q(f + \lambda_1\Psi_1 + \dots + \lambda_m\Psi_m)_p|T_pM.}$$

□

Beweis: Auf M, wo ja Ψ konstant c ist, unterscheiden sich f und $f + \Sigma\,\lambda_i\Psi_i$ nur um die Konstante $\lambda_1 c_1 + \cdots + \lambda_m c_m$, und für $f + \Sigma\,\lambda_i\Psi_i : B \to \mathbb{R}$ ist p in der Tat kritisch, denn der Gradient $\mathrm{grad}_p(f + \Sigma\,\lambda_i\Psi_i)$ ist Null, so waren die Lagrangeschen Multiplikatoren gerade definiert. Also ist das obige Argument zwar nicht auf f, wohl aber auf $f + \Sigma\,\lambda_i\Psi_i$ anwendbar und liefert die behauptete Formel. □

Die Voraussetzungen, die wir hier für die Anwendung der Methode der Lagrangeschen Multiplikatoren getroffen hatten, werden Ihnen im wirklichen Leben nicht immer auf einem silbernen Tablett gereicht. Sie haben vielleicht eine Menge $X \subset \mathbb{R}^n$ und darauf eine Funktion $f : X \to \mathbb{R}$, deren lokale Extrema Sie interessieren würden, aber ob M überhaupt eine k-dimensionale Fläche ist, sehen Sie beim ersten Anblick noch gar nicht, geschweige ob es ein reguläres Urbild ist. Auch ob f die Einschränkung einer differenzierbaren Funktion, nennen wir sie einmal $F : B \to \mathbb{R}$, mit offenem, X umfassenden Definitionsbereich B ist, wissen Sie noch nicht. Da heißt es Vorarbeit leisten!

Bei solchen Vorarbeiten kann man sich unterschiedlich geschickt anstellen. Wer z.B. die 2-Sphäre $X := S^2$ durch die Nebenbedingung $\Psi(x, y, z) := \sqrt{x^2 + y^2 + z^2} = 1$ darstellt, ist selber Schuld, wenn er dann beim Gradientenbilden diese ungefügen Wurzeln im Nenner hat, weshalb hat er nicht lieber

$$\Psi(x, y, z) := x^2 + y^2 + z^2 = 1$$

gesetzt? Ich habe aber keine Patentrezepte für diese Art von Vorarbeiten anzubieten, sondern möchte Ihnen einige Hinweise für den nach unserem jetzigen Kenntnisstand scheinbar katastrophalen Fall geben, dass X sich nicht als Fläche nachweisen lässt, weil es gar keine Fläche *ist*.

Das kann zum Beispiel leicht eintreten, wenn die Nebenbedingungen singulär oder mittels C^∞-Abbildungen $\Psi : B \to \mathbb{R}^m$ und $\Phi : B \to \mathbb{R}^\ell$ als ein System

$$\Psi(x) = c \quad \text{und} \quad \Phi_i(x) \geq a_i,\ i = 1, \ldots, \ell.$$

von Gleichungen und *Ungleichungen* gegeben sind.

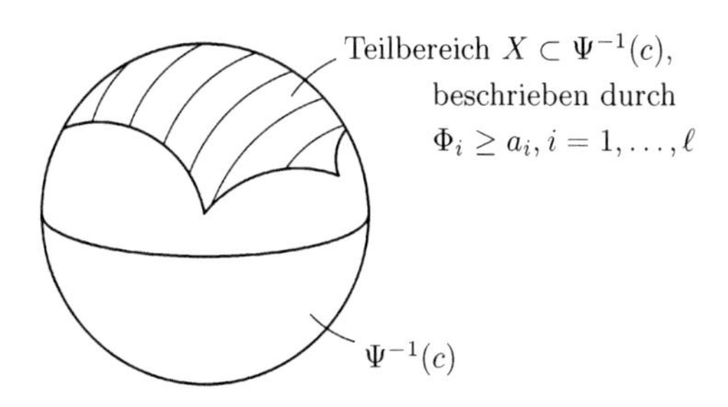

Durch Gleichungen und Ungleichungen beschriebene Menge $X \subset B \subset \mathbb{R}^n$

Aber woher auch immer. Gegeben sei eine Teilmenge $X \subset \mathbb{R}^n$ und darauf eine sagen wir einstweilen stetige Funktion $f : X \to \mathbb{R}$, deren lokale Extrema uns interessieren. Wir gehen davon aus, dass X noch einen Rest von Anstand besitzt und sich wenigstens als eine disjunkte Vereinigung

$$X = M_1 \cup \cdots \cup M_r \cup N_1 \cup \cdots \cup N_s$$

von endlich vielen Flächen, möglicherweise unterschiedlicher Dimension, schreiben lässt. Dabei seien die M_i *offen in* X, die N_j nicht, das ist der Sinn der unterscheidenden Bezeichnung. So würden wir zum Beispiel die Kreisscheibe $X = D^2$ als die Vereinigung $D^2 = (D^2 \smallsetminus S^1) \cup S^1$ des Inneren $M := D^2 \smallsetminus S^1$ mit dem Rand $N := S^1$ schreiben oder die Würfeloberfläche als

$$X = M_1 \cup \cdots \cup M_6 \cup N_1 \cup \cdots \cup N_{20}$$

in die sechs Seiten, zwölf Kanten und acht Ecken zerlegen.

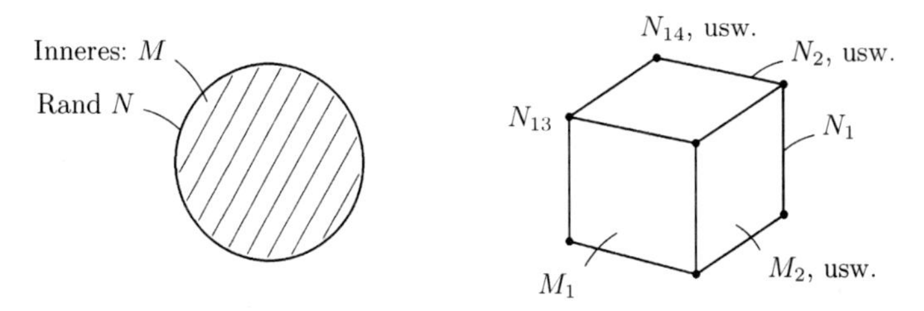

Einfache Beispiele: Kreisscheibe und Würfeloberfläche

Wir nehmen weiter an, dass jedenfalls die Einschränkungen $f|M_i$ und $f|N_j$ differenzierbar sind. Für jede einzelne dieser Einschränkungen können wir die kritischen Punkte und unter diesen dann die lokalen Extrema mit unseren Methoden aufsuchen, sei es mit Hilfe Lagrangescher Multiplikatoren oder lokaler Koordinaten oder sonstwie.

Die dabei auf den in X offenen Teilflächen gefundenen lokalen Extrema von $f|M_i$ sind dann bereits Endergebnisse, nämlich lokale Extrema von $f : X \to \mathbb{R}$ selbst. Die lokalen Extrema der $f|N_j$ müssen aber noch einer Einzelüberprüfung unterzogen werden, manche davon mögen trügerisch sein:

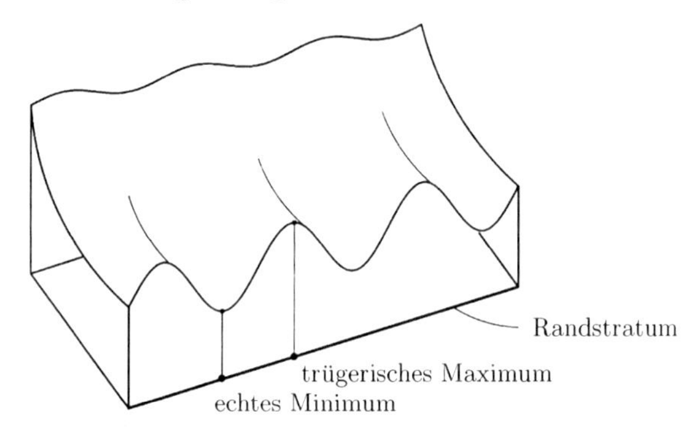

"Trügerische" und "echte" lokale Extrema auf einem Randstratum N_j

Eliminiere nun die trügerischen lokalen Extrema und übrig bleiben die gesuchten lokalen Extrema von $f : X \to \mathbb{R}$. Das ist die Strategie.

In den Analysisklausuren der Mathematikstudenten sind Extrema unter Nebenbedingungen ein beliebtes Aufgabenthema, und mit Recht. Wer damit umgehen kann, beweist schon allerhand an begrifflichem Verständnis und praktischen Fertigkeiten. Zudem ist es ein Aufgabentyp, bei dem es sich auszahlt, die Übersicht zu behalten anstatt nur blindlings der allgemeinen Strategie zu folgen. Insbesondere sollte man ausnutzen, was *Kompaktheitsargumente* eventuell hergeben.

Sei X kompakt. Dann nimmt bekanntlich jede stetige Funktion auf X globale Extrema an. Ist daher $K \subset X$ die Menge der kritischen Punkte aller $f|M_i$ und $f|N_j$, so haben f und $f|K$ *dieselben globalen Extrema!* Bei nichtkompaktem X könnten wir so nicht schließen, denn wenn $f|K$ seinen größten Wert bei $p \in K$ annimmt, dann könnte trotzdem p für f auch ein Sattel sein und f noch größere Werte annehmen, wenn auch kein Maximum, das ja in K auftauchen müsste. Bei kompaktem X *nimmt* f aber bei einem $p_1 \in X$ ein Maximum an, dann ist auch $p_1 \in K$ und daher, wenn $f|K$ auch bei p maximal, $f(p) = f(p_1)$, na also.

Da K in der Regel eine endliche Menge ist, sind die Extrema von $f|K$ leicht genug zu finden, man braucht ja nur die Funktionswerte anzuschauen. Jede weitere Feinuntersuchung erübrigt sich dann also, wenn es nur um die globalen Extrema von f geht.

Oder nehmen wir an, $X := M \cup N$ sei wieder kompakt, es gehe wieder um die globalen Extrema, und Sie haben vorerst einfach nur die Menge K_0 der kritischen Punkte auf der Vereinigung M der in X *offenen* Teilflächen bestimmt. Sie prüfen die Funktionswerte auf K_0 und finden Extrema von $f|K_0$ bei p_0 und p_1. Bevor Sie nun die Methode der Lagrangeschen Multiplikatoren für jedes einzelne $f|N_j$ anwerfen, sehen Sie einmal hin, ob nicht zufällig $f(p_0) < f(p) < f(p_1)$ für alle $p \in N$ gilt! In diesem Falle wären natürlich schon die Extrema von $f|K_0$ genau die globalen Extrema von $f : X \to \mathbb{R}$, und Sie können sich viel Arbeit sparen.

Die Vorteile der Kompaktheit können so beträchtlich sein, dass man bei nichtkompaktem X gern einen scheinbaren Umweg über ein kompaktes Ersatzproblem nimmt, der sich dann doch als eine Abkürzung erweist. Vielleicht lässt sich X sinnvoll zu einem kompakten X_0 verkleinern, indem man "weit draußen" etwas abschneidet, wie wenn man etwa von $X = \mathbb{R}^n$ zu einer großen kompakten Kugel $X_0 \subset \mathbb{R}^n$ übergeht, nachdem man sich überzeugt hat, dass auf $X \smallsetminus X_0$ eh' nichts Interessantes passieren kann.

Oder aber das geeignete kompakte Ersatzproblem entsteht gerade umgekehrt durch Ergänzung von X zu einem kompakten $\bar{X} \supset X$ und entsprechender Erweiterung von f zu einem $\bar{f} : \bar{X} \to \mathbb{R}$. Praktisch kann das zum Beispiel so aussehen, dass man von echten Ungleichungen $\Phi_i(x) > 0$ in den Nebenbedingungen freiwillig zu den einschließenden Ungleichungen $\Phi_i(x) \geq 0$ übergeht und auf der dadurch vergrößerten Erfüllungsmenge $\bar{X}$ die Funktion $\bar{f}$ durch dieselben Formeln wie f definiert, falls diese sich auf $\bar{X}$ noch lesen lassen. Dann sucht man die Extrema von $\bar{f}$ und zieht daraus Rückschlüsse über die Extrema von f.

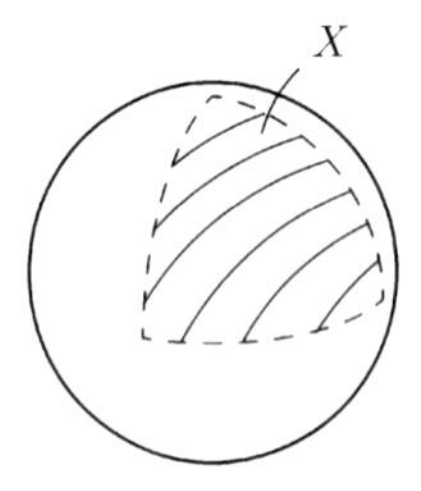

Nebenbedingung $x^2+y^2+z^2 = 1$ *und* $x > 0,\ y > 0,\ z > 0$

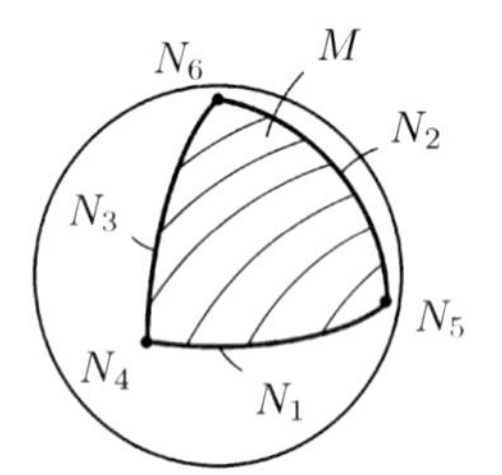

Nebenbedingung $x^2+y^2+z^2 = 1$ *und* $x \geq 0,\ y \geq 0,\ z \geq 0$

Bei der Vergrößerung von X zu $\bar{X}$ handelt man sich zwar zusätzliche Teilflächen N_j ein, die dann auch berücksichtigt werden müssten. Aber wenn $\bar{X}$ dabei kompakt geworden ist, nimmt man das unter Umständen gern in Kauf.

Sie sehen, Extrema unter Nebenbedingungen geben Gelegenheit zur Eigeninitiative. Noch mehr Platz wollen wir dem Thema aber nicht einräumen, vielmehr erkläre ich Sie jetzt für in der Differentialrechnung in mehreren Variablen fertig ausgebildet.

28.5 Übungsaufgaben

Aufgabe R28.1: Das Ellipsoid $M \subset \mathbb{R}^3$ mit den Halbachsen a, b, c wird durch die Gleichung $\frac{x^2}{a^2} + \frac{y^2}{b^2} + \frac{z^2}{c^2} = 1$ beschrieben, ist also Urbild $\psi^{-1}(1)$ des offensichtlich regulären Wertes 1 für die durch $\psi(x, y, z) = \frac{x^2}{a^2} + \frac{y^2}{b^2} + \frac{z^2}{c^2}$ gegebene Funktion auf $\mathbb{R}^3$. Bestimmen Sie für den Punkt $p := (a/2, b/2, c/\sqrt{2})$ eine Basis des Tangentialraumes T_pM sowie des Normalraumes $(T_pM)^\perp$, indem Sie a) die Funktion ψ benutzen bzw. b) sich eine Parametrisierung der Fläche in einer Umgebung von p verschaffen.

Aufgabe R28.2: Bestimmen Sie die Kantenlängen eines Quaders, so dass bei gegebener Oberfläche $F = 54\,\mathrm{cm}^2$ und unter der zusätzlichen Nebenbedingung, daß die Kantenlängen mindestens 1 cm betragen müssen, das Volumen maximal bzw. minimal wird.

Aufgabe R28.3: Die Entropie eines Stückes Gummi kann durch

$$S(\vec{x}) = Nk_{\mathrm{B}}(\ln(x_1 x_2 x_3) - \|\vec{x}\|^2 + 3)/2$$

beschrieben werden. Dabei ist $x_i = L_i/L_0 > 0$, L_i stellt die Ausdehnung in i-Richtung dar und L_0 die Kantenlänge des ohne äußere Kräfte würfelförmigen Gummis. Bestimmen Sie diejenigen $\vec{x} \in \mathbb{R}^3$, welche die Entropie des Gummiquaders unter der Nebenbedingung maximieren, dass die Oberfläche des Quaders $O/L_0^2 = 24$ ist und $0 < x_i \leq 4$ für $i = 1, 2, 3$ gilt.

Aufgabe R28.4: In der Thermodynamik maximiert die 'kanonische Verteilung' $(x_1, \ldots, x_n)$, $x_i \geq 0$, die Entropie $-\sum_{l=1}^n x_l \ln x_l$ unter den Nebenbedingungen $\sum_{l=1}^n x_l = 1$ und $\sum_{l=1}^n \epsilon_l x_l = E$ (x_i ist die Wahrscheinlichkeit für die Besetzung eines Quantenzustandes mit Energie ϵ_i, E die mittlere Energie, $-1/\mu$ die Temperatur, wobei μ der auf die zweite Nebenbedingung bezügliche Lagrangeparameter ist). Zeigen Sie, dass es dieses Maximum gibt und berechnen Sie x_i und E als Funktionen der Lagrangeparameter und diskutieren Sie, wie die Lagrangeparameter und damit dann auch die x_i daraus zu bestimmen sind.

Aufgabe R28.5: Am Punkt $\vec{x}_0 = (0, 0, R/2)$ befinde sich eine Punktladung q. Berechnen Sie die Normal- und daraus dann die Tangentialkomponente der elektrischen Feldstärke

$$\vec{E} = q \frac{\vec{x} - \vec{x}_0}{\|\vec{x} - \vec{x}_0\|^3}$$

auf der Kugeloberfläche $\|\vec{x}\| = R$. Wo ist die Tangentialkomponente maximal?

Aufgabe T28.1: Es seien L und M zwei Flächen der Dimensionen ℓ bzw. k in $\mathbb{R}^n$, und für jedes $p \in L \cap M$ sei $T_pL + T_pM = \mathbb{R}^n$. Beweisen Sie, dass dann auch $L \cap M$ eine Fläche (welcher Dimension?) in $\mathbb{R}^n$ ist. Wie bestimmt man den Tangentialraum $T_p(L \cap M)$ aus T_pL und T_pM und den Normalraum $N_p(L \cap M)$ aus N_pL und N_pM ?

Aufgabe T28.2: Sei $M \subset \mathbb{R}^n$ eine k-dimensionale Fläche und c ein regulärer Wert einer C^∞-Funktion $f : M \to \mathbb{R}$. Zeigen Sie, dass man lokal um jeden Punkt $p_0 \in M$ lokale Koordinaten $u_i : U \to \mathbb{R}$, $i = 1, \ldots, k$ einführen kann, so dass $f(p) \leq c \iff u_1(p) \leq 0$ für $p \in U$ gilt.

Aufgabe T28.3: Es sei M eine k-dimensionale Fläche in $\mathbb{R}^n$. Zeigen Sie, dass

$$TM := \{(\vec{x}, \vec{v}) \mid \vec{v} \in T_{\vec{x}}M,\ \vec{x} \in M\}$$

eine $2k$-dimensionale Fläche in $\mathbb{R}^n \times \mathbb{R}^n$ ist. Wenn lokale Koordinaten in M mit $(q_1, \ldots, q_k)$ bezeichnet werden, wie wäre dann die Notation $(q_1, \ldots, q_k, \dot{q}_1, \ldots, \dot{q}_k)$ für die dazu gehörigen Koordinaten in TM zu verstehen?

Aufgabe T28.4: Es sei $M \subset \mathbb{R}^n$ durch eine reguläre Nebenbedingung $\Psi(\vec{x}) = \vec{c} \in \mathbb{R}^m$ gegeben. Beschreiben Sie $TM \subset \mathbb{R}^n \times \mathbb{R}^n$ ebenfalls durch eine reguläre Nebenbedingung.

Aufgabe T28.5: Wie wichtig ist die Regularität der Nebenbedingungen bei der Methode der Lagrangeschen Multiplikatoren? Vermutung: *Ist $B \subset \mathbb{R}^3$ offen und $p \in B$ lokales Extremum von $f : B \to \mathbb{R}$ unter der (nicht notwendig regulären) Nebenbedingung $\Psi_1(x, y, z) = c_1$ und $\Psi_2(x, y, z) = c_2$, dann gibt es (nicht notwendig eindeutig bestimmte) $\lambda_1, \lambda_2 \in \mathbb{R}$ mit*

$$\mathrm{grad}_p f + \lambda_1 \mathrm{grad}_p \Psi_1 + \lambda_2 \mathrm{grad}_p \Psi_2 = 0.$$

Wahr oder falsch? Beweis oder Gegenbeispiel.

Aufgabe T28.6: Bestimmen Sie die Extremstellen der Funktion $F(x, y) = x^2 + y^2$ a) unter der Nebenbedingung $x^4 + y^4 - 4xy \leq 6$ und b) unter der Nebenbedingung $x^4 + y^4 - 4xy \geq 6$.

Aufgabe T28.7: Sei $B \subset \mathbb{R}^n$ offen, $F : B \to \mathbb{R}$ eine bei einem Punkte $p \in B$ reguläre C^∞-Funktion. Sei ferner $M \subset B$ eine k-dimensionale Fläche mit $p \in M$ und $T_pM \subset \operatorname{Kern} dF_p$, so dass also p ein kritischer Punkt von $f := F|M$ ist. Wenn Ihnen B, F, p und T_pM vollständig bekannt sind, M selbst aber nicht, was wissen Sie dann über die Hesse-Form $qf_p : T_pM \to \mathbb{R}$? Richtig, gar nichts. Beweisen Sie, dass jede quadratische Form auf T_pM vorkommen kann. (Hinweis: Machen Sie vor Arbeitsbeginn kräftige oBdA-Voraussetzungen.)

29 Klassische Vektoranalysis I: Gradient, Rotation und Divergenz

29.1 Gradient, Rotation und Divergenz

Die klassische Vektoranalysis findet im $\mathbb{R}^3$ statt, auf einem in der Notation gewöhnlich unterdrückten offenen Bereich $X \subset \mathbb{R}^3$, und sie handelt von Funktionen und Vektorfeldern auf X. Die (in der klassischen Notation erst recht anonym bleibenden) beiden unendlichdimensionalen Vektorräume der C^∞-Funktionen $X \to \mathbb{R}$ und der C^∞-Vektorfelder $X \to \mathbb{R}^3$ wollen wir hier irgendwie benennen, sagen wir:

Notation: Für $X \subset \mathbb{R}^3$ offen schreiben wir

$$\begin{array}{rcl} \mathcal{F}(X) & := & C^\infty(X, \mathbb{R}) \\ \mathcal{V}(X) & := & C^\infty(X, \mathbb{R}^3) \end{array}$$

□

Die zentrale Rolle in der Vektoranalysis spielen drei lineare Differentialoperatoren, nämlich erstens der wohlbekannte ***Gradient*** $\operatorname{grad} : \mathcal{F}(X) \to \mathcal{V}(X)$, definiert durch

$$\begin{array}{rrcl} \operatorname{grad}: & \mathcal{F}(X) & \longrightarrow & \mathcal{V}(X) \\ & f & \longmapsto & \begin{pmatrix} \frac{\partial f}{\partial x_1} \\ \frac{\partial f}{\partial x_2} \\ \frac{\partial f}{\partial x_3} \end{pmatrix}, \end{array}$$

K. Jänich, *Mathematik 2*, Springer-Lehrbuch, 2nd ed.,
DOI 10.1007/978-3-642-16150-6_7, © Springer-Verlag Berlin Heidelberg 2011

zweitens die sogenannte ***Rotation*** $\operatorname{rot} : \mathcal{V}(X) \to \mathcal{V}(X)$, gegeben durch

$$\begin{array}{rccc}\operatorname{rot}: & \mathcal{V}(X) & \longrightarrow & \mathcal{V}(X) \\ & \begin{pmatrix} a_1 \\ a_2 \\ a_3 \end{pmatrix} & \longmapsto & \begin{pmatrix} \frac{\partial a_3}{\partial x_2} - \frac{\partial a_2}{\partial x_3} \\ \frac{\partial a_1}{\partial x_3} - \frac{\partial a_3}{\partial x_1} \\ \frac{\partial a_2}{\partial x_1} - \frac{\partial a_1}{\partial x_2} \end{pmatrix}\end{array}$$

und schließlich drittens die ***Divergenz*** $\operatorname{div} : \mathcal{V}(X) \to \mathcal{F}(X)$, die durch

$$\begin{array}{rccc}\operatorname{div}: & \mathcal{V}(X) & \longrightarrow & \mathcal{F}(X) \\ & \begin{pmatrix} b_1 \\ b_2 \\ b_3 \end{pmatrix} & \longmapsto & \dfrac{\partial b_1}{\partial x_1} + \dfrac{\partial b_2}{\partial x_2} + \dfrac{\partial b_3}{\partial x_3}\end{array}$$

definiert ist.

Bleiben wir noch einen Augenblick bei den Notationsfragen. Für die klassische Vektoranalysis möchte ich die Vektorpfeilchen wieder hervorholen, wir schreiben also z.B. $\operatorname{rot} \vec{a}$ und $\operatorname{div} \vec{b}$ für Vektorfelder $\vec{a}, \vec{b} \in \mathcal{V}(X)$. Der Einheitlichkeit halber werde ich sogar $\vec{x} \in \mathbb{R}^3$ schreiben, auch wo es sich eigentlich nur um eine Ortsangabe handelt.

Für die drei Differentialoperatoren ist auch die elegante *Nabla-Schreibweise* im Gebrauch. Dabei ist man aufgefordert, das Tripel ***Nabla*** aus den drei partiellen Ableitungsoperatoren,

$$\nabla := \begin{pmatrix} \frac{\partial}{\partial x_1} \\ \frac{\partial}{\partial x_2} \\ \frac{\partial}{\partial x_3} \end{pmatrix},$$

gewissermaßen als einen Vektor zu akzeptieren und in Formeln dementsprechend gutwillig zu lesen. Tut man das, so erhält man als Gegenleistung die schönen Formeln

$$\begin{array}{lcl} \operatorname{grad} f &=& \nabla f, \\ \operatorname{rot} \vec{a} &=& \nabla \times \vec{a} \quad \text{und} \\ \operatorname{div} \vec{b} &=& \nabla \cdot \vec{b}, \end{array}$$

die nicht nur kurz sind, sondern auch eine Brücke zur ausführlichen Definition von Rotation und Divergenz für jeden, der Formeln für das Kreuzprodukt und das innere Produkt kennt.

Satz 1: *Reiht man, mit dem Gradienten beginnend, die drei Operatoren in eine Sequenz, betrachtet also*

$$\mathcal{F}(X) \xrightarrow{\text{grad}} \mathcal{V}(X) \xrightarrow{\text{rot}} \mathcal{V}(X) \xrightarrow{\text{div}} \mathcal{F}(X)\,,$$

so gilt: das Bild eines Operators ist im Kern des jeweils nachfolgenden enthalten, und ist X sternförmig, dann ist das Bild sogar gleich diesem Kern.

Beweis: Wir haben also vier Einzelaussagen zu beweisen, nämlich: (1) Jedes Gradientenfeld ist rotationsfrei, (2) jedes Rotationsfeld ist divergenzfrei, und ist X sternförmig, dann ist auch (3) jedes rotationsfreie Vektorfeld ein Gradientenfeld und (4) jedes divergenzfreie Vektorfeld ein Rotationsfeld.

Zu (1) und (2): Dass $\operatorname{rot}\operatorname{grad} f \equiv 0$ für alle Funktionen $f \in \mathcal{F}(X)$ und $\operatorname{div}\operatorname{rot}\vec{a} \equiv 0$ für alle Vektorfelder $\vec{a} \in \mathcal{V}(X)$ gilt, rechnet man ohne Mühe, allerdings auch ohne Gewinn an Einsicht, durch Anwenden der Definitionen einfach nach. In der Nabla-Notation lauten die beiden Aussagen $\nabla \times (\nabla f) = 0$ und $\nabla \cdot (\nabla \times \vec{a}) = 0$ und erinnern somit an zwei wohlbekannte Tatsachen aus der linearen Algebra, nämlich an $\vec{v} \times \vec{v} = 0$ und $\vec{v} \cdot (\vec{v} \times \vec{w}) = 0$ für alle $\vec{v}$, $\vec{w} \in \mathbb{R}^3$. In der Tat verlaufen auch die Rechnungen in den Komponenten ganz parallel. Trotzdem würde ich nicht gern sagen, die linear-algebraischen Formeln würden die Differentialoperator-Formeln (1) und (2) schon implizieren.[1]

Von den Aussagen (3) und (4) haben wir die erste schon als Satz im Abschnitt 16.5 im ersten Band bewiesen, ich erinnere kurz daran, in unserer jetzigen Notation. OBdA dürfen wir annehmen,

X sei sternförmig in Bezug auf $\vec{x}_0 = 0$. Gegeben ist ein rotationsfreies Vektorfeld $\vec{v}$, gesucht eine Funktion f, deren Gradient es ist. Wenn es überhaupt so eine Funktion gibt, dann dürfen wir auch $f(0) = 0$ annehmen, da Addition einer Konstanten den Gradienten nicht ändert. Wegen der Sternförmigkeit ist mit $\vec{x} \in X$ auch $t\vec{x} \in X$ für alle $t \in [0, 1]$, und deshalb können wir die Tautologie

$$f(\vec{x}) = \int_0^1 \frac{d}{dt} f(t\vec{x})\, dt\,,$$

hinschreiben, und wegen $\frac{d}{dt} f(t\vec{x}) = \operatorname{grad}_{t\vec{x}} f \cdot \vec{x}$ müsste daher

$$f(\vec{x}) = \int_0^1 \vec{v}(t\vec{x})\, dt \cdot \vec{x}$$

gelten. Beachten Sie, dass wir $\operatorname{grad} f = \vec{v}$ nicht *bewiesen* haben, vielmehr haben wir es *vorausgesetzt*, aber die Argumentation zeigt doch, dass diese Integralformel der richtige Ansatz zur *Definition* des gesuchten f ist: wenn es überhaupt geht, dann damit.

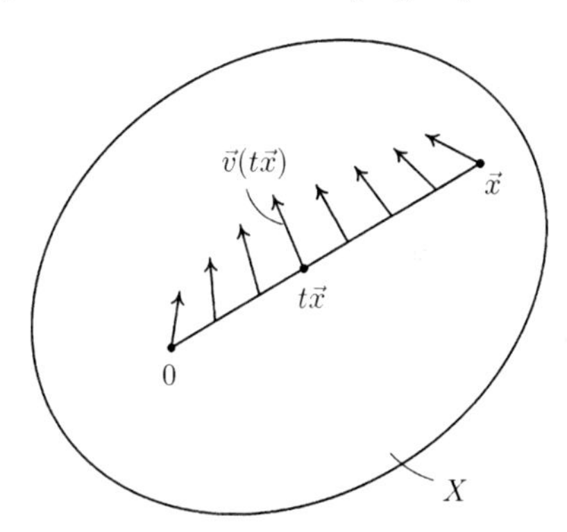

Wenn $\vec{v}(t\vec{x}) = \operatorname{grad}_{t\vec{x}} f$ *wäre, so müsste* $f(\vec{x}) = f(0) + \int_0^1 \vec{v}(t\vec{x}) \cdot \vec{x}\, dt$ *sein*

Die Verifikation selbst wiederhole ich nicht aus 16.5 des ersten Bandes, da wir beim jetzt folgenden Beweis von (4) sowieso eine ganz ähnliche durchführen müssen. Wieder sei oBdA unser X sternförmig bezüglich $\vec{x}_0 = 0$. Gegeben ist jetzt ein divergenzfreies Vektorfeld $\vec{b}$ auf X, wir sollen ein Vektorfeld $\vec{a}$ finden, dessen Rotation es ist.

Diesmal ist der Ansatz weder so einfach zu finden noch so zwingend wie vorhin, er heißt

$$\vec{a}(\vec{x}) := \int_0^1 t\vec{b}(t\vec{x})\,dt \times \vec{x}\,,$$

aber wenn wir $\operatorname{rot}\vec{a} = \vec{b}$ zeigen können, ist der Satz jedenfalls bewiesen. Zur Abkürzung bei der Rechnung setzen wir

$$\vec{c}(\vec{x}) := \int_0^1 t\vec{b}(t\vec{x})\,dt\,,$$

also $\vec{a} = \vec{c} \times \vec{x}$. Ersichtlich ist $\vec{c}$ divergenzfrei, weil $\vec{b}$ es ist. Rechnen wir zunächst die erste Komponente von $\operatorname{rot}\vec{a}$ ganz harmlos aus:

$$\begin{aligned}
(\operatorname{rot}\vec{a})_1 &= \tfrac{\partial}{\partial x_2} a_3 - \tfrac{\partial}{\partial x_3} a_2 \\
&= \tfrac{\partial}{\partial x_2}(c_1 x_2 - c_2 x_1) - \tfrac{\partial}{\partial x_3}(c_3 x_1 - c_1 x_3) \\
&= 2c_1 - x_1\big(\tfrac{\partial}{\partial x_2} c_2 + \tfrac{\partial}{\partial x_3} c_3\big) + x_2 \tfrac{\partial}{\partial x_2} c_1 + x_3 \tfrac{\partial}{\partial x_3} c_1 \\
&= 2c_1 + x_1 \tfrac{\partial}{\partial x_1} c_1 + x_2 \tfrac{\partial}{\partial x_2} c_1 + x_3 \tfrac{\partial}{\partial x_3} c_1 \\
&= 2c_1 + \sum_{j=1}^{3} \int_0^1 t^2 \tfrac{\partial b_1}{\partial x_j}(t\vec{x}) x_j\,dt\,.
\end{aligned}$$

Für das vorletzte Gleichheitszeichen haben wir die Divergenzfreiheit von $\vec{c}$ ausgenutzt, für das letzte die Definition von c_1 durch das Integral. Davon gehen wir nun nochmals aus, und erhalten durch partielle Integration

$$\begin{aligned}
2c_1 &= \int_0^1 2tb_1(t\vec{x})\,dt \\
&= \big[t^2 b_1(t\vec{x})\big]_{t=0}^{t=1} - \int_0^1 t^2 \tfrac{d}{dt} b_1(t\vec{x})\,dt \\
&= b_1(\vec{x}) - \int_0^1 t^2 \sum_{j=1}^{3} \tfrac{\partial b_1}{\partial x_j}(t\vec{x}) x_j\,dt
\end{aligned}$$

und damit insgesamt $(\operatorname{rot}\vec{a})_1 = b_1(\vec{x})$, und analog für die anderen beiden Komponenten, also $\operatorname{rot}\vec{a} = \vec{b}$. □

Als Korollar erhalten wir, dass jedenfalls *lokal* rotationsfreie Felder stets Gradientenfelder und divergenzfreie Felder stets Rotationsfelder sind, denn jeder Punkt in X hat sternförmige Umgebungen darin, zum Beispiel Kugeln. Aber *global*, d.h. für ganz X, sieht das anders aus. Zwar sind die sternförmigen Bereiche nicht die einzigen, auf denen $\operatorname{rot}\vec{a} \equiv 0$ nur für Gradientenfelder und $\operatorname{div}\vec{b} \equiv 0$ nur für Rotationsfelder gilt, aber einfach ersatzlos streichen darf man die Voraussetzung der Sternförmigkeit dabei nicht, das zeigen zwei wichtige Standard-Beispiele.

Beispiel 1: ein rotationsfreies Vektorfeld $\vec{a}$ auf $X := \mathbb{R}^3 \setminus z$-Achse, das kein Gradientenfeld ist. Bekanntlich ist die Winkelkoordinate φ der Zylinderkoordinaten (r, φ, z) nicht auf ganz $\mathbb{R}^3 \setminus 0 \times 0 \times \mathbb{R}$ als (eindeutige, richtige) stetige Funktion definierbar, wohl aber ihr Gradient $\operatorname{grad}\varphi$, denn die lokalen 'Zweige' der Winkelfunktion φ unterscheiden sich nur um ganzzahlige Vielfache von 2π, die also beim Ableiten verschwinden.

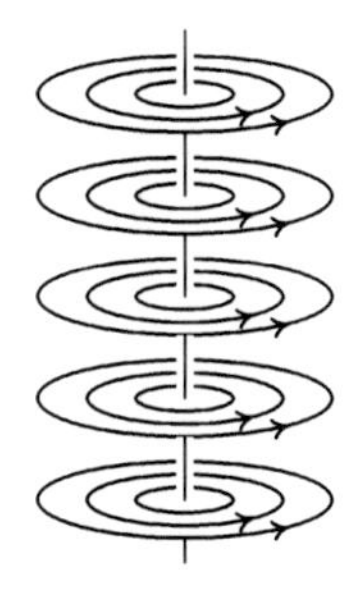

Zur Veranschaulichung von $\vec{a}$: die Flusslinien des Vektorfeldes. Der Betrag des Feldes, den die Skizze nicht zeigt, ist $\|\vec{a}\| = \frac{1}{r}$.

Ausrechnen mittels der Arcusfunktionen ergibt

$$\vec{a}(\vec{x}) := \operatorname{grad}\varphi = \begin{pmatrix} \dfrac{-x_2}{x_1^2 + x_2^2} \\ \dfrac{x_1}{x_1^2 + x_2^2} \\ 0 \end{pmatrix} = \vec{e}_3 \times \frac{\vec{x}}{\|\vec{x}\|^2}\,.$$

Lokal ist $\operatorname{rot}\vec{a} = \operatorname{rot}\operatorname{grad}\varphi = 0$, also ist $\vec{a} : \mathbb{R}^3 \setminus 0\times 0\times\mathbb{R} \to \mathbb{R}^3$ rotationsfrei, aber ein Gradientenfeld ist das nicht. Denn gäbe es eine Funktion $f : \mathbb{R}^3 \setminus 0\times 0\times\mathbb{R} \to \mathbb{R}$ mit $\vec{a} = \operatorname{grad} f$ auf ganz $\mathbb{R}^3 \setminus 0\times 0\times\mathbb{R}$, so würde

$$\int_\gamma \vec{a}\cdot d\vec{r} = \int_{t_0}^{t_1} \vec{a}(\gamma(t))\cdot\dot{\gamma}(t)\,dt = \int_{t_0}^{t_1} \frac{d}{dt} f(\gamma(t))\,dt = f(\gamma(t_1)) - f(\gamma(t_0))$$

für jede (stückweise C^1-) Kurve $\gamma : [t_0, t_1] \to X$ sein, für geschlossene Kurven also Null. Aber z.B. für die Kreislinie $\gamma : [0, 2\pi] \to X$, $t \mapsto (\cos t, \sin t, 0)$ kommt nach trivialer Rechnung 2π heraus, wie wir es nach der Bedeutung von $\vec{a}$ als "Gradient von φ" auch erwarten mussten. □

Beispiel 2: ein divergenzfreies Vektorfeld $\vec{b}$ auf $X := \mathbb{R}^3 \setminus 0$, welches kein Rotationsfeld ist. Ein solches bietet das Kraftfeld einer Punktladung, $\vec{b}(\vec{x}) := \vec{x}/\|\vec{x}\|^3$, also das in radiale Richtung weisende Vektorfeld vom Betrage $1/r^2$. Wir haben

$$\frac{\partial b_1}{\partial x_1} = \frac{1}{\sqrt{x_1^2 + x_2^2 + x_3^2}^3} - 3\frac{x_1^2}{\sqrt{x_1^2 + x_2^2 + x_3^2}^5}$$

und analog für $\frac{\partial b_2}{\partial x_2}$ und $\frac{\partial b_3}{\partial x_3}$, das ergibt $\operatorname{div}\vec{b} = 0$. Aber es gibt kein Vektorfeld $\vec{a} : \mathbb{R}^3 \setminus 0 \to \mathbb{R}^3$ mit $\vec{b} = \operatorname{rot}\vec{a}$, denn sonst müsste, wie im vorigen Beispiel, ein gewisses Integral verschwinden, das tatsächlich aber von Null verschieden ist. Statt um ein Linienintegral über eine die z-Achse umschließende Kurve handelt es sich jetzt aber um ein *Flächenintegral über eine den Nullpunkt umschließende Fläche.* Es müsste nämlich das Integral

$$\int_{S^2} \vec{b}\cdot d\vec{F} = \int_{S^2} \operatorname{rot}\vec{a}\cdot d\vec{F}$$

nach dem *Satz von Stokes* verschwinden, es hat aber den Wert 4π.

Das ist hier nur ein Vorausverweis auf das Kapitel 31, das den Integralsätzen der Vektoranalysis gewidmet ist, einstweilen glauben Sie mir einfach, dass $\vec{b}$ global, auf ganz $X = \mathbb{R}^3 \setminus 0$, kein Rotationsfeld ist. Lokal natürlich schon, das folgt ja aus dem Satz 1 wegen der Divergenzfreiheit. □

Sprechweise: Ist $\vec{v} = -\operatorname{grad} f$ (Vorzeichenkonvention!), so nennt man f ein ***Potential*** für $\vec{v}$, und ist $\vec{b} = \operatorname{rot} \vec{a}$, so heißt $\vec{a}$ ein ***Vektorpotential*** für $\vec{b}$. □

"Auf X" müsste man eigentlich noch hinzufügen, wenn so der Definitionsbereich dieser Funktion und der Vektorfelder heißt. Wir haben also gerade durch Beispiele gezeigt, dass es irgendwie von der Gestalt von X abhängt, ob dort jedes rotationsfreie Vektorfeld $\vec{v}$ ein Potential und ob jedes divergenzfreie Vektorfeld $\vec{b}$ ein Vektorpotential besitzt.

In einem mathematischen Umfeld, das für Definitionsbereiche nicht einmal einen Buchstaben zur Bezeichnung übrig hat, werden solche Fragen nicht sehr ausführlich diskutiert, das können Sie sich denken. Manche Studenten wollen aber gern etwas Genaueres darüber wissen, und deshalb werde ich, obwohl unsere nächste Aufgabe auf dem Weg zu den Integralsätzen der Vektoranalysis die Definition der *Integration auf Flächen* wäre, einen kleinen Exkurs darüber einschalten, wie die Gestalt von X die Frage der Potentiale und Vektorpotentiale beeinflusst. Es spricht nichts dagegen, wenn eiligere Leser gleich zum Kapitel 30 weitergehen.

29.2 Exkurs über Potentiale, Vektorpotentiale und Kohomologie

Sei also X offen in $\mathbb{R}^3$. Den vagen Wunsch, die Sache mit den Potentialen und Vektorpotentialen zu durchschauen, wollen wir zunächst etwas präzisieren, indem wir ihn in zwei getrennte Fragen fassen:

Existenzfrage: Hat auf X jedes rotations- bzw. divergenzfreie Vektorfeld ein Potential bzw. Vektorpotential oder gibt es Ausnahmen? Und wenn es solche Ausnahmen gibt: wieviele? kann man sie irgendwie überblicken?

Eindeutigkeitsfrage: Wenn ein Vektorfeld auf X ein Potential bzw. ein Vektorpotential *hat*, inwieweit ist dieses dann eindeutig bestimmt? Kann man sämtliche Potentiale bzw. Vektorpotentiale dieses Vektorfelds irgendwie überblicken?

Die Eindeutigkeitsfrage für Potentiale lässt sich leicht beantworten: ist f ein Potential für $\vec{v}$, so ist

$$\{f + c \mid c : X \to \mathbb{R} \text{ lokal konstant}\}$$

die Menge *aller* Potentiale für $\vec{v}$, weil der Gradient einer Funktion $X \to \mathbb{R}$ genau dann identisch Null ist, wenn die Funktion lokal konstant ist. Ist X zusammenhängend, dann ist also das Potential eines Vektorfeldes, wenn es überhaupt eines hat, bis auf Addition einer Konstanten eindeutig bestimmt.

Nicht eben so einfach ist die Eindeutigkeitsfrage für Vektorpotentiale zu beantworten. Ist $\vec{a}$ ein Vektorpotential für $\vec{b}$, so ist natürlich auch jedes Vektorfeld der Form $\vec{a}' := \vec{a} + \operatorname{grad} f$, mit $f : X \to \mathbb{R}$, ein Vektorpotential für $\vec{b}$. Aber bekommt man so *alle* Vektorpotentiale von $\vec{b}$? Um das zu entscheiden, müsste man wissen, ob aus $\operatorname{rot} \vec{a} = \operatorname{rot} \vec{a}' = \vec{b}$ folgt, dass $\vec{a} - \vec{a}'$ auf X ein Gradientenfeld ist. Sie sehen also, dass die Eindeutigkeitsfrage für Vektorpotentiale auf die Existenzfrage für gewöhnliche Potentiale führt!

Der Satz 1 beantwortet alle diese Fragen für sternförmige Bereiche X vollständig: Existenz ja, keine Ausnahmen, Potentiale sind bis auf Konstanten, Vektorpotentiale bis auf Gradientenfelder eindeutig bestimmt. Für allgemeine Bereiche X muss man jene Quotientenvektorräume studieren, welche die Abweichung von dieser Standardsituation erfassen, nämlich:

Definition: Ist $X \subset \mathbb{R}^3$ offen, so heißen die beiden Quotientenvektorräume

$$H^1(X, \mathbb{R}) := \frac{\operatorname{Kern}(\operatorname{rot} : \mathcal{V}(X) \to \mathcal{V}(X))}{\operatorname{Bild}(\operatorname{grad} : \mathcal{F}(X) \to \mathcal{V}(X))}$$

und

$$H^2(X, \mathbb{R}) := \frac{\operatorname{Kern}(\operatorname{div} : \mathcal{V}(X) \to \mathcal{F}(X))}{\operatorname{Bild}(\operatorname{rot} : \mathcal{F}(X) \to \mathcal{V}(X))}$$

die ***erste und zweite Kohomologie*** von X. □

Was Quotientenräume sind, habe ich Ihnen im Abschnitt 20.4 des ersten Bandes erklärt, ich erinnere nur eben daran, dass V/V_0 als bloße *Menge* die Menge der Nebenklassen $[v] := v + V_0$ des Untervektorraums V_0 im Nenner war, und dass die Vektorraumstruktur darin, also die Addition und die Multiplikation solcher Nebenklassen mit Skalaren, repräsentantenweise, d.h. durch

$$\begin{aligned} [v] + [w] &:= [v + w]\,, \\ \lambda[v] &:= [\lambda v] \end{aligned}$$

wohldefiniert ist. So geht das immer, wenn V ein Vektorraum und V_0 ein Untervektorraum darin ist. Die Anschauung hält sich natürlich an das Beispielmaterial der niederdimensionalen linearen Algebra, aber dass hier in unserer Anwendung die Vektorräume V und V_0 unendlichdimensionale Kerne bzw. Bilder von Differentialoperatoren sind, tut der guten Sache keinen Abbruch.

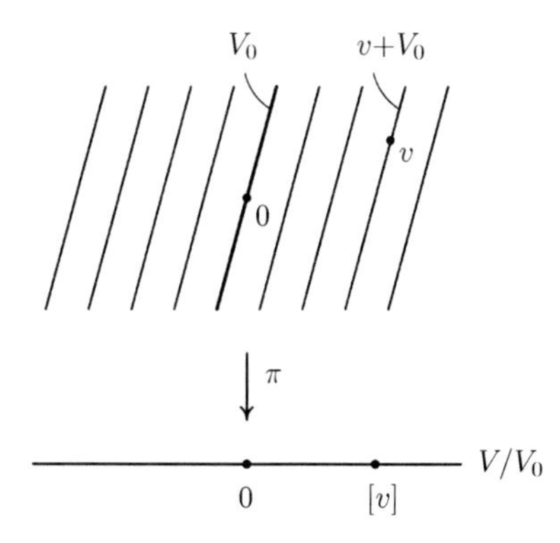

Erinnerung an den Begriff des Quotientenvektorraums

Weshalb fragen wir nach diesen Kohomologie-Vektorräumen? Weil deren Kenntnis uns die umfassende Beantwortung unserer Fragen liefern würde.

Notiz 1: *Für $X \subset \mathbb{R}^3$ offen gilt trivialerweise:*

(1) *Jedes rotationsfreie Vektorfeld auf X hat ein Potential* $\iff H^1(X, \mathbb{R}) = 0$.

(2) *Jedes divergenzfreie Vektorfeld auf X hat ein Vektorpotential* $\iff H^2(X, \mathbb{R}) = 0$.

(3) *Ist* $[\vec{a}_1], \dots, [\vec{a}_k]$ *eine Basis von* $H^1(X, \mathbb{R})$, *so lässt sich jedes rotationsfreie Vektorfeld* $\vec{a}$ *mit eindeutig bestimmten Koeffizienten* $\lambda_1, \dots, \lambda_k$ *in der Form* $\vec{a} = \lambda_1 \vec{a}_1 + \cdots + \lambda_k \vec{a}_k + \operatorname{grad} f$ *schreiben, und* $\vec{a}$ *hat genau dann ein Potential, wenn die Koeffizienten alle Null sind.*

(4) *Ist* $[\vec{b}_1], \dots, [\vec{b}_\ell]$ *eine Basis von* $H^2(X, \mathbb{R})$, *so lässt sich jedes divergenzfreie Vektorfeld* $\vec{b}$ *mit eindeutig bestimmten Koeffizienten* $\mu_1, \dots, \mu_\ell$ *in der Form* $\vec{b} = \mu_1 \vec{b}_1 + \cdots + \mu_\ell \vec{b}_\ell + \operatorname{rot} \vec{a}$ *schreiben, und* $\vec{b}$ *hat genau dann ein Vektorpotential, wenn die Koeffizienten alle Null sind.*

Diese linear-algebraischen Tautologien scheinen auf die *Existenzfrage* zu antworten, aber eigentlich geben sie nur einen gewissen Einblick in die Struktur der Antwort, denn zu einer richtigen gehaltvollen Antwort auf die Existenzfrage würde die *Kenntnis* solcher Kohomologiebasen gehören.

Die Eindeutigkeitsfrage haben wir für Potentiale schon beantwortet, für die Vektorpotentiale sagt uns die lineare Algebra nun:

Notiz 2: *Ist* $\vec{a}$ *ein Vektorpotential für* $\vec{b}$ *auf* X *und* $[\vec{a}_1], \dots, [\vec{a}_k]$ *eine Basis von* $H^1(X, \mathbb{R})$, *so ist* $\{\vec{a} + \lambda_1 \vec{a}_1 + \cdots + \lambda_k \vec{a}_k + \operatorname{grad} f \mid \lambda_i \in \mathbb{R},\ i = 1, \dots, k\}$ *die Menge aller Vektorpotentiale von* $\vec{b}$, *und für jedes einzelne Vektorpotential* $\vec{a}' = \vec{a} + \lambda_1 \vec{a}_1 + \cdots + \lambda_k \vec{a}_k + \operatorname{grad} f$ *sind die Koeffizienten eindeutig bestimmt.* □

Wir sehen hier noch einmal, wie die *Existenz* von Vektorpotentialen mit $H^2(X, \mathbb{R})$, deren *Eindeutigkeit* aber mit $H^1(X, \mathbb{R})$ zu tun hat.

Freilich nützt Ihnen das noch nicht sehr viel, wenn Sie die Kohomologieräume nicht ausrechnen können. In der Mathematik ist Kohomologie aber ganz geläufig. Ursprünglich stammt der Begriff aus der algebraischen Topologie, von dort aus ist er in verschiedene andere mathematische Gebiete eingewandert, unter anderem in die globale Analysis, zu der auch die Vektoranalysis gehört, deshalb finden wir den Kohomologiebegriff hier im Zusammenhang mit Vektorfeldern, Potentialen und Vektorpotentialen. Jeder Mathematiker, der etwas von Kohomologietheorie versteht, kann Ihnen zum

Beispiel auf einen Blick sagen, dass

$$\begin{aligned} H^1(\mathbb{R}^3 \smallsetminus z\text{-Achse}, \mathbb{R}) &\cong \mathbb{R}, \\ H^2(\mathbb{R}^3 \smallsetminus z\text{-Achse}, \mathbb{R}) &= 0 \end{aligned}$$

gilt, die Kohomologieräume von $\mathbb{R}^3 \smallsetminus 0$ jedoch

$$\begin{aligned} H^1(\mathbb{R}^3 \smallsetminus 0, \mathbb{R}) &= 0 \text{ und} \\ H^2(\mathbb{R}^3 \smallsetminus 0, \mathbb{R}) &\cong \mathbb{R} \end{aligned}$$

sind. Damit ist zum Beispiel klar, dass auf $\mathbb{R}^3 \smallsetminus z$-Achse jedes divergenzfreie Vektorfeld ein Vektorpotential besitzt, in $\mathbb{R}^3 \smallsetminus 0$ jedes rotationsfreie Vektorfeld ein Potential, und unsere zwei Standardbeispiele $\vec{a}_1 := \operatorname{grad} \varphi$ (rotationsfrei ohne Potential) und $\vec{b}_1 := \vec{r}/r^3$ (divergenzfrei ohne Vektorpotential) gewinnen jetzt eine zusätzliche Bedeutung: *jedes* rotationsfreie Vektorfeld $\vec{v}$ auf $\mathbb{R}^3 \smallsetminus z$-Achse ist von der Gestalt $\vec{v} = \lambda\vec{a}_1 + \operatorname{grad} f$ mit eindeutig bestimmtem λ; jedes divergenzfreie Feld $\vec{b}$ auf $\mathbb{R}^3 \smallsetminus 0$ von der Gestalt $\vec{b} = \mu\vec{b}_1 + \operatorname{rot} \vec{a}$ mit eindeutig bestimmtem μ. Und weiter: auf $\mathbb{R}^3 \smallsetminus 0$ ist das Vektorpotential eines Feldes, sofern vorhanden, bis auf einen Gradientenfeld-Summanden wohlbestimmt, während auf $\mathbb{R}^3 \smallsetminus z$-Achse ein Vektorpotential nur bis auf einen Summenden der Form $\vec{v} = \lambda\vec{a}_1 + \operatorname{grad} f$ bestimmt ist.

Das waren nur die beiden einfachsten Fälle von offenen Bereichen im $\mathbb{R}^3$ mit nichttrivialer Kohomologie. Wie sehen $H^1(X, \mathbb{R})$ und $H^2(X, \mathbb{R})$ zum Beispiel aus, wenn $X := \mathbb{R}^3 \smallsetminus (g_1 \cup g_2)$ ist, wobei g_1 und g_2 zwei parallele Geraden sind?

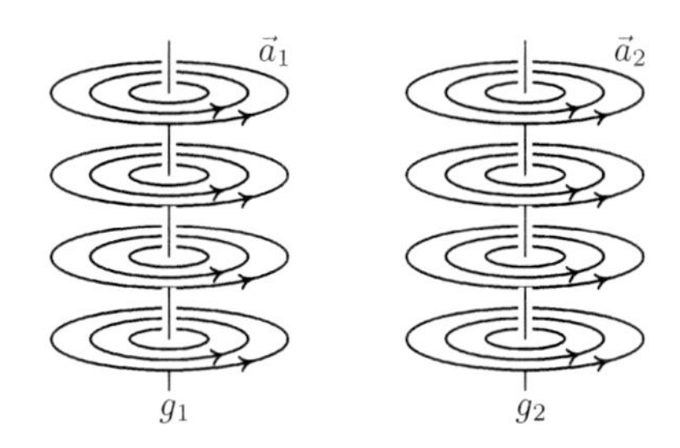

Rotationsfreie Felder auf $X := \mathbb{R}^3 \smallsetminus (g_1 \cup g_2)$

Dann ist immer noch $H^2(X, \mathbb{R}) = 0$, aber jetzt ist $H^1(X, \mathbb{R}) \cong \mathbb{R}^2$, und Sie können sich aus dem Standardbeispiel eine Basis $[\vec{a}_1]$, $[\vec{a}_2]$

von $H^1(X,\mathbb{R})$ bilden. Allgemeiner zeigt die Kohomologietheorie, dass es die zweite Kohomologie gar nicht bemerkt, wenn man aus X eine weitere Gerade (allgemeiner: eine abgeschlossene, aber nicht *ge*schlossene Linie oder eindimensionale zusammenhängende Untermannigfaltigkeit) entfernt, die Dimension der ersten Kohomologie dabei aber um 1 anwächst. Bei der Entfernung eines Punktes ist es umgekehrt: $\dim H^2(X,\mathbb{R})$ wächst um 1, und $\dim H^1(X,\mathbb{R})$ bleibt unverändert.

Nimmt man aber eine geschlossene Linie heraus, so wachsen die Dimensionen von *beiden* Kohomologieräumen $H^1(X,\mathbb{R})$ und $H^2(X,\mathbb{R})$ um 1 an, mit entsprechenden Konsequenzen für die Potentiale und Vektorpotentiale.

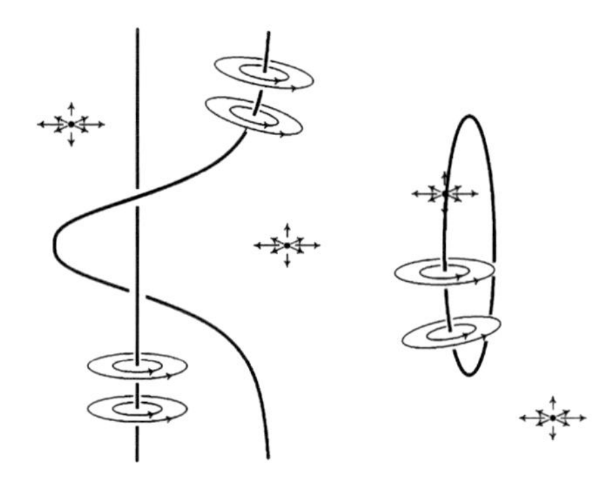

$H^1(X,\mathbb{R}) \cong \mathbb{R}^3$ *und* $H^2(X,\mathbb{R}) \cong \mathbb{R}^4$. *Sie können sich Kohomologiebasen anschaulich vorstellen, wenn Sie an die magnetischen Felder* $\vec{a}_i$ *von stromdurchflossenen Leitern und die elektrischen Felder* $\vec{b}_j$ *von Punktladungen denken.*

Die Kohomologieräume können ganz allgemein für beliebige offene Bereiche $X \subset \mathbb{R}^3$ berechnet werden, nicht nur für diese etwas speziellen Beispiele, und die mathematischen Kohomologietheorien erfassen sowieso viel mehr mathematische Objekte als gerade offene Teilmengen im $\mathbb{R}^3$.

Ende des Exkurses über Potentiale und Kohomologie. Sie sehen an diesem Beispiel, dass die Mathematik außer dem Standardstoff allerlei für Physiker interessante Sachen in petto hat, über die man bei Bedarf mit den Mathematikern reden kann, so wie man hier wegen der Potentiale und Vektorpotentiale einen Kohomologiekenner gebrauchen konnte. Freilich wird es für solche Kontakte gut sein, wenn Ihnen die Sprache der Mathematiker nicht fremd ist.

29.3 Übungsaufgaben

Aufgabe R29.1: Seien $\vec{E}_0$ und $\vec{k}$ konstante Vektoren und $\vec{E}$ das durch

$$\vec{E}(\vec{x}) := \vec{E}_0 \cos(\vec{k} \cdot \vec{x})$$

definierte Vektorfeld auf dem $\mathbb{R}^3$. Berechnen Sie $\operatorname{rot} \vec{E}(\vec{x})$ und $\operatorname{div} \vec{E}(\vec{x})$. Was für eine Richtung hat $\vec{E}_0$, wenn $\operatorname{div} \vec{E}$ verschwindet?

Aufgabe R29.2: Bestimmen Sie ein Vektorpotential für das konstante Vektorfeld $\vec{b}(\vec{x}) \equiv \vec{b}_0$ auf $\mathbb{R}^3$. Wie erhält man daraus alle Vektorpotentiale für $\vec{b}$?

Aufgabe R29.3: Seien $\vec{k}, \vec{H}_0 \in \mathbb{R}^3$ und sei $\vec{H} : \mathbb{R}^3 \to \mathbb{R}^3$ gegeben durch

$$\vec{H}(\vec{x}) := \vec{H}_0 \times \vec{k} \cos(\vec{k} \cdot \vec{x})\,.$$

Berechnen Sie $\operatorname{rot} \vec{H}$ und $\operatorname{div} \vec{H}$ und ein Vektorpotential für $\vec{H}$.

Aufgabe R29.4: Es bezeichne $f : \mathbb{R}^+ \to \mathbb{R}$ eine C^∞-Funktion. Hat das durch

$$\vec{v}(\vec{x}) := f(\|\vec{x}\|^2)\vec{x}$$

definierte Vektorfeld auf $\mathbb{R}^3 \setminus 0$ ein Potential? Für welche f ist $\vec{v}$ divergenzfrei?

Aufgabe T29.1: Betrachten Sie das dynamische System auf $\mathbb{R}^3$, das durch Rotation um die z-Achse mit konstanter Winkelgeschwindigkeit ω gegeben ist. Es sei $\vec{v}$ sein Geschwindigkeitsvektorfeld. Berechnen Sie die Rotation von $\vec{v}$.

Aufgabe T29.2: Ist $\vec{a}$ ein Vektorfeld auf einer offenen Teilmenge $X \subset \mathbb{R}^3$ und $\gamma : [t_0, t_1] \to X$ stückweise C^1, so schreiben wir

$$\int_\gamma \vec{a} \cdot d\vec{s} := \int_{t_0}^{t_1} \vec{a}(\gamma(t)) \cdot \dot{\gamma}(t) dt \,.$$

Es werde nun $H^1(X, \mathbb{R}) \cong \mathbb{R}$ vorausgesetzt. Es seien $\vec{a}$ und $\vec{a}'$ zwei rotationsfreie Vektorfelder auf X, und es gebe *eine* geschlossene Kurve γ in X mit

$$\int_\gamma \vec{a} \cdot d\vec{s} = \int_\gamma \vec{a}' \cdot d\vec{s} \neq 0.$$

Beweisen Sie, dass $\vec{a}' - \vec{a}$ ein Gradientenfeld ist.

30 Klassische Vektoranalysis II: Integration auf Flächen

30.1 Integration auf Flächen in lokalen Koordinaten

Wir betrachten jetzt k-dimensionale Flächen $M \subset \mathbb{R}^n$ und reellwertige Funktionen $f : M \to \mathbb{R}$ darauf:

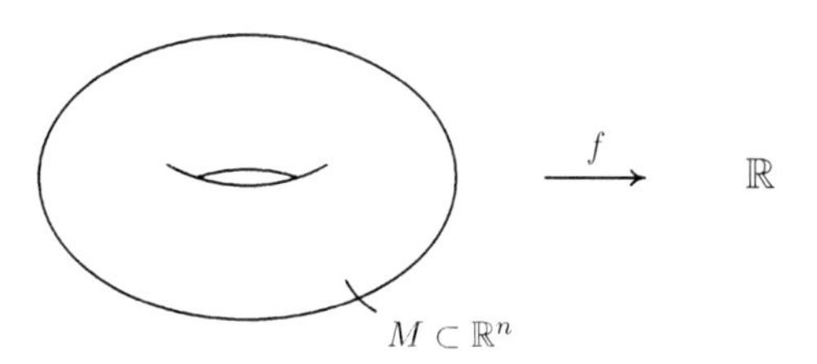

Wir wollen f über M integrieren

Wir wollen intuitiv verstehen und dann förmlich definieren (in dieser Reihenfolge!), was es heißt, die Funktion über die Fläche zu integrieren. Als Notation für das angestrebte Integral schlage ich

$$\boxed{\int_M f \, d^kF \in \mathbb{R}}$$

vor, wobei ich vom k-dimensionalen Flächenelement d^kF auf M sprechen will, welches für $n = 3$ und $k = 1$, 2 oder 3 die vertrauteren Bezeichnungen und Namen erhalten wird:

$$\begin{aligned} d^1F &= ds && (\text{“Linienelement”}) \\ d^2F &= dF && (\text{“Flächenelement”}) \\ d^3F &= dV && (\text{“Volumenelement”}). \end{aligned}$$

K. Jänich, *Mathematik 2*, Springer-Lehrbuch, 2nd ed.,
DOI 10.1007/978-3-642-16150-6_8, © Springer-Verlag Berlin Heidelberg 2011

Die genaue mathematische Definition des Integrals über Flächen, die ich vorhabe Ihnen zu geben, zielt nicht darauf ab, dem k-dimensionalen Flächenelement eine selbständige mathematische Existenz zu verschaffen (einstweilen, erst gegen Ende das Kapitels 34 kommen wir noch einmal darauf zurück), es bleibt einfach ein Teil der Integralnotation. Für das *intuitive* Verständnis der Integration spielt es aber dieselbe wichtige Rolle als "infinitesimale Größe" wie die Volumenelemente und Flächenelemente, von denen im ersten Band im Abschnitt 17.4 schon die Rede war, und daran knüpfe ich jetzt auch an.

Es sei (U, h) eine Karte für M und $\varphi : U' \to \mathbb{R}^n$ die zugehörige Parametrisierung. Die Koordinaten im $\mathbb{R}^k$ wollen wir $u_1, \ldots, u_k$ nennen, während die Koordinaten im $\mathbb{R}^n$ ihre Bezeichnung $x_1, \ldots, x_n$ behalten. Für $p \in U$ ist $(u_1(p), \ldots, u_k(p))$ auch eine gute Notation für $h(p)$, und die Parametrisierung φ ist in Gleichungsform durch

$$\begin{array}{ccc} x_1 & = & x_1(u_1, \ldots, u_k) \\ \vdots & & \vdots \\ x_n & = & x_n(u_1, \ldots, u_k) \end{array}$$

gegeben.

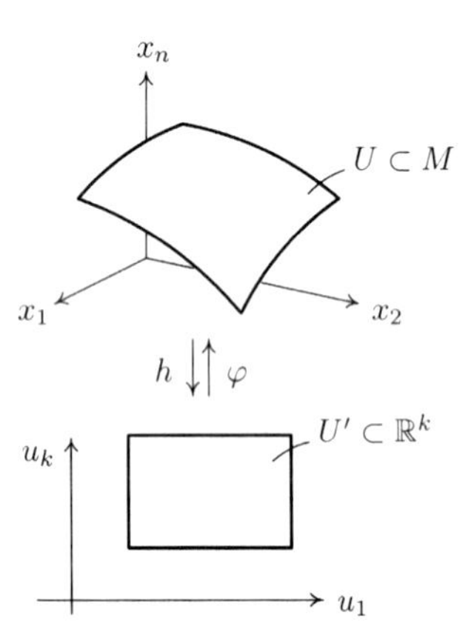

Erinnerung an Koordinaten und Parametrisierung

Wir beginnen auf der archaischen Ebene des Verständnisses. Ist p ein Punkt in U mit den Koordinaten $u_1, \ldots, u_k$, und bezeichnen $du_1, \ldots, du_k$ 'infinitesimale' Koordinatendifferenzen, so bedeutet das Flächenelement d^kF von M am Punkte p, ausgedrückt durch die $du_1, \ldots, du_k$, den k-dimensionalen Flächeninhalt des 'infinitesimalen' Flächenstückchens, in das der Quader bei $\vec{u}$ mit den Kantenlängen $du_1, \ldots, du_k$ unter der Parametrisierung übergeht:

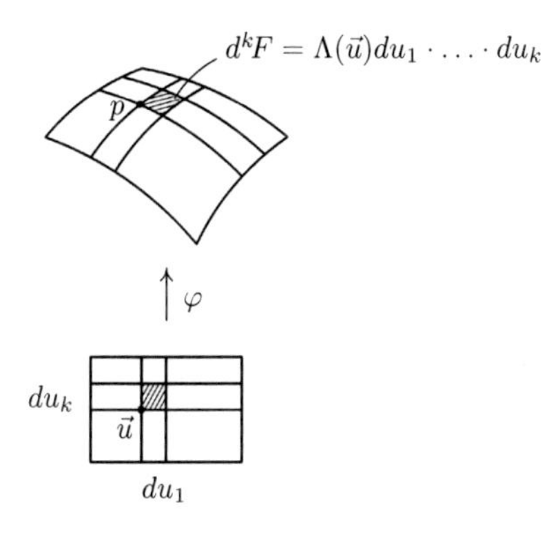

Flächenelement auf M in Abhängigkeit von $\vec{u}$ und $du_1, \ldots, du_k$

Mit einem noch zu findenden, nur von $\vec{u}$ abhängigen Korrekturfaktor, den ich vorläufig einmal mit $\Lambda(\vec{u})$ bezeichne, muss sich das k-dimensionale Volumen dieses infinitesimalen Flächenstückchens als $d^kF = \Lambda(\vec{u})du_1 \cdot \ldots \cdot du_k$ schreiben lassen. Dann wäre

$$f(p)d^kF = f(\varphi(\vec{u}))\Lambda(\vec{u})du_1 \cdot \ldots \cdot du_k$$

als der Beitrag des infinitesimalen Flächenstückchens zum Integral aufzufassen, und deshalb werden wir

$$\boxed{\int_U f(p)d^kF := \int_{U'} f(\varphi(\vec{u}))\Lambda(\vec{u})du_1 \ldots du_k}$$

als den heuristisch richtigen Ansatz zur Integraldefinition mittels Koordinaten ansehen. Wenn wir, gottbewahre, für Bilder $\varphi(Q') =: Q$ von kompakten Quadern $Q' \subset U'$ das Flächenintegral $\int_Q f\, d^kF$ direkt mittels Zangen und Integraltoleranzen definieren müssten, wozu natürlich auch eine 'zangenmäßige' Eingrenzung der ebenfalls definitionsbedürftigen Flächeninhalte $\Delta^k F$ gehörte, so würde uns die Fehlerdiskussion für $\Delta^k F \approx \Lambda(\vec{u})\Delta u_1 \cdot \ldots \cdot \Delta u_k$ und der Vergleich der Einzelbeiträge in den approximierenden Summen zu derselben Einsicht führen.

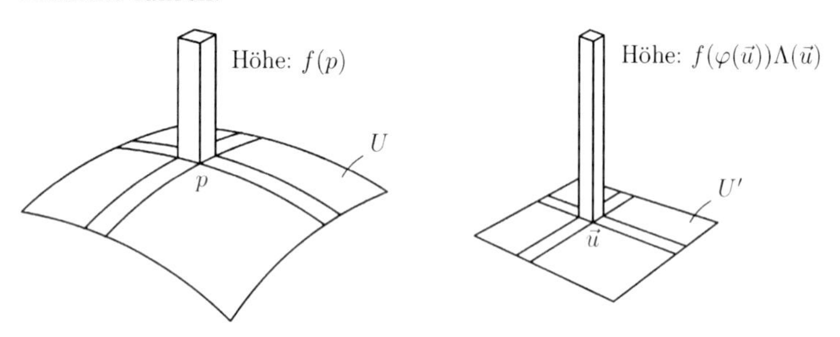

Einzelbeiträge $f(p)\Delta^k F \approx f(\varphi(\vec{u}))\Lambda(\vec{u})\Delta u_1 \cdot \ldots \cdot \Delta u_k$

Wie berechnen wir aber den Korrekturfaktor $\Lambda(\vec{u})$? In den schon im Abschnitt 17.4 im ersten Band betrachteten Beispielen hatten wir die Methode der infinitesimalen Größen angewandt, um d^kF als $\Lambda(\vec{u})du_1 \cdot \ldots \cdot du_k$ zu bestimmen, d.h. wir betrachten die Parametrisierung unter dem Mikroskop, um das Bild des Quaders mit den Kantenlängen du_i unter dem *Differential* der Parametrisierung direkt zu sehen, ohne erst die Jacobimatrix auszurechnen.

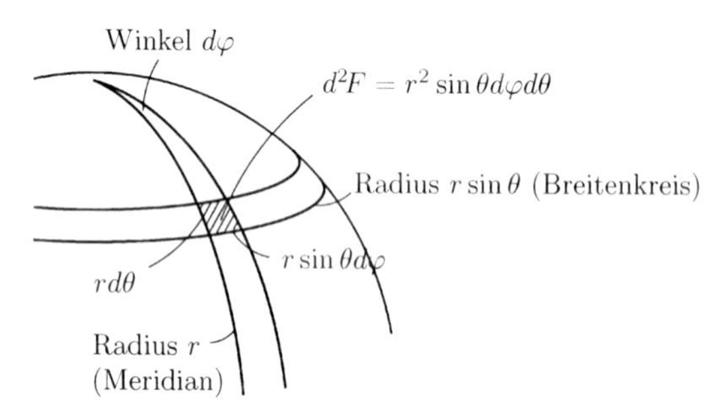

$d^2F = r^2 \sin\theta \, d\varphi d\theta$ *auf der Sphäre vom Radius* r

Jetzt im allgemeinen Fall müssen wir doch zur Jacobimatrix der Parametrisierung greifen, und das geht so vor sich. Die Spalten der Jacobimatrix an der Stelle $\vec{u}$ bilden ja die Koordinatenbasis $(\frac{\partial \vec{x}}{\partial u_1}, \ldots, \frac{\partial \vec{x}}{\partial u_k})$ des Tangentialraums T_pM. Das von der Koordinatenbasis aufgespannte Spat ist das Bild des Einheitswürfels $[0,1]^k \subset \mathbb{R}^k$ unter dem Differential, das k-dimensionale Volumen dieses Spats ist daher $\Lambda(\vec{u})1 \cdot \ldots \cdot 1$, also der gesuchte Faktor:

$$\Lambda(\vec{u}) = \mathrm{Vol}_k \,\mathrm{Spat}\Big(\frac{\partial \vec{x}}{\partial u_1}, \ldots, \frac{\partial \vec{x}}{\partial u_k}\Big).$$

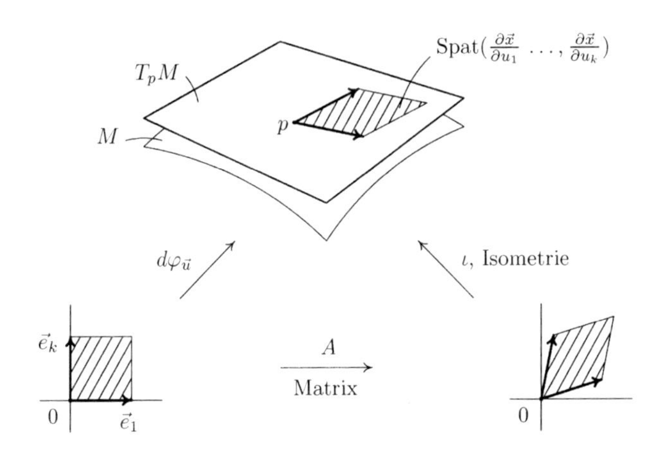

Wie berechnen wir das Volumen des von der Koordinatenbasis aufgespannten Spates? Durch isometrisches Herunterholen in den $\mathbb{R}^k$.

Im Falle $k = n$ wäre das einfach der Betrag der Determinante der Jacobimatrix der Parametrisierung, aber für $k < n$ besteht die Matrix aus 'wenigen langen Spalten' (k Spalten, n Zeilen), ist also gar nicht quadratisch. Deshalb denken wir uns eine ON-Basis $(\vec{v}_1, \ldots, \vec{v}_k)$ in T_pM und benutzen den dazu gehörigen Basisisomorphismus $\iota : \mathbb{R}^k \cong T_pM$, um das Spat isometrisch, insbesondere ohne Volumenänderung, herunter in den $\mathbb{R}^k$ zu holen. Dieses 'heruntergeholte' Spat ist dann also das Bild des Einheitswürfels unter der linearen Abbildung $A := \iota^{-1} \circ d\varphi_{\vec{u}} : \mathbb{R}^k \to \mathbb{R}^k$, sein Volumen deshalb nichts anderes als $|\det A|$. Fürchten Sie aber nicht, zur Bestimmung von $|\det A|$ eine ON-Basis von T_pM wirklich wählen und die Matrix A wirklich berechnen zu müssen. Das ist gleichsam nur ein mathematisches Gedankenexperiment! Es zeigt sich nämlich, dass man $|\det A|$ leicht aus der Matrix $(g_{ij})_{i,j=1,..,k}$ des sogenannten

metrischen Tensors oder der ***ersten Grundform*** der Fläche M am Punkte p erhält. Unter dem metrischen Tensor versteht man einfach das Skalarprodukt auf T_pM oder dessen quadratische Form $T_pM \to \mathbb{R}$, $\vec{v} \mapsto \|\vec{v}\|^2$, die ja dieselbe Information enthält. Ist in Anwesenheit von Koordinaten von der Matrix des metrischen Tensors die Rede, so ist seine Matrix bezüglich der Koordinatenbasis in T_pM gemeint, also die durch

$$\boxed{g_{ij} := \frac{\partial \vec{x}}{\partial u_i} \cdot \frac{\partial \vec{x}}{\partial u_j}}$$

gegebene $k \times k$-Matrix. Wer stets in Koordinaten arbeitet, wird keine Bedenken haben, die Matrix selbst *den metrischen Tensor* zu nennen. Wir wollen hier aber zwischen dem koordinatenunabhängigen Objekt (quadratische Form auf T_pM) einerseits und dessen Matrix in Koordinaten andererseits unterscheiden, es erleichtert das Denken.[1]

Definition (Gramsche Determinante): Die Determinante der Matrix der ersten Grundform heißt ***Gramsche Determinante*** und wird traditionellerweise mit

$$\boxed{g := \det\left(g_{ij}\right)}$$

bezeichnet. □

Wir hatten hier einen festen Punkt p im Auge, deshalb ist die Gramsche Determinante und ist jede Komponente g_{ij} eine Zahl. Fixieren wir aber den Punkt nicht, so sind es Funktionen: wo definiert? Jedenfalls sind sie durch die Formeln gleich in Abhängigkeit der $u_1, \ldots, u_k$ dargeboten, und so erscheint $g = g(u_1, \ldots, u_k)$ als Funktion $g : U' \to \mathbb{R}$, also 'unten' auf $U' \subset \mathbb{R}^k$, analog die g_{ij}. Liest man aber die u_i als die Koordinatenfunktionen $u_i : U \to \mathbb{R}$, die Komponenten der Karte, dann lassen sich $g = g(u_1, \ldots, u_k)$ und $g_{ij} = g_{ij}(u_1, \ldots, u_k)$ auch als Funktionen 'oben' auf U verstehen. Die klassische Notation changiert da immer ein wenig. Wir wollen aber für unsere jetzigen Zwecke daran festhalten, g und die g_{ij} als Funktionen 'unten' zu lesen.

Um nun aber auf diese Zwecke zurückkommen: wie berechnet man $|\det A|$? Wie die ON-Basis $(\vec{v}_1, \dots, \vec{v}_k)$ von T_pM auch immer gewählt war, jedenfalls gilt

$$\frac{\partial \vec{x}}{\partial u_j} = a_{1j}\vec{v}_1 + \cdots + a_{kj}\vec{v}_k\,,$$

denn die linke Seite ist $d\varphi_{\vec{u}}(\vec{e}_j)$, die rechte $\iota(A\vec{e}_j)$, also dasselbe. Daraus folgt

$$\begin{aligned} g_{ij} &= \Big(\sum_{r=1}^{k} a_{ri}\vec{v}_r\Big) \cdot \Big(\sum_{s=1}^{k} a_{sj}\vec{v}_s\Big) = \sum_{r,s=1}^{k} a_{ri}a_{sj}(\vec{v}_r \cdot \vec{v}_s) \\ &= \sum_{r,s=1}^{k} a_{ri}a_{sj}\delta_{rs} = \sum_{r=1}^{k} a_{ri}a_{rj} = \sum_{r=1}^{k} a^t_{ir}a_{rj}\,, \end{aligned}$$

und somit ist die Matrix (g_{ij}) des metrischen Tensors gleich dem Matrizenprodukt A^tA der Transponierten von A mit A, also ist $g = \det A^t \cdot \det A$. Wegen $\det A^t = \det A$ folgt daraus $|\det A| = \sqrt{g}$, womit sich das k-dimensionale Flächenelement von M bei p, ausgedrückt durch $du_1, \dots, du_k$, als

$$d^kF = \sqrt{g(\vec{u})}\, du_1 \cdot \ldots \cdot du_k$$

ergeben hat. Unsere nunmehr bestens motivierte Definition des Flächenintegrals mittels Koordinaten treffen wir also wie folgt:

Definition (Integration in Koordinaten): Sei M eine k-dimensionale Fläche, (U,h) eine Karte, $\varphi := h^{-1} : U' \to U$ die Parametrisierung dazu, $g : U' \to \mathbb{R}$ deren Gramsche Determinante. Ist dann $f : U \to \mathbb{R}$ eine Funktion, so heißt

$$\int_U f\, d^kF := \int_{U'} f(\varphi(\vec{u}))\sqrt{g(\vec{u})}\, du_1 \ldots du_k\,,$$

falls vorhanden, das ***mittels des Koordinatensystems definierte k-dimensionale Flächenintegral*** von f über U. □

Diese so ausführlich vorbereitete Definition ist der Hauptinhalt des Abschnitts. Beachten Sie, dass man zum zweifelsfreien *Lesen* der

Definition von all dieser Vorbereitung nur die Gramsche Determinante kennen muss. Zeitsparender Schnelleinstieg! Den Sinn der Definition zu verstehen könnte man sich dann aber nicht rühmen.

Die Definition ist zugleich auch eine konkrete Rechenanleitung: Funktion herunterholen ('in den Koordinaten ausdrücken'), mit der Wurzel aus der Gramschen Determinante multiplizieren und sodann als gewöhnliches k-dimensionales Integral über den Parameterbereich auswerten. Ist die Parametrisierung in Gleichungsform $\vec{x} = \vec{x}(u_1, \ldots, u_k)$ gegeben und liegt die Funktion in der Gestalt $f = f(x_1, \ldots, x_n)$ vor, dann entsteht die heruntergeholte Funktion natürlich durch Einsetzen: $f(x_1(u_1, \ldots, u_k), \ldots, x_n(u_1, \ldots, u_k))$, und selbst wenn Sie gelegentlich diese Funktion der u_i in der Notation $f(u_1, \ldots, u_k)$ antreffen, so sollen Sie das zwar möglichst nicht nachmachen, aber doch erraten können, dass der Autor *die in den Koordinaten ausgedrückte Funktion* f, also $\vec{u} \mapsto f \circ h^{-1}(\vec{u})$ damit meint.

Bevor wir weitergehen, wollen wir uns die Formel für die Integration in Koordinaten in den Fällen $n = 3$ und $k = 1, 2, 3$ einzeln anschauen.

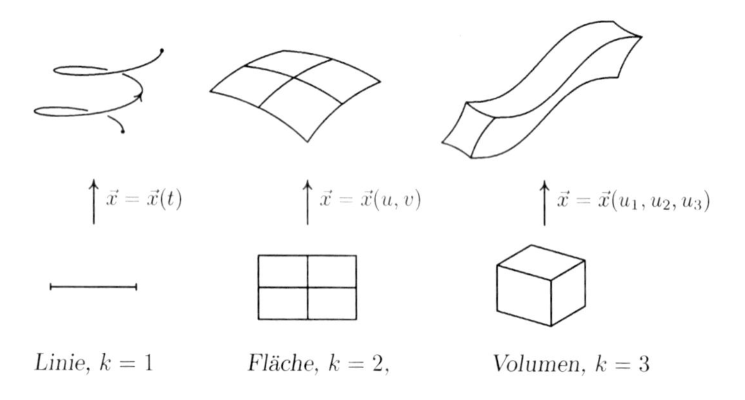

1. Fall: Linienintegral im Kurvenparameter. Die Parametrisierung ist jetzt eine Kurve $t \mapsto \gamma(t)$, und dafür wissen wir von früher, dass das Linienelement $d^1F := ds = \|\dot{\gamma}(t)\|\, dt$ ist, aber wir wollen übungshalber auch sehen, wie das mittels der Gramschen Determinante richtig herauskommt: die Koordinatenbasis von $T_{\gamma(t)}M$ ist einfach $(\dot{\gamma}(t))$, die Matrix des metrischen Tensors also die 1×1-Matrix mit dem Eintrag $\dot{\gamma}(t)\cdot\dot{\gamma}(t) = \|\dot{\gamma}(t)\|^2$, die Wurzel aus der Gramschen Determinante also $\sqrt{g(t)} = \|\dot{\gamma}(t)\|$, wie es sein soll. □

2. Fall: Gewöhnliches Flächenintegral in Koordinaten. Die beiden Koordinaten bezeichnen wir wie in der klassischen Flächentheorie mit u und v, die Parametrisierung ist dann in der Form $\vec{x} = \vec{x}(u,v)$ zu denken. Auch hier haben wir eine von der obigen Herleitung unabhängige Möglichkeit, das Flächenelement zu bestimmen, da wir den Flächeninhalt des von der Koordinatenbasis $\left(\frac{\partial\vec{x}}{\partial u}, \frac{\partial\vec{x}}{\partial v}\right)$ von T_pM aufgespannten Parallelogramms als die Norm des Kreuzproduktes schon kennen (Lemma 4 in Abschnitt 12.4 im ersten Band), es sollte deshalb

$$dF = \left\|\frac{\partial\vec{x}}{\partial u} \times \frac{\partial\vec{x}}{\partial v}\right\| du\,dv$$

gelten, und so ist es auch. Andererseits ist die Matrix des metrischen Tensors, in der Notation der klassischen Flächentheorie[2]

$$\begin{pmatrix} E & F \\ F & G \end{pmatrix} := \begin{pmatrix} \frac{\partial\vec{x}}{\partial u}\cdot\frac{\partial\vec{x}}{\partial u} & \frac{\partial\vec{x}}{\partial u}\cdot\frac{\partial\vec{x}}{\partial v} \\ \frac{\partial\vec{x}}{\partial v}\cdot\frac{\partial\vec{x}}{\partial u} & \frac{\partial\vec{x}}{\partial v}\cdot\frac{\partial\vec{x}}{\partial v} \end{pmatrix},$$

das Flächenelement wird deshalb mittels der Gramschen Determinante zu

$$dF = \sqrt{EG - F^2}\, du\,dv\,.$$

Eigentlich sind wir nicht verpflichtet, die Gleichheit der beiden Fassungen von dF zu zeigen, wir *wissen* sie ja aufgrund der Herleitungen, beide stellen eben den Flächeninhalt eines gewissen Parallelogramms dar. Andererseits muss doch wohl einfach eine Rechenregel für das Kreuzprodukt dahinter stecken, leider eine, die ich versäumt habe in den Abschnitt 12.4 des ersten Bandes mit aufzunehmen und deshalb jetzt nachtragen muss:

Lemma (Nachtrag zum Kreuzprodukt): *Für $\vec{a}, \vec{b}, \vec{x}, \vec{y} \in \mathbb{R}^3$ gilt stets*

$$(\vec{a} \times \vec{b}) \cdot (\vec{x} \times \vec{y}) = \det \begin{pmatrix} \vec{a} \cdot \vec{x} & \vec{a} \cdot \vec{y} \\ \vec{b} \cdot \vec{x} & \vec{b} \cdot \vec{y} \end{pmatrix}.$$

BEWEIS: Beide Seiten sind quadrilinear, also genügt es, die Formel für die Basisvektoren $\vec{e}_1, \vec{e}_2, \vec{e}_3$ zu verifizieren. Man sieht sofort, für welche Fälle die linke Seite Null ist und dass dann jeweils auch die rechte Seite verschwindet. Aus Symmetriegründen bleibt oBdA der Fall $\vec{a} = \vec{x} = \vec{e}_1, \vec{b} = \vec{y} = \vec{e}_2$ zu prüfen, und in diesem Fall lautet die Behauptung $\vec{e}_3 \cdot \vec{e}_3 = \det \begin{pmatrix} 1 & 0 \\ 0 & 1 \end{pmatrix}$, was offenbar richtig ist. □

3. Fall: Volumenintegral in Koordinaten. Jetzt sind U und U' beide offen in $\mathbb{R}^3$, wir sind im gewöhnlichen Falle der Transformationsformel und wissen schon

$$dV = |\det J_\varphi(\vec{u})| \, du_1 du_2 du_3 \,,$$

wobei $J_\varphi(\vec{u})$ die Jacobimatrix der Parametrisierung $\vec{x} = \varphi(\vec{u})$ bezeichnet. Dass die Matrix des metrischen Tensors in den u-Koordinaten das Matrizenprodukt $J_\varphi^t J_\varphi$ ist, folgt hier direkt aus der Definition

$$g_{ij} := \frac{\partial \vec{x}}{\partial u_i} \cdot \frac{\partial \vec{x}}{\partial u_j} = \sum_{k=1}^{3} \frac{\partial x_k}{\partial u_i} \frac{\partial x_k}{\partial u_j} \,,$$

und so sehen wir $|\det J_\varphi(\vec{u})|$ als die Wurzel aus der Gramschen Determinante. □

So käme man also im $\mathbb{R}^3$ für alle Linien-, Flächen- und Volumenintegrale auch ohne Gramsche Determinante aus? — Ja. Es gibt jedoch keinen Grund, in eine Richtung hin dogmatisch zu werden. Bei der Integration in Koordinaten ist die Methode mit der Gramschen Determinante begrifflich überlegen, weil sie einheitlich für Flächen beliebiger Dimension funktioniert, und darüber hinaus.[3] Das entwertet aber nicht jene Spezialformeln, die bei engerem Anwendungsbereich die Vorteile einer besonderen Situation ausnutzen.

30.2 Koordinatenunabhängige Integration über die ganze Fläche

Wir wollen ja Integrale $\int_M f\,d^kF$ über die ganze Fläche definieren, und da fällt uns als das Nächstliegende natürlich ein, die Fläche in kleine Stückchen zu zerlegen, $M = M_1 \cup \cdots \cup M_N$, über die man einzeln in Koordinaten integrieren kann, und das Gesamtintegral durch

$$\int_M f\,d^kF := \int_{M_1} f\,d^kF + \cdots + \int_{M_N} f\,d^kF$$

zu definieren. Will man nur eine heuristische Vorstellung vom Flächenintegral geben und kann für die Details auf die Mathematikvorlesungen verweisen, so ist auch nichts dagegen zu sagen. Hier *sind* wir aber 'in den Mathematikvorlesungen' und müssen leider feststellen, dass diese Idee nicht praktikabel ist.

Der Grund ist die Empfindlichkeit des Riemannschen Integralbegriffs gegenüber missgestalteten Integrationsbereichen. Sie erinnern sich aus dem ersten Band (Abschnitt 7.2) wie einfach es ist, im $\mathbb{R}^2$ oder allgemeiner im $\mathbb{R}^k$ eine beschränkte Teilmenge Ω_∞ anzugeben, über die schon die konstante Funktion $f \equiv 1$ nicht Riemann-integrierbar ist. Die Definition eines brauchbaren Flächenintegralbegriffs über das Zerschneiden der Fläche zu führen verlangte als Vorarbeit, die Zerschneidbarkeit jeder k-dimensionalen Fläche in Stücke zu beweisen, die in Koordinatenbereiche passen und integrationstechnisch gutartig sind. Das wäre zwar nicht unmöglich, aber angesichts unserer Hilfsmittel ein Albtraum.

Mit dem viel robusteren Lebesgue-Integral ginge das ganz einfach. Trotzdem haben wir hier ausnahmsweise einmal keinen Anlass, unsere Beschränkung auf das Riemann-Integral zu bedauern. Denn spätestens wenn es mit den vektoranalytischen Integralsätzen ernst wird, geht man sowieso zu dem modernen, für beide Integralbegriffe gleich gut funktionierenden Verfahren über, das darin besteht *nicht die Fläche zu zerschneiden, sondern den Integranden in eine Summe*

$$f = f_1 + \cdots + f_r$$

von Integranden mit kleinen Trägern zu zerlegen. Wie man das macht und welche Vorteile es hat, will ich in diesem Abschnitt erklären.

Definition: Unter dem ***Träger*** einer Funktion $f : M \to \mathbb{R}$ versteht man den Abschluss

$$\operatorname{Tr} f := \overline{\{p \in M \mid f(p) \neq 0\}} \subset M$$

in M der Menge aller Punkte, an denen f nicht Null ist. Wir wollen sagen, eine Funktion $f : M \to \mathbb{R}$ auf einer Fläche M habe einen ***kleinen Träger***, wenn $\operatorname{Tr} f$ kompakt und in einem Kartenbereich U für M enthalten ist. □

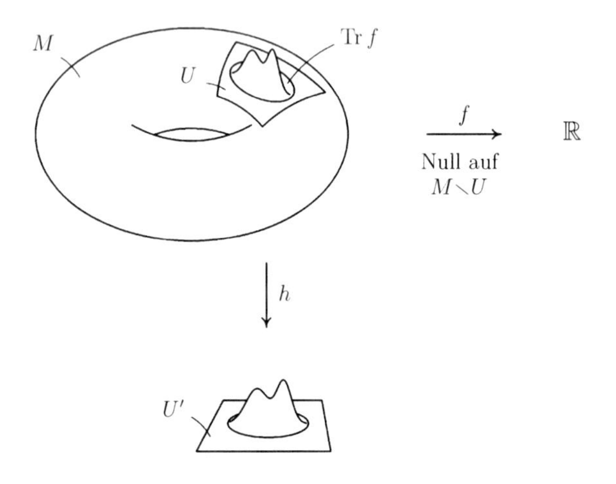

Veranschaulichung[4] *einer Funktion mit kleinem Träger*

Die Definition ist für eine k-dimensionale Fläche $M \subset \mathbb{R}^n$ gedacht, aber $\operatorname{Tr} f$ wird genau so definiert, wenn M irgend ein topologischer Raum ist. Den Begriff des *Abschlusses* oder der *abgeschlossenen Hülle*, wie man auch sagt, hatten wir im ersten Band im Abschnitt 19.3 besprochen. Demnach besteht $M \setminus \operatorname{Tr} f$ aus jenen Punkten, die eine Umgebung besitzen, in der f identisch Null ist. Beachten Sie, dass auch im Falle einer Fläche $M \subset \mathbb{R}^n$ wirklich der Abschluss *in* M gemeint ist, nicht der eventuell etwas größere Abschluss in $\mathbb{R}^n$, dass also auf die *Teilraumtopologie* von M Bezug genommen wird. Ist zum Beispiel $f : M \to \mathbb{R}$ nirgends Null, so ist $\operatorname{Tr} f = M$, größer kann der Träger nicht werden, auch wenn zum Beispiel M die offene

Einheitskreisscheibe in $\mathbb{R}^2$ ist, deren Abschluss *in* $\mathbb{R}^2$ schon größer, nämlich die abgeschlossene Kreisscheibe ist.

Lemma und Definition: *Sei M eine k-dimensionale Fläche. Eine Funktion $f : M \to \mathbb{R}$ mit kleinem Träger heißt* ***Riemann-integrierbar*** *über M, wenn für ein (dann jedes) den Träger umfassende Koordinatensystem (U, h) das Integral in Koordinaten, also*

$$\int\limits_{h(\operatorname{Tr} f)} f \circ h^{-1}(\vec{u}) \sqrt{g(\vec{u})}\, du_1 \dots du_k$$

existiert, wobei $g : h(U) \to \mathbb{R}$ wieder die Gramsche Determinante bezeichnet. Das Integral ist dann unabhängig von der Wahl des Koordinatensystems, heißt das ***Integral von f über*** *M und wird mit $\int_M f\, d^kF$ bezeichnet.*

Beweis: Seien also (U, h) und $(\widetilde{U}, \widetilde{h})$ zwei den Träger umfassende Karten. Wir haben

$$\int\limits_{h(\operatorname{Tr} f)} f \circ h^{-1}(\vec{u}) \sqrt{g(\vec{u})}\, d^k u = \int\limits_{\widetilde{h}(\operatorname{Tr} f)} f \circ \widetilde{h}^{-1}(\vec{\widetilde{u}}) \sqrt{\widetilde{g}(\vec{\widetilde{u}})}\, d^k \widetilde{u}$$

zu zeigen. Wer die Motivation der Koordinaten-Integralformel im vorigen Abschnitt verfolgt hat, wird die Beweisbedürftigkeit dieser Gleichung nicht gerade lebhaft spüren, denn der koordinatenunabhängige Sinn des Flächenintegrals lag dieser Motivation ja intuitiv zugrunde. Aber wenn der Beweis auch nur noch eine Formsache wäre, führen müssen wir ihn.

Dazu berufen wir uns auf die *Integraltransformationsformel* aus dem Abschnitt 17.3 im ersten Band. Dort waren ein Diffeomorphismus (die 'Transformation') $\Phi : \Omega \cong \Omega'$, eine kompakte Teilmenge $B \subset \Omega$ und eine Funktion auf Ω' gegeben, und es ging darum, das Integral dieser Funktion über $\Phi(B)$ durch ein Integral über B auszudrücken, wobei $|\det J_\Phi|$ als Korrekturfaktor in Erscheinung trat. In unserem Anwendungsfall ist jetzt $\Omega := h(U \cap \widetilde{U})$ und

$\Omega' := \widetilde{h}(U \cap \widetilde{U})$, die Transformation ist die Koordinatentransformation $\Phi := \widetilde{h} \circ h^{-1}|\Omega$, die kompakte Teilmenge ist $B := h(\operatorname{Tr} f)$ und die Funktion $\sqrt{\widetilde{g}} \cdot (f \circ \widetilde{h}^{-1})|\Omega'$.

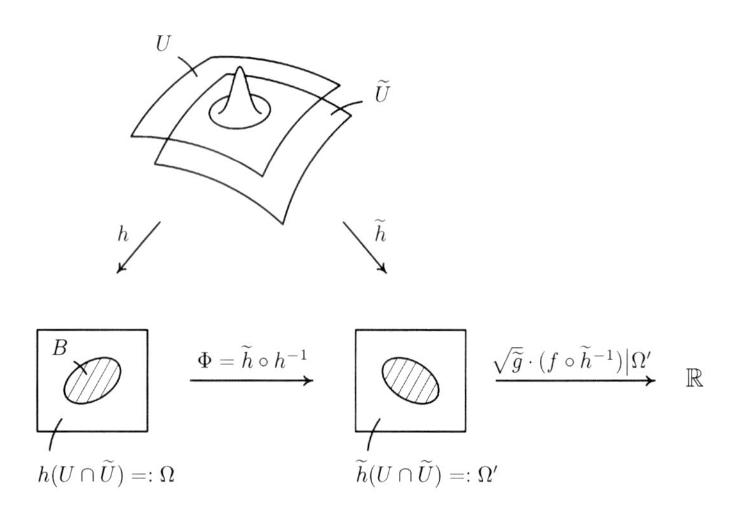

Integrand mit kleinem Träger, in zwei verschiedenen Koordinatensystemen betrachtet

Um die zu beweisende Formel als Anwendungsfall der Integraltransformationsformel zu erkennen, brauchen wir daher nur noch zu zeigen, dass

$$\sqrt{g(\vec{u})}|\det J_\Phi(\vec{u})| = \sqrt{\widetilde{g}(\Phi(\vec{u}))}$$

für jedes $\vec{u} \in \Omega$ gilt. Sei p der entsprechende Punkt auf der Fläche, also $h(p) = \vec{u}$. Nun betrachten wir noch einmal einen beliebigen isometrischen Isomorphismus $\iota : \mathbb{R}^k \cong T_pM$, um die Beziehung zwischen dem Kartendifferential dh_p und der Gramschen Determinante herzustellen, wie wir es im vorigen Abschnitt getan haben. Sei A die Matrix, die $d\varphi_{\vec{u}} = dh_p^{-1}$ bezüglich ι darstellt, und analog $\widetilde{A}$:

$$\begin{array}{ccccc} & & T_pM & & \\ & \swarrow^{dh_p} & \uparrow \iota & \searrow^{d\widetilde{h}_p} & \\ \mathbb{R}^k & \xrightarrow{A} & \mathbb{R}^k & \xleftarrow{\widetilde{A}} & \mathbb{R}^k \end{array}$$

Dann ist $\sqrt{g(\vec{u})} = |\det A|$ und $\sqrt{\widetilde{g}(\Phi(\vec{u}))} = |\det \widetilde{A}|$. Wegen $\widetilde{A}^{-1}A = d\widetilde{h}_p \circ dh_p^{-1} = J_\Phi(\vec{u})$ folgt die behauptete Formel. □

Damit sind wir einen Schritt weiter. Wenigstens für Funktionen mit kleinem Träger haben wir jetzt einen koordinatenunabhängigen Flächenintegral-Begriff, nicht nur so ungefähr und heuristisch, sondern mit allem mathematischen Detail. Freilich steht das Integral unter dem Vorbehalt der *Integrierbarkeit*, das ist nicht zu vermeiden. — Könnte es nicht vorkommen, dass die Riemann-Integrierbarkeit einer Funktion mit kleinem Träger an der bizarren Gestalt dieses Trägers scheitert, auch wenn die Funktion sonst sehr harmlos ist, etwa konstant 1 auf dem Träger? — Allerdings.[5]— Werden wir da mit unserer Idee, allgemeinere Integranden in Summen von Integranden mit kleinen Trägern zu zerlegen, nicht in ganz ähnliche Schwierigkeiten kommen wie beim Flächenzerschneiden? Statt der Flächenstücke müssen wir die Träger unter Kontrolle halten, ist das wirklich einfacher?

Guter Einwand! Doch werden wir diesem Problem dadurch entgehen, dass wir die Zerlegung $f = f_1 + \cdots + f_r$ in Summanden mit kleinen Trägern so vornehmen werden, dass sich, etwas pauschal gesagt, 'gute Eigenschaften' von f bei den Summanden f_i wiederfinden. Insbesondere werden die f_i stetig sein, wenn f es war. Stetige Funktionen mit kleinem Träger sind aber immer integrierbar, denn der Integrand $(f \circ h^{-1})\sqrt{g}$ bleibt stetig, wenn man ihn durch Nullsetzen außerhalb $h(\operatorname{Tr} f)$ zu einer Funktion auf einem Quader Q ergänzt:

Lemma: *Jede stetige Funktion $f : M \to \mathbb{R}$ mit kleinem Träger ist über M integrierbar.*[6] □

Nun zum Integrandenzerlegen. Im Interesse einer über den Tag hinausreichenden Qualität wollen wir den M umgebenden Raum $\mathbb{R}^n$ nicht zu Hilfe nehmen, sondern mit Koordinatensystemen für M auskommen. Auch wollen wir im Hinblick auf die Integralsätze der Vektoranalysis alles schon so einrichten, dass C^∞-Integranden in C^∞-Summanden zerlegt werden.

Der Technik zugrunde liegen jene merkwürdigen C^∞-Funktionen auf $\mathbb{R}$, die aus identisch verschwindendem Winterschlaf auf der negativen Halbachse zu strikt positiven Werten für alle $x > 0$ aufsteigen können, wie sie uns im Abschnitt 25.1 schon begegnet waren, wo wir das manchmal etwas heikle Verhältnis zwischen C^∞-Funktionen und ihren Potenzreihen diskutiert hatten.

Sei $\lambda : \mathbb{R} \to \mathbb{R}$ eine solche Funktion, also $\lambda(x) = 0$ für $x \leq 0$ und z.B. $\lambda(x) := e^{-\frac{1}{x}}$ für alle $x > 0$ oder $\lambda(x) := e^{-\frac{1}{x^2}}$ für alle $x > 0$. Durch $\mu(x) := \lambda(1-x)\lambda(1+x)$ erhalten wir daraus eine C^∞-Funktion $\mu : \mathbb{R} \to \mathbb{R}_0^+$ mit $\mu(0) > 0$ und dem Träger $[-1, 1]$:

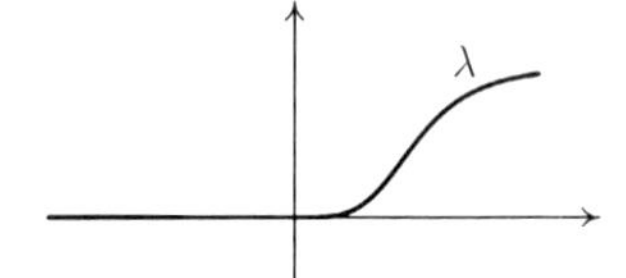

Aus Null aufsteigende Funktion

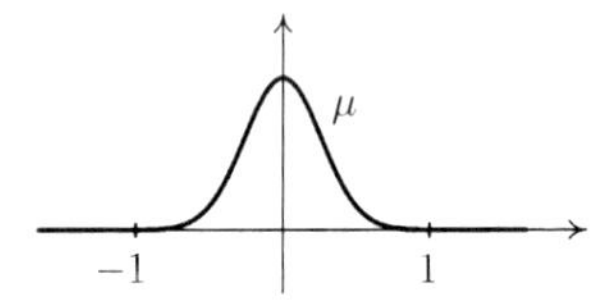

Standard-Buckelfunktion μ

Aus $\mu : \mathbb{R} \to \mathbb{R}_0^+$ machen wir uns eine C^∞-Funktion $\mu_\varepsilon^k : \mathbb{R}^k \to \mathbb{R}_0^+$ mit der abgeschlossenen ε-Kugel als Träger, $\mu_\varepsilon^k(\vec{u}) := \mu(\|\vec{u}/\varepsilon\|^2)$.

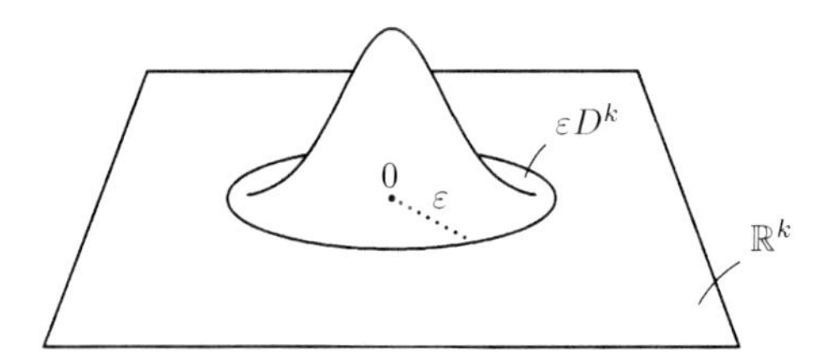

Buckelfunktion μ_ε^k *auf* $\mathbb{R}^k$ *mit* ε*-Kugel als Träger*

Ist dann (U, h) eine Karte um $p \in M$ und oBdA $h(p) = 0$, so brauchen wir nur $\varepsilon > 0$ so klein wählen, dass die abgeschlossene ε-Kugel in U' liegt, um auf M durch

$$\sigma_p(q) := \begin{cases} \mu_\varepsilon^k(h(q)) & \text{für } q \in U \\ 0 & \text{sonst} \end{cases}$$

eine C^∞-Funktion $\sigma_p : M \to \mathbb{R}_0^+$ zu erzielen, für die $\sigma_p(p) > 0$ gilt und deren Träger kompakt ist und in dem Kartenbereich U liegt.[7]

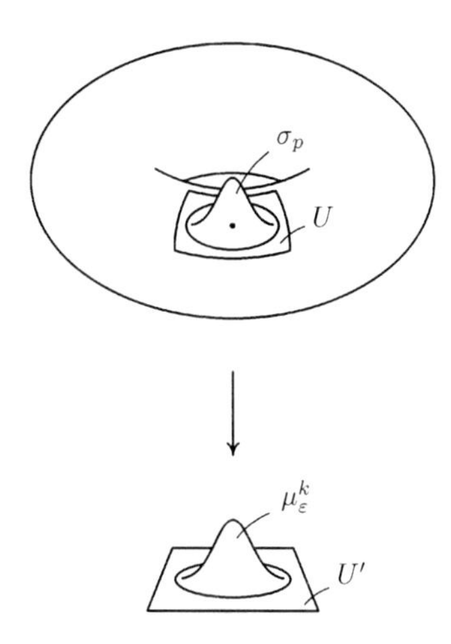

Konstruktion einer kleinen Buckelfunktion um p auf M

Definition: Eine C^∞-Funktion $\sigma : M \to \mathbb{R}^+$ mit $\sigma(p) > 0$ und kompaktem, in einem Kartengebiet liegenden Träger wollen wir eine ***Buckelfunktion auf M um p mit kleinem Träger*** oder kurz eine ***kleine Buckelfunktion um p*** nennen. □

Die Zerlegung eines Integranden wird mit Hilfe kleiner Buckelfunktionen bewerkstelligt. Am einfachsten ist das, wenn die Fläche M kompakt ist, diesen Fall betrachten wir deshalb zuerst, und danach gebe ich an, wie man mit einem kleinen Kniff die Methode anwendet, wenn der Integrand kompakten Träger hat — andere Integranden betrachten wir sowieso nicht — die Fläche aber nicht kompakt zu sein braucht.

Sei also M kompakt. Dann zerlegen wir zuerst die konstante Funktion Eins in eine Summe $\tau_1 + \cdots + \tau_r \equiv 1$ von kleinen Buckelfunktionen und haben dann für jeden Integranden f wie gewünscht $f = 1 \cdot f = \tau_1 f + \cdots + \tau_r f =: f_1 + \cdots + f_r$:

Definition (Zerlegung der Eins[8]): Sei M eine k-dimensionale Fläche. Unter einer ***Zerlegung der Eins*** auf M verstehen wir eine endliche Familie $(\tau_1, \ldots, \tau_r)$ von C^∞-Funktionen $\tau_i : M \to [0,1]$

mit jeweils in einem Kartenbereich enthaltenen (nicht notwendig kompakten) Trägern und der Eigenschaft

$$\tau_1 + \cdots + \tau_r \equiv 1$$

auf ganz M. □

Lemma: *Auf jeder kompakten Fläche M gibt es Zerlegungen der Eins.*

Beweis: Wähle zunächst zu jedem $p \in M$ eine *kleine Buckelfunktion* $\sigma_p : M \to \mathbb{R}_0^+$. Dann ist $\{\sigma_p^{-1}(\mathbb{R}^+)\}_{p \in M}$ eine offene Überdeckung von M. Da M kompakt ist, gibt es $p_1, \ldots, p_r \in M$ mit

$$M = \sigma_{p_1}^{-1}(\mathbb{R}^+) \cup \cdots \cup \sigma_{p_r}^{-1}(\mathbb{R}^+).$$

Das bedeutet aber nichts anderes, als dass die Summe der r Buckelfunktionen σ_{p_i} überall positiv auf M ist und deshalb gefahrlos in den Nenner geschrieben werden darf, wenn wir jetzt

$$\tau_i(p) := \frac{\sigma_{p_i}(p)}{\sigma_{p_1}(p) + \cdots + \sigma_{p_r}(p)}$$

für alle $p \in M$ und $i = 1, \ldots, r$ definieren. □

Was tun wir aber, wenn zwar ein Integrand mit kompaktem Träger K gegeben, die Fläche M selbst aber nicht kompakt ist? Wir wählen $p_1, \ldots, p_r \in K$ mit $K \subset \sigma_{p_1}^{-1}(\mathbb{R}^+) \cup \cdots \cup \sigma_{p_r}^{-1}(\mathbb{R}^+) := \Omega$. Dann ist die Summe der r Buckelfunktionen σ_{p_i} nur noch auf Ω positiv und könnte deshalb *nicht mehr* gefahrlos in den Nenner geschrieben werden, wenn wir Funktionen τ_i auf ganz M definieren wollten. Aber weshalb sollten wir? Außerhalb Ω ist der Integrand ohnehin identisch Null! Wir benutzen deshalb die gleiche Definition

$$\tau_i(p) := \frac{\sigma_{p_i}(p)}{\sigma_{p_1}(p) + \cdots + \sigma_{p_r}(p)}$$

jetzt nur für die $p \in \Omega$ und haben damit gezeigt:

Lemma: *Ist M eine k-dimensionale Fläche und $K \subset M$ kompakt, dann gibt es jedenfalls eine Zerlegung der Eins auf einer offenen Umgebung Ω von K in M.* □

Das genügt uns auch als Werkzeug für die Definition der Integration von Funktionen auf Flächen:

Lemma und Definition (Integration auf Flächen): *Es sei M eine k-dimensionale Fläche im $\mathbb{R}^n$. Eine Funktion $f : M \to \mathbb{R}$ mit kompaktem Träger heißt* ***Riemann-integrierbar über M****, wenn für eine (dann jede) Zerlegung der Eins $(\tau_1, \dots, \tau_r)$ auf einer offenen Umgebung des Trägers von f in M die Funktionen $\tau_i f : M \to \mathbb{R}$, die ja nun alle kleinen Träger haben, Riemann-integrierbar[9] über M sind. Die Summe*

$$\int_M \tau_1 f \, d^kF + \cdots + \int_M \tau_r f \, d^kF =: \int_M f \, d^kF$$

ist dann von der Wahl der Zerlegung der Eins unabhängig und heißt das ***Integral von f über M****.*

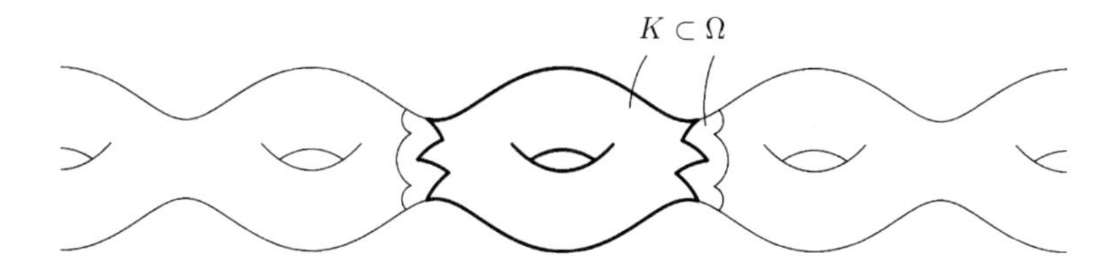

"Zd1" auf Ω genügt uns, denn $\operatorname{Tr} f =: K \subset \Omega$

Beweis des Lemmas: Seien also die $\tau_i f$ integrierbar und gegeben sei eine zweite Zerlegung $(\widetilde{\tau}_1, \dots, \widetilde{\tau}_s)$ der Eins auf einer in M offenen Umgebung $\widetilde{\Omega}$ von $\operatorname{Tr} f$. Wir müssen zeigen, dass dann auch jedes $\widetilde{\tau}_j f$ integrierbar ist und $\Sigma_j \int_M \widetilde{\tau}_j f \, d^kF = \Sigma_i \int_M \tau_i f \, d^kF$ gilt.

Dazu bemerken wir zuerst, dass in der gewöhnlichen flachen Analysis das Produkt zweier Riemann-integrierbarer Funktionen wieder Riemann-integrierbar ist. Sind nämlich $f_1, f_2 : Q \to \mathbb{R}$ zwei beschränkte Funktionen auf einem kompakten Quader, oBdA beide positiv (sonst Addition einer Konstanten), sind C_1, C_2 obere

Schranken und sind f_1, f_2 in Zangen mit bezüglich (oBdA) ein und derselben Quaderunterteilung genommen, mit Integraltoleranzen ε_1 und ε_2, dann sieht man sofort, dass $f_1 \cdot f_2$ in eine Zange mit Toleranz $\varepsilon_1 C_2 + \varepsilon_2 C_1$ genommen werden kann. Also kann auch $f_1 f_2$ in Zangen mit beliebig kleiner Integraltoleranz genommen werden, ist also integrierbar. Daraus folgt aber, dass mit $\tau_i f$ auch $\widetilde{\tau}_j \tau_i f$ und somit auch

$$\widetilde{\tau}_j \cdot (\tau_1 f + \cdots + \tau_r f) = \widetilde{\tau}_j f$$

integrierbar sind, Anwendung einer Karte um $\operatorname{Tr} f \cap \operatorname{Tr} \widetilde{\tau}_j$ führt diese Aussage ja auf die gewöhnliche Integration im $\mathbb{R}^k$ zurück. Durch Rechnen in einer Karte um $\operatorname{Tr} f \cap \operatorname{Tr} \tau_i$ sieht man andererseits auch

$$\int_M \tau_i f \, d^kF = \sum_{j=1}^{s} \int_M \widetilde{\tau}_j \tau_i f \, d^kF ,$$

weil $\Sigma \widetilde{\tau}_j$ auf dem Träger von f konstant 1 ist, und deshalb haben wir schließlich

$$\begin{aligned} \sum_{i=1}^{r} \int_M \tau_i f \, d^kF &= \sum_{i=1}^{r} \sum_{j=1}^{s} \int_M \widetilde{\tau}_j \tau_i f \, d^kF \\ &= \sum_{j=1}^{s} \sum_{i=1}^{r} \int_M \widetilde{\tau}_j \tau_i f \, d^kF \\ &= \sum_{j=1}^{s} \int_M \widetilde{\tau}_j f \, d^kF , \end{aligned}$$

was noch zu zeigen gewesen war. □

Notiz: *Offenbar ist jede* **stetige** *Funktion $f : M \to \mathbb{R}$ mit kompaktem Träger Riemann-Integrierbar, denn die $\tau_i f$ sind ja dann immer noch stetig und haben kleinen Träger.* □

Damit ist das Riemannsche Integral über k-dimensionale Flächen vollständig etabliert.

Wie Sie wissen, sind mathematische Begriffsbestimmungen nicht immer gleichzeitig auch praktische Rechenvorschläge. Sie werden kaum Anlass haben, eine Zerlegung der Eins im konkreten Fall explizit zu konstruieren, um die einzelnen Integrale $\int_M \tau_i f \, d^kF$ numerisch zu berechnen. Alles an seinem Ort!

Die Wahl einer Zerlegung der Eins ist als ein mathematisches Gedankenexperiment zu betrachten, das dazu dient, eine globale Fragestellung über ein Objekt mit großem Träger auf der Fläche auf die Situation mit kleinem Träger zu reduzieren, und zwar ohne jene Stetigkeits- und Differenzierbarkeitsverluste, die ein Zerschneiden der Fläche mit sich brächte. Wie nützlich das ist, werden Sie beim Beweis der Integralsätze der Vektoranalysis, bei denen ja auch Differentialoperatoren mitspielen, wieder sehen können.

30.3 Übungsaufgaben

Aufgabe R30.1: Eine Kurve $\gamma : [t_1, t_2] \to M$ sei in lokalen Koordinaten $u_1, \ldots, u_k$ durch ihre Koordinatenfunktionen $u_i(t)$ beschrieben, $i = 1, \ldots, k$. Drücken Sie den Integranden des Integrals

$$\ell = \int_{t_1}^{t_2} \|\dot{\gamma}(t)\| dt$$

für die Bogenlänge der Kurve durch die Koordinatenfunktionen und die Matrix des metrischen Tensors aus.

Aufgabe R30.2: Sei $0 < r < R$ und $M \subset \mathbb{R}^3$ die Oberfläche des Torus mit Innenradius $R - r$ und Außenradius $R + r$. Berechnen Sie die Matrix des metrischen Tensors und die Gramsche Determinante in den Winkelkoordinaten φ und θ der in der Aufgabe R17.4a im ersten Band eingeführten Toruskoordinaten.Vergleichen Sie Ihr Ergebnis mit dem von R17.5.

Aufgabe R30.3: Auf einem Rechteck $D \subset \mathbb{R}^2$ sei eine C^∞-Funktion $z = z(x, y)$ implizit durch $f(x, y, z) = 0$ gegeben. Wir schreiben zur Abkürzung $\partial f / \partial x =: f_x$ usw. Zeigen Sie, dass der Flächeninhalt der Graphenfläche durch

$$\int_M dF = \int_D \frac{1}{|f_z|} \sqrt{f_x^2 + f_y^2 + f_z^2} \, dxdy$$

gegeben ist.

Aufgabe T30.1: Sei M eine k-dimensionale Fläche im $\mathbb{R}^n$. Für einen Punkt $p \in M$ seien G und $\widetilde{G}$ die Matrizen der metrischen Tensoren in zwei Koordinatensystemen um p und J die Jacobimatrix der Koordinatentransformation. Wie berechnet man $\widetilde{G}$ aus G und J, d.h. wie "transformiert sich der metrische Tensor"?

Aufgabe T30.2: a) Es seien V und W k-dimensionale euklidische Vektorräume und $f : V \to W$ linear. Zeigen Sie, dass $|\det f|$ als der Betrag der Determinante der Matrix von f bezüglich orthonormaler Basen wohldefiniert, d.h. nicht von der Wahl dieser Basen abhängig ist. **b)** Erraten, begründen und (möglichst) beweisen Sie eine Integraltransformationsformel für Diffeomorphismen $\Phi : M \to N$ zwischen k-dimensionalen Flächen im $\mathbb{R}^n$.

Aufgabe T30.3: Ist $f : M \to N$ eine differenzierbare Abbildung zwischen k-dimensionalen Flächen im $\mathbb{R}^n$ und $p \in M$, so sei hier mit $\Lambda_f(p)$ der Betrag $|\det df_p|$ der Determinante des Differentials $df_p : T_pM \to T_{f(p)}N$ bezüglich Orthonormalbasen bezeichnet. Seien nun Koordinatensysteme um p und $f(p)$ gegeben. Bestimmen Sie $\Lambda_f(p)$ aus den beiden Gramschen Determinanten und aus der Jacobimatrix der in den Koordinaten ausgedrückten ("heruntergeholten") Abbildung f.

31 Klassische Vektoranalysis III: Berandete Flächen und Integralsätze

31.1 Berandete k-dimensionale Flächen

Die Integralsätze der Vektoranalysis handeln von berandeten Flächen, sie setzen nämlich ein Integral über eine k-dimensionale berandete Fläche mit einem Integral über deren $(k-1)$-dimensionalen Rand in Beziehung.

Definition: Eine Teilmenge $M \subset \mathbb{R}^n$ heißt eine ***k-dimensionale berandete Fläche***, wenn es möglich ist, zu jedem $p \in M$ einen Diffeomorphismus $H : W \to W'$ einer offenen Umgebung W von p in $\mathbb{R}^n$ auf eine offene Menge $W' \subset \mathbb{R}^n$ so zu finden, dass

$$H(W \cap M) = (\mathbb{R}^k_- \times 0) \cap W'$$

gilt, wobei $\mathbb{R}^k_-$ den abgeschlossenen linken Halbraum bezeichnet, d.h. $\mathbb{R}^k_- := \{\vec{x} \in \mathbb{R}^k \mid x_1 \leq 0\}$. □

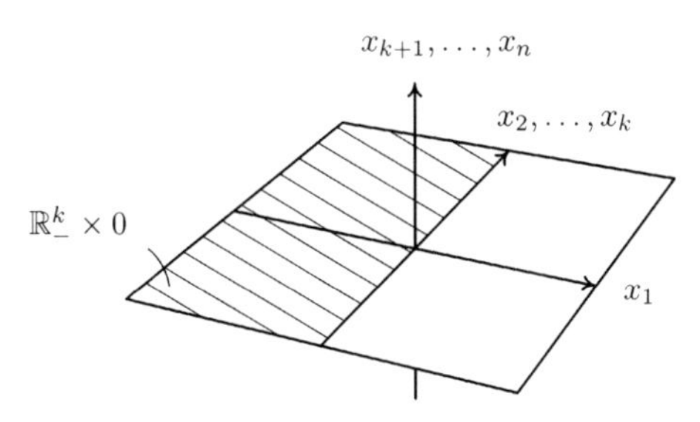

Veranschaulichung von $\mathbb{R}^k_- \times 0 \subset \mathbb{R}^n$

K. Jänich, *Mathematik 2*, Springer-Lehrbuch, 2nd ed.,
DOI 10.1007/978-3-642-16150-6_9, © Springer-Verlag Berlin Heidelberg 2011

Auch in diesem Zusammenhang nennen wir $H : W \cong W'$ wieder einen *Flachmacher* oder eine *äußere Karte* von M um p und sprechen von der zugehörigen *inneren Karte* $h : U \to U'$, durch die man die Einschränkung von H auf $U := W \cap M$ beschreiben kann, wenn man $U' \subset \mathbb{R}^k_-$ als die Teilmenge mit $U' \times 0 = (\mathbb{R}^k_- \times 0) \cap W'$ versteht. Anschauung:

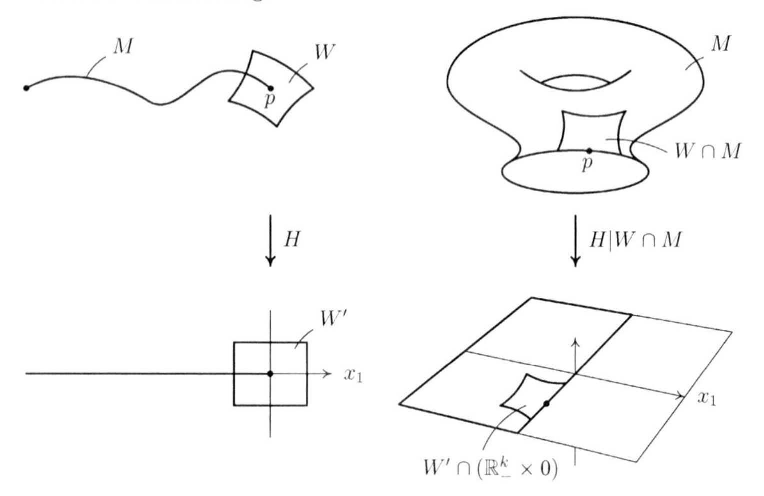

Flachmacher $H : W \to W'$ um einen "Randpunkt" $p \in M$ im Falle $k=1$ und $n=2$.

Der Fall $k=2$ und $n=3$, wobei aber W und W' selbst nicht eingezeichnet sind.

Wenn U' den *Rand* $\partial\mathbb{R}^k_- := 0 \times \mathbb{R}^{k-1}$ von $\mathbb{R}^k_- \subset \mathbb{R}^k$ nicht trifft, dann ist H eben ein ganz gewöhnlicher Flachmacher, wie wir sie bei den gewöhnlichen k-dimensionalen Flächen im $\mathbb{R}^n$ antreffen.

Zwischen den Extremen der bloßen Anweisung: "Mit berandeten Flächen geht man ganz analog wie mit unberandeten um" einerseits und einer pedantischen Verallgemeinerung jedes einzelnen Schrittes, den wir bisher in Flächenland gegangen sind, auf den Fall berandeter Flächen andererseits, will ich einen vernünftigen Mittelweg suchen. Zuerst einmal gebe ich Ihnen Beispiele. Noch dabei sind unsere bisherigen Flächen:

Bemerkung 1: *Jede gewöhnliche ('unberandete') Fläche M ist auch eine berandete Fläche im technischen Sinn der obigen Definition, denn um jeden Punkt $p \in M$ lässt sich leicht ein Flachmacher finden, dessen inneres Kartenbild U' ganz im linken Halbraum $\mathbb{R}^k_-$ landet.* □

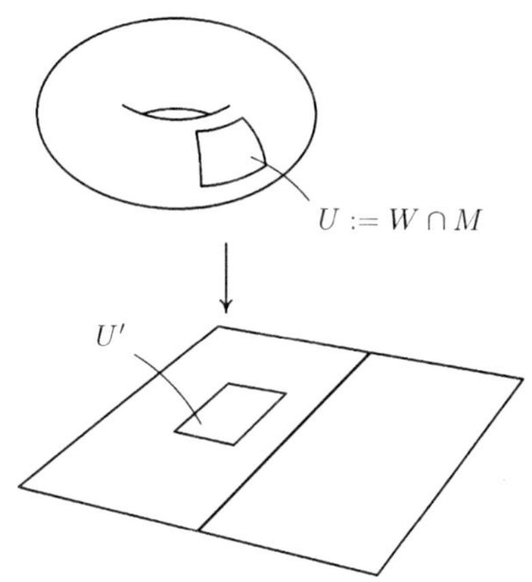

Kartenbild links? Kein Problem. Gewöhnliche Flächen sind auch "berandete" Flächen (mit leerem Rand).

Wir brauchen ja nur einen Flachmacher mit beschränktem Bild zu wählen und eine geeignete Translation nach links noch anzuschließen. — Wo ist dann aber der 'Rand' von M? — Der Rand ist leer, das macht doch nichts. Beachten Sie übrigens, dass wir zwar den Begriff der berandeten Fläche definiert haben, aber förmlich noch nicht, was der 'Rand' ist. Anschaulich ist's freilich klar.

Oftmals begegnen uns berandete k-dimensionale Flächen als Teilmengen unberandeter k-dimensionaler Flächen:

Bemerkung 2 und Definition: *Ist M eine unberandete k-dimensionale Fläche im $\mathbb{R}^n$ und $M_0 \subset M$ eine Teilmenge, so dass es um jeden Punkt $p \in M_0$ eine Karte (U, h) für M mit*

$$h(U \cap M_0) = h(U) \cap \mathbb{R}^k_-$$

gibt, dann ist M_0 eine k-dimensionale berandete Fläche im $\mathbb{R}^n$ und heißt eine ***berandete Teilfläche*** *von M.* □

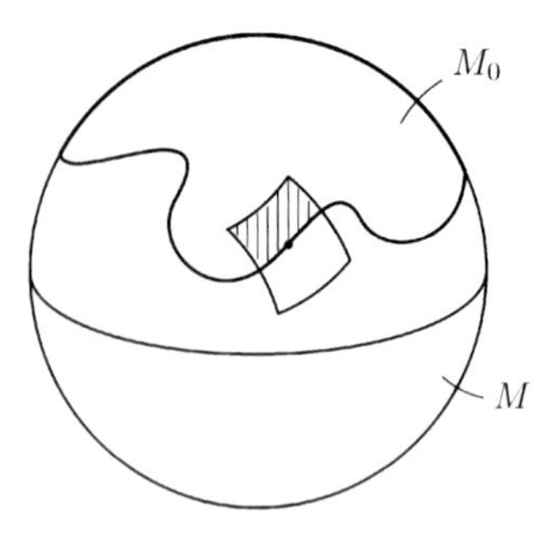

Berandete Teilfläche M_0 einer unberandeten Fläche M

Bemerkung 3: *Ist M eine unberandete k-dimensionale Fläche und sind $a < b$ reguläre Werte einer C^∞-Funktion $f : M \to \mathbb{R}$, so ist $f^{-1}([a,b]) = \{p \in M \mid a \leq f(p) \leq b\}$ eine berandete Teilfläche von M.*

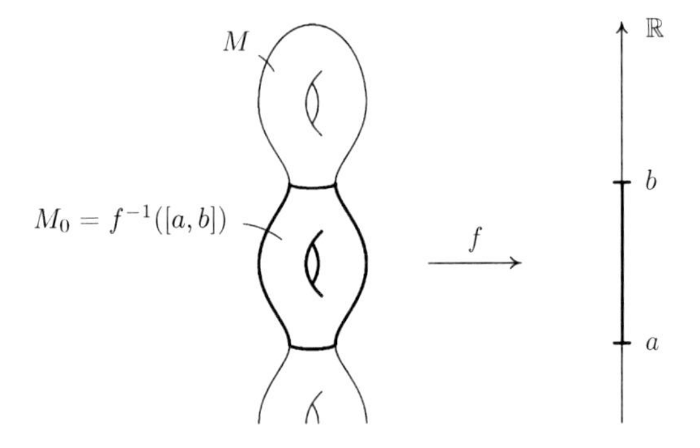

Berandete Teilfläche als Urbild eines abgeschlossenen Intervalls

Analog natürlich auch $f^{-1}([c,\infty))$ oder $f^{-1}((-\infty,c])$, wenn c regulär ist. □

Noch konkreter wird die soeben geschilderte Situation, wenn auch M schon durch reguläre Nebenbedingungen beschrieben ist. Dann ist M_0 vollständig durch Gleichungen und eine einschließende Ungleichung definiert. So werden Ihnen die berandeten Flächen in der Praxis oft vorliegen:

Bemerkung 4: *Sei $B \subset \mathbb{R}^n$ offen und $\vec{c} \in \mathbb{R}^m$ regulärer Wert einer C^∞-Abbildung $\vec{\Psi} : B \to \mathbb{R}^m$. Sei ferner $f : B \to \mathbb{R}$ eine C^∞-Funktion und für ein $a \in \mathbb{R}$ sei $(a, \vec{c}) \in \mathbb{R} \times \mathbb{R}^m$ regulärer Wert von $(f, \vec{\Psi}) : B \to \mathbb{R} \times \mathbb{R}^m$. Dann ist die durch*

$$\begin{array}{rcl} f(\vec{x}) & \leq & a \\ \Psi_1(\vec{x}) & = & c_1 \\ \vdots & & \vdots \\ \Psi_m(\vec{x}) & = & c_m \end{array}$$

beschriebene Teilmenge M_0 von B eine berandete Teilfläche von $M := \vec{\Psi}^{-1}(\vec{c})$. Ebenso natürlich für die Ungleichung $f(\vec{x}) \geq a$ oder für $a \leq f(\vec{x}) \leq b$, wenn $(a, \vec{c})$ und $(b, \vec{c})$ beide regulär sind. □

Das alles folgt routinemäßig aus dem Umkehrsatz bzw. dem Satz vom regulären Punkt. Die Beweise wären gute Übungsaufgaben für das Kapitel 26, wenn dafür noch Übungsbedarf bestehen sollte.

Bemerken sollten wir vielleicht auch, dass aus vorhandenen berandeten Flächen neue durch Anwenden von Diffeomorphismen entstehen, genauer:

Bemerkung 5: *Ist $B \subset \mathbb{R}^n$ offen, $M \subset B$ eine berandete k-dimensionale Fläche und $\Phi : B \to B'$ ein Diffeomorphismus auf eine andere offene Teilmenge des $\mathbb{R}^n$, so ist auch $\Phi(M) \subset B'$ eine berandete k-dimensionale Fläche.* □

Was übrigens den Fall $k = 0$ angeht, so wollen wir uns nicht darüber streiten, ob die Definition da noch zweifelsfrei lesbar ist, sondern unmissverständlich vereinbaren:

Vereinbarung: Unter einer ***nulldimensionalen berandeten Fläche*** im $\mathbb{R}^n$ verstehen wir eine gewöhnliche, unberandete nulldimensionale Fläche, also eine diskrete Teilmenge des $\mathbb{R}^n$. □

In der klassischen Vektoranalysis auf einem offenen Bereich X im $\mathbb{R}^3$ spielen natürlich die in X gelegenen zwei- und dreidimensionalen berandeten 'Flächen' im $\mathbb{R}^3$ eine besondere Rolle. In diesem Umfeld wird man das Wort *Flächen* besser für die zweidimensionalen

Flächen reservieren und statt von dreidimensionalen berandeten Flächen von ***berandeten Volumen*** oder ***berandeten Volumina*** im Raume $\mathbb{R}^3$ sprechen. Auch die gleichsam 'dimensionsneutrale' Bezeichnung ***berandete Untermannigfaltigkeiten***, bei Bedarf mit dem Zusatz 'k-dimensionale', steht immer zur Verfügung.

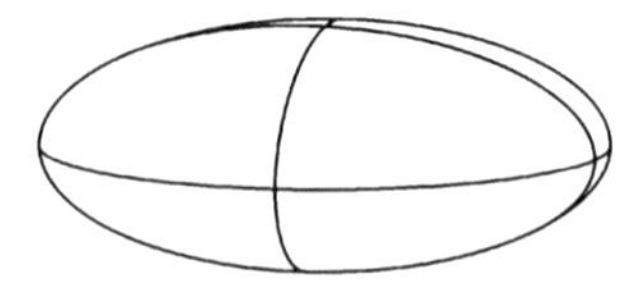

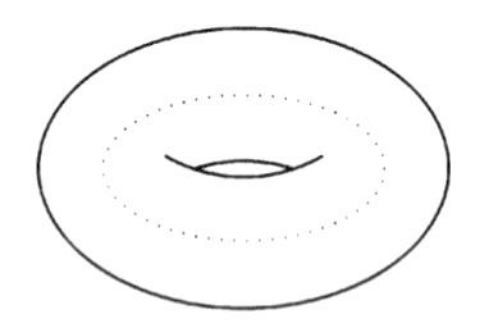

Voll-Ellipsoid:

$$\frac{x^2}{a^2} + \frac{y^2}{b^2} + \frac{z^2}{c^2} \leq 1$$

Volltorus mit Radien R und r:

$$\{\begin{pmatrix} (R + \ell\cos\theta)\cos\varphi \\ (R + \ell\cos\theta)\sin\varphi \\ \ell\sin\theta \end{pmatrix} \mid 0 \leq \ell \leq r,\ \varphi, \theta \in \mathbb{R}\}$$

Berandete Volumina im Raume

Berandete Volumina sind in der Praxis oft durch eine Ungleichung $f(x, y, z) \leq a$ oder durch $a \leq f(x, y, z) \leq b$ auf $M := X$ gegeben, wie in Bemerkung 3 beschrieben. Man hat dann nur darauf zu achten, dass a und b reguläre Werte von f sind. Bei (zweidimensionalen) berandeten Flächen im Raum kommt, wie in Bemerkung 4, noch eine Gleichung $\Psi(x, y, z) = c$ dazu:

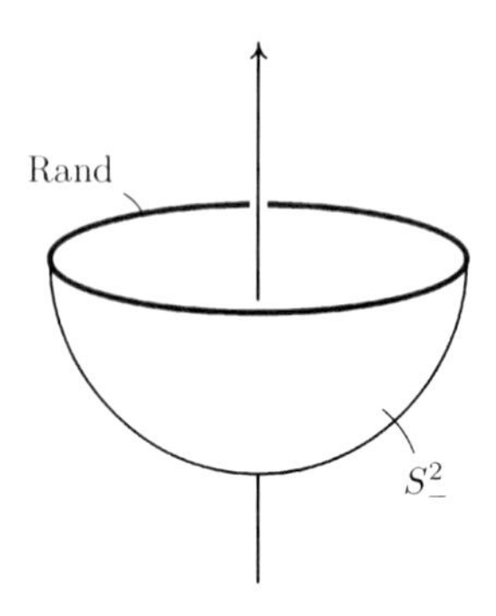

Untere Halbsphäre S^2_-*:* $x^2 + y^2 + z^2 = 1$ *und* $z \leq 0$.

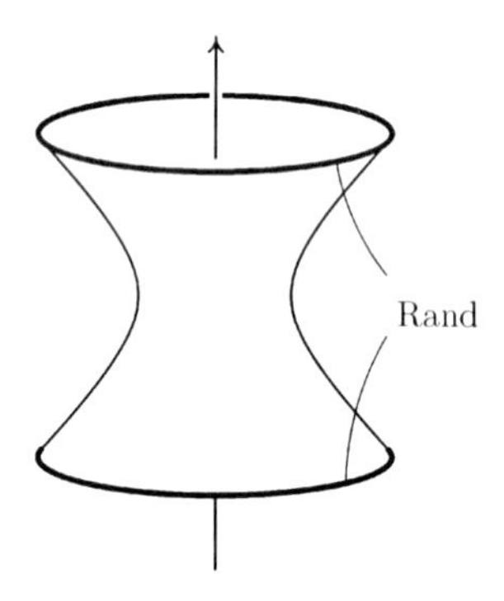

Eine Teilfläche des einschaligen Hyperboloids: $x^2+y^2-z^2=1$ *und* $-1 \leq z \leq 1$.

Soviel über Beispiele. Ob Sie eine k-dimensionale berandete Fläche im $\mathbb{R}^n$, der Sie im wirklichen Leben begegenen, auch als solche erkennen werden? Ich denke, das dürfen Sie jetzt ruhig auf sich zukommen lassen. Was Sie über die *Analysis auf Flächen*, soweit Sie sie für unberandete Flächen schon kennen, für den berandeten Fall noch zusätzlich wissen müssen, erkläre ich Ihnen im folgenden Abschnitt.

31.2 Analysis auf berandeten Flächen

Seit wir überhaupt Differentialrechnung in mehreren Variablen betreiben, haben wir immer Funktionen und Abbildungen auf *offenen* Teilmengen des $\mathbb{R}^n$ betrachtet, weil wir um jeden Punkt eine offene Kugel, so klein sie auch sei, im Definitionsbereich haben wollten, um Differential, partielle Ableitungen, Jacobimatrix, C^k-Eigenschaft, Taylorentwicklung usw. unbehindert bilden zu können ('Schutzkugel'). Deshalb haben wir auch dafür gesorgt, dass die Kartenbilder $U' \subset \mathbb{R}^k$ für k-dimensionale Flächen offen waren, damit wir auf heruntergeholte Funktionen oder Abbildungen $f \circ h^{-1} : U' \to \mathbb{R}^m$ die ganz gewöhnliche flache Analysis anwenden können.

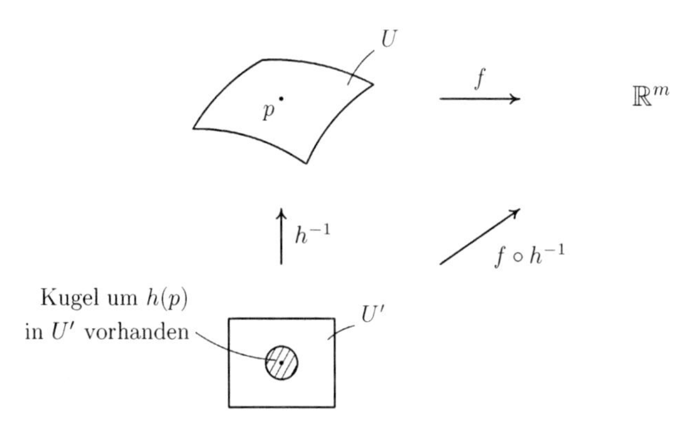

Heruntergeholte Abbildung

Jetzt auf einmal bekommen wir es mit Karten (U, h) zu tun, die zwar auch *offen in M* sind, aber dieser Offenheit in der Topologie von M entspricht jetzt die Offenheit von $U' \subset \mathbb{R}^k_-$ in der induzierten Topologie des Halbraums, und da kann es vorkommen, dass ein Punkt in U' keine Schutzkugel mehr hat:

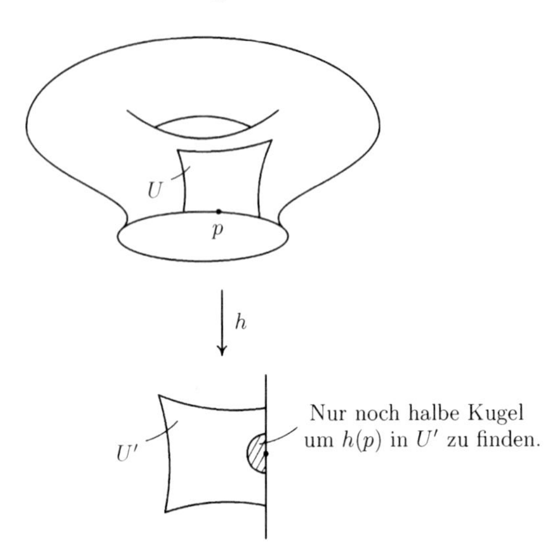

Analysis am Rande?

Was soll es jetzt überhaupt heißen, dass z.B. $f \circ h^{-1}$ bei $h(p)$ lokal C^∞ ist? Antwort: wenn es dort lokal C^∞ erweiterbar ist.

Definition: Sei $X \subset \mathbb{R}^k_-$ offen in $\mathbb{R}^k_-$ und sei $x \in X$. Eine Abbildung $f : X \to \mathbb{R}^m$ heißt ***lokal bei x differenzierbar*** (wie immer hier im C^∞-Sinne gemeint, aber analog für jeden schwächeren Differenzierbarkeitsbegriff), wenn es eine in $\mathbb{R}^k$ offene Umgebung Ω_x von x und eine differenzierbare Abbildung $g : \Omega_x \to \mathbb{R}^m$ gibt, die auf $\Omega_x \cap X$ mit f übereinstimmt. □

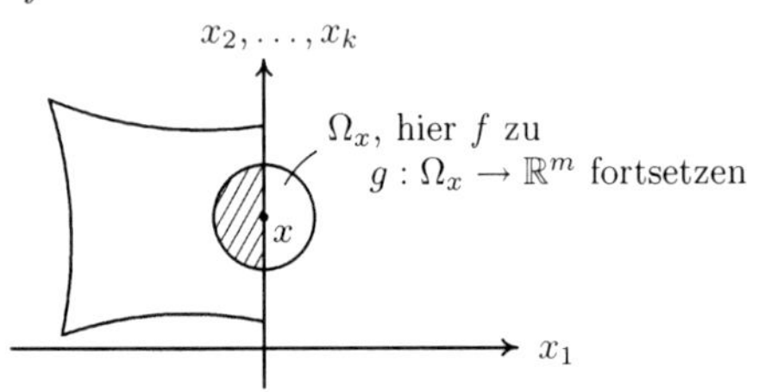

Zum Begriff der lokalen Differenzierbarkeit an Randpunkten

Wie soll man feststellen, ob so eine Umgebung Ω_x und eine C^∞-Abbildung $g : \Omega_x \to \mathbb{R}^m$ mit $g|\Omega_x \cap X = f|\Omega_x \cap X$ existiert? Kommt hier eine neue Art von Problemen auf uns zu? — Gewöhnlich wird das einfach *vorausgesetzt* sein und Sie brauchen gar nichts festzustellen, und im konkreten Falle, in dem f durch eine Formel oder sonstige Beschreibung gegeben ist, wird *eben diese Formel oder sonstige Beschreibung* in aller Regel über den Rand hinaus lesbar sein und deshalb das geforderte g liefern. Also nur keine Sorge. Es handelt sich wieder einmal um ein "Gedankenexperiment zur Begriffserklärung", nichts weiter.

Für die Punkte $x = (x_1, \ldots, x_k)$ mit $x_1 < 0$ bedeutet der Begriff sowieso nichts Neues, interessant ist er nur für die "Randpunkte":

Definition: Ist X offen in $\mathbb{R}^k_-$, so heißen die Punkte von

$$\partial X := X \cap (0 \times \mathbb{R}^{k-1})$$

die ***Randpunkte*** von X und die Menge ∂X der ***Rand*** von X. □

Beachten Sie, dass diese Sprechweise nicht mit der topologischen Terminologie verträglich ist, wonach man unter den (topologischen) Randpunkten einer Teilmenge X eines topologischen Raumes jene Punkte versteht, die weder innere noch äußere Punkte von X sind. Für das oben skizzierte X zum Beispiel ist weder der topologische Rand von $X \subset \mathbb{R}^k$ noch der topologische Rand von $X \subset \mathbb{R}^k_-$ dasselbe wie ∂X.

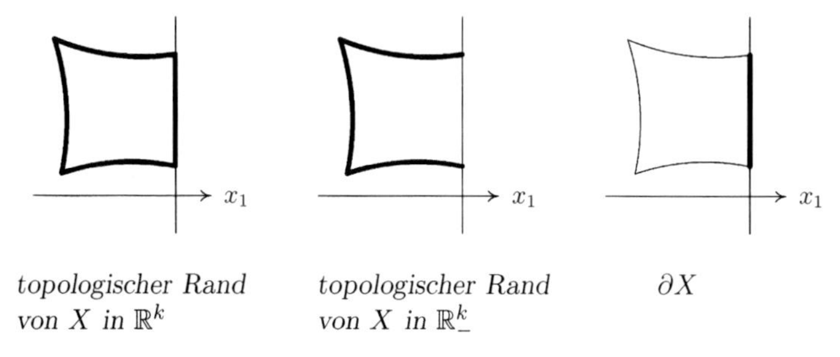

topologischer Rand von X in $\mathbb{R}^k$ — *topologischer Rand von X in $\mathbb{R}^k_-$* — ∂X

Testen Sie Ihr Verständnis an diesen Skizzen, und dann vergessen Sie den Begriff des topologischen Randes für ein paar Wochen, wir brauchen ihn nicht, wir brauchen nur noch ∂X.

Eine Abbildung ist also an Randpunkten differenzierbar, wenn sie sich lokal differenzierbar fortsetzen lässt. Natürlich ist so eine lokale Fortsetzung nicht eindeutig bestimmt.

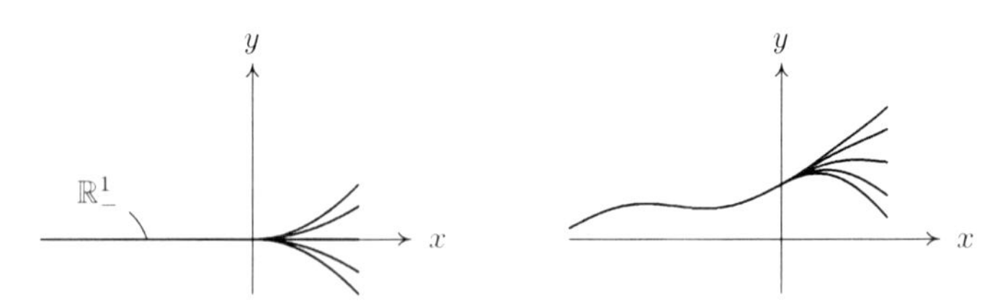

C^∞-Fortsetzungen der Nullfunktion auf $\mathbb{R}^1_-$ *Analog für andere Funktionen, analog in mehreren Variablen*

Beachte aber: Ist $f : X \to \mathbb{R}^m$ lokal um $x \in \partial X$ differenzierbar, so ist zwar die lokale Erweiterung $g : \Omega_x \to \mathbb{R}^m$ von f nicht eindeutig bestimmt, wohl aber alle partiellen Ableitungen $D^\alpha g(x) =: D^\alpha f(x)$ an der Stelle x, insbesondere auch das Differential, die Hesse-Matrix, die Taylorreihe! □

Denn wir können ja $\frac{\partial}{\partial x_1} g$ auf $\Omega_x \cap \mathbb{R}^k_-$ am Rand aus der linksseitigen Ableitung von f bestimmen, die $\frac{\partial}{\partial x_i} f$ sind für $i > 1$ sowieso kein Problem, analog für die höheren Ableitungen.

Haben wir nun geklärt, was differenzierbare Abbildungen auf in $\mathbb{R}^k_-$ offenen Teilmengen sein sollen, so ist damit auch gesagt, was Diffeomorphismen zwischen solchen Mengen sind, und eine wichtige gute Nachricht ist:

Lemma: *Jeder Diffeomorphismus $f : X \to Y$ zwischen im Halbraum $\mathbb{R}^k_-$ offenen Mengen respektiert die Ränder, $f(\partial X) = \partial Y$, und definiert somit einen Diffeomorphismus*

$$f|\partial X : \partial X \xrightarrow{\cong} \partial Y$$

zwischen den offenen Teilmenge ∂X und ∂Y des $\mathbb{R}^{k-1}$.

Beweis: Es folgt aus dem gewöhnlichen Umkehrsatz, dass kein $x \in X \setminus \partial X$ nach ∂Y abgebildet werden kann, weil nicht einmal Y selbst, geschweige das Bild einer Umgebung von x unter f eine in $\mathbb{R}^k$ offene Umgebung eines Punktes von ∂Y ist. Aus demselben Grunde kann $f^{-1} : Y \to X$ keinen Punkt von $Y \smallsetminus \partial Y$ nach ∂X schicken, was aber heißt, dass der Abbildung gar nichts anderes als $f(\partial X) = \partial Y$ übrigbleibt. □

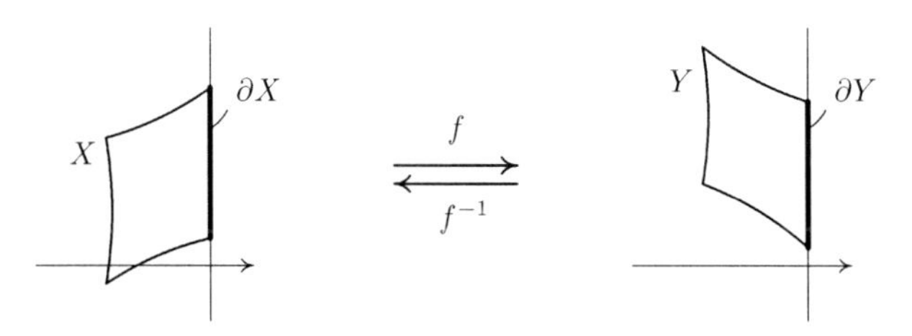

Diffeomorphismen bilden den Rand auf den Rand ab.

Insbesondere trifft das auf die Kartenwechsel der inneren Karten zu, die durch die Flachmacher einer berandeten Fläche mitgeliefert werden, und deshalb ist kartenunabhängig wohldefiniert, welche Punkte $p \in M$ durch eine Karte auf Randpunkte abgebildet werden:

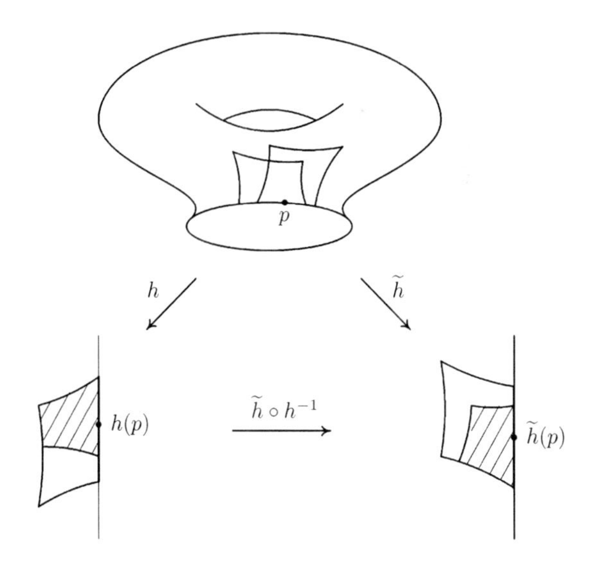

Einmal Randpunkt, immer Randpunkt!

Definition: Sei M eine k-dimensionale berandete Fläche im $\mathbb{R}^n$. Ein Punkt $p \in M$ heißt ***Randpunkt*** von M, wenn er durch eine (dann jede) innere Karte (U, h) eines Flachmachers auf einen Randpunkt des Kartenbildes $h(U) \subset \mathbb{R}^k_-$ abgebildet wird. Die Menge der Randpunkte wird mit $\partial M \subset M$ bezeichnet und heißt ***der Rand*** von M. □

Aus dem letzten Lemma ergibt sich sofort, dass der Rand ∂M und das "Innere" $M \setminus \partial M$ einer berandeten k-dimensionalen Fläche im $\mathbb{R}^n$ gewöhnliche, unberandete Flächen der Dimensionen $k-1$ bzw. k im $\mathbb{R}^n$ sind.

Differenzierbarkeit von Abbildungen auf und zwischen berandeten Flächen verstehen wir wie im unberandeten Falle als Differenzierbarkeit bezüglich der von Flachmachern mitgebrachten 'inneren Karten' (U, h). Und wie im unberandetern Falle benutzen wir das, um den Kartenbegriff etwas weiter zu fassen:

Vereinbarung: Unter einer ***Karte*** einer berandeten k-dimensionalen Fläche wollen wir künftig einen Diffeomorphismus $h : U \to U'$ einer in M offenen Teilmenge $U \subset M$ auf eine in $\mathbb{R}^k_-$ oder $\mathbb{R}^k_+$ oder in ganz $\mathbb{R}^k$ offenen Menge U' verstehen.[1] □

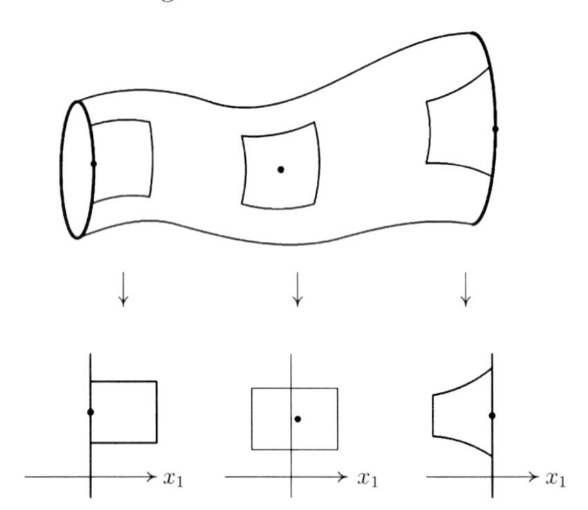

Auch Karten im rechten Halbraum oder in ganz $\mathbb{R}^k$ werden von jetzt ab zugelassen.

Auch an den Randpunkten $p \in \partial M$ haben wir den 'vollen' Tangentialraum T_pM zur Verfügung, und ist $\varphi := h^{-1}$ die Parametrisierung zu einer Karte (U, h) um p, so ist

$$d\varphi_{h(p)} : \mathbb{R}^k \to T_pM$$

der Isomorphismus, der die kanonische Basis des $\mathbb{R}^k$ in die Koordinatenbasis von T_pM überführt. Der Tangentialraum T_pM an einem Randpunkt wird aber durch $T_p\partial M \subset T_pM$ in zwei abgeschlossene Halbräume $T_p^{\text{inn}}M$ und $T_p^{\text{auß}}M$ geteilt:

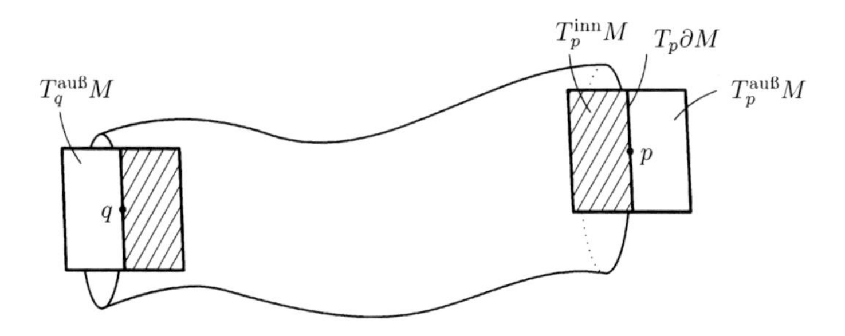

Der äußere und der innere tangentiale Halbraum

Dabei sei $T_p^{\text{inn}}M$ der abgeschlossene Halbraum der zur Fläche hin weisenden Tangentialvektoren. Bezüglich einer Karte in den *linken* Halbraum $\mathbb{R}^k_-$ ist also

$$T_p^{\text{inn}}M := d\varphi_{h(p)}(\mathbb{R}^k_-)$$

das Bild des Halbraums $\mathbb{R}^k_-$ unter dem Differential der Parametrisierung, und es gilt

$$\begin{aligned} T_p^{\text{auß}}M \cup T_p^{\text{inn}}M &= T_pM \text{ und} \\ T_p^{\text{auß}}M \cap T_p^{\text{inn}}M &= T_p\partial M\,. \end{aligned}$$

Ferner haben wir den Begriff des Differentials

$$df_p : T_pM \to T_{f(p)}N$$

wie üblich, auch an Randpunkten, wir haben C^∞-Kartenwechsel und deren Jacobimatrix, die Matrix (g_{ij}) des metrischen Tensors in lokalen Koordinaten, die Gramsche Determinante g, alles wie bei den gewöhnlichen, unberandeten Flächen.

Und schließlich können wir kleine Buckelfunktionen und mit deren Hilfe zu jedem kompakten $K \subset M$ eine Zerlegung der Eins auf einer in M offenen Umgebung Ω von K herstellen:

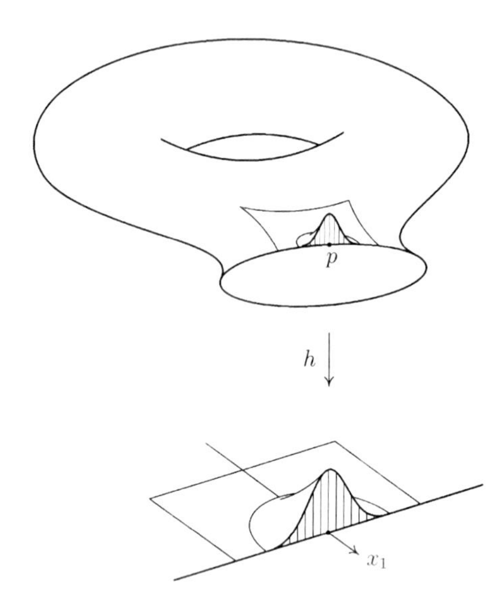

Konstruktion einer kleinen Buckelfunktion um einen Randpunkt

Damit haben wir auch Riemannsche Integrale

$$\int_M f\, d^kF$$

von Funktionen $f : M \to \mathbb{R}$ mit kompakten Trägern, soweit diese eben Riemann-integrierbar sind, was zum Beispiel bei *stetigen* Integranden sicherlich der Fall ist. Von solchen Integralen handeln die Integralsätze.

31.3 Die Integralsätze von Gauß und Stokes

Ist $M \subset \mathbb{R}^3$ eine (berandete oder unberandete) zweidimensionale Fläche, wofür wir ja jetzt einfach 'Fläche' sagen wollten, so ist der Normalraum $(T_pM)^\perp$ für $p \in M$ eindimensional, und deshalb gibt es an jedem Punkt der Fläche zwei Normalvektoren der Länge 1, sogenannte ***Einheitsnormalenvektoren*** oder ***Normaleneinheitsvektoren***.

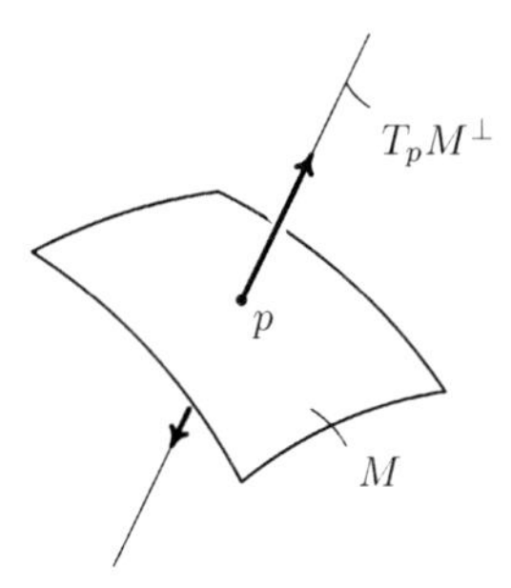

Die beiden Normaleneinheitsvektoren im Punkte p

In lokalen Koordinaten mit der Parametrisierung $\vec{x} = \vec{x}(u, v)$ sind sie durch

$$\pm \frac{\vec{x}_u \times \vec{x}_v}{\|\vec{x}_u \times \vec{x}_v\|}$$

gegeben, wobei wir wieder $\frac{\partial \vec{x}}{\partial u} =: \vec{x}_u$ und $\frac{\partial \vec{x}}{\partial v} =: \vec{x}_v$ abgekürzt haben. Solche Normaleneinheitsvektoren kommen in beiden Integralsätzen vor. Es wird dort nämlich vorausgesetzt, dass man sich an jedem Punkte der Fläche für einen der beiden Normaleneinheitsvektoren entschieden hat und zwar nicht irgendwie wild durcheinander, sondern stetig:

Definition: Sei $M \subset \mathbb{R}^3$ eine (zweidimensionale) Fläche. Eine stetige Abbildung $\vec{N} : M \to \mathbb{R}^3$ mit

$$\vec{N}(p) \in (T_pM)^\perp \text{ und } \|\vec{N}(p)\| = 1$$

für alle $p \in M$ heißt ein ***Einheitsnormalenfeld*** für M. Man sagt auch, dass M durch $\vec{N}$ ***orientiert*** werde und nennt eine Basis $(\vec{v}_1, \vec{v}_2)$ von T_pM dann ***positiv orientiert***, wenn $(\vec{N}(p), \vec{v}_1, \vec{v}_2)$

rechtshändig ist, d.h. wenn die Matrix aus diesen drei Spalten positive Determinante hat.

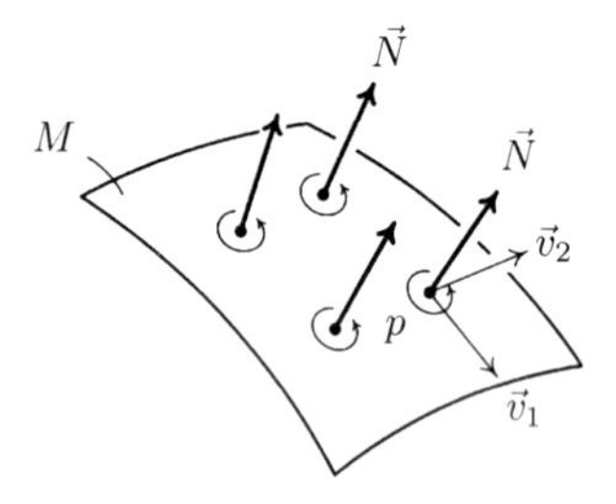

Positiver Drehsinn auf einer orientierten Fläche $(M, \vec{N})$

Ein Koordinatensystem für eine orientierte Fläche heißt ***orientierungserhaltend***, wenn

$$\vec{N}(\vec{x}(u,v)) = \frac{\vec{x}_u \times \vec{x}_v}{\|\vec{x}_u \times \vec{x}_v\|}$$

gilt. □

Auf einer *zusammenhängenden* orientierten Fläche $(M, \vec{N})$ gibt es nur ein weiteres Einheitsnormalenfeld, nämlich $-\vec{N}$, da ja die Norm $\|\vec{N}_1 - \vec{N}_2\|$ der Differenz zweier Einheitsnormalenfelder nur die Werte 0 und 2 annehmen kann, wegen der Stetigkeit also konstant sein muss. Insbesondere ist ein Koordinatensystem einer orientierten Fläche, wenn das Kartengebiet zusammenhängend ist, entweder orientierungserhaltend oder ***orientierungsumkehrend*** in dem naheliegenden Sinne, dass dann $\vec{N}(\vec{x}(u,v)) = -\vec{x}_u \times \vec{x}_v / \|\vec{x}_u \times \vec{x}_v\|$ gilt. Wir notieren zwei unmittelbare Folgerungen daraus:

Notiz 1: *Ein Einheitsnormalenfeld* $\vec{N} : M \to \mathbb{R}^3$ *ist nicht nur definitionsgemäß stetig, sondern automatisch auch* C^∞. □

Notiz 2: *Um jeden Punkt einer orientierten Fläche gibt es ein orientierungserhaltendes Koordinatensystem, denn ist* $h =: (h_1, h_2)$ *orientierungsumkehrend, so ist* $\widetilde{h} := (h_1, -h_2)$ *orientierungserhaltend.* □

Anschaulich darf man sich vorstellen, dass $\vec{N}$ angibt, welches die 'Oberseite' und welches die 'Unterseite' der Fläche sein soll: $\vec{N}$ zeigt 'in die Höhe' und $-\vec{N}$ 'in die Tiefe'. Manche Flächen *haben* aber nur eine Seite, wie zum Beispiel das Möbiusband:

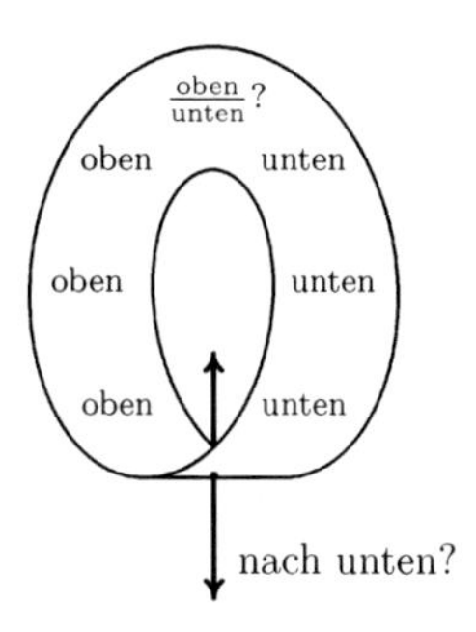

Das Möbiusband ist nicht orientierbar

Das bedeutet eben, dass solche Flächen nicht orientierbar sind. Meistens hat man es aber mit orientierbaren Flächen zu tun, zum Beispiel gilt:

Notiz 3: *Ist $B \subset \mathbb{R}^3$ offen und die Fläche $M := \Psi^{-1}(c)$ Urbild eines regulären Wertes einer Funktion $\Psi : B \to \mathbb{R}$, so ist durch*

$$\vec{N} := \frac{\operatorname{grad} \Psi}{\|\operatorname{grad} \Psi\|}$$

ein Einheitsnormalenfeld auf M gegeben. □

Auch der Rand ∂M einer dreidimensionalen 'Fläche' im $\mathbb{R}^3$, eines *Volumens* M, wie wir sagen wollten, ist immer eine orientierbare Fläche:

Definition: Unter der ***Randorientierung*** eines berandeten Volumens M im $\mathbb{R}^3$ verstehen wir die durch $\vec{N}(p) \in (T_p\partial M)^\perp \cap T_p^{\text{auß}} M$ für alle $p \in \partial M$ festgelegte Orientierung von ∂M. □

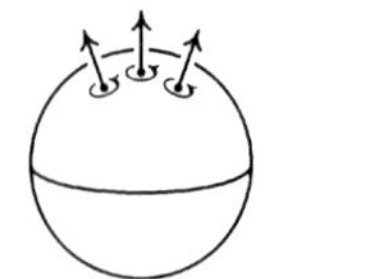
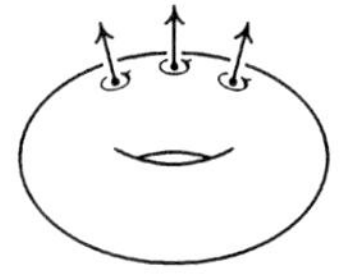

Die Ränder berandeter Volumina im Raum werden gewöhnlich "nach außen" orientiert.

Eine solche "Außennormale" gibt es analog an jedem Randpunkt einer beliebigen k-dimensionalen Fläche im $\mathbb{R}^n$, denn stets ist ja $(T_p\partial M)^\perp \cap T_pM$ eindimensional und enthält deshalb genau zwei Vektoren der Länge 1, von denen einer nach innen, einer nach außen weist:

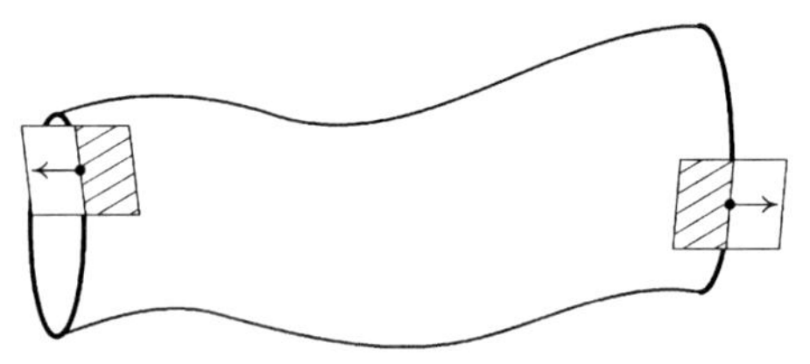

Die Außennormale an Randpunkten einer k-dimensionalen Fläche

Definition: Ist M eine k-dimensionale berandete Fläche in $\mathbb{R}^n$ und $p \in \partial M$, so heiße der zu M in p tangentiale, zu ∂M normale, nach außen weisende Vektor $\vec{A}(p)$ der Länge 1 der ***tangentiale Außennormalenvektor*** oder kurz die ***tangentiale Außennormale*** von M bei p. □

Im Falle $n = k = 3$ ist $A(p)$ also der oben vereinbarte Einheitsnormalenvektor $\vec{N}(p)$. Im Falle $n = 3$ und $k = 2$ aber *benutzen* wir $\vec{A}(p)$, um eine Konvention über die 'positive' Durchlaufungsrichtung des eindimensionalen Randes ∂M einer orientierten Fläche $(M, \vec{N})$ zu vereinbaren:

Definition: Sei $(M, \vec{N})$ eine orientierte berandete Fläche im $\mathbb{R}^3$. Für $p \in \partial M$ nennen wir denjenigen der beiden Vektoren der Länge 1 in $T_p\partial M$ den ***positiv gerichteten*** Tangentialvektor $\vec{T}(p)$ an ∂M, für den $(\vec{N}(p), \vec{A}(p), \vec{T}(p))$ rechtshändig ist. □

Anschaulich bedeutet das: sieht man *von oben* auf die Fläche, so durchläuft man den Rand richtig, wenn die Fläche links vom Rand liegt. Dabei weist die Flächennormale $\vec{N}$ nach oben, so ist 'oben' gemeint:

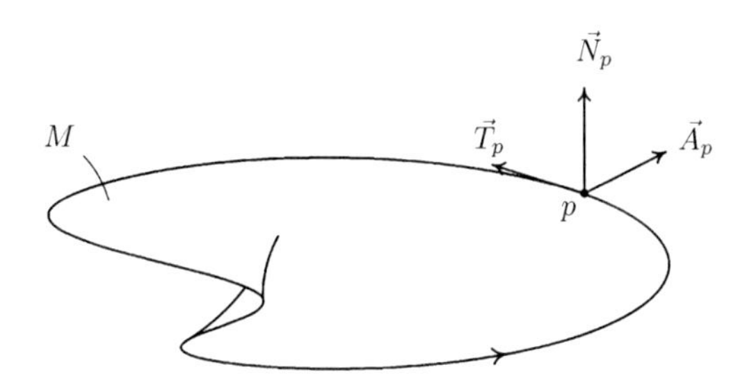

Die vereinbarte Randorientierung

Ist zum Beispiel M einfach ein Kreisring in der x, y-Ebene, in der üblichen Weise durch den Einheitsvektor $\vec{e}_3$ orientiert, so wird die äußere Randkreislinie im mathematisch positiven, die innere im Uhrzeigersinne richtig durchlaufen. Oder: zerschneidet man die wie üblich nach außen orientierte Kugeloberfläche in die beiden Halbsphären $S^2_\pm$, jeweils mit dem Äquator als Rand, so wird dieser Rand von der oberen Halbsphäre nach der Regel "Fläche links" anders orientiert als von der unteren.

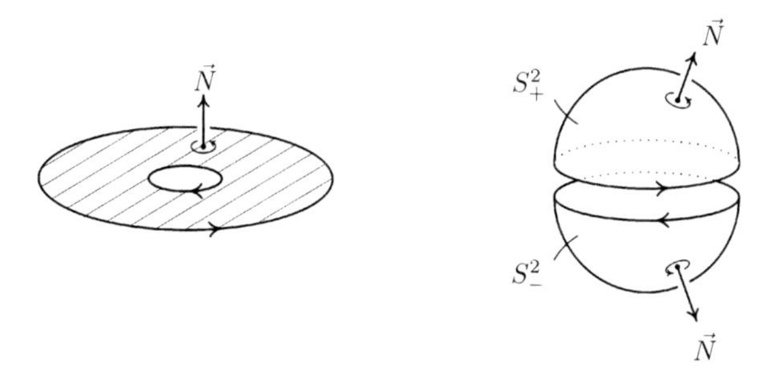

Randorientierung des Kreisrings *Randorientierung der Halbsphären*

Damit haben wir jetzt alle Begriffe beisammen, die man zur Formulierung der Integralsätze von Gauß und Stokes braucht. Doch eine

Notationsangelegenheit möchte ich zuvor noch besprechen. Beim Gaußschen Satz ist M ein Volumen, beim Stokesschen eine Fläche im Raum. Um das auch gleich an der Notation zu sehen, werden oft suggestivere Buchstaben anstatt M benutzt, zum Beispiel V für Volumina, F für Flächen im Raum, auch werden Flächen oft mit S für *surface* bezeichnet. In der Mathematik, wo meist noch mehr Dimensionen als nur zwei und drei zu unterscheiden sind, wird ein Hinweis auf die Dimension oft als oberer Index angebracht, Sie kennen das nicht nur vom $\mathbb{R}^n$, sondern auch von der $(n-1)$-Sphäre $S^{n-1} \subset \mathbb{R}^n$ oder der abgeschlossenen Kreisscheibe D^2. Allgemeiner wählt man für eine k-dimensionale Fläche gern eine Bezeichnung wie M^k, wenn die Dimension gleich ins Auge fallen soll. So will ich es zur Verbesserung der Lesbarkeit jetzt auch einmal machen.

Gaußscher Integralsatz: *Es sei M^3 ein berandetes Volumen im $\mathbb{R}^3$ und ∂M^3 durch die Außennormale orientiert. Sei $\vec{b} : M^3 \to \mathbb{R}^3$ ein C^∞-Vektorfeld mit kompaktem Träger. Dann gilt*

$$\int_{M^3} \operatorname{div} \vec{b} \, dV = \int_{\partial M^3} \vec{b} \cdot \vec{N} \, dF .$$

(Beweis in Kapitel 34) □

Stokesscher Integralsatz: *Sei $X \subset \mathbb{R}^3$ offen, $M^2 \subset X$ eine berandete orientierte Fläche und $\vec{a} : X \to \mathbb{R}^3$ ein C^∞-Vektorfeld. Hat $\vec{a}|M^2$ kompakten Träger, so gilt*

$$\int_{M^2} \operatorname{rot} \vec{a} \cdot \vec{N} \, dF = \int_{\partial M^2} \vec{a} \cdot \vec{T} \, ds .$$

(Beweis in Kapitel 34) □

Beachten Sie, dass die Kompaktheitsforderung an den Träger automatisch erfüllt ist und deshalb nicht erwähnt werden muss, wenn M^3 bzw. M^2 schon selbst kompakt sind.

Die Integralsätze schreiben sich noch übersichtlicher, wenn man die Faktoren $\vec{N}$ und $\vec{T}$ in das Flächen- bzw. Linienelement mit aufnimmt, die so zu den sogenannten *vektoriellen* Flächen- und Linienelementen werden:

Schreib- und Sprechweise: Man schreibt auch $\vec{N}\,dF =: d\vec{F}$ und $\vec{T}\,ds =: d\vec{s}$ und spricht vom ***vektoriellen Flächenelement*** $d\vec{F}$ und vom ***vektoriellen Linienelement*** $d\vec{s}$. In orientierungserhaltenden Koordinaten u und v geschrieben ist dann offenbar

$$d\vec{F} = \left(\frac{\partial\vec{x}}{\partial u} \times \frac{\partial\vec{x}}{\partial v}\right) du dv\,,$$

und bei positiver Durchlaufungsrichtung von ∂M^2, d.h. in einer Parametrisierung $\gamma(t)$, bei der $\dot{\gamma}(t)$ immer in die Richtung von $\vec{T}$ zeigt, ist

$$d\vec{s} = \dot{\gamma}(t)\, dt\,.$$

Mit den vektoriellen Linien- und Flächenelementen geschrieben, nehmen die Integralsätze dann diese Gestalt an:

$$\begin{aligned}\int_{M^3} \operatorname{div}\vec{b}\, dV &= \int_{\partial M^3} \vec{b}\cdot d\vec{F} \quad \text{(Gauß)}\\ \int_{M^2} \operatorname{rot}\vec{a}\cdot d\vec{F} &= \int_{\partial M^2} \vec{a}\cdot d\vec{s} \quad \text{(Stokes)}\,.\end{aligned}$$

Ich will jetzt keine Einzelbeweise der beiden Integralsätze geben. Im Hinblick auf beliebige k-dimensionale berandete Flächen M^k im $\mathbb{R}^n$ sind die hier gemachten Voraussetzungen sehr speziell. Schon für $M^2 \subset \mathbb{R}^4$ könnte man den Stokesschen Satz nicht mehr so formulieren, was wäre dann $\operatorname{rot}\vec{a}$ und was die Flächennormale? Wie müssten entsprechende Integralsätze z.B. für $M^3 \subset \mathbb{R}^4$, für $M^4 \subset \mathbb{R}^6$ aussehen und bewiesen werden? Würde das immer komplizierter werden?

Wenn man es zu Fuß machen wollte schon. Die moderne mathematische Vektoranalysis hat aber ganz einheitliche und durchsichtige Begriffe entwickelt, mit denen ein Stokesscher Satz für beliebige $M^k \subset \mathbb{R}^n$ nicht nur aufgestellt, sondern auch geometrisch-anschaulich eingesehen und elegant exakt bewiesen werden kann. Dem sind die nächsten Kapitel über den Cartan-Kalkül gewidmet.

Ich werde Ihnen danach zeigen, wie sich die klassischen Integralsätze als Spezialfälle des allgemeinen Satzes von Stokes ergeben.

31.4 Übungsaufgaben

Aufgabe R31.1: Es seien $\vec{r}_1, \ldots, \vec{r}_n$ Punkte im Innern eines kompakten berandeten Volumens $B \subset \mathbb{R}^3$. Berechnen Sie das Oberflächenintegral

$$\sum_{k=1}^{n} \int_{\partial B} \frac{\vec{x} - \vec{r}_k}{\|\vec{x} - \vec{r}_k\|^3} \cdot d\vec{F}.$$

Aufgabe R31.2: Sei $\vec{j}(\vec{x})$ ein Vektorfeld auf $\mathbb{R}^3$, dessen Divergenz verschwindet. Sei $\vec{j} = 0$ auf der Oberfläche ∂B eines kompakten berandeten Volumens B. Zeigen Sie, dass $\int_B \vec{j}(\vec{x}) d^3x = 0$ gilt. (Trick: Rechnen Sie einmal die Divergenz von von $x_1 \vec{j}(\vec{x})$ aus.)

Aufgabe R31.3: Das elektrische Feld einer Punktladung q im Ursprung ist

$$\vec{E}(\vec{x}) = q\vec{x}/\|\vec{x}\|^3.$$

Zeigen Sie, dass das Feld $\vec{E}$ auf $\mathbb{R}^3 \setminus 0$ kein Vektorpotential besitzt, obwohl es dort divergenzfrei ist (Hinweis: Satz von Stokes). Berechnen Sie ferner $\int_{\partial M} \vec{E} \cdot d\vec{F}$, wobei $M \subset \mathbb{R}^3$ ein glatt berandetes kompaktes Volumen bezeichnet, für die beiden Fälle a) $0 \in M \setminus \partial M$ und b) $0 \notin M$ (Hinweis: Satz von Gauß).

Aufgabe R31.4: Für ein Magnetfeld $\vec{B}(\vec{x})$ und eine orientierte kompakte berandete Fläche $M \subset \mathbb{R}^3$ nennt man die Größe

$$\Phi := \int_M \vec{B}(\vec{x}) \cdot d\vec{F}$$

den magnetischen Fluss durch die Fläche M. Es sei nun speziell $\vec{B} = (B_1, B_2, B_3)$ ein *homogenes* (d.h. konstantes) Feld und sei ∂M in der x, y-Ebene $\mathbb{R}^2 \times 0$ enthalten und dort der (orientierte) Rand eines zweidimensionalen glatt berandeten kompakten Bereiches $N \subset \mathbb{R}^2$ mit einem Flächeninhalt $A = \int_N dF$. Zeigen Sie, dass dann $\Phi = B_3 A$ gilt. (Hinweis: Ein konstantes Feld hat natürlich ein Vektorpotential $\vec{a}$, es ist aber für die Zwecke der Aufgabe nicht notwendig, *explizit* damit zu rechnen).

Aufgabe R31.5: Sei M eine orientierte kompakte berandete Fläche im $\mathbb{R}^3$. Auf dem Rand dieser Fläche fließe ein Strom I. Dann ist $\vec{m} = \frac{1}{2} I \int_{\partial M} \vec{x} \times \vec{ds}$ das magnetische Moment dieses Stromes. Sei $\vec{b}$ ein konstanter Vektor. Zeigen Sie, dass gilt: $\vec{m} \cdot \vec{b} = I \int_M (\vec{b} \cdot d\vec{F})$. (Hinweis: R29.2).

Aufgabe T31.1: Schießen Sie mit der Kanone des Stokesschen Satzes auf den Spatzen der Greenschen Formel

$$\int_{\partial M} f\, dx + g\, dy = \int_M (\frac{\partial g}{\partial x} - \frac{\partial f}{\partial y}) dx dy,$$

wobei M eine kompakte berandete zweidimensionale Fläche in $\mathbb{R}^2$ bezeichnet und $d\vec{s} = (dx, dy)$ notiert ist. Was ist demnach die geometrische Bedeutung der Integrale $\int_{\partial M} x\, dy$ und $\int_{\partial M} y\, dx$?

Aufgabe T31.2: Sei $X \subset \mathbb{R}^3$ offen, $M \subset X$ eine unberandete Fläche und $\vec{a} : X \to \mathbb{R}^3$ ein Vektorfeld, das auf M senkrecht steht, $\vec{a}(p) \in (T_p M)^\perp$ für alle $p \in M$. Folgern Sie aus dem Stokesschen Satz, dass dann $\operatorname{rot} \vec{a}$ tangential zu M ist.

Aufgabe T31.3: Sei $B \subset \mathbb{R}^n$ offen und $\vec{c} \in \mathbb{R}^m$ regulärer Wert einer Abbildung $\Psi : B \to \mathbb{R}^m$, also $M := \Psi^{-1}(\vec{c})$ eine Fläche. Sei ferner $f : B \to \mathbb{R}$ eine C^∞-Funktion und $c_0 \in \mathbb{R}$ ein Wert, so dass $(\operatorname{grad}_{\vec{x}} f, \operatorname{grad}_{\vec{x}} \Psi_1, \ldots, \operatorname{grad}_{\vec{x}} \Psi_m)$ für alle $\vec{x} \in f^{-1}(c_0) \cap \Psi^{-1}(\vec{c})$ linear unabhängig ist. Zeigen Sie, dass dann

$$M_0 := \{\vec{x} \in B \mid f(\vec{x}) \leq c_0, \Psi(\vec{x}) = \vec{c}\}$$

eine berandete Teilfläche von M ist. (Hinweis: T28.2)

Aufgabe T31.4: Beweisen Sie die Integralsätze von Gauß und Stokes für den Halbraum $\mathbb{R}^3_-$ bzw. die Halbebene $\mathbb{R}^2_- \subset \mathbb{R}^3$.

32 Der Cartan-Kalkül I: Integration von Differentialformen

32.1 Erinnerung an die alternierenden Multilinearformen

Im ersten Band hatten wir nach den linearen in Kapitel 11 die *multilinearen Abbildungen* kennengelernt. Dazu gehören neben den linearen Abbildungen selbst die bilinearen, trilinearen usw., allgemein eben die *r-linearen* Abbildungen $\omega : V \times \cdots \times V \to W$. Sich mit multilinearen Abbildungen wohlfühlen zu können ist schon deshalb nützlich, weil linear-algebraische *Produktbildungen* immer bilinear bzw. bei mehreren Faktoren multilinear sind. Im ersten Band hatten wir außerdem noch einen speziellen Anlass, multilineare Abbildungen zu betrachten, nämlich die Definition der *Determinante* als die einzige n-lineare alternierende Abbildung $\det : \mathbb{R}^n \times \cdots \times \mathbb{R}^n \to \mathbb{R}$, die die Normierungsbedingung $\det(\vec{e}_1, \ldots, \vec{e}_n) = 1$ erfüllt.

Jetzt brauchen wir die multilinearen Abbildungen zur Definition der *Differentialformen vom Grad r* auf einer k-dimensionalen Fläche. Ich erinnere Sie kurz an die einschlägigen Fakten aus der multilinearen Algebra, mehr Details finden Sie bei Bedarf im Kapitel 11. Es sei V ein reeller Vektorraum. Unter einer ***alternierenden r-Form auf V*** versteht man eine multilineare Abbildung

$$\omega : \underbrace{V \times \cdots \times V}_{r \text{ Faktoren}} \longrightarrow \mathbb{R},$$

die auf linear abhängige r-tupel von Vektoren mit Null antwortet, was auch gleichbedeutend damit ist, dass sie bei Vertauschung zweier Variabler das Vorzeichen wechselt.

K. Jänich, *Mathematik 2*, Springer-Lehrbuch, 2nd ed.,
DOI 10.1007/978-3-642-16150-6_10, © Springer-Verlag Berlin Heidelberg 2011

Notation: Den Vektorraum der alternierenden r-Formen auf V bezeichnen wir mit $\mathrm{Alt}^r(V)$. □

Wir treffen die Verabredung $\mathrm{Alt}^0(V) := \mathbb{R}$, eine 'alternierende Nullform' soll also einfach eine reelle Zahl sein. So fügt sich der Fall $r = 0$ am besten in die allgemeinen Aussagen über alternierende Multilinearformen mit ein.

Ist nun V ein *k-dimensionaler* Vektorraum und $(\vec{v}_1, \ldots, \vec{v}_k)$ eine Basis, so heißen die Zahlen $\omega_{\mu_1\ldots\mu_r} := \omega(\vec{v}_{\mu_1}, \ldots, \vec{v}_{\mu_r})$ die ***Komponenten*** von $\omega \in \mathrm{Alt}^r(V)$ bezüglich der Basis. Vertauscht man zwei Indices, kehrt sich nur das Vorzeichen um, deshalb kennt man schon alle Komponenten, wenn man diejenigen mit streng aufsteigenden Indices kennt, und beim Konstruieren einer alternierenden Multilinearform kann man diese auch beliebig vorgeben. Daher ist die lineare Abbildung

$$\begin{array}{rcl} \mathrm{Alt}^r V & \xrightarrow{\cong} & \mathbb{R}^{\binom{k}{r}} \\ \omega & \longmapsto & \left(\omega_{\mu_1\ldots\mu_r}\right)_{\mu_1<\cdots<\mu_r} \end{array}$$

ein Isomorphismus und somit

$$\dim \mathrm{Alt}^r V = \binom{k}{r} = \frac{k!}{r!(k-r)!}\,.$$

Für $r > k = \dim V$ sind die Räume $\mathrm{Alt}^r V$ alle Null, weil es dann ja nur linear abhängige r-tupel von Vektoren in V gibt. Uns interessieren also sowieso nur die $k+1$ Räume $\mathrm{Alt}^0 V, \mathrm{Alt}^1 V, \ldots, \mathrm{Alt}^k V$, und deren Dimensionen bilden eine Zeile im 'Pascalschen Dreieck' der Binomialkoeffizienten, zum Beispiel $1, 3, 3, 1$ für $k = 3$ und $1, 4, 6, 4, 1$ für $k = 4$.

Bei festem r ordnet Alt^r jedem reellen Vektorraum V, jedem *Objekt der linearen Kategorie über* $\mathbb{R}$, wie man auch sagen kann, wieder ein Objekt (in diesem Falle derselben Kategorie) zu, eben $\mathrm{Alt}^r V$. Mit solchen 'Objektzuordnungen' geht in der Mathematik erfahrungsgemäß meistens auch eine naheliegende Zuordnung von *Morphismen* (hier also linearer Abbildungen) einher, man braucht sich nur danach umzuschauen. Schauen wir einmal: stellt eine lineare Abbildung $\varphi : V \to W$ irgend eine naheliegende Beziehung zwischen $\mathrm{Alt}^r V$ und $\mathrm{Alt}^r W$ her? Die $\eta \in \mathrm{Alt}^r V$ antworten auf Vektoren in V, die $\omega \in \mathrm{Alt}^r W$ auf Vektoren in W. Die Anwesenheit von $\varphi : V \to W$ ermöglicht dem ω, auch ein Votum über Vektoren aus V abzugeben, die ja durch φ gleichsam nach W gefaxt werden.

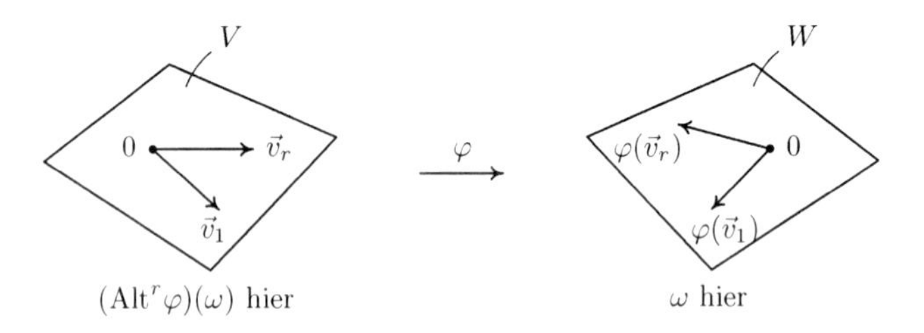

Zur Definition von $\mathrm{Alt}^r \varphi : \mathrm{Alt}^r W \to \mathrm{Alt}^r V$

Umgekehrt aber nicht, denn da φ weder injektiv noch surjektiv zu sein braucht, taugt es nicht dazu, Vektoren aus W nach V zu befördern, um sie dort dem η vorzulegen. Naheliegenderweise definiert man also:

Definition und Notiz: Ist $\varphi : V \to W$ eine lineare Abbildung und $\omega \in \mathrm{Alt}^r W$, so wird die durch φ aus ω ***induzierte*** alternierende r-Form $\mathrm{Alt}^r \varphi(\omega) \in \mathrm{Alt}^r V$ durch

$$\mathrm{Alt}^r \varphi(\omega)(\vec{v}_1, \dots, \vec{v}_r) := \omega(\varphi(\vec{v}_1), \dots, \varphi(\vec{v}_r))$$

definiert. Auf diese Weise wird jeder linearen Abbildung $\varphi : V \to W$ eine offenbar ebenfalls lineare Abbildung $\mathrm{Alt}^r \varphi : \mathrm{Alt}^r W \to \mathrm{Alt}^r V$ zugeordnet, dabei gilt $\mathrm{Alt}^r \mathrm{Id}_V = \mathrm{Id}_{\mathrm{Alt}^r V}$, und für lineare Abbildungen $V \xrightarrow{\varphi} W \xrightarrow{\psi} X$ ist die ***Kettenregel*** $\mathrm{Alt}^r(\psi \circ \varphi) = \mathrm{Alt}^r \varphi \circ \mathrm{Alt}^r \psi$ erfüllt. □

Das ist für's Erste alles, was wir an multilinearer Algebra zur Einführung der Differentialformen auf Flächen brauchen. Den k-dimensionalen Flächen wenden wir uns jetzt auch wieder zu, und zwar dürfen die Flächen auch *berandet* sein, denn auch für berandete Flächen haben wir Karten und Tangentialräume und Differentiale $df_p : T_pM \to T_{f(p)}N$ für differenzierbare Abbildungen $M \to N$ zwischen Flächen, und mehr bedarf's nicht.

32.2 Differentialformen

Definition (Differentialformen): Es sei M eine k-dimensionale Fläche. Unter einer ***Differentialform vom Grad r*** oder kurz einer ***r-Form*** auf M versteht man eine Zuordnung, die jedem $p \in M$ eine alternierende Multilinearform $\omega_p \in \mathrm{Alt}^r(T_pM)$ zuordnet. Eine r-Form heißt stetig bzw. differenzierbar, wenn sie es bezüglich lokaler Koordinaten ist, d.h. wenn ihre Komponenten (bezüglich der Koordinatenbasis der Tangentialräume) stetige bzw. differenzierbare Funktionen sind. Der Vektorraum der differenzierbaren (C^∞) r-Formen auf M wird mit $\Omega^r M$ bezeichnet. □

Die multilineare Algebra wird dabei also auf den k-dimensionalen Vektorraum $V = T_pM$ angewandt. Das Neue, über die bloße lineare Algebra hinausgehende ist aber, dass der Vektorraum und mit ihm die darin betrachteten linear-algebraischen Vorgänge vom Ort $p \in M$ abhängen und dadurch zu Gegenständen der Analysis werden.

Differenzierbare Abbildungen $f : M \to N$ zwischen Flächen greifen durch ihre Differentiale $df_p : T_pM \to T_{f(p)}N$ in die lineare Algebra ein. Ist zum Beispiel ω eine r-Form auf N, so ist $\omega_{f(p)}$ ein Element von $\mathrm{Alt}^r T_{f(p)}N$, und das Differential induziert daraus eine alternierende r-Form $(f^*\omega)_p := \mathrm{Alt}^r(df_p)\omega_{f(p)} \in \mathrm{Alt}^r T_pM$.

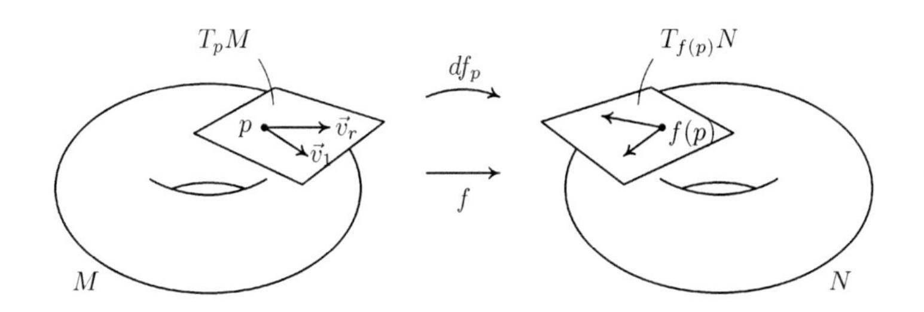

$f^*\omega$ soll auf M leben. Was wird $(f^*\omega)_p$ auf $\vec{v}_1, \ldots, \vec{v}_r$ antworten?

ω lebt auf N, und $\omega_{f(p)}$ weiß daher, was es auf die Bildvektoren antworten würde.

Auf diese Weise *induziert* die Abbildung $f : M \to N$ aus einer r-Form auf N eine r-Form auf M:

Definition (induzierte r-Formen): Ist $f : M \to N$ eine differenzierbare Abbildung zwischen Flächen beliebiger Dimensionen k und ℓ und ist auf der Zielfläche N eine r-Form ω gegeben, so heißt die durch

$$(f^*\omega)_p(\vec{v}_1, \dots, \vec{v}_r) := \omega_{f(p)}(df_p(\vec{v}_1), \dots, df_p(\vec{v}_r))$$

gegebene r-Form $f^*\omega$ auf M die durch f aus ω ***induzierte*** r-Form. □

Das Induzieren ist wiederum *funktoriell*, wie man sagt, d.h. es gelten immer $\text{Id}^*\omega = \omega$ und die Kettenregel $(f \circ g)^*\omega = g^*(f^*\omega)$:

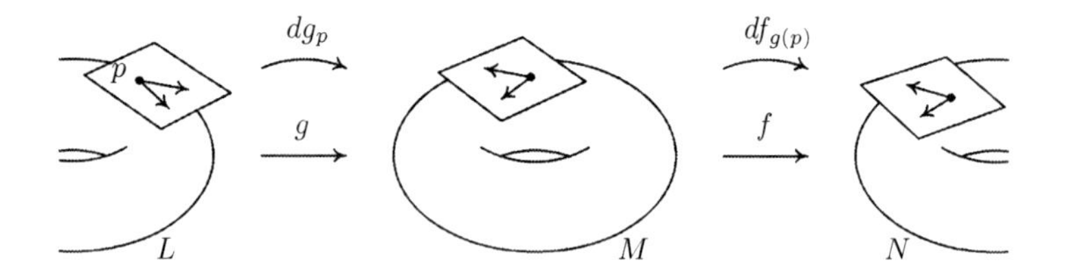

Die Kettenregel des Induzierens folgt aus der gewöhnlichen Kettenregel $d(f \circ g)_p = df_{g(p)} \circ dg_p$ der Differentiale

Beachte auch, dass $f^*\omega$ wieder eine C^∞-Form ist, wenn ω eine war. Durch den Vorgang des Induzierens wird also, für festes r, jeder C^∞-Abbildung $f : M \to N$ eine lineare Abbildung

$$f^* : \Omega^r N \longrightarrow \Omega^r M$$

zugeordnet. Die systematische Notation dafür sollte eigentlich nicht f^*, sondern $\Omega^r f$ sein, und tatsächlich könnte man einem einsam daherkommenden f^* nicht ansehen, was es bedeutet, denn der Stern ist ein vielbeschäftigtes Symbol. Steht aber mit da, auf welches Objekt oder Element f^* angewendet wird, so ist man darauf verwiesen, was f auf naheliegende Weise daraus macht oder "induziert" und damit sogleich auf der richtigen Fährte.[1]

Induzieren kann jede differenzierbare Abbildung, selbst eine konstante Abbildung, wenn dann wegen $df = 0$ auch nur $f^*\omega = 0$

herauskommt. Vom *Transformieren* wollen wir aber nur sprechen, wenn die Abbildung wirklich eine Transformation, also ein Diffeomorphismus $\Phi : M \xrightarrow{\cong} N$ ist.

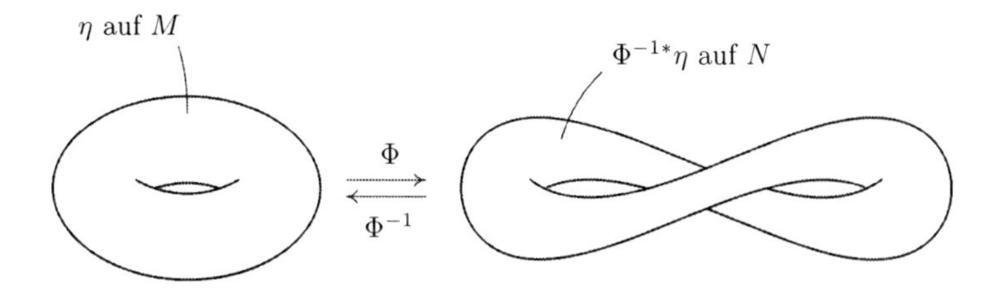

Mit einem Diffeomorphismus kann man eine Differentialform auch von links nach rechts "transformieren"

Dann kann man in beide Richtungen induzieren, insbesondere eine Differentialform η auf M in eine Differentialform $(\Phi^{-1})^*\eta$ auf der Zielfläche N ***transformieren***.

32.3 Orientierte k-dimensionale Flächen

Differentialformen sind die geborenen Integranden. Sie wissen aus dem Kapitel 16 im ersten Band über Linienintegrale, wie man 1-Formen längs Kurven integriert. Ähnlich integriert man 2-Formen über zweidimensionale Flächen und allgemein eben k-Formen über k-dimensionale Flächen. Dabei muss die Fläche aber *orientiert* sein, gerade so wie man bei einem Kurvenintegral die Richtung der Kurve kennen muss. Der gegenwärtige Abschnitt handelt deshalb von der Orientierung k-dimensionaler Flächen.

In der klassischen Vektoranalysis wird eine Fläche im Raum durch die Flächennormale $\vec{N}$ orientiert: eine Basis $(\vec{v}, \vec{w})$ von T_pM heißt dann positiv orientiert, wenn $(\vec{N}(p), \vec{v}, \vec{w})$ rechtshändig ist. Bei k-dimensionalen Flächen im $\mathbb{R}^n$ macht man es wie folgt. Zuerst eine rein linear-algebraische Vorbereitung:

Definition (Orientierung eines Vektorraums): Es sei $k \geq 1$. Zwei Basen in einem k-dimensionalen Vektorraum V heißen ***gleichorientiert***, wenn $\det \varphi > 0$ für den Isomorphismus $\varphi : V \to V$

gilt, der die eine Basis in die andere überführt. Die Menge $\mathcal{B}(V)$ aller Basen von V zerfällt dadurch in zwei Klassen untereinander gleichorientierter Basen, welche man die beiden ***Orientierungen*** von V nennt. □

'Gleichorientiert' definiert nämlich eine Äquivalenzrelation auf $\mathcal{B}(V)$, und die beiden Orientierungen sind die Äquivalenzklassen. Im $\mathbb{R}^n$ sind das die Mengen der von uns schon immer *rechtshändig* bzw. *linkshändig* genannten Basen. Die Standard-Basis $(\vec{e}_1, \ldots, \vec{e}_n)$ gilt als rechtshändig und repräsentiert die 'übliche' Orientierung des $\mathbb{R}^n$. Im Allgemeinen hat aber ein Vektorraum V, zum Beispiel ein k-dimensionaler Untervektorraum des $\mathbb{R}^n$, keine 'Standardbasis' und keine stillschweigende Übereinkunft, welche Basen 'richtig orientiert' oder rechtshändig heißen sollen. Vielmehr muss eine der beiden Orientierungen willkürlich ausgewählt werden, vorher ist der Raum eben noch nicht *orientiert*, wie man sagt.

Eine k-dimensionale Fläche zu orientieren heißt nun, in jedem Tangentialraum eine Orientierung so auszuwählen, dass sich diese Orientierungen nachbarlich gut vertragen und die Orientierung beim Herumgehen auf der Fläche nicht plötzlich 'umschlägt'. Genauer:

Definition (orientierte Fläche): Eine ***orientierte k-dimensionale Fläche*** ist ein Paar (M, or), bestehend aus einer k-dimensionalen Fläche M und einer Familie $\text{or} = \{\text{or}_p\}_{p \in M}$ von Orientierungen or_p jeweils von T_pM mit der Eigenschaft, dass man um jeden Punkt $p \in M$ eine in M offene Umgebung U und darauf k *stetige* tangentiale Vektorfelder $\vec{v}_1, \ldots, \vec{v}_k$ finden kann, die an jedem Punkte $q \in U$ eine positiv orientierte, d.h. zu or_q gehörige Basis $(\vec{v}_1(q), \ldots, \vec{v}_k(q))$ von T_qM bilden. Hat insbesondere die Koordinatenbasis einer Karte (U, h) für M diese Eigenschaft, so nennt man (U, h) ein ***orientierungserhaltendes Koordinatensystem***. □

Der Rand ∂M einer berandeten orientierten Fläche ist immer orientierbar, und wir wollen seine Orientierung durch eine *Orientierungskonvention* festlegen. In Abschnitt 31.3 haben wir schon zwei solche Konventionen getroffen, für Flächen und für Volumina im $\mathbb{R}^3$ nämlich. Diese werden nun zu Spezialfällen der allgemeinen Definition.

Randorientierungskonvention: Ist $k \geq 2$ und (M, or) eine berandete orientierte k-dimensionale Fläche, so werde ∂M durch die ***Randorientierung*** ∂or orientiert, die dadurch festgelegt ist, dass eine Basis $(\vec{v}_1, \ldots, \vec{v}_{k-1})$ von $T_p(\partial M)$ genau dann zu ∂or_p gehören soll, wenn $(\vec{A}(p), \vec{v}_1, \ldots, \vec{v}_{k-1})$, wobei $\vec{A}(p)$ die Außennormale bezeichnet, zu or_p gehört. □

Kurz und bündig, wenn es auch für ein allererstes Kennenlernen vielleicht nicht deutlich genug gewesen wäre: **Die Außennormale gefolgt von der Randorientierung ergibt die Gesamtorientierung**.

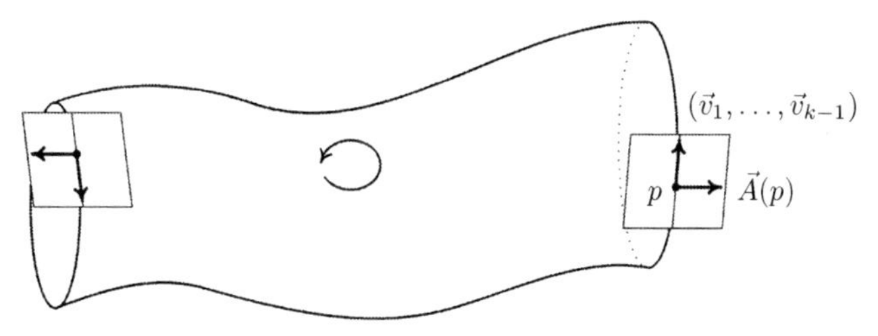

Zur Randorientierungskonvention

Wir haben bisher $k \geq 1$, zuletzt sogar $k \geq 2$ vorausgesetzt, weil unsere 'Orientierungssprache' nicht unmittelbar auch für nulldimensionale Flächen verständlich ist. Das fängt schon bei der linearen Algebra an, denn für nulldimensionale Flächen ist $T_pM = \{0\}$ und hat nur die leere Basis. Als die beste Weise, den nulldimensionalen Fall einzubeziehen, hat sich jedoch herausgestellt, auch dem Nullraum zwei 'Orientierungen' zu ermöglichen, eine 'positive' und eine 'negative', die man einfach mit ± 1 bezeichnet.

Eine ***Orientierung einer nulldimensionalen Fläche*** M ist dann nichts weiter als eine Abbildung $\text{or} : M \to \{\pm 1\}$. Zusätzliche Bedingungen lokaler Verträglichkeit entfallen, da ja M als topologischer Raum diskret ist, die einpunktige Menge $\{p\}$ ist schon eine in M offene Umgebung von p.

Die Randorientierungskonvention lässt sich gutwillig nun auch für eindimensionale Flächen lesen, ein Randpunkt p erhält eben die positive Orientierung $\partial\text{or}_p = +1$, wenn die Außennormale $\vec{A}(p)$

in or_p ist. Anschaulich: Endpunkte werden positiv, Anfangspunkte negativ orientiert.

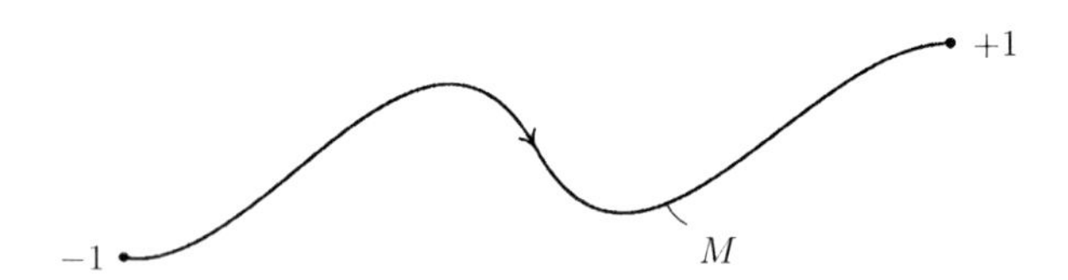

Randorientierungskonvention auch für eindimensionale 'Flächen'

Fast unnötig zu sagen, dass wir die Orientierung in der Notation gewöhnlich unterdrücken und einfach von einer *orientierten Fläche* M sprechen, obwohl wir (M, or) meinen. Notationen wie or oder $\{\mathrm{or}_p\}_{p\in M}$ usw. dienen nur zur Begriffsbestimmung und zum Gebrauch in Zweifelsfällen, im täglichen Leben werden sie nicht verwendet.

32.4 Integration von k-Formen

Nun zur Integration von k-Formen ω auf orientierten k-dimensionalen Flächen. Die Notation für das Integral wird einfach

$$\int_M \omega$$

sein. Muss man kein k-dimensionales Flächenelement hinschreiben? Nein, dessen Aufgabe nimmt die k-Form selber wahr. Denken Sie wieder an ein sehr kleines Flächenstückchen, approximiert durch das von den Kantenvektoren

$$\vec{v}_1 := \frac{\partial\varphi}{\partial u_1}\Delta u_1, \ldots, \vec{v}_k := \frac{\partial\varphi}{\partial u_k}\Delta u_k$$

aufgespannte tangentiale Spat. Ein skalarer Integrand f muss erst vom Flächenelement gesagt bekommen, dass das Flächenstückchen (genauer: das approximierende Spat) den Inhalt $\sqrt{g}\,\Delta u_1 \cdot \ldots \cdot \Delta u_k$

hat und sein Beitrag zum Integral deshalb $\approx f(p)\sqrt{g}\,\Delta u_1 \cdot \ldots \cdot \Delta u_k$ ist.

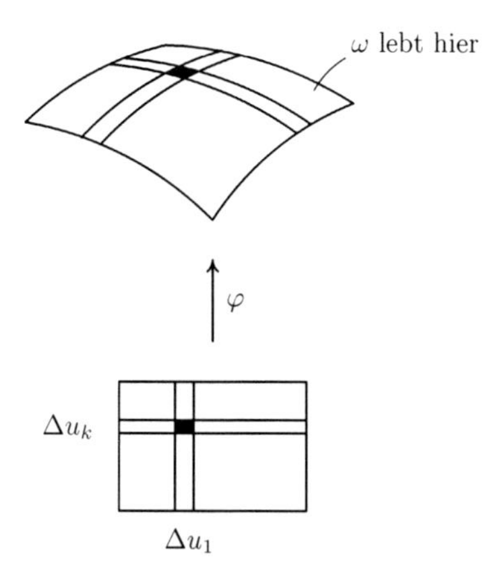

Flächenstückchen. Beitrag zu $\int_M \omega$?

Die alternierende Form ω_p aber weiß schon selber, was sie auf so ein Spat antworten will, bis auf's Vorzeichen nämlich $\omega_p(\vec{v}_1, \ldots, \vec{v}_k)$, und das Vorzeichen wird mittels der Orientierung so festgelegt:

Notiz und Notation (Antwort einer Form auf ein Spat): *Ist* $\sigma_p := \mathit{Spat}(\vec{v}_1, \ldots, \vec{v}_k) \subset T_pM$ *ein tangentiales Spat an eine orientierte* k*-dimensionale Fläche* M *und* ω *eine* k*-Form auf* M*, so ist*

$$\omega_p(\sigma_p) := \begin{cases} \omega_p(\vec{v}_1, \ldots, \vec{v}_k) & \text{falls } (\vec{v}_1, \ldots, \vec{v}_k) \text{ positiv orientiert} \\ -\omega_p(\vec{v}_1, \ldots, \vec{v}_k) & \text{sonst} \end{cases}$$

wohldefiniert, d.h. nicht abhängig von der Reihenfolge der Kantenvektoren, sondern nur vom Spat selbst. □

Haben wir nun ein größeres Flächenstück in viele kleine "Maschen" $s_{p_1}, s_{p_2}, \ldots$ zerlegt und diese durch Spate $\sigma_{p_1}, \sigma_{p_2}, \ldots$ approximiert:

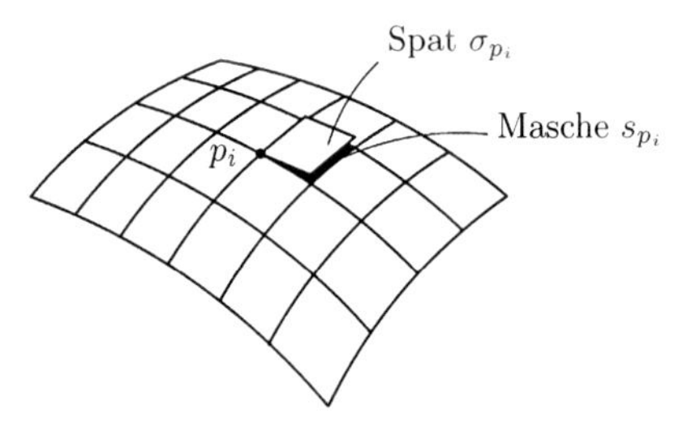

Maschen und ihre Spate

so sollen wir uns

$$\int_U \omega \approx \sum_{i=1}^{N} \omega_{p_i}(\sigma_{p_i})$$

vorstellen. Das ist der anschauliche Sinn des Integrals einer k-Form ω über eine orientierte k-dimensionale Fläche! Und berechnet wird es in lokalen Koordinaten wegen

$$\omega_p(\sigma_p) = \omega_p\big(\tfrac{\partial\varphi}{\partial u_1}\Delta u_1, \dots, \tfrac{\partial\varphi}{\partial u_k}\Delta u_k\big) = \omega_p\big(\tfrac{\partial\varphi}{\partial u_1}, \dots, \tfrac{\partial\varphi}{\partial u_k}\big)\Delta u_1 \dots \Delta u_k$$

einfach als das gewöhnliche Integral über die Komponentenfunktion, ganz ohne weitere Korrekturfaktoren:

Lemma und Definition (Integration von Differentialformen mit kleinem Träger): *Sei M eine orientierte k-dimensionale Fläche im $\mathbb{R}^n$ und ω eine k-Form mit 'kleinem Träger' in dem Sinne, dass $\operatorname{Tr}\omega := \overline{\{p \in M \mid \omega_p \neq 0\}} \subset M$ kompakt und im Bereich einer orientierungserhaltenden Karte enthalten ist. Ist sodann für eine (und damit für jede) solche Karte (U, h) mit zugehöriger Parametrisierung $\varphi : U' \to U$ das gewöhnliche k-dimensionale Riemann-Integral*

$$\int_{U'} \omega_{\varphi(\vec{u})}\big(\tfrac{\partial\varphi}{\partial u_1}, \dots, \tfrac{\partial\varphi}{\partial u_k}\big) d^k u =: \int_M \omega$$

vorhanden, so ist es auch unabhängig von der Wahl der Karte und heißt das Integral von ω über M.

Beweis der dabei gemachten Behauptungen: Nach Definition der *induzierten Differentialformen* ist der Integrand ja nichts anderes als die Funktion auf U', die man erhält, wenn man in die induzierte k-Form $\varphi^*\omega$ auf U' die Standardbasis $\vec{e}_1, \ldots, \vec{e}_k$ einsetzt. Sei nun eine zweite solche Karte $(\widetilde{U}, \widetilde{h})$ gegeben, oBdA mit $U = \widetilde{U}$, und sei $\Phi : U' \cong \widetilde{U}'$ die Koordinatentransformation.

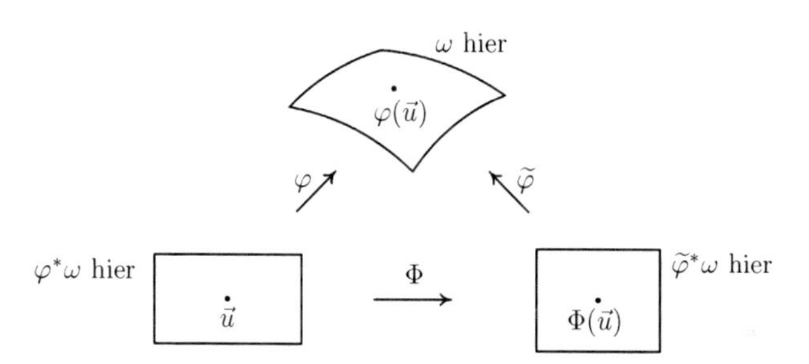

Zur Beziehung der Differentialformen ω, $\varphi^*\omega$ und $\widetilde{\varphi}^*\omega$ zueinander

Nach der Kettenregel für das Induzieren ist $\varphi^*\omega = \Phi^*(\widetilde{\varphi}^*\omega)$, und daher

$$(\varphi^*\omega)_{\vec{u}}(\vec{e}_1, \ldots, \vec{e}_k) = (\widetilde{\varphi}^*\omega)_{\Phi(\vec{u})}(d\Phi_{\vec{u}}(\vec{e}_1), \ldots, d\Phi_{\vec{u}}(\vec{e}_k)).$$

Um uns auf die ganz gewöhnliche Integraltransformationsformel aus dem Kapitel 17 im ersten Band berufen zu können, möchten wir nun gerne haben, dass die rechte Seite gleich

$$|\det J_\Phi(\vec{u})| \cdot (\widetilde{\varphi}^*\omega)_{\Phi(\vec{u})}(\vec{e}_1, \ldots, \vec{e}_k)$$

ist, dann wären wir nämlich fertig. Die Betragsstriche sind geschenkt, denn da beide Karten orientierungserhaltend sind, ist es auch der Kartenwechsel und die Determinante seiner Jacobimatrix daher positiv. Zu zeigen bleibt ein linear-algebraisches Lemma des Inhalts, dass für jede alternierende Multilinearform $\eta \in \mathrm{Alt}^k(\mathbb{R}^k)$ und jede $k \times k$-Matrix A die Transformationsformel

$$\eta(A\vec{e}_1, \ldots, A\vec{e}_k) = \det A \cdot \eta(\vec{e}_1, \ldots, \vec{e}_k)$$

gilt. Diese Formel beweisen wir nun noch, aber nur durch Draufschauen und Denken, und dann sagen wir, das sei klar.

Beide Seiten sind, als Funktionen der Spalten der Matrix A gelesen, multilinear und alternierend: die linke Seite, weil eben η multilinear und alternierend ist (beachte: die $A\vec{e}_j$ *sind* ja die Spalten von A), die rechte Seite, weil wir das von der Determinante wissen, mit η hat es hier nichts zu tun. Zwei alternierende k-Formen auf dem $\mathbb{R}^k$ stimmen aber schon dann überein, wenn sie auf der Standardbasis übereinstimmen. Wenn die Spalten von A aber die Standardbasis bilden, dann ist A die Einheitsmatrix E, und für diese ist die Formel offenbar richtig. Also ist's klar, das Lemma bewiesen. □

Von hier aus zur Definition von Integrierbarkeit und Integral bei Formen mit kompaktem, aber nicht notwendig kleinem Träger ist es jetzt mit Zerlegungen der Eins nur noch ein Schritt. Es geht alles wie in dem Abschnitt 30.2 über die koordinatenfreie Integration von Funktionen auf Flächen im $\mathbb{R}^n$, nur dass wir jetzt von den Summanden $\tau_i : M \to \mathbb{R}$ einer Zerlegung der Eins immer verlangen, dass der Träger jeweils im Bereich eines *orientierungserhaltenden* Koordinatensystems enthalten ist. Das erschwert den Existenzbeweis für Zerlegungen der Eins (Konstruktion aus kleinen Buckelfunktionen) nicht, aber in 30.2 wär's eine sinnlose Forderung gewesen, da wir dort die Fläche gar nicht orientiert, nicht einmal orientier*bar* vorausgesetzt hatten.

Lemma und Definition (Integration von Differentialformen mit kompaktem Träger): *Es sei M eine orientierte k-dimensionale Fläche im $\mathbb{R}^n$. Eine k-Form ω auf M mit kompaktem Träger heißt **Riemann-integrierbar über M**, wenn für eine (dann jede) Zerlegung der Eins $(\tau_1, \ldots, \tau_r)$ auf einer offenen Umgebung des Trägers von ω in M die k-Formen $\tau_i\omega$ auf M, die ja nun alle kleinen Träger haben, Riemann-integrierbar über M sind. Die Summe*

$$\boxed{\int_M \tau_1\omega + \cdots + \int_M \tau_r\omega =: \int_M \omega}$$

*ist dann von der Wahl der Zerlegung der Eins unabhängig und heißt das **Integral von ω über M**.* □

Beachte: *Offenbar ist jede stetige, erst recht jede differenzierbare k-Form mit kompaktem Träger Riemann-integrierbar über M.* □

Das wäre es nun also, das Integral von k-Formen über (orientierte) k-dimensionale Flächen. Zu Beginn des Abschnitts 32.2 über die orientierten Flächen hatte ich es als Verallgemeinerung der Kurvenintegrale über 1-Formen angekündigt, die wir aus dem Kapitel 16 des ersten Bandes schon kannten. Aber haben wir jetzt die Kurvenintegrale wirklich als Spezialfall mit erfasst? Bei den Kurvenintegralen $\int_\gamma \omega$ war $\gamma : [t_0, t_1] \to M$ eine Kurve in einer offenen Teilmenge $M \subset \mathbb{R}^n$, jetzt würden wir vielleicht allgemeiner sagen wollen: in einer k-dimensionalen Fläche M, und ω war eine 1-Form auf M gewesen.

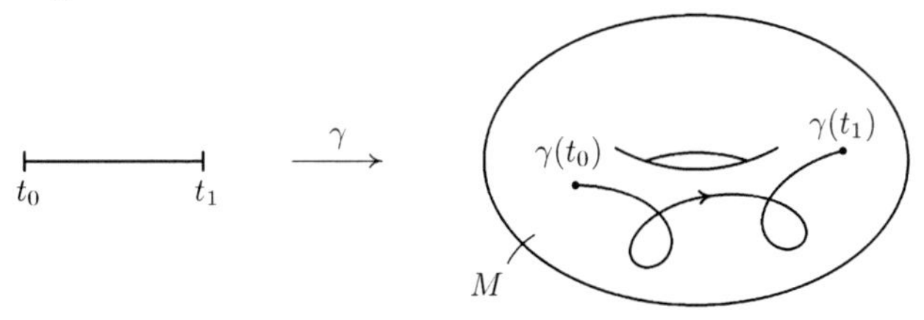

Die Situation beim Kurvenintegral

Aber eine Kurve ist nicht dasselbe wie eine 1-dimensionale Fläche, und die 1-Form ω ist auch gar nicht auf einer 1-dimensionalen Fläche vorgegeben, sondern auf dem höherdimensionalen M. Was hat das mit dem oben definierten Integral von k-Formen über k-dimensionale Flächen zu tun?

Definition (Integral längs einer Abbildung): Es sei ω eine r-Form auf einer k-dimensionalen Fläche M. Seien ferner S eine orientierte berandete r-dimensionale Fläche und $f : S \to M$ eine differenzierbare Abbildung. Dann soll das Integral

$$\int_S f^*\omega =: \int_f \omega\,,$$

falls es existiert, das ***Integral von ω längs f*** heißen. □

Und es existiert gewiss dann, wenn ω stetig und S kompakt ist. Das Kurvenintegral ist nur ein besonders einfacher Fall davon, nämlich $r = 1$ und $S = [t_0, t_1]$, die Abbildung $f : S \to M$ ist die Kurve $\gamma : [t_0, t_1] \to M$.

Ein anderer Spezialfall eines Integrals längs einer Abbildung, der uns begegnen wird, ist das Integrieren einer r-Form ω auf einer k-dimensionalen Fläche M über eine r-dimensionale Fläche $S \subset M$. Bezeichnen wir die Inklusion etwa mit $\iota : S \hookrightarrow M$, so würde die Notation nach obiger Definition also $\int_\iota \omega$ oder $\int_S \iota^*\omega$ lauten. Stattdessen schreibt man in diesem Fall meistens einfach

$$\int_S \omega\,,$$

was auch gefahrlos ist, denn eine missverständliche Lesart von $\int_S \omega$ bietet sich ja gar nicht an.

Testen wir einmal unsere Intuition über die Integration von Formen. Wie müsste die Integraltransformationsformel jetzt lauten? Wenn $\Phi : M \to N$ ein orientierungserhaltender Diffeomorphismus zwischen orientierten k-dimensionalen Flächen ist und ω eine integrierbare k-Form auf N, wie lässt sich dann $\int_N \omega$ als ein Integral über M ausdrücken?

Mit der induzierten Form $\Phi^*\omega$ auf M wird es schon etwas zu tun haben müssen, denn das ist die natürliche Weise, die Form ω mittels Φ auf M zu verpflanzen. Wie antwortet $\Phi^*\omega$ auf eine infinitesimale Masche, auf ein tangentiales Spat an M? Genau so, wie ω auf das Bildspat an N antwortet, das war der Sinn des Induzierens von Formen, und deshalb werden wir einfach $\int_M \Phi^*\omega = \int_N \omega$ erwarten.

Beim Beweis dürfen wir, dank Zerlegung der Eins, den Träger von ω als klein voraussetzen und in Koordinaten integrieren. Ist dann $h : U \to U'$ eine geeignete Karte für die Integration von ω, so ist $\widetilde{h} := h \circ \Phi : \Phi^{-1}(U) \to U'$ geeignet für die Integration von $\Phi^*\omega$. Die Transformation Φ führt dann auch die Parametrisierungen ineinander über, es gilt $\varphi = \Phi \circ \widetilde{\varphi}$, und nach der Kettenregel des Induzierens erhalten wir also unten auf $U' \subset \mathbb{R}^k$ in beiden Fällen dieselbe k-Form $\varphi^*\omega = \widetilde{\varphi}^*(\Phi^*\omega)$ und deshalb dieselbe Funktion auf U', wenn wir $(\vec{e}_1, \ldots, \vec{e}_k)$ einsetzen. Somit haben wir gezeigt:

Integral-Transformationsformel für Differentialformen: *Ist $\Phi : M \to N$ ein orientierungserhaltender Diffeomorphismus zwischen orientierten k-dimensionalen Flächen und ist die k-Form ω über N integrierbar, so auch $\Phi^*\omega$ über M und es gilt*

$$\int_M \Phi^*\omega = \int_N \omega\,.$$

□

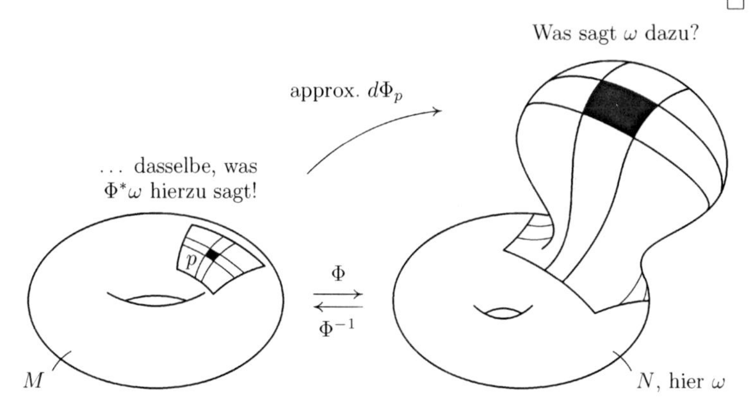

Zur Integraltransformationsformel für Differentialformen

Ist der Diffeomorphismus Φ aber *orientierungsumkehrend*, dann ändert sich in der Integral-Transformationsformel das Vorzeichen. Denn notieren wir die orientierte Fläche mit der entgegengesetzten Orientierung als $-M$, so wäre Φ ja ein orientierungserhaltender Diffeomorphismus zwischen $-M$ und N, und allgemein gilt

Lemma (Orientierungsumkehr): *Ist ω eine integrierbare k-Form auf einer orientierten k-dimensionalen Fläche M, und bezeichnet $-M$ dieselbe Fläche mit der entgegengesetzten Orientierung, so ist*

$$\int\limits_{-M} \omega = -\int\limits_{M} \omega\,.$$

Beweis: Intuitiv ist das klar, denn nach Orientierungsumkehr antwortet ω mit entgegengesetztem Vorzeichen auf tangentiale Spate.

Für einen Beweis dürfen wir oBdA ω mit kleinem Träger annehmen und das Integral über M mittels orientierungserhaltenden Koordinaten $u_1, \ldots, u_k$ auf das gewöhnliche k-dimensionale Riemann-Integral über die Funktion

$$f(u_1, \ldots, u_k) = \omega_{\varphi(\vec{u})}\left(\frac{\partial \varphi}{\partial u_1}, \ldots, \frac{\partial \varphi}{\partial u_k}\right)$$

zurückführen. Nach Umorientierung von M sind $-u_1, u_2, \ldots, u_k$ orientierungserhaltende Koordinaten und das Integral das gewöhnliche Riemann-Integral über die Funktion $-f(-u_1, u_2, \ldots, u_k)$. $\square$

Schließlich fragen wir noch: wie hängt das Formenintegral mit dem Funktionenintegral zusammen? Die Verbindung wird durch die sogenannte *kanonische Volumenform* hergestellt, über die jede orientierte k-dimensionale Fläche im $\mathbb{R}^n$ verfügt. Vielleicht sollten wir sie ja die kanonische *Flächenform* nennen, aber das ist nicht üblich.

Definition (kanonische Volumenform): Sei $M \subset \mathbb{R}^n$ eine orientierte k-dimensionale Fläche. Dann heißt die wohldefinierte k-Form $\omega_M \in \Omega^k M$, die für jedes $p \in M$ auf eine (dann jede) positiv orientierte Orthonormalbasis von T_pM mit $+1$ antwortet, die ***kanonische Volumenform*** von M. $\square$

Wenn man in die kanonische Volumenform die Koordinatenbasis eines orientierungserhaltenden Koordinatensystems einsetzt, antwortet sie mit der Wurzel aus der Gramschen Determinante. Die kanonische Volumenform tut fast dasselbe wie das k-dimensionale Flächenelement d^kF, welches ja jedem infinitesimalen Spat sein Volumen zuordnet. Der Unterschied ist nur, dass d^kF orientierungsblind ist und ω_M nicht. Mit gutem Fug kann man aber $d^kF = |\omega_M|$ sagen, und jedenfalls zeigt der Vergleich der Definitionen:

Lemma: *Ist M eine orientierte k-dimensionale Fläche im $\mathbb{R}^n$ mit kanonischer Volumenform ω_M, so gilt*

$$\boxed{\int_M f\omega_M = \int_M f\, d^kF}$$

für jede integrierbare Funktion f auf M. $\square$

Kann das wirklich wahr sein, obwohl das Flächenelement orientierungsblind ist, die kanonische Volumenform aber nicht? Keine Sorge, das linke Integral spürt eine Umorientierung auch nicht, weil ja offenbar auch $\omega_{-M} = -\omega_M$ gilt und daher

$$\int_{-M} f\omega_{-M} = \int_M f\omega_M,$$

wie es sein soll.

32.5 Übungsaufgaben

Aufgabe T32.1: Es sei $\varphi : V \to V$ eine lineare Abbildung eines k-dimensionalen reellen Vektorraums V in sich selbst, $k \geq 1$. Beweisen Sie, daß $\mathrm{Alt}^k\varphi : \mathrm{Alt}^kV \to \mathrm{Alt}^kV$ die Multiplikation mit der Zahl $\det\varphi$ ist.

Aufgabe T32.2: Sei M eine k-dimensionale Fläche im $\mathbb{R}^n$ und $\omega \in \Omega^r(M)$. Um einen Punkt $p \in M$ seien zwei Koordinatensysteme auf der Fläche gegeben. Wie berechnet man die Komponenten $\widetilde{\omega}_{\mu_1,\dots,\mu_r}$ von ω bei p in den "neuen" Koordinaten aus den Komponenten $\omega_{\nu_1,\dots,\nu_r}$ in den alten und der Jacobimatrix der Koordinatentransformation?

33 Cartan-Kalkül II: Cartan-Ableitung und Satz von Stokes

33.1 Die Idee der Cartanschen Ableitung

Die Cartansche Ableitung d, deren Sinn ich in diesem Abschnitt erläutern will, macht aus jeder differenzierbaren r-Form ω auf M eine differenzierbare $(r+1)$-Form $d\omega$, sie definiert für jede k-dimensionale Fläche eine ganze *Sequenz* linearer Abbildungen

$$\Omega^0 M \xrightarrow{d} \Omega^1 M \xrightarrow{d} \cdots \xrightarrow{d} \Omega^{k-1} M \xrightarrow{d} \Omega^k M \xrightarrow{d} 0.$$

Die Cartansche Ableitung $d\omega$ soll gewissermaßen die ***Randwirkung*** der Differentialform $\omega \in \Omega^r M$ beschreiben, in dem Sinne nämlich, dass für jede kompakte berandete orientierte $r+1$-dimensionale Fläche $S \subset M$

$$\int_S d\omega = \int_{\partial S} \omega$$

gilt ("allgemeiner Stokesscher Satz"). Vorläufig ist das aber noch kein Satz, sondern nur ein frommer Wunsch. Weshalb sollte es für jedes ω ein $d\omega$ mit dieser erstaunlichen Eigenschaft geben? Und wenn es auch existierte, wie sollten wir es finden?

Gerade das ist nicht so schwierig. Jede (stetige) Differentialform lässt sich aus ihrer Integralwirkung auf orientierte kompakte berandete Flächen rekonstruieren, weil die Integralantwort von ω auf eine kleine Koordinatenmasche am Punkte $p \in M$ fast dasselbe ist wie die Antwort von ω_p auf das approximierende Spat, diese Vorstellung

K. Jänich, *Mathematik 2*, Springer-Lehrbuch, 2nd ed.,
DOI 10.1007/978-3-642-16150-6_11, © Springer-Verlag Berlin Heidelberg 2011

liegt ja dem Integralbegriff zugrunde. Um das formelmäßig beschreiben zu können, wollen wir eine Notation für die Komponentenfunktionen einer Differentialform in lokalen Koordinaten vereinbaren.

Notation: Ist ω eine r-Form auf der k-dimensionalen Fläche M und $h : U \to U'$ eine Karte für M, so seien die Komponentenfunktionen von ω bezüglich der Koordinatenbasen mit $\omega_{\mu_1 \dots \mu_r}$ bezeichnet. □

Wo aber sollen diese reellwertigen Funktionen definiert sein? Oben auf U oder unten auf U'? Physikalische Gewohnheiten würden in analoger Situation erlauben, das offen zu lassen und je nach Bedarf $\omega_{\mu_1 \dots \mu_r}(p)$ oder $\omega_{\mu_1 \dots \mu_r}(\vec{u})$ zu schreiben. Am liebsten würde ich es auch so machen! Der mathematische Stil verlangt aber, nicht ohne Grund, die Entscheidung für einen Definitionsbereich.

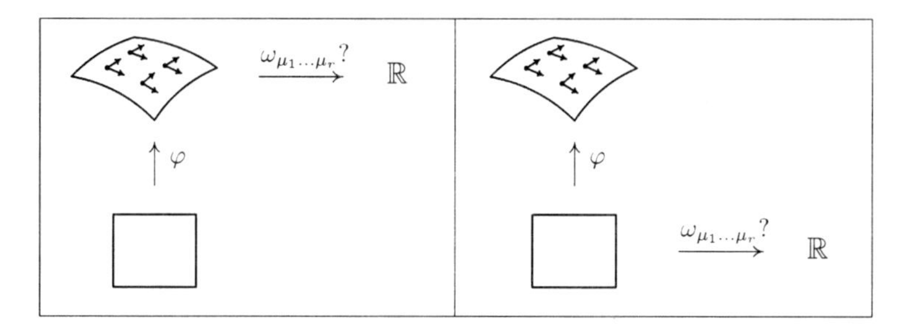

Die 'Qual der Wahl' der Notation

Doch der mathematische Stil verbietet nicht, uns jetzt so und später, von neuem, wieder anders zu verabreden. Bis auf weiteres wählen wir den unteren Definitionsbereich, setzen also

$$\omega_{\mu_1 \dots \mu_r}(u_1, \dots, u_k) := \omega_{\varphi(\vec{u})}\Big(\frac{\partial \varphi}{\partial u_{\mu_1}}, \dots, \frac{\partial \varphi}{\partial u_{\mu_r}}\Big)\,,$$

wobei wie üblich mit $\varphi : U' \to U$ die Parametrisierung $\varphi = h^{-1}$ gemeint ist.

Wir betrachten nun einen festen Punkt $p \in U$ mit $h(p) =: \vec{u}_0$. In der von r Koordinatenachsen mit Indices $\mu_1, \dots, \mu_r$ aufgespannten r-dimensionalen affinen 'Koordinatenebene' $\vec{u}_0 + \mathbb{R}^r \subset \mathbb{R}^k$, orientiert durch die gegebene Reihenfolge der Indices, betrachten wir einen kleinen Quader $Q = \vec{u}_0 + [0, \Delta u_{\mu_1}] \times \cdots \times [0, \Delta u_{\mu_r}]$. Das Bild $s := \varphi(Q)$ eines solchen Quaders unter der Parametrisierungsabbildung ist es, was ich eine r-dimensionale ***Koordinatenmasche*** nennen möchte. Das Bild von $[0, \Delta u_{\mu_1}] \times \cdots \times [0, \Delta u_{\mu_r}]$ unter dem *Differential* von φ jedoch ist keine Masche, sondern das tangentiale r-Spat σ, das die Masche approximiert:

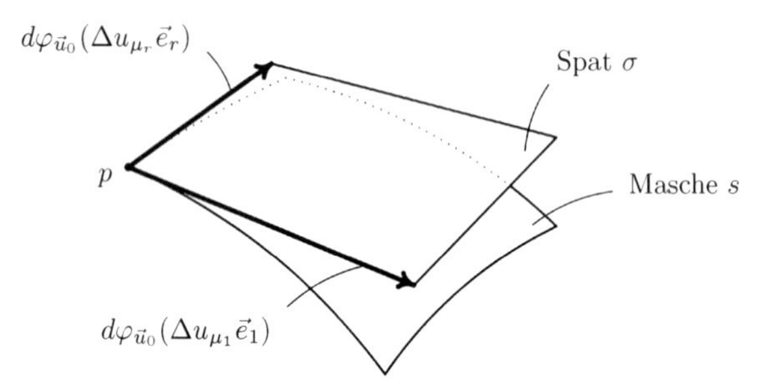

Koordinatenmasche und approximierendes Spat

Nach der Definition des Integrals einer r-Form über eine r-dimensionale orientierte Fläche ist $\int_s \omega$ nun einfach das gewöhnliche r-fache Riemann-Integral $\int_Q \omega_{\mu_1 \ldots \mu_r} du_{\mu_1} \ldots du_{\mu_r}$. Wenn also die Komponentenfunktion auf dem kleinen Quader um nicht mehr als ε schwankt, dann weicht der Integralwert auch nicht um mehr als $\varepsilon \cdot \mathrm{Vol}(Q)$ von $\omega_p(\sigma) = \omega_{\mu_1 \ldots \mu_r}(\vec{u}_0) \cdot \mathrm{Vol}(Q)$ ab, und deshalb gilt für stetige Differentialformen

$$\omega_{\mu_1 \ldots \mu_r}(\vec{u}_0) = \lim_{\Delta \vec{u} \to 0} \frac{1}{\Delta u_{\mu_1} \cdot \ldots \cdot \Delta u_{\mu_r}} \int_s \omega \,.$$

So gewinnt man also die Komponenten einer Form ω an einem beliebigen Punkte $p \in M$, und damit die Form selbst, aus Integralen über diese Form zurück.

Wenden wir diese Einsicht nun auf die angestrebte Cartan-Ableitung an! Dass eine $r+1$-dimensionale kleine Koordinatenmasche s keine *ganz* richtige berandete Fläche ist, weil sie Ecken und Kanten hat, wird uns nicht abhalten von der Forderung $\int_s d\omega = \int_{\partial s} \omega$ auszugehen, wobei das Integral über ∂s natürlich als die Summe über die $2r + 2$ Seitenmaschen verstanden wird. Es müsste dann also

$$
\begin{aligned}
(d\omega)_{\mu_1\dots\mu_{r+1}} &= \lim_{\Delta\vec{u}\to 0} \frac{1}{\Delta u_{\mu_1}\cdot\ldots\cdot\Delta u_{\mu_{r+1}}}\int_s d\omega \\
&= \lim_{\Delta\vec{u}\to 0} \frac{1}{\Delta u_{\mu_1}\cdot\ldots\cdot\Delta u_{\mu_{r+1}}}\int_{\partial s} \omega
\end{aligned}
$$

gelten. In jeder der beteiligten Koordinatenrichtungen hat unsere Masche s eine Vorder- und eine Rückseite, die wir kurz als $\partial_i^{\pm}s$ für $i = 1,\ldots,r+1$ notieren wollen.

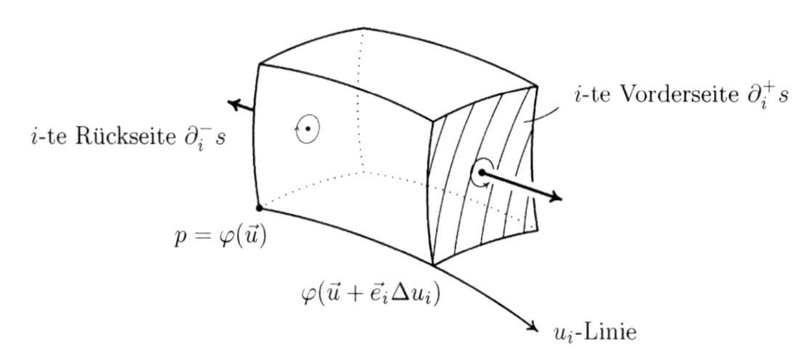

Die r-dimensionalen Seitenmaschen von s

Schreiben wir jetzt die rechte Seite als die Summe aus den $r+1$ Beiträgen dieser Seitenpaare und führen dabei richtig Buch über die Orientierungen, die sich aus der Randkonvention ergeben, so erhalten wir $(d\omega)_{\mu_1\dots\mu_{r+1}}$ an der Stelle $\vec{u}_0$ als

$$
\begin{aligned}
&\sum_{i=1}^{r+1} \lim_{\Delta\vec{u}\to 0} \frac{1}{\Delta u_{\mu_1}\cdot\ldots\cdot\Delta u_{\mu_{r+1}}}\Big[\int_{\partial_i^+ s}\omega + \int_{\partial_i^- s}\omega\Big] \\
= &\sum_{i=1}^{r+1} \lim \frac{1}{\Delta u_{\mu_i}} \lim \frac{1}{\Delta u_{\mu_1}\ldots\widehat{i}\ldots\Delta u_{\mu_{r+1}}}\Big[\int_{\partial_i^+ s}\omega + \int_{\partial_i^- s}\omega\Big] \\
= &\sum_{i=1}^{r+1} (-1)^{i+1} \lim \frac{\omega_{\mu_1\ldots i\ldots\mu_{r+1}}(\vec{u}_0 + \vec{e}_{\mu_i}\Delta u_{\mu_i}) - \omega_{\mu_1\ldots i\ldots\mu_{r+1}}(\vec{u}_0)}{\Delta u_{\mu_i}}
\end{aligned}
$$

Das mitten in die aufzählenden Pünktchen gestellte i mit dem Dach, $\ldots\widehat{i}\ldots$, soll natürlich bedeuten, dass der i-te Term wegzulassen ist.

Der letzte Limes ist eine partielle Ableitung einer Komponentenfunktion! Das Ergebnis unserer Überlegung ist also:

Bemerkung: *Wenn es zu einem* $\omega \in \Omega^r M$ *überhaupt eine Form* $d\omega \in \Omega^{r+1} M$ *gibt, die in der verlangten Weise die Randwirkung von* ω *beschreibt, dann lassen sich ihre Komponentenfunktionen durch die Formel*

$$(d\omega)_{\mu_1 \ldots \mu_{r+1}} = \sum_{i=1}^{r+1} (-1)^{i-1} \frac{\partial(\omega_{\mu_1 \ldots \widehat{i} \ldots \mu_{r+1}})}{\partial u_{\mu_i}}$$

berechnen. □

Was hindert uns, diese Formel nun umgekehrt zur *Definition* der Cartanschen Ableitung zu verwenden? Nichts, nur dürfen wir nicht glauben, mit dem Hinschreiben der Formel wäre es schon getan. Um daraus eine Definition zu machen, müssten wir zuerst einmal prüfen, dass die Multilinearform auf T_pM, die durch diese Komponenten gegeben ist, überhaupt alterniert, und dann wäre noch zu zeigen, dass sie unabhängig von der Wahl des Koordinatensystems ist.

Damit wäre dann eine Abbildung $d : \Omega^r M \to \Omega^{r+1} M$ definiert, und wir könnten daran gehen, den allgemeinen Satz von Stokes zu beweisen, der besagt, dass $d\omega$ tatsächlich die Randwirkung von ω beschreibt. — Folgt das nicht schon aus der Herleitung? — Nein. Die Herleitung gibt uns zwar einige Zuversicht, aber die Definition von $d\omega$ spricht zunächst nur aus, dass es *infinitesimal* durch die Randwirkung von ω gegeben ist, $d\omega$ antwortet auf eine infinitesimale Masche so, wie ω auf deren Rand antworten würde. Dass das dann auch für jede (kompakte, orientierte) $r+1$-dimensionale Fläche $S \subset M$ gilt, bleibt schon beweisbedürftig. Denken Sie daran, dass jede differenzierbare Abbildung infinitesimal linear ist, woraus ja auch nicht folgt, dass alle differenzierbaren Abbildungen linear sein müssten.

Wir könnten wirklich so vorgehen, zusätzliche Ideen würden dabei nicht gebraucht, nur Geduld. In einer ausgereiften Theorie besteht die mathematische Technik aber gewöhnlich nicht im direkten Präzisieren und Ausführen der ursprünglichen heuristischen

Vorstellungen. Im Cartan-Kalkül spielt das sogenannte *äußere* oder *Dachprodukt*, das ist eine Verallgemeinerung des Kreuzprodukts, eine wichtige technische Rolle. Wir erweitern deshalb im nächsten Abschnitt unsere multilinear-algebraischen Kenntnisse.

33.2 Das Dachprodukt

Wenn wir überlegen, ob man nicht zwei alternierende Multilinearformen ω und η vom Grade r und s auf einem Vektorraum V irgendwie vernünftig miteinander multiplizieren könnte, so würden wir vielleicht probehalber, auf ein Konzeptblatt, den naiven Ansatz

$$(\vec{v}_1, \dots, \vec{v}_{r+s}) \longmapsto \omega(\vec{v}_1, \dots, \vec{v}_r) \cdot \eta(\vec{v}_{r+1}, \dots, \vec{v}_{r+s})$$

hinschreiben und schauen, was damit gewonnen sei. Immerhin definierte diese Zuordnung eine Multilinearform vom Grade $r+s$ auf V! Aber mit dem Alternieren sieht es schlecht aus, denn weshalb sollte sich nur das Vorzeichen umkehren, wenn man einen der ersten r Vektoren mit einem der letzten s vertauscht, da hilft auch das Alternieren von ω und η einzeln nichts. Deshalb verbessert man diesen ersten Ansatz, indem man die Multilinearform mit Gewalt 'schiefsymmetrisiert':

Definition: Sind $\omega \in \mathrm{Alt}^r(V)$ und $\eta \in \mathrm{Alt}^s(V)$, so wird das ***Dachprodukt*** $\omega \wedge \eta \in \mathrm{Alt}^{r+s}(V)$ durch $\omega \wedge \eta(\vec{v}_1, \dots, \vec{v}_{r+s}) :=$

$$\boxed{\frac{1}{r!s!} \sum_{\tau \in \mathcal{S}_{r+s}} \operatorname{sgn} \tau\, \omega(\vec{v}_{\tau(1)}, \dots, \vec{v}_{\tau(r)}) \cdot \eta(\vec{v}_{\tau(r+1)}, \dots, \vec{v}_{\tau(r+s)})}$$

definiert. □

Darin kommen alle $(r+s)!$ möglichen Reihenfolgen der Variablen je einmal vor. Wenn wir jetzt eine einzelne Permutation σ auf die Variablen in $\omega \wedge \eta$ anwenden, also zu $\omega \wedge \eta(\vec{v}_{\sigma(1)}, \dots, \vec{v}_{\sigma(r+s)})$ übergehen, dann stehen rechts bis auf's Vorzeichen wieder dieselben $(r+s)!$ Summanden, und Buchführung über das Vorzeichen zeigt, dass der Nettoeffekt nur die Multiplikation mit dem Signum $\operatorname{sgn} \sigma \in \{\pm 1\}$ ist. Deshalb ist $\omega \wedge \eta$ alternierend. Der Vorfaktor $\frac{1}{r!s!}$ ist zunächst nur durch die Beobachtung motiviert, dass ω und η ja einzeln schon alternierend sind und deshalb jeder Summand in der Summe $r!s!$ Mal vorkommt.

Das ist soweit alles ganz verständlich, wirkt aber doch etwas willkürlich. Könnte es nicht noch viele ganz anders definierte Produkte geben, weshalb sollten wir das erste, das uns gleichsam zugelaufen ist, für besonders wichtig und nützlich halten? Weil das Dachprodukt ein axiomatisches Beglaubigungsschreiben vorweisen kann:

Satz (axiomatische Charakterisierung des Dachprodukts): *Das soeben definierte Dachprodukt ist die einzige Möglichkeit, für beliebige reelle Vektorräume V und ganze Zahlen $r, s \geq 0$ eine Verknüpfung $\wedge : \mathrm{Alt}^r V \times \mathrm{Alt}^s V \longrightarrow \mathrm{Alt}^{r+s} V$ zu definieren, die*
(1) *bilinear,*
(2) *assoziativ und*
(3) *antikommutativ ist, d.h. $\eta \wedge \omega = (-1)^{rs} \omega \wedge \eta$ erfüllt,*
(4) *das neutrale Element $1 \in \mathrm{Alt}^0 V = \mathbb{R}$ hat,*
(5) *mit linearen Abbildungen verträglich ist und*
(6) *$\delta^1 \wedge \ldots \wedge \delta^k(\vec{e}_1, \ldots, \vec{e}_k) = 1$ für $k \geq 1$ erfüllt, wobei $(\delta^1, \ldots, \delta^k)$ die zur kanonischen Basis des $\mathbb{R}^k$ duale Basis von $\mathbb{R}^{k*} = \mathrm{Alt}^1(\mathbb{R}^k)$ bezeichnet.*

Zum Beweis: Die Details dieser multilinear-algebraischen Übungsaufgabe will ich hier nicht alle ausbreiten[1], aber ein wenig Zeit zum Kennenlernen des Satzes wollen wir uns schon nehmen. Dass zunächst das Dachprodukt diese sechs Eigenschaften hat, ist als eine Serie von sechs nützlichen kleinen Lemmas anzusehen, die auch den praktischen Umgang mit dem Dachprodukt sehr erleichtern, denn ständig auf die Definition mit ihren $(r+s)!$ Summanden zurückzugehen würde ziemlich unbequem sein.

Die Bilinearität, also $(\omega_1 + \omega_2) \wedge \eta = \omega_1 \wedge \eta + \omega_2 \wedge \eta$ usw., ist direkt an der definierenden Formel abzulesen. Am meisten Arbeit ist noch mit dem Beweis der Assoziativität verbunden, weil man hier das Zusammenwirken der verschiedenen Permutationen verfolgen, Summanden zählen und den Vorfaktor berücksichtigen muss. Einfacher ist die Antikommutativität (3) zu zeigen: das bei der Faktorenvertauschung auftretende Vorzeichen $(-1)^{rs}$ ist eben das Signum der Permutation, welche die ersten r mit den letzten s Variablen vertauscht. Punkt (4) ist klar, wenn man überhaupt die Definition im Falle $r = 0$ gutwillig zu lesen bereit ist.

Unter der *Verträglichkeit mit linearen Abbildungen* ist natürlich zu verstehen, dass für lineare Abbildungen $\varphi : W \to V$ stets $\varphi^*\omega \wedge \varphi^*\eta = \varphi^*(\omega \wedge \eta)$ gilt, wenn wir der Übersichtlichkeit halber einfach φ^* statt $\mathrm{Alt}^r\varphi$, $\mathrm{Alt}^s\varphi$ usw. schreiben. Diese Eigenschaft (5) folgt auch trivial aus der definierenden Formel, und die Normierungsbedingung (6), deren bloße Formulierung schon von (2) Gebrauch macht, zeigt man durch Induktion nach k.

Dann bleibt noch die Eindeutigkeitsbehauptung zu beweisen. Ist $\widetilde{\wedge}$ eine zweite Verknüpfung, die alle Eigenschaften (1) bis (6) hat, so geht man von (6) aus, wonach ja jedenfalls

$$\delta^1 \wedge \ldots \wedge \delta^k(\vec{e}_1, \ldots, \vec{e}_k) = \delta^1 \widetilde{\wedge} \ldots \widetilde{\wedge}\, \delta^k(\vec{e}_1, \ldots, \vec{e}_k)$$

gilt, und arbeitet sich dann mittels (1)-(5) langsam zum allgemeinen Fall vor. $\ldots\Box$

Die Bedeutung des Dachprodukts geht über das hinaus, was ich Ihnen hier einmal rasch erzählen könnte, aber Sie können sich jedenfalls vorstellen, dass es in einer Theorie mit einer natürlichen Produktstruktur auch 'Produktregeln' geben wird, die man findet, wenn man die Beziehungen der Begriffe der Theorie zur Produktbildung studiert, und mit deren Hilfe man dann Aussagen über Produkte auf vielleicht einfachere Aussagen über die Faktoren zurückführen kann. In diesem Sinne ist es gut zu wissen, wie man jede alternierende r-Form auf einem k-dimensionalen Vektorraum V als Linearkombination von Dachprodukten aus 'alternierenden' 1-Formen, die ja nichts weiter sind als Elemente im Dualraum V^*, darstellt:

Lemma: *Ist $(\vec{v}_1, \ldots, \vec{v}_k)$ eine Basis von V und $(\delta^1, \ldots, \delta^k)$ die dazu duale Basis von V^*, d.h. ist $\delta^i(\vec{v}_j) = \delta_{ij}$, so gilt für streng aufsteigende Indices $1 \leq \mu_1 < \cdots < \mu_r \leq k$ und $1 \leq \nu_1 < \cdots < \nu_r \leq k$*

$$\boxed{\delta^{\mu_1} \wedge \ldots \wedge \delta^{\mu_r}(\vec{v}_{\nu_1}, \ldots, \vec{v}_{\nu_r}) = \begin{cases} 1 & \text{falls } \nu_i = \mu_i,\ i = 1, \ldots, r \\ 0 & \text{sonst.} \end{cases}}$$

Das folgt mittels (5) aus dem Spezialfall (6) oder direkt durch Induktion aus der Definition des Dachprodukts. Daraus ergibt sich weiter, durch Einsetzen von Basisvektoren auf beiden Seiten:

Korollar: *Jedes $\omega \in \mathrm{Alt}^r V$ lässt sich durch seine Komponenten bezüglich einer Basis und die Elemente $\delta^1, \dots, \delta^k$ der dualen Basis als*

$$\boxed{\omega = \sum_{\mu_1 < .. < \mu_r} \omega_{\mu_1 \dots \mu_r} \delta^{\mu_1} \wedge \dots \wedge \delta^{\mu_r}}$$

schreiben. □

Durch punktweise Anwendung definiert nun das Dachprodukt für alternierende Formen auf Vektorräumen auch ein Dachprodukt für Differentialformen auf Flächen:

Definition: Ist M eine k-dimensionale Fläche, so wird das ***Dachprodukt*** $\wedge : \Omega^r M \times \Omega^s M \to \Omega^{r+s} M$ ***von Differentialformen*** durch

$$(\omega \wedge \eta)_p := \omega_p \wedge \eta_p \in \mathrm{Alt}^{r+s}(T_p M)$$

für alle $p \in M$ definiert. □

Unser Korollar über die Darstellung einer Form durch Komponenten und Dachprodukte von 1-Formen der dualen Basis werden wir natürlich auf die Koordinatenbasis der Tangentialräume anwenden. Aber auch dabei wollen wir nun 'oben' auf der Fläche bleiben, und deshalb vereinbaren wir jetzt noch ein paar Schreibweisen, die das Rechnen auf der Fläche erleichtern.

Sei also $h : U \to U'$ eine Karte für M und $h^{-1} = \varphi : U' \to U$ die Parametrisierung dazu. Die Koordinatenfunktionen sind dann reellwertige Funktionen auf U, ihre Differentiale also 1-Formen auf U. Es ist nicht zwingend, hat aber seinen guten Sinn[2], die Indices der Koordinatenfunktionen jetzt oben zu führen, also $h = (u^1, \dots, u^k)$ und $u^\mu : U \to \mathbb{R}$ zu schreiben. Ihre Differentiale heißen dann also $du^1, \dots, du^k \in \Omega^1 U$.

Das Differential der Parametrisierung führt an jedem Punkte die Standard-Basis $(\vec{e}_1, \dots, \vec{e}_k)$ des $\mathbb{R}^k$ in die Koordinatenbasis des Tangentialraums über. Das Differential der Kartenabbildung schickt sie wieder zurück, denn es ist ja $h \circ \varphi = \mathrm{Id}_{U'}$, nach der Kettenregel also auch $dh_p \circ d\varphi_{h(p)} = \mathrm{Id}_{\mathbb{R}^k}$. Daraus folgt aber, dass die Differentiale der Koordinatenfunktionen an jedem Punkte $p \in U$ die duale Basis $(du_p^1, \dots, du_p^k)$ von T_p^*M der Koordinatenbasis von T_pM bilden!

Entsprechend unserer Absicht, in Gedanken möglichst oben auf der Fläche zu bleiben, verabreden wir nun auch, von jetzt an die Komponentenfunktionen $\omega_{\mu_1 \dots \mu_r}$ einer r-Form als Funktionen auf dem Kartengebiet $U \subset M$ zu lesen.

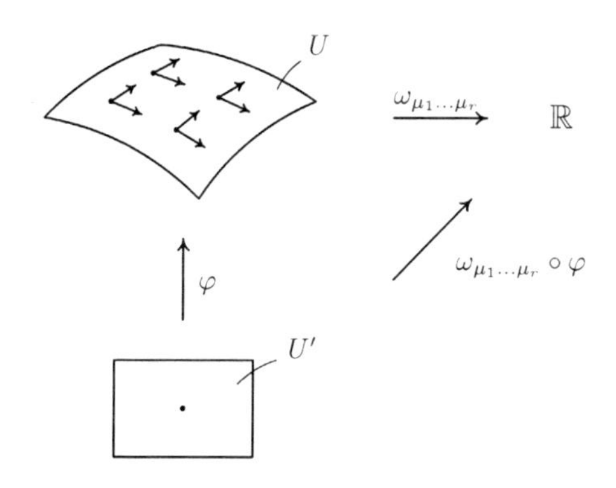

Neuverabredung über die Notation der Komponentenfunktionen: $\omega_{\mu_1 \dots \mu_r}(p) := \omega_p\left(\frac{\partial \varphi}{\partial u^{\mu_1}}, \dots, \frac{\partial \varphi}{\partial u^{\mu_r}}\right)$.

Korollar: *Jede r-Form $\omega \in \Omega^r U$ lässt sich mittels ihrer Komponentenfunktionen als*

$$\omega = \sum_{\mu_1 < \dots < \mu_r} \omega_{\mu_1 \dots \mu_r} du^{\mu_1} \wedge \dots \wedge du^{\mu_r}$$

darstellen. □

Diese Formel ist die Grundlage des konkreten Koordinatenrechnens mit Differentialformen, aber auch als Ausgangspunkt allerhand mathematischer Gedankenexperimente nützlich. Natürlich ist sie auch in dem einfachen Spezialfall anwendbar, dass $r = 1$ und $\omega := df$ das Differential einer Funktion $f : U \to \mathbb{R}$ ist, und darauf bezieht sich eine letzte Notationsvereinbarung, die wir im Zusammenhang mit dem Koordinatenrechnen auf der Fläche treffen wollen.

Die μ-te Komponentenfunktion $(df)_\mu : U \to \mathbb{R}$ des Differentials bezüglich der Koordinatenbasis, in lästiger Ausführlichkeit durch

$$(df)_\mu(p) := df_p\Big(\frac{\partial\varphi}{\partial u^\mu}(h(p))\Big)$$

gegeben, wollen wir mit $\partial_{u^\mu} f$ oder kurz mit $\partial_\mu f$ bezeichnen. Denn in Worten gesagt ist $(df)_\mu$ ja wirklich nichts anderes als die μ-te partielle Ableitung der in den Koordinaten ausgedrückten Funktion[3], daran soll die Notation erinnern. Gelesen und gedacht wird aber $\partial_\mu f$ als Funktion oben auf U, das wollen wir nicht vergessen. Also:

Korollar und Notation: *Insbesondere ist*

$$df = \sum_{\mu=1}^{k} \partial_\mu f \, du^\mu$$

für jede differenzierbare Funktion $f : U \to \mathbb{R}$, wobei $\partial_\mu f$ die μ-te Komponente der 1-Form $df \in \Omega^1 U$ bezüglich der Koordinaten bezeichnet. □

33.3 Cartan-Ableitung und Satz von Stokes

Der axiomatischen Charakterisierung der Cartan-Ableitung, der wir uns jetzt zuwenden, liegt dieselbe ursprüngliche Intuition von der "Randwirkung" zugrunde, aber von Koordinaten und Maschen ist darin nicht die Rede. Drei einfache, elegant zu formulierende Forderungen legen die Cartan-Ableitung bereits fest. Die erste ist, dass für Funktionen, also Nullformen, die Cartan-Ableitung wirklich das Differential ist.

Dass das Differential einer Nullform f auf M die Randwirkung von f beschreibt, spricht sich im Wesentlichen in dem einfachen

Sachverhalt

$$\int_\gamma df = \int_{t_0}^{t_1} df_{\gamma(t)}(\dot\gamma(t))\,dt = \int_{t_0}^{t_1} (f\circ\gamma)^{\dot{}}(t)\,dt = f(\gamma(t_1)) - f(\gamma(t_0))$$

aus, denn das Integral von f über eine *nulldimensionale* orientierte Fläche ist, sinngemäß, die Summe der mit den Orientierungsvorzeichen versehenen Funktionswerte, also hier Funktionswert am Endpunkt minus Funktionswert am Anfangspunkt. Auch ist das Differential df die *einzige* 1-Form auf M, die das für f leisten kann.

Die zweite Forderung ist sogenannte ***Komplexeigenschaft***[4] $d\circ d = 0$, dass also die Cartan-Ableitung einer Cartan-Ableitung immer Null ist. Die $r{+}2$-Form $dd\omega$ soll ja die Randwirkung von $d\omega$ und dieses die Randwirkung von ω liefern, für jede kompakte berandete orientierte $r{+}2$-dimensionale Fläche $S\subset M$ muss also

$$\int_S dd\omega = \int_{\partial S} d\omega = \int_{\partial\partial S}\omega = 0$$

gelten, denn der Rand einer berandeten Fläche ist selbst unberandet, $\partial\partial S$ ist also leer und ein Integral darüber deshalb Null. Wenn aber $\int_S dd\omega$ für *jedes* S verschwindet, dann muss $dd\omega = 0$ sein, wie man leicht direkt aus der Integraldefinition entnimmt. Oder wenn Sie sich lieber die Antwort von $dd\omega$ auf eine infinitesimale Masche vorstellen wollen:

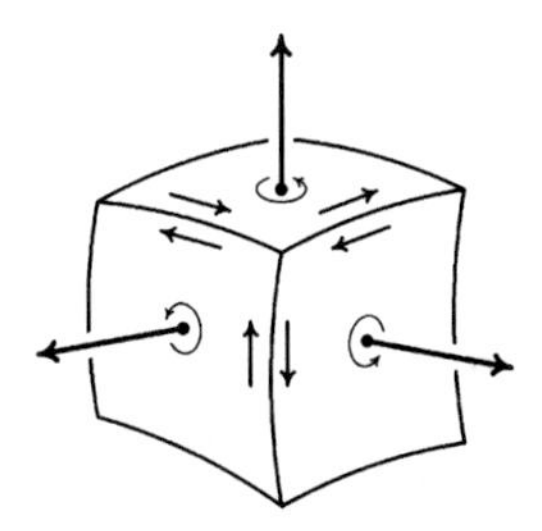

Zur Antwort von $dd\omega$ auf eine $r{+}2$-Masche

Die Gesamtantwort von $d\omega$ auf die Seitenmaschen muss Null sein, weil jede Kante zwei benachbarten Seitenmaschen angehört, von denen sie entgegengesetzt orientiert wird, weshalb die ω-Antworten einander aufheben. — Die dritte Forderung schließlich ist eine Produktformel:

Satz und Definition (Cartan-Ableitung): *Ist M eine k-dimensionale Fläche, so gibt es genau eine Sequenz*

$$0 \to \Omega^0 M \xrightarrow{d} \Omega^1 M \xrightarrow{d} \Omega^2 M \xrightarrow{d} \dots$$

linearer Abbildungen, welche die folgenden Bedingungen (1)-(3) erfüllt:

(1) ***Differentialeigenschaft:*** *Für $f \in \Omega^0 M$ ist $df \in \Omega^1 M$ das übliche Differential der Funktion.*
(2) ***Komplexeigenschaft:*** *$d \circ d = 0$.*
(3) ***Produktregel:*** *Für $\omega \in \Omega^r M$ gilt*

$$\boxed{d(\omega \wedge \eta) = (d\omega) \wedge \eta + (-1)^r \omega \wedge d\eta\,.}$$

*Man nennt $d\omega$ die **äußere** oder **Cartansche Ableitung** von ω. Automatisch gilt*

(4) ***Natürlichkeit:*** *Es ist $d(f^*\omega) = f^*(d\omega)$ für jede differenzierbare Abbildung $f : M \to N$ zwischen Flächen und alle Differentialformen ω auf N.*

Zum Beweis: Hat M ein die ganze Fläche erfassendes Koordinatensystem (U, h), also $M = U$, so können wir von

$$\omega = \sum_{\mu_1 < .. < \mu_r} \omega_{\mu_1 .. \mu_r} du^{\mu_1} \wedge \dots \wedge du^{\mu_r}$$

ausgehen. Wenn es überhaupt eine Cartan-Ableitung für M mit den Eigenschaften (1)-(3) gibt, dann ist sie jedenfalls eindeutig bestimmt, denn aus $dd = 0$ folgt mittels der Produktregel induktiv

$$d(du^{\mu_1} \wedge \dots \wedge du^{\mu_r}) = 0\,,$$

also lassen die Forderungen keine andere Wahl als

$$d\omega = \sum_{\mu_1<..<\mu_r} d(\omega_{\mu_1...\mu_r}) \wedge du^{\mu_1} \wedge \ldots \wedge du^{\mu_r} \,,$$

wobei auf der rechten Seite nur gewöhnliche Differentiale von Funktionen stehen. Damit ist für $M = U$ schon einmal die Eindeutigkeit bewiesen.

Wie üblich benutzt man eine solche im Zuge eines Eindeutigkeitsbeweises gefundene Formel im nachfolgenden Existenzbeweis als Definition, setzt also $d\omega := \ldots$ wie oben. Nun hat man die Eigenschaften (1)-(3) nicht mehr *angenommen*, sondern muss sie *nachweisen*. Nach dem letzten Korollar im vorigen Abschnitt ist das Differential der Komponentenfunktion

$$d(\omega_{\mu_1...\mu_r}) = \sum_{\mu=1}^{k} \partial_\mu(\omega_{\mu_1...\mu_r})du^\mu,$$

und wegen $du^\mu \wedge du^\nu = -du^\nu \wedge du^\mu$ kennen wir auch das Produkt $du^\mu \wedge du^{\mu_1} \wedge \ldots \wedge du^{\mu_r}$ ganz genau: kommt μ unter den Indices $\mu_1, \ldots, \mu_r$ schon vor, so ist dieses Produkt Null, andernfalls ordnen wir den Faktor du^μ nach aufsteigenden Indices in das Produkt mit ein. Gelangt er dabei an die i-te Stelle, so sind $i-1$ Vertauschungen benachbarter Faktoren notwendig und daher ein Vorzeichenwechsel um $(-1)^{i-1}$ fällig. Deshalb gilt

$$d\omega = \sum_{\mu_1<..<\mu_{r+1}} (-1)^{i-1}\partial_{\mu_i}(\omega_{\mu_1..\widehat{i}..\mu_{r+1}})du^{\mu_1} \wedge \ldots \wedge du^{\mu_{r+1}} \,,$$

eine wirklich praktische Rechenformel, im Wesentlichen dieselbe, die wir uns im Abschnitt 33.1 schon heuristisch hergeleitet hatten. Damit rechnet man nun (1)-(3) einfach nach, Überraschung erlebt man dabei keine mehr, versteht aber erst richtig, woher das Vorzeichen in der Produktformel kommt.

Dann weiß man auch, dass die definierende Formel eine Sequenz von Cartan-Ableitungen mit den Eigenschaften (1)-(3) für beliebige Flächen M definiert, also auch für solche, die nicht durch eine einzige Karte erfasst werden können. Beachten Sie, dass die

Unabhängigkeit von der Wahl lokaler Koordinaten nicht mehr beweisbedürftig ist, denn wenn auch auf $U \cap \widetilde{U}$ die Cartan-Ableitung mittels Karten h und $\widetilde{h}$ durch unterschiedlich *aussehende* Formeln definiert wird, so dass man zunächst versucht ist, $d\omega$ und $\widetilde{d\omega}$ zu unterscheiden, stimmen sie doch überein, weil ja beide (1)-(3) erfüllen. Die Natürlichkeit (4) für diese Cartan-Ableitung folgt dann aus der Natürlichkeit des Dachprodukts und des gewöhnlichen Differentials für Funktionen. Eine kleine Sonderbetrachtung[5] verlangt noch der Eindeutigkeitsbeweis für ganz M, worauf ich hier aber nicht näher eingehen will. ...□

Allgemeiner Satz von Stokes: *Ist M eine orientierte k-dimensionale Fläche und $\omega \in \Omega^{k-1}M$ eine $(k-1)$-Form mit kompaktem Träger, dann gilt*

$$\boxed{\int_M d\omega = \int_{\partial M} \omega\,.}$$

Beweis: OBdA ist der Träger $\operatorname{Tr}\omega$ im Kartengebiet einer orientierungserhaltenden Karte $h : U \to U' \subset \mathbb{R}^k_-$ enthalten (Zerlegung der Eins). Nach der Integraltransformationsformel (oder direkt nach der Definition des Integrals) und wegen der Natürlichkeit der Cartanschen Ableitung ist dann

$$\int_M d\omega = \int_U d\omega = \int_{U'} \varphi^* d\omega = \int_{U'} d(\varphi^*\omega)$$

und

$$\int_{\partial M} \omega = \int_{\partial U} \omega = \int_{\partial U'} \varphi^*\omega,$$

also genügte es auch, den Satz von Stokes für offene Teilbereiche $M \subset \mathbb{R}^k_-$ zu beweisen. Wegen der Kompaktheit des Trägers können wir aber dann die $k-1$-Form auf $\mathbb{R}^k_- \smallsetminus M$ durch Null ergänzen, ohne die Differenzierbarkeit zu beeinträchtigen, also können wir sogar oBdA $M = \mathbb{R}^k_-$ voraussetzen.

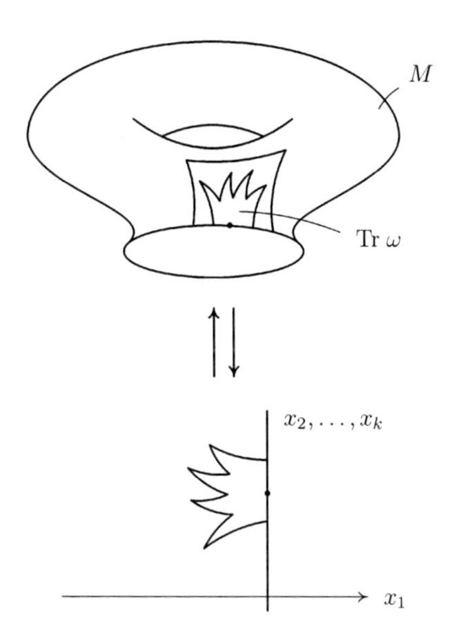

OBdA hat ω kleinen Träger, und daher sogar: oBdA $M = \mathbb{R}^k_-$.

Erst jetzt fangen wir an zu rechnen. Auf $\mathbb{R}^k_-$ lässt sich ω wie jede $k-1$-Form schreiben als

$$\omega = \sum_{\mu=1}^{k} \omega_{1\ldots\widehat{\mu}\ldots k} du^1 \wedge \ldots \widehat{\mu} \ldots \wedge du^k ,$$

und daher ist nach der obigen Koordinatenformel für die Cartansche Ableitung

$$d\omega = \sum_{\mu=1}^{k} (-1)^{\mu-1} \partial_\mu (\omega_{1\ldots\widehat{\mu}\ldots k}) du^1 \wedge \ldots \wedge du^k .$$

Die Komponentenfunktionen von ω, die wir zur Abkürzung mit $f^\mu := \omega_{1\ldots\widehat{\mu}\ldots k} : \mathbb{R}^k_- \to \mathbb{R}$ bezeichnen wollen, sind differenzierbare Funktionen mit kompaktem Träger. Das Differentialformenintegral über $d\omega$ definitionsgemäß in ein gewöhnliches Mehrfachintegral verwandelnd ('Entfernen der Dächer') lesen wir[6]

$$\int_M d\omega = \sum_{\mu=1}^{k}(-1)^{\mu-1}\int_{\mathbb{R}^k_-}\frac{\partial f^\mu}{\partial u^\mu}du^1\ldots du^k\,.$$

Beim Ausführen des Mehrfachintegrals nach Fubini sind wir nicht an eine bestimmte Reihenfolge gebunden. Integrieren wir den μ-ten Summanden zuerst in die Richtung von u^μ! Für $\mu > 1$ ergibt diese erste Integration schon Null, denn $\left[f^\mu\right]_{u^\mu=-\infty}^{u^\mu=\infty} = 0$ wegen des kompakten Trägers. Nur der erste Summand liefert also einen Beitrag, nämlich

$$\int_M d\omega = \int_{\mathbb{R}^k_-}\frac{\partial f^1}{\partial u^1}du^1\ldots du^k = \int_{\mathbb{R}^{k-1}} f^1(0,u^2,\ldots,u^k)du^2\ldots du^k\,,$$

weil wir ja über den linken Halbraum zu integrieren haben. Das lassen wir so stehen und wenden uns jetzt $\int_{\partial M}\omega$ zu. Um ganz sicher zu gehen, wollen wir die Inklusion $\iota : 0\times\mathbb{R}^{k-1}\hookrightarrow\mathbb{R}^k_-$ wirklich benennen und daran denken, dass $\int_{\partial M}\omega$ als $\int_{\partial M}\iota^*\omega$ zu lesen ist.

Offenbar ist $\iota^*du^1 = 0$, während anderen die ι^*du^μ einfach die Koordinatendifferentiale auf $0\times\mathbb{R}^{k-1}$ sind. Von den $k-1$-Formen $\iota^*du^1\wedge\ldots\widehat{\mu}\ldots\wedge\iota^*du^k$, $\mu = 1,\ldots,k$, die in der Koordinatenbeschreibung von $\iota^*\omega$ figurieren, ist also nur die erste von Null verschieden. Und weil nach der Orientierungskonvention die Koordinaten $u^2,\ldots,u^k$ orientierungserhaltend für ∂M sind, bleibt

$$\int_{\partial M}\omega = \int_{\mathbb{R}^{k-1}} f^1(0,u^2,\ldots,u^k)du^2\ldots du^k$$

übrig, also gerade was wir oben für $\int_M d\omega$ herausbekommen hatten. □

Der allgemeine Satz von Stokes, den wir jetzt bewiesen haben, ist aber nicht der Schlusspunkt des Cartan-Kalküls. Der sogenannte ***de Rham-Komplex*** einer k-dimensionalen Fläche M, das ist die

Sequenz der Cartan-Ableitungen von M, beiderseits der Vollständigkeit halber durch Nullen ergänzt:

$$0 \to \Omega^0 M \xrightarrow{d} \Omega^1 M \xrightarrow{d} \cdots \xrightarrow{d} \Omega^{k-1} M \xrightarrow{d} \Omega^k M \to 0,$$

stellt uns z.B. wegen $d \circ d = 0$ wieder die Frage nach den Potentialen und Vektorpotentialen, jetzt freilich allgemeiner. Welche $\omega \in \Omega^r M$ mit $d\omega = 0$ besitzen ein "$(r-1)$-Form-Potential", das heißt ein $\eta \in \Omega^{r-1} M$ mit $d\eta = \omega$, eine ***Stammform***, wie man in Analogie zu dem Begriff *Stammfunktion* auch sagen könnte? Jedenfalls ist Bild $(d : \Omega^{r-1} M \to \Omega^r M) \subset$ Kern $(d : \Omega^r M \to \Omega^{r+1} M)$, um *wieviel* größer ist der Kern? Das wird durch die r-te Kohomologie von M gemessen.

Definition: Der reelle Vektorraum

$$H^r(M, \mathbb{R}) := \frac{\text{Kern}\,(d : \Omega^r M \to \Omega^{r+1} M)}{\text{Bild}\,(d : \Omega^{r-1} M \to \Omega^r M)}$$

heißt die ***r-te de Rham-Kohomologie*** von M. □

Genau dann, wenn $H^r(M, \mathbb{R}) = 0$ ist, besitzt *jede* r-Form auf M mit verschwindender Cartanableitung eine Stammform, und die Frage, wieviele wesentlich verschiedene Stammformen eine r-Form haben kann, hängt wieder mit $H^{r-1}(M, \mathbb{R})$ zusammen, wie wir es für $r = 1, 2$ und M offen im $\mathbb{R}^3$ im Abschnitt 29.2 schon besprochen haben. Auch die Existenzaussagen für sternförmige Gebiete gelten allgemein:

Poincaré-Lemma: *Ist M diffeomorph zu einer (möglicherweise berandeten) sternförmigen k-dimensionalen Untermannigfaltigkeit des $\mathbb{R}^k$, so ist $H^r(M, \mathbb{R}) = 0$ für alle $r \geq 1$.* □

Die Kohomologietheorie hält noch viele andere Informationen über die $H^r(M, \mathbb{R})$ bereit, die Räume sind im Prinzip berechenbar, für kompakte Flächen sind sie immer endlichdimensional. Ist $M_0 \subset M$ eine kompakte unberandete (dafür sagt man auch *geschlossene*) r-dimensionale orientierte Fläche innerhalb einer k-dimensionalen

Fläche M, so ist wegen des Satzes von Stokes durch

$$\begin{array}{ccc} H^r(M,\mathbb{R}) & \longrightarrow & \mathbb{R} \\ [\omega] & \longmapsto & \displaystyle\int_{M_0} \omega \end{array}$$

eine lineare Abbildung wohldefiniert, denn für $\eta \in \Omega^{r-1}M$ gilt zwar $[\omega] = [\omega + d\eta]$, aber auch $\int_{M_0}(\omega + d\eta) = \int_{M_0}\omega$, weil $\int_{M_0} d\eta = \int_{\emptyset}\eta = 0$ ist. Dass mit solchen Einsichten unter Umständen etwas anzufangen ist, nämlich wenn man $H^r(M,\mathbb{R})$ kennt, konnten Sie in der Aufgabe T29.2 in einem einfachen Spezialfall schon sehen.

Freilich ist in der mathematischen Grundausbildung der Physikstudenten im ersten Studienjahr nicht genug Zeit, auf das alles genauer einzugehen. Aber vielleicht haben Sie später, nach dem Vordiplom einmal Lust, Kohomologietheorie zu lernen — oder eine andere mathematische Theorie, zum Beispiel Differentialgeometrie, wo Ihnen auf Riemannschen oder Lorentz-Mannigfaltigkeiten ein vektorwertiges Analogon

$$0 \to \Omega^0(M,TM) \xrightarrow{d^\nabla} \cdots \xrightarrow{d^\nabla} \Omega^k(M,TM) \to 0,$$

des de Rham-Komplexes begegnet, in dem $d^\nabla \circ d^\nabla$ nicht mehr Null, sondern etwas Interessantes, nämlich das Dachprodukt mit der *Krümmung* ist. Der Cartan-Kalkül ist ein guter Anknüpfungspunkt für eine Wiederbegegnung mit der Mathematik in Ihren höheren Semestern.

33.4 Übungsaufgaben

Aufgabe R33.1: Seien α, β Linearformen auf dem $\mathbb{R}^n$ und $\vec{v}, \vec{w}$ Vektoren im $\mathbb{R}^n$. Berechnen Sie $\alpha \wedge \beta(\vec{v}, \vec{w})$ allgemein aus der Definition des Dachproduktes und speziell in dem konkreten Beispiel $n = 3$, $\alpha = (1, 1, -1)$, $\beta = (2, 0, 3)$, $\vec{v}^{\,t} = (2, -3, 1)$ und $\vec{w}^{\,t} = (-1, 3, 3)$.

Aufgabe R33.2: a) Drücken Sie die 2-Form $dx \wedge dy$ auf dem $\mathbb{R}^3$ durch Zylinderkoordinaten r, φ, z aus. b) Seien x, y, z Koordinaten des $\mathbb{R}^3$. Finden Sie eine 2-Form ω mit $d\omega = dx \wedge dy \wedge dz$.

Aufgabe R33.3: Sei $\alpha = adx + bdy \in \Omega^1(B)$ eine 1-Form auf einem geeigneten offenen Bereich im $\mathbb{R}^2$. Berechnen Sie α und $d\alpha \in \Omega^2(B)$ in kartesischen und in Polarkoordinaten. (Hinweis: Schreiben Sie ohne weiteres $\partial_x a$, $\partial_y a$, $\partial_r a$ und $\partial_\varphi a$ für die jeweiligen partiellen Ableitungen von a, analog für b.)

Aufgabe R33.4: a) Es sei $K := K_a(0) \subset \mathbb{R}^3$ die Kugel vom Radius $a > 0$. Berechnen Sie $\int_{\partial K}(x^3dy \wedge dz + y^3dz \wedge dx + z^3dx \wedge dy)$.
b) Sei M die obere Hälfte der Kugeloberfläche, genauer

$$M := \{(x, y, z) \in \mathbb{R}^3 \mid x^2 + y^2 + z^2 = a^2,\ z \geq 0\}.$$

Berechnen Sie $\int_M dx \wedge dy$.

Aufgabe T33.1: Für $\alpha_1, ..., \alpha_r \in \mathrm{Alt}^1(V)$ und $\vec{v}_1, ..., \vec{v}_r \in V$ sei A die $r \times r$-Matrix mit $a_{ij} := \alpha_i(\vec{v}_j)$. Beweisen Sie

$$\alpha_1 \wedge \ldots \wedge \alpha_r(\vec{v}_1, \ldots, \vec{v}_r) = \det A$$

(Induktion und Entwicklungsformel).

Aufgabe T33.2: Es sei M eine orientierbare kompakte berandete k-dimensionale Fläche und $\varphi : \partial M \to N$ ein Diffeomorphismus. Schließen Sie aus dem Satz von Stokes, dass sich φ nicht zu einer differenzierbaren Abbildung $\Phi : M \to N$ fortsetzen läßt.

34 Cartan-Kalkül III: Übersetzung in die Vektoranalysis

34.1 Die Übersetzungs-Isomorphismen

In diesem Kapitel möchte ich Ihnen zeigen, inwiefern der Cartan-Kalkül die klassische Vektoranalysis mit umfasst. Dabei werden wir auch die klassischen Sätze von Gauß und Stokes als Spezialfälle des allgemeinen Satzes von Stokes erhalten.

Definition: Es sei $X \subset \mathbb{R}^3$ offen. Die reellen Vektorräume der C^∞-Funktionen bzw. -Vektorfelder werden wieder mit $\mathcal{F}(X) := C^\infty(X, \mathbb{R})$ und $\mathcal{V}(X) := C^\infty(X, \mathbb{R}^3)$ bezeichnet. Unter den ***Übersetzungs-Isomorphismen für r-Formen***, $r = 0, 1, 2, 3$, wollen wir die im Folgenden detailliert geschilderten Isomorphismen $\mathcal{F}(X) \cong \Omega^0 X$, $\mathcal{V}(X) \cong \Omega^1 X$, $\mathcal{V}(X) \cong \Omega^2 X$, und $\mathcal{F}(X) \cong \Omega^3 X$ verstehen. Wir beginnen mit den **Nullformen.** Nullformen *sind* nichts anderes als Funktionen,

$$\boxed{\mathcal{F}(X) = \Omega^0 X\,,}$$

und der Übersetzungsisomorphismus, nur der Vollständigkeit halber so benannt, soll die Identität sein. Für **1-Formen** wählen wir den Isomorphismus

$$\boxed{\begin{array}{ccc} \mathcal{V}(X) & \xrightarrow{\cong} & \Omega^1 X\,, \\ \vec{a} & \longmapsto & \vec{a} \cdot \_ \end{array}}$$

wobei der Strich _ in der Formel nur als Platzhalter für die Vektor-Variable der 1-Form steht, ausführlich geschrieben geht also ein

K. Jänich, *Mathematik 2*, Springer-Lehrbuch, 2nd ed.,
DOI 10.1007/978-3-642-16150-6_12, © Springer-Verlag Berlin Heidelberg 2011

Vektorfeld $\vec{a}$ auf X in die 1-Form α über, die für $p \in X$ jeweils als lineare Abbildung $\alpha_p : T_pX \to \mathbb{R}$ durch das Standard-Skalarprodukt mit $\vec{a}(p)$ gegeben ist (beachte $T_pX = \mathbb{R}^3$), also durch $\vec{v} \mapsto \vec{a} \cdot \vec{v}$. In Matrizenschreibweise ist $\alpha_p : \mathbb{R}^3 \to \mathbb{R}$ eine 1×3-Matrix, also eine Zeile, und diese ist natürlich nichts anderes als die transponierte der Spalte $\vec{a}(p)$, so dass also

$$\vec{a} \longmapsto \vec{a}^t$$

den Übersetzungsisomorphismus für 1-Formen in Matrizenschreibweise angibt. Dies alles eigentlich nur zur Erinnerung, denn wie Vektorfelder und 1-Formen auf offenen Bereichen des $\mathbb{R}^n$ zueinander gehören, haben wir auch im Abschnitt 16.4 des ersten Bandes besprochen.

Etwas weniger tautologisch sieht die Übersetzung für **2-Formen** aus, hier verwenden wir

$$\begin{array}{ccc} \mathcal{V}(X) & \xrightarrow{\cong} & \Omega^2 X \\ \vec{b} & \longmapsto & \det(\vec{b}, \_, \_) \,. \end{array}$$

Ausführlicher geschrieben ist also die 2-Form, nennen wir sie η, die zu dem Vektorfeld $\vec{b}$ gehört, durch

$$\eta_p(\vec{v}, \vec{w}) := \det(\vec{b}(p), \vec{v}, \vec{w}) = \vec{b} \cdot (\vec{v} \times \vec{w})$$

gegeben. Die schiefsymmetrische 3×3-Matrix von η_p erhält man durch Einsetzen der kanonischen Einheitsvektoren, und dabei ergibt sich

$$\vec{b} \longmapsto \begin{pmatrix} 0 & b_3 & -b_2 \\ -b_3 & 0 & b_1 \\ b_2 & -b_1 & 0 \end{pmatrix}$$

als der Übersetzungsisomorphismus in Matrizenschreibweise.

Für **3-Formen** schließlich definieren wir die Übersetzung durch

$$\begin{array}{ccc} \mathcal{F}(X) & \xrightarrow{\cong} & \Omega^3 X \\ \rho & \longmapsto & \rho \det(\_, \_, \_) \end{array}$$

oder ausführlich geschrieben $\rho \mapsto \omega$ mit

$$\omega_p(\vec{v}, \vec{w}, \vec{u}) := \rho(p) \det(\vec{v}, \vec{w}, \vec{u}).$$

Die Determinante als 3-Form auf X ist übrigens auch die kanonische Volumenform ω_X, wie wir sie in Abschnitt 32.4 allgemeiner für jede k-dimensionale orientierte Fläche im $\mathbb{R}^n$ kennengelernt hatten, also ist der Übersetzungsisomorphismus $\mathcal{F}(X) \to \Omega^3 X$ auch die Multiplikation mit der Volumenform, $\rho \mapsto \rho\omega_X$. □

Diese Definition gibt ganz handgreiflich-geometrisch an, wie man ein Vektorfeld auf einer offenen Teilmenge im $\mathbb{R}^3$ als 1-Form oder 2-Form lesen soll. Für das Rechnen damit ist es aber auch nützlich, die Formen durch Komponentenfunktionen und Dachprodukte von Koordinatendifferentialen auszudrücken. Dann nehmen die Übersetzungsisomorphismen folgende Gestalt an.

Lemma: *Bezeichnen x^1, x^2, x^3 die Standard-Koordinatenfunktionen auf der offenen Teilmenge $X \subset \mathbb{R}^3$, dann sind die obigen Übersetzungsisomorphismen für $r = 1, 2, 3$ auch durch*

$$\begin{aligned} \vec{a} &\longmapsto \alpha := a_1 dx^1 + a_2 dx^2 + a_3 dx^3 \\ \vec{b} &\longmapsto \eta := b_1 dx^2 \wedge dx^3 + \text{zykl.perm.} \\ \rho &\longmapsto \omega := \rho\, dx^1 \wedge dx^2 \wedge dx^3 \end{aligned}$$

gegeben.

Beweis: Hier nehmen wir ja auf die Koordinaten-Darstellung

$$\omega = \sum_{\mu_1 < .. < \mu_r} \omega_{\mu_1 \dots \mu_r} dx^{\mu_1} \wedge \dots \wedge dx^{\mu_r}$$

für beliebige r-Formen ω Bezug, die wir in Abschnitt 33.2 besprochen haben. Die Komponentenfunktionen erhält man durch Einsetzen der kanonischen Einheitsvektoren in die Form. Für $r = 1$ und $r = 3$ ist das Lemma offenbar richtig, allenfalls sollten wir bei $r = 2$ noch einmal genauer hinschauen. Mit "zykl.perm." ist natürlich gemeint, dass sich die anderen Summanden durch zyklische Permutation der Indices ergeben, also

$$\vec{b} \mapsto b_1 dx^2 \wedge dx^3 + b_2 dx^3 \wedge dx^1 + b_3 dx^1 \wedge dx^2 \,.$$

In dieser Schreibweise sind die Indices im Dachprodukt des zweiten Summanden nicht aufsteigend, aber das hat schon seine Richtigkeit, die Komponente $\eta_{13} = \det(b_1\vec{e}_1 + b_2\vec{e}_2 + b_3\vec{e}_3, \vec{e}_1, \vec{e}_3)$ ist ja offenbar wirklich $-b_2$. □

34.2 Übersetzung von Cartan-Ableitung und Dachprodukt

Weitere Definitionen haben wir in unserem Übersetzungsgeschäft nun nicht mehr zu treffen, wir müssen die Übersetzungsisomorphismen nur noch anwenden, um auch die anderen Ingredienzien des Cartan-Kalküls für den Spezialfall $X \subset_{\text{off}} \mathbb{R}^3$ in die Sprache der klassischen Vektoranalysis zu übertragen. Fangen wir gleich mit der Cartan-Ableitung an:

Lemma (Übersetzung der Cartan-Ableitung): *Mit den obigen Übersetzungs-Isomorphismen wird das Diagramm*

$$\begin{array}{ccccccc} \Omega^0 X & \xrightarrow{d} & \Omega^1 X & \xrightarrow{d} & \Omega^2 X & \xrightarrow{d} & \Omega^3 X \\ \uparrow = & & \uparrow \cong & & \uparrow \cong & & \uparrow \cong \\ \mathcal{F}(X) & \xrightarrow{\text{grad}} & \mathcal{V}(X) & \xrightarrow{\text{rot}} & \mathcal{V}(X) & \xrightarrow{\text{div}} & \mathcal{F}(X) \end{array}$$

kommutativ.

Beweis: Das sind eigentlich drei Lemmas in einem, wir haben von jeder der drei 'Maschen' des Diagramms die Kommutativität zu prüfen: (1) Ist $f \in \mathcal{F}(X) = \Omega^0 X$, so wird $\operatorname{grad} f \in \mathcal{V}(X)$ in die 1-Form

$$\frac{\partial f}{\partial x^1}dx^1 + \frac{\partial f}{\partial x^2}dx^2 + \frac{\partial f}{\partial x^3}dx^3 = df$$

übersetzt, wie es sein soll. (2) Sei jetzt $\vec{a} \in \mathcal{V}(X)$. Die Cartan-Ableitung der durch Übersetzung daraus entstandenen 1-Form ist

$$d(a_1dx^1 + a_2dx^2 + a_3dx^3) = da_1 \wedge dx^1 + da_2 \wedge dx^2 + da_3 \wedge dx^3,$$

nach der Produktregel und wegen $dd = 0$. Entwickeln wir die Differentiale der Komponentenfunktionen wieder nach den Koordinatendifferentialen, so erhalten wir wegen $dx^i \wedge dx^i = 0$ nicht neun, sondern nur sechs Terme, nämlich

$$\begin{aligned} &\frac{\partial a_1}{\partial x^2} dx^2 \wedge dx^1 + \frac{\partial a_1}{\partial x^3} dx^3 \wedge dx^1 \\ +&\frac{\partial a_2}{\partial x^1} dx^1 \wedge dx^2 + \frac{\partial a_2}{\partial x^3} dx^3 \wedge dx^2 \\ +&\frac{\partial a_3}{\partial x^1} dx^1 \wedge dx^3 + \frac{\partial a_3}{\partial x^2} dx^2 \wedge dx^3, \end{aligned}$$

was zusammen

$$\left(\frac{\partial a_3}{\partial x^2} - \frac{\partial a_2}{\partial x^3}\right) dx^2 \wedge dx^3 + \text{zykl. perm.}$$

ergibt, also gerade die Übersetzung von $\operatorname{rot} \vec{a}$ in eine 2-Form, wie behauptet. (3) Schließlich haben wir noch die Cartan-Ableitung

$$d(b_1 dx^2 \wedge dx^3 + \text{zykl. perm.})$$

der Übersetzung eines Vektorfelds $\vec{b}$ in eine 2-Form zu berechnen, und das ist

$$\begin{aligned} &db_1 \wedge dx^2 \wedge dx^3 + \text{zykl. perm.} \\ =&\frac{\partial b_1}{\partial x^1} dx^1 \wedge dx^2 \wedge dx^3 + \text{zykl. perm.} \\ =&(\operatorname{div} \vec{b})\, dx^1 \wedge dx^2 \wedge dx^3\,, \end{aligned}$$

weil $dx^1 \wedge dx^2 \wedge dx^3$ sich bei zyklischer Permutation der Indices nicht ändert. □

Damit sehen wir jetzt zum Beispiel die Formeln $\operatorname{rot} \operatorname{grad} f = 0$ und $\operatorname{div} \operatorname{rot} \vec{a} = 0$ als Spezialfälle von $dd = 0$ und verstehen, weshalb Kohomologie-Aussagen des Cartan-Kalküls, wenn man sie auf offene Teilmenge $X \subset \mathbb{R}^3$ anwendet, Informationen über Potentiale und Vektorpotentiale enthalten.

Im Cartan-Kalkül gibt es nur eine Produktformel, sie heißt

$$d(\omega \wedge \eta) = d\omega \wedge \eta + (-1)^r \omega \wedge d\eta,$$

wenn ω eine r-Form ist. Um sie zu Produktformeln der Vektoranalysis zu spezialisieren, brauchen wir nur noch das Dachprodukt

$\wedge : \Omega^r X \times \Omega^s X \to \Omega^{r+s} X$ für $0 \le r, s, r+s \le 3$ zu übersetzen. Wegen der Antikommutativität $\omega \wedge \eta = (-1)^{rs} \eta \wedge \omega$ verlieren wir keine Information, wenn wir oBdA $r \le s$ annehmen. Das Dachprodukt mit einer Nullform f ist einfach das gewöhnliche Produkt mit der Funktion f und ist mit der Übersetzung verträglich. Den Fall $r = 0$ können wir also schon abhaken, und somit müssen wir nur noch die Fälle $r = s = 1$ und $r = 1$, $s = 2$ aufklären.

Lemma (Übersetzung des Dachprodukts): *Für $X \subset \mathbb{R}^3$ offen sind die beiden Übersetzungsdiagramme*

$$\begin{array}{ccc} \Omega^1 X \times \Omega^1 X & \stackrel{\wedge}{\longrightarrow} & \Omega^2 X \\ \uparrow\cong & & \uparrow\cong \\ \mathcal{V}(X) \times \mathcal{V}(X) & \stackrel{\times}{\rightarrow} & \mathcal{V}(X) \end{array} \qquad \textit{und} \qquad \begin{array}{ccc} \Omega^1 X \times \Omega^2 X & \stackrel{\wedge}{\longrightarrow} & \Omega^3 X \\ \uparrow\cong & & \uparrow\cong \\ \mathcal{V}(X) \times \mathcal{V}(X) & \stackrel{\cdot}{\rightarrow} & \mathcal{F}(X) \end{array}$$

kommutativ, d.h. das Dachprodukt zweier 1-Formen übersetzt sich in das Kreuzprodukt, das einer 1-Form mit einer 2-Form in das Skalarprodukt der entsprechenden Vektorfelder.

Beweis: Seien also $\vec{a}$ und $\vec{b}$ zwei Vektorfelder auf X und zunächst $\alpha, \beta \in \Omega^1 X$ ihre Übersetzungen in 1-Formen. Ordnen wir

$$\alpha \wedge \beta = (a_1 dx^1 + a_2 dx^2 + a_3 dx^3) \wedge (b_1 dx^1 + b_2 dx^2 + b_3 dx^3)$$

in die Gestalt $c_1 dx^2 \wedge dx^3 +$ zykl. perm., so erhalten wir als Koeffizientenfunktionen $c_1 = (a_2 b_3 - a_3 b_2)$ und zyklisch permutiert, also gerade die Komponenten des Kreuzproduktes $\vec{a} \times \vec{b}$, dessen Übersetzung $\alpha \wedge \beta$ folglich ist. Damit ist das erste Diagramm als kommutativ nachgewiesen.

Nun übersetzen wir $\vec{a}$ wieder in eine 1-Form α, aber $\vec{b}$ in eine 2-Form $\eta = b_1 dx^2 \wedge dx^3 + b_2 dx^3 \wedge dx^1 + b_3 dx^1 \wedge dx^2$. Dann ist

$$\begin{aligned} \alpha \wedge \eta = {} & a_1 b_1 \, dx^1 \wedge dx^2 \wedge dx^3 \\ & + a_2 b_2 \, dx^2 \wedge dx^3 \wedge dx^1 \\ & + a_3 b_3 \, dx^3 \wedge dx^1 \wedge dx^2, \end{aligned}$$

und das ist $(\vec{a} \cdot \vec{b}) \, dx^1 \wedge dx^2 \wedge dx^3$, die Übersetzung des Skalarprodukts in eine 3-Form, also ist auch das zweite Diagramm kommutativ. □

Korollar (Spezialfälle der Produktformel): *Für differenzierbare Funktionen f, g und Vektorfelder $\vec{a}, \vec{b}$ auf X gilt:*

$$\begin{aligned} \operatorname{grad}(fg) &= (\operatorname{grad} f)g + f \operatorname{grad} g, \\ \operatorname{rot}(f\vec{a}) &= (\operatorname{grad} f) \times \vec{a} + f \operatorname{rot} \vec{a}, \\ \operatorname{div}(f\vec{b}) &= (\operatorname{grad} f) \cdot \vec{b} + f \operatorname{div} \vec{b}, \\ \operatorname{div}(\vec{a} \times \vec{b}) &= (\operatorname{rot} \vec{a}) \cdot \vec{b} - \vec{a} \cdot \operatorname{rot} \vec{b}. \end{aligned}$$

□

34.3 Übersetzung der Integration

Um den allgemeinen Satz von Stokes auf die Vektoranalysis spezialisieren zu können, müssen wir nun noch nachsehen, wie sich die Integrale über 1-, 2- und 3-Formen bei der Übersetzung der Formen in Vektorfelder bzw. Funktionen ausnehmen.

Lemma (Integralübersetzung): *Sei wieder $X \subset \mathbb{R}^3$ offen. Seien $\vec{a}, \vec{b} \in \mathcal{V}(X)$ und $\rho \in \mathcal{F}(X)$. Das Vektorfeld $\vec{a}$ werde in eine 1-Form $\alpha \in \Omega^1 X$, das Vektorfeld $\vec{b}$ in eine 2-Form $\eta \in \Omega^2 X$ und die Funktion ρ in eine 3-Form $\omega \in \Omega^3 X$ übersetzt. Dann gilt für k-dimensionale orientierte berandete Flächen $M^k \subset X$, Kompaktheit der Träger jeweils vorausgesetzt:*

$$\int_{M^1} \vec{a} \cdot d\vec{s} = \int_{M^1} \alpha \,,$$

$$\int_{M^2} \vec{b} \cdot d\vec{F} = \int_{M^2} \eta$$

und

$$\int_{M^3} \rho \, dV = \int_{M^3} \omega \,.$$

Beweis: Eine Beziehung zwischen den Integralen $\int_{M^k} f\, d^kF$ der klassischen Vektoranalysis und der Integration von Differentialformen hatten wir in Abschnitt 32.4 schon kennengelernt, nämlich

$$\int\limits_{M^k} f\, d^kF = \int\limits_{M^k} f\omega_{M^k}\,,$$

wobei $\omega_{M^k} \in \Omega^k M^k$ die kanonische Volumenform der Fläche bezeichnet. Deshalb haben wir als Rohübersetzung unserer Integrale schon einmal

$$\begin{aligned}\int_{M^1} \vec{a}\cdot d\vec{s} &= \int_{M^1} \vec{a}\cdot\vec{T}\,\omega_{M^1}\,,\\ \int_{M^2} \vec{b}\cdot d\vec{F} &= \int_{M^2} \vec{b}\cdot\vec{N}\,\omega_{M^2}\end{aligned}$$

und

$$\int_{M^3} \rho\, dV = \int_{M^3} \rho\,\omega_{M^3}\,.$$

Im Falle $k = 3$ sind wir damit auch schon fertig, denn wie im Abschnitt 34.1 bereits bemerkt, ist die Übersetzung einer Funktion in eine 3-Form einfach die Multiplikation mit der Volumenform. Es bleibt zu zeigen, dass $\vec{a}\cdot\vec{T}\,\omega_{M^1}$ und α dieselbe 1-Form auf M^1 und $\vec{b}\cdot\vec{N}\,\omega_{M^2}$ und η dieselbe 2-Form auf M^2 definieren. Das überprüfen wir, indem wir an jedem Punkte $p \in M^k$ eine positiv orientierte ON-Basis $(\vec{v}_1, \ldots, \vec{v}_k)$ von T_pM^k in diese k-Formen einsetzen.

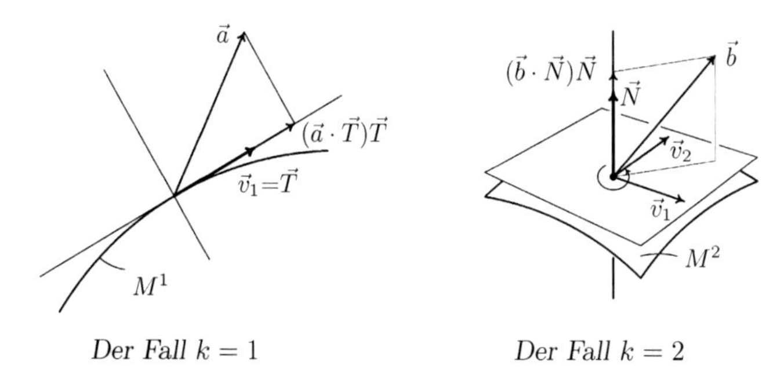

Der Fall $k = 1$ *Der Fall* $k = 2$

Die Volumenform antwortet auf eine positiv orientierte ON-Basis mit $+1$, es bleibt also $\vec{a}(p)\cdot\vec{T}(p) = \alpha_p(\vec{v}_1)$ bzw. $\vec{b}(p)\cdot\vec{N}(p) = \eta(\vec{v}_1, \vec{v}_2)$

zu zeigen. Im ersten Falle wählen wir den Tangenteneinheitsvektor $\vec{T}(p)$ selbst als Basisvektor $\vec{v}_1$, und dann folgt

$$\vec{a}(p) \cdot \vec{T}(p) = \alpha_p(\vec{T}) = \alpha_p(\vec{v}_1)$$

direkt aus der Definition der Übersetzung von $\vec{a}$ in α. Im Falle $k = 2$ schließlich ist definitionsgemäß

$$\eta_p(\vec{v}_1, \vec{v}_2) = \det(\vec{b}(p), \vec{v}_1, \vec{v}_2) = \vec{b}(p) \cdot (\vec{v}_1 \times \vec{v}_2),$$

aber $\vec{v}_1 \times \vec{v}_2 = \vec{N}(p)$ und daher $\eta_p(\vec{v}_1, \vec{v}_2) = \vec{b}(p) \cdot \vec{N}(p)$, was zu zeigen war. □

Nun kann ich auch das am Ende des Kapitels 31 gegebene Versprechen einlösen und die klassischen Integralsätze als Korollare aus dem bewiesenen allgemeinen Satz von Stokes herausziehen.

Korollar (Klassische Integralsätze): *Durch Übersetzung der Integrale und der Cartan-Ableitung erhält man aus dem allgemeinen Satz von Stokes den klassischen Stokesschen Integralsatz*

$$\boxed{\int_{M^2} \operatorname{rot} \vec{a} \cdot d\vec{F} = \int_{M^2} d\alpha = \int_{\partial M^2} \alpha = \int_{\partial M^2} \vec{a} \cdot d\vec{s}}$$

und den Gaußschen Integralsatz

$$\boxed{\int_{M^3} \operatorname{div} \vec{b} \cdot dV = \int_{M^3} d\eta = \int_{\partial M^3} \eta = \int_{\partial M^3} \vec{b} \cdot d\vec{F}.}$$

□

34.4 Ausblick

Aus der Perspektive des Cartan-Kalküls sind das zwei kleine Spezialfälle. Von allen Themen dieses Kurses zeigt Ihnen der Cartan-Kalkül vielleicht am deutlichsten, wie die klassische Mathematik des achtzehnten und neunzehnten Jahrhunderts, hier repräsentiert durch die Vektoranalysis, in den neuen, viel weiter reichenden Theorien noch unversehrt enthalten ist, aber, wie man zu spüren meint, von diesem höheren Standpunkt aus erst richtig verstanden werden kann. Deshalb haben Sie wirklich eine neue Stufe Ihrer mathematischen Entwicklung erreicht, wenn Sie den Cartan-Kalkül und seine Beziehung zur Vektoranalysis durchschauen.

Auch in der Physik wird Ihnen der Cartan-Kalkül wieder begegnen, etwa wenn Sie die Elektrodynamik im relativistischen Rahmen, als lorentzinvariante Theorie im Minkowski-Raum M^4 verstehen wollen. Dann ist der Cartan-Kalkül ohne geistigen Mehraufwand zur Stelle mit den Differentialoperatoren

$$\Omega^0 M^4 \xrightarrow{d} \Omega^1 M^4 \xrightarrow{d} \Omega^2 M^4 \xrightarrow{d} \Omega^3 M^4 \xrightarrow{d} \Omega^4 M^4$$

und den zugehörigen Integralsätzen, da er von Haus aus sowieso auf beliebigen k-dimensionalen Flächen funktioniert. Und mitten drin, gerade dort wo die klassische Vektoranalysis am schlechtesten hinkommt ($\dim \mathrm{Alt}^2 T_p M^4 = 6$) sitzt der elektromagnetische Feldtensor $F \in \Omega^2 M^4$, der sogenannte *Faradaytensor*, der das elektrische Feld und die magnetische Induktion zu einer relativistischen Größe vereinheitlicht. Der Faradaytensor erfüllt $dF = 0$ (das ist ein Teil der Maxwellgleichungen), und in $\Omega^1 M^4$ halten sich seine *Viererpotentiale* auf, das sind die 1-Formen $A \in \Omega^1 M^4$ mit $dA = F$.

Im Wesentlichen eben dort, in $\Omega^2 M^4$, allerdings nicht als reellwertige 2-Formen, sondern als 2-Formen mit Werten in einer Liealgebra, leben auch die *Eichfelder* und im liealgebrenwertigen $\Omega^1 M^4$ die *Eichpotentiale* jener Feldtheorien, deren Quantisierung dem Standardmodell der Elementarteilchentheorie zugrunde liegt.

Fürchten Sie also nicht, ich hätte Sie durch den Cartan-Kalkül zu weit von der Physik weggeführt. Eher hätten Sie Grund zu argwöhnen, ich sei mit Ihnen noch nicht weit *genug* in den Cartan-Kalkül eingestiegen, und dazu möchte ich am Beispiel der vektoranalytischen Formel

$$\boxed{\mathrm{rot}\,\mathrm{rot}\,\vec{a} = \mathrm{grad}\,\mathrm{div}\,\vec{a} - \Delta\vec{a}}$$

noch einige Anmerkungen machen. Darin ist Δ der komponentenweise angewendete Laplace-Operator, $\Delta\vec{a} = \frac{\partial^2\vec{a}}{\partial x^2} + \frac{\partial^2\vec{a}}{\partial y^2} + \frac{\partial^2\vec{a}}{\partial z^2}$, wenn wir die Koordinaten mit x, y, z bezeichnen. Im *Jackson*[1] finden Sie diese Formel, als sechste der Vektorformeln auf der Einbandinnenseite, in der Nabla-Notation $\nabla \times (\nabla \times \vec{a}) = \nabla(\nabla\vec{a}) - \nabla^2\vec{a}$. Können wir die Formel beweisen? Ganz leicht, schreiben wir zur Abkürzung ∂_i für das partielle Ableiten nach der i-ten der drei Variablen und rechnen jeweils die erste Komponente der drei beteiligten Vektorterme aus,

$$\begin{aligned}
(\operatorname{rot}\operatorname{rot}\vec{a})_1 &= \partial_2(\operatorname{rot}\vec{a})_3 - \partial_3(\operatorname{rot}\vec{a})_2 \\
&= \partial_2(\partial_1 a_2 - \partial_2 a_1) - \partial_3(\partial_3 a_1 - \partial_1 a_3) \\
&= \partial_2\partial_1 a_2 - \partial_2\partial_2 a_1 - \partial_3\partial_3 a_1 + \partial_3\partial_1 a_3 \\
(\operatorname{grad}\operatorname{div}\vec{a})_1 &= \partial_1(\partial_1 a_1 + \partial_2 a_2 + \partial_3 a_3) \\
&= \partial_1\partial_1 a_1 + \partial_1\partial_2 a_2 + \partial_1\partial_3 a_3 \\
(\Delta\vec{a})_1 &= \Delta a_1 = \partial_1\partial_1 a_1 + \partial_2\partial_2 a_1 + \partial_3\partial_3 a_1,
\end{aligned}$$

dann zeigt die Bilanz die Richtigkeit der Formel in der ersten Komponente, analog für die beiden anderen. Aber können wir die Formel *verstehen*?

Hoffnungsvoll wenden wir uns an den Cartan-Kalkül — und sehen uns enttäuscht: $\operatorname{rot}\operatorname{rot}\vec{a}$ zu bilden scheint dort nicht vorgesehen zu sein, denn $\operatorname{rot}\vec{a}$ entspricht einer 2-Form $d\alpha$, und welcher Differentialoperator des Cartan-Kalküls machte daraus eine Differentialform, die dem Vektorfeld $\operatorname{rot}\operatorname{rot}\vec{a}$ entsprechen könnte? Da müssen wir ja zuerst die 2-Form $d\alpha$ zurück in ein Vektorfeld und dieses dann in eine *1-Form* übersetzen um erneut die Cartan-Ableitung anwenden zu können:

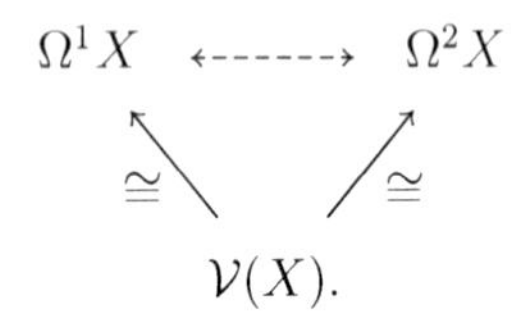

Hat diese über die Vektorfelder führende Beziehung zwischen $\Omega^2 X$ und $\Omega^1 X$ im allgemeinen Cartan-Kalkül einen Sinn, oder ist das nur eine Spezialität von $X \subset_{\text{offen}} \mathbb{R}^3$? Dieselbe Frage stellt sich, wenn wir $\operatorname{grad}\operatorname{div}\vec{a}$ im Cartan-Kalkül zu finden suchen. Der Gradient einer 3-Form? Auch dafür müssen wir die durch Übersetzung vermittelte Beziehung zwischen $\Omega^3 X$ und $\Omega^0 X$ in Anspruch nehmen:

$$\begin{array}{ccc} \Omega^0 X & \longleftarrow\text{-----}\longrightarrow & \Omega^3 X \\ & {}_{=}\nwarrow \quad \nearrow_{\cong} & \\ & \mathcal{F}(X) & \end{array}$$

Tatsächlich zeigt sich schon in der multilinearen Algebra eine allgemeine Beziehung zwischen alternierenden Multilinearformen *komplementären Grades*, nicht zufällig haben $\mathrm{Alt}^r V$ und $\mathrm{Alt}^{k-r} V$ für einen k-dimensionalen Vektorraum V dieselbe Dimension $\binom{k}{r}$. Aber so nahe verwandt, dass jeder alternierenden r-Form *kanonisch* eine alternierende $(k-r)$-Form entspräche, so nahe verwandt sind die Formen komplementären Grades wiederum nicht. Vielmehr stellt sich ein kanonischer Isomorphismus erst ein, wenn V orientiert und mit einem Skalarprodukt versehen ist:

Lemma und Definition: *Sei $(V, \langle\ ,\ \rangle)$ ein orientierter, k-dimensionaler euklidischer Raum. Dann gibt es zu jedem $\omega \in \mathrm{Alt}^r V$ genau eine alternierende $(k-r)$-Form $*\omega \in \mathrm{Alt}^{k-r} V$, die auf die letzten $k-r$ Vektoren einer positiv orientierten ON-Basis jeweils so antwortet, wie ω auf die ersten r Vektoren. Der dadurch definierte Isomorphismus*

$$* : \mathrm{Alt}^r V \xrightarrow{\cong} \mathrm{Alt}^{k-r} V$$

heißt der Sternisomorphismus oder ***Sternoperator****.* □

Auf die Beweise der hierbei gemachten Behauptungen will ich hier nicht eingehen, es handelt sich nur um linear-algebraische Routine. Auch in Komponenten bezüglich einer positiv orientierten ON-Basis lässt sich der Sternoperator leicht angeben, für jede Permutation $\tau \in \mathcal{S}_k$ ist eben

$$*\omega_{\tau_{r+1}\dots\tau_k} = \operatorname{sgn}\tau\, \omega_{\tau_1\dots\tau_r}\ ,$$

für gerade Permutationen sagt das die Definition direkt, weil dann auch die permutierte Basis positiv orientiert ist, bei ungeraden sorgt der Vorzeichenfaktor $\operatorname{sgn}\tau$ für Richtigkeit.

Dieser Sternoperator überträgt sich nun durch punktweise Anwendung auf die Differentialformen einer orientierten k-dimensionalen Fläche im $\mathbb{R}^n$, deren Tangentialräume ja als Untervektorräume

$T_pM \subset \mathbb{R}^n$ mit einem Skalarprodukt versehen sind.[2] Wir definieren den ***Sternoperator***

$$* : \Omega^r M \xrightarrow{\cong} \Omega^{k-r} M$$

für Differentialformen natürlich durch $(*\omega)_p := *(\omega_p)$. Der Sternoperator macht nun aus der Cartanableitung d eine im Grade absteigende sogenannte ***Koableitung*** δ, die aus guten Gründen, die ich aber jetzt nicht besprechen will, noch mit einem Vorzeichen versehen wird, das definierende Diagramm ist nämlich

$$\begin{array}{ccc} \Omega^r M & \xrightarrow{\quad d \quad} & \Omega^{r+1} M \\ *\big\downarrow\cong & & *\big\downarrow\cong \\ \Omega^{k-r} M & \xrightarrow{(-1)^r\delta} & \Omega^{k-r-1} M. \end{array}$$

Jedes $\Omega^r M$ ist daher jetzt von zwei Cartanableitungen und zwei Koableitungen flankiert:

$$\Omega^{r-1} M \underset{\delta}{\overset{d}{\rightleftarrows}} \Omega^r M \underset{\delta}{\overset{d}{\rightleftarrows}} \Omega^{r+1} M,$$

und die Summe der Streifzüge nach rechts und links und wieder zurück, nämlich $\Delta := d\delta + \delta d : \Omega^r M \to \Omega^r M$, ist der ***Laplace-Beltrami-Operator***. Die Differentialformen, die $\Delta\omega = 0$ erfüllen, heißen ***harmonische Formen***. Damit fängt nun ein neues Kapitel des Cartan-Kalküls an, die sogenannte *Hodge-Theorie*, die wiederum auf mathematische Nachbargebiete ausstrahlt usw.

Um aber auf rot rot zurückzukommen: übersetzt man im Spezialfalle $M = X \subset_{\text{offen}} \mathbb{R}^3$ die Coableitung in die Sprache der klassischen Vektoranalysis, so erhält man

$$0 \rightleftarrows \mathcal{F}(X) \underset{\text{div}}{\overset{\text{grad}}{\rightleftarrows}} \mathcal{V}(X) \underset{-\text{rot}}{\overset{\text{rot}}{\rightleftarrows}} \mathcal{V}(X) \underset{\text{grad}}{\overset{\text{div}}{\rightleftarrows}} \mathcal{F}(X) \rightleftarrows 0$$

aus den auf- und absteigenden Sequenzen der d und der δ, und nun sehen wir, wie die Formel für rot rot, von der wir ausgegangen waren, mit dem Cartan-Kalkül zusammenhängt, sie ist ein Spezialfall der allgemein gültigen Beschreibung des Laplace-Beltrami-Operators $\Delta = d\delta + \delta d$ durch Cartan- und Koableitungen.

Muss das jeder Physiker wissen? Nein. Ich versuche Ihnen nur ein Gefühl dafür zu geben, dass in der Mathematik manches enthalten ist, das ein Physiker in einer konkreten Situation einmal brauchen mag, aber nicht gleich findet, weil ihm vielleicht die Sprache der allgemeinen Theorie, der sein Problem als Spezialfall zugehört, fremd ist. Solche Sprachbarrieren überwinden Sie aber am besten, wenn Sie während des Studiums auch bereit sind, sich in die Mathematik hineinzudenken, d.h. sich auch auf die *mathematische* Motivation der Begriffe und Fragestellungen einmal einzulassen und nicht bei jeder Definition und jedem Satz einen gestempelten Nachweis verlangen, dass das in der Physik auch anwendbar sei.

34.5 Übungsaufgaben

Aufgabe R34.1: Die Bewegungsgleichung für die Bewegung eines Teilchens mit der Ladung q im Magnetfeld $\vec{B}$ (Lorentzkraft) lautet in üblicher Notation: $d\vec{p}/dt = q\vec{v} \times \vec{B}$. Übersetzen Sie die rechte Seite in eine 1-Form α und $\vec{B}$ in eine 2-Form β. Wie wäre dann $\alpha(\vec{w})$ aus $\vec{v}$, $\vec{w}$ und β zu bestimmen?

Aufgabe R34.2: Es sei

$$\begin{aligned} F &= -E_x dt \wedge dx - E_y dt \wedge dy - E_z dt \wedge dz \\ &\quad + B_x dy \wedge dz + B_y dz \wedge dx + B_z dx \wedge dy \end{aligned}$$

der Faraday-Tensor (2-Form auf dem $\mathbb{R}^4$) aufgebaut aus den Komponenten des elektrischen und magnetischen Feldes. Berechnen Sie dF. Welche Maxwell-Gleichungen erhalten Sie aus $dF = 0$?

Aufgabe R34.3: Auf offenem $X \subset \mathbb{R}^3$ seien ein elektrisches und ein magnetisches zeitabhängiges Feld gegeben, notiert als $\vec{E}(\vec{x}, t)$ und $\vec{B}(\vec{x}, t)$, die durch

$$\frac{\partial \vec{E}}{\partial t} = \operatorname{rot} \vec{B} \quad \text{und} \quad \frac{\partial \vec{B}}{\partial t} = -\operatorname{rot} \vec{E}$$

miteinander zusammenhängen. Sind ε und β die zugehörigen zeitabhängigen 1-Formen, so ist die zeitabhängige 2-Form $\sigma := \varepsilon \wedge \beta$ auf X die *Energiestromdichte* des elektromagnetischen Feldes und der zugehörige Komponentenvektor $\vec{S}(\vec{x}, t)$ der *Poynting-Vektor* des Feldes. Zeigen Sie, dass

$$\int_{\partial M} \sigma = -\frac{1}{2} \int_M \frac{\partial}{\partial t}(\|\vec{E}\|^2 + \|\vec{B}\|^2)\, dV$$

für jedes glatt berandete kompakte Volumen $M \subset X$ gilt. Die Größe $u := \frac{1}{2}(\|\vec{E}\|^2 + \|\vec{B}\|^2)$ ist die *Energiedichte* des elektromagnetischen Feldes.

Aufgabe T34.2: Auf offenem $X \subset \mathbb{R}^3$ seien Funktionen f und g in $\Omega^0(X) = \mathcal{F}(X)$ und Differentialformen

$$\alpha, \beta, \gamma \in \Omega^1(X),\ \eta \in \Omega^2(X) \text{ und } \omega \in \Omega^3(X)$$

gegeben. Durch die üblichen Übersetzungsisomorphismen gehen die 1-Formen in Vektorfelder $\vec{u}, \vec{v}, \vec{w} \in \mathcal{V}(X)$, die 2-Form in ein Vektorfeld $\vec{B}$ und die 3-Form in eine Funktion $\rho \in \mathcal{F}(X)$ über. Übersetzen Sie die Dachprodukte

$$f \wedge g,\ f \wedge \alpha,\ f \wedge \eta,\ f \wedge \omega,\ \alpha \wedge \beta,\ \alpha \wedge \eta,\ \alpha \wedge \beta \wedge \gamma$$

in Funktionen bzw. Vektorfelder und die Produktregel für

$$d(f \wedge g),\ d(f \wedge \alpha),\ d(f \wedge \eta),\ d(\alpha \wedge \beta)$$

in jeweils eine Formel der klassischen Vektoranalysis.

Aufgabe T34.2: Sei M^3 ein glatt berandeter kompakter Bereich in $\mathbb{R}^3$. Beweisen Sie für Funktionen f und g auf M

$$(1) \quad \int_M \Delta f dV = \int_{\partial M} \tfrac{\partial f}{\partial n} dF,$$

$$(2) \quad \int_M (g\Delta f + \operatorname{grad} g \cdot \operatorname{grad} f) dV = \int_{\partial M} g \tfrac{\partial f}{\partial n} dF \quad \text{und}$$

$$(3) \quad \int_M (f\Delta g - g\Delta f) dV = \int_{\partial M} (f \tfrac{\partial g}{\partial n} - g \tfrac{\partial f}{\partial n}) dF.$$

Notation: $\Delta f := \operatorname{div} \operatorname{grad} f$ und am Rande $\frac{\partial f}{\partial n} := \operatorname{grad} f \cdot \vec{N}$.

Aufgabe T34.3: Im *Jackson*, einem Standard-Lehrbuch der Elektrodynamik, wird ∇f, $\nabla \times \vec{a}$, $\nabla \cdot \vec{b}$ statt $\operatorname{grad} f$, $\operatorname{rot} \vec{a}$ bzw. $\operatorname{div} \vec{b}$ geschrieben. Auf der Deckelinnenseite des Buches finden Sie unter anderem die folgenden Formeln:

(1) $\nabla \times \nabla \psi = 0$
(2) $\nabla \cdot (\nabla \times \vec{a}) = 0$
(3) $\nabla \cdot (\psi \vec{a}) = \vec{a} \cdot \nabla \psi + \psi \nabla \cdot \vec{a}$
(4) $\nabla \times (\psi \vec{a}) = (\nabla \psi) \times \vec{a} + \psi \nabla \times \vec{a}$
(5) $\nabla \cdot (\vec{a} \times \vec{b}) = \vec{b} \cdot (\nabla \times \vec{a}) - \vec{a} \cdot (\nabla \times \vec{b})$

Welchen Formeln des Cartan-Kalküls entsprechen sie?

Aufgabe T34.4: Nochmals Jackson: *In the following, ϕ and ψ are well-behaved scalar functions, V is a three-dimensional volume with volume element d^3x, S is a closed two-dimensional surface bounding V, with area element da and unit outward normal $\vec{n}$ at da.*

$$\int_V (\phi \nabla^2 \psi + \nabla \phi \cdot \nabla \psi) d^3x = \int_S \phi \vec{n} \cdot \nabla \psi \, da$$

(Green's first identity). Übertragen Sie die Voraussetzungen, unter Beibehaltung der Notation, nicht nur ins Deutsche, sondern auch in unsere Sprechweisen der klassischen Vektoranalysis und präzisieren Sie sie dabei. Beweisen Sie die Greensche Identität als Korollar aus dem Gaußschen Satze.

35 Mathematik und Mechanik

35.1 Grundgedanken der Variationsrechnung

In der theoretischen Mechanik begegnet Ihnen das *Hamiltonsche Prinzip*, welches das physikalische Gesetz für die Bewegung eines mechanischen Systems ganz anders beschreibt, als Sie es bisher gewohnt sind, nämlich nicht durch Differentialgleichungen für den in Koordinaten etwa als $t \mapsto q(t) = (q_1(t), \ldots, q_n(t))$ notierten Bewegungsablauf, sondern durch das *Verschwinden der ersten Variation* eines gewissen Integrals:

$$\delta \int_{t_0}^{t_1} L(t, q(t), \dot{q}(t))\, dt = 0.$$

Dabei bezeichnet L die sogenannte *Lagrangefunktion* des Systems. Das "Verschwinden der ersten Variation" soll bedeuten, dass das Integral kleine Änderungen von q, bei festgehaltenen Anfangs- und Endzuständen $q(t_0)$ und $q(t_1)$, in erster Näherung nicht spürt.

Wenn auch klar ist, dass hier noch einiges zu präzisieren bleibt, so ist der Sinn der Aussage $\delta I = 0$, wobei ich I als Abkürzung für das Integral schreibe, doch heuristisch ganz gut zu verstehen. Das Variationssymbol δ selbst wird auf diese Weise aber eher ein*geschmuggelt* als einge*führt*. Was ist δI eigentlich für ein mathematisches Objekt? Als solches wird es nämlich schon bald behandelt, es wird zum Beispiel erst *ausgerechnet* und dann Null gesetzt, um konkrete Folgerungen aus dem Hamiltonschen Prinzip zu gewinnen. Dabei taucht das Variationssymbol nun nicht nur vor dem Integral,

K. Jänich, *Mathematik 2*, Springer-Lehrbuch, 2nd ed.,
DOI 10.1007/978-3-642-16150-6_13,

sondern auch vor dem q und dem $\dot{q}$ auf, irgendwie infinitesimale Größen bezeichnend, aber mit dq darf man das δq nicht verwechseln, das ist wieder etwas anderes. Nicht alle Hörer der Mechanik-Vorlesung fühlen sich ganz wohl dabei!

Bevor wir uns aber mitten unter diesen Details niederlassen, wollen wir die Aufgabenstellung der Variationsrechnung erst einmal aus der Vogelperspektive anschauen. Mathematisch knüpfen wir dabei an das Kapitel 28 an. Dort haben wir studiert, wie man die kritischen Punkte einer Funktion $f : M \to \mathbb{R}$ auf einer k-dimensionalen Fläche findet und das lokale Verhalten in der Nähe eines kritischen Punktes bestimmt: kritisch sind die Punkte $p \in M$, an denen das Differential $df_p : T_pM \to \mathbb{R}$ verschwindet, und Auskunft über das lokale Verhalten gibt dann die Hesseform $qf_p : T_pM \to \mathbb{R}$.

Heuristisch gesprochen verfolgt die Variationsrechnung dasselbe Ziel, nämlich die kritischen Stellen und das jeweilige lokale Verhalten einer Funktion $\mathscr{L} : \mathscr{M} \to \mathbb{R}$ auf einer "Fläche" $\mathscr{M}$ mittels Differential und Hesseform zu bestimmen, allerdings ist $\mathscr{M}$ jetzt keine k-dimensionale Fläche mehr, sondern wäre, soweit wir die Analogie zu einer Fläche heranziehen dürfen, am ehesten eine "unendlich-dimensionale Fläche" zu nennen.

Beispiel: Es sei $M \subset \mathbb{R}^n$ eine wirkliche k-dimensionale Fläche und $p_0, p_1 \in M$ zwei Punkte darin. Betrachte als $\mathscr{M}$ die Menge aller C^∞-Kurven $\gamma : [0,1] \to M$ von p_0 nach p_1 und als Funktion $\mathscr{L} : \mathscr{M} \to \mathbb{R}$ die Kurvenlänge, $\mathscr{L}(\gamma) := \int_0^1 \|\dot{\gamma}(t)\| \, dt$. □

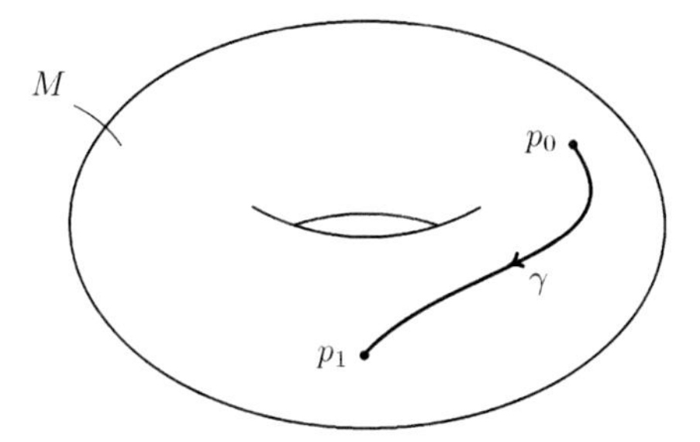

Eine Kurve in M ist nur ein Element (also ein 'Punkt') in $\mathscr{M}$

Hier hat die Frage nach den kritischen Punkten von $\mathscr{L}$ ein offensichtliches geometrisches Interesse, z.B. müssen sich unter den kritischen 'Punkten' $\gamma \in \mathscr{M}$ auch die absolut kürzesten Kurven von p_0 nach p_1 befinden — sofern vorhanden. Und sollte man nicht erwarten, dass *alle* kritischen γ, nicht nur die Minima, irgendwie geometrisch relevant sein werden? So ist es auch.[1] Dieses einfache, aber nicht *zu* einfache Beispiel eignet sich gut zur Veranschaulichung der Grundbegriffe, um die es hier geht.

Ein verwandtes Beispiel, bei dem die kritischen Punkte die sogenannten *Minimalflächen* sind, erhält man nach Vorgabe einer eindimensionalen geschlossenen Untermannigfaltigkeit $R \subset \mathbb{R}^3$, die als Rand kompakter Flächen $S \subset \mathbb{R}^3$ fungieren soll. Man setzt dann

$$\mathscr{M} := \{S \subset \mathbb{R}^3 \mid S \text{ kompakte Fläche mit } \partial S = R\}$$

und definiert $\mathscr{L}$ durch den Flächeninhalt, $\mathscr{L}(S) := \int_S dF$.

Beim schon erwähnten Hamiltonschen Prinzip in der Mechanik, das wir mathematisch noch genauer studieren wollen, ist $\mathscr{M}$ eine Menge von Kurven im Konfigurationsraum, gleichsam die Menge aller denkbaren Bewegungsabläufe des Systems, unter denen es die physikalisch realen herauszufinden gilt, und $\mathscr{L} : \mathscr{M} \to \mathbb{R}$ ist das mittels der Langrangefunktion definierte sogenannte *Wirkungsintegral.*

Ähnlich ist es in der Lagrangeschen Feldtheorie, wo die Elemente von $\mathscr{M}$ gewisse Felder auf der Raumzeit sind und $\mathscr{L}$ wiederum ein mittels einer Lagrangefunktion definiertes Wirkungsintegral. Damit werden wir uns hier nicht beschäftigen, aber wenn Sie später der Lagrangeschen Feldtheorie begegnen, so wird sich der Dozent oder Autor gewöhnlich darauf verlassen, dass Sie mit der Mathematik des Hamilton-Prinzips in der Mechanik jedenfalls schon vertraut sind.

Nach dieser Andeutung einiger Beispiele fahren wir in der heuristischen Betrachtung der allgemeinen Situation fort. Notieren wir die Elemente der ∞-dimensionalen Fläche irgendwie, z.B. mit $\psi \in \mathscr{M}$ und fragen nach dem Differential

$$d\mathscr{L}_\psi : T_\psi\mathscr{M} \to \mathbb{R},$$

und wenn ψ kritisch ist auch nach der Hesseform $q\mathscr{L}_\psi : T_\psi\mathscr{M} \to \mathbb{R}$, deren Definitheitsverhalten von Interesse ist.

Von den verschiedenen Zugängen, die wir im Endlichdimensionalen zu diesen Objekten haben, eignen sich nicht alle gleich gut zur Nachahmung im unendlichdimensionalen Fall. Unendlich viele Koordinaten $(\xi_1, \xi_2, \dots)$ in $\mathscr{M}$ einzuführen, um einen unendlichen Gradienten

$$\Big(\frac{\partial \mathscr{L}}{\partial \xi_1}, \frac{\partial \mathscr{L}}{\partial \xi_2}, \dots\Big)$$

und eine unendliche Hessematrix

$$\Big(\frac{\partial^2 \mathscr{L}}{\partial \xi_i \partial \xi_j}\Big)_{i,j \in \mathbb{N}}$$

auszurechnen, ist zum Beispiel kein einladender Weg. Viel besser zur unendlichdimensionalen Imitation eignet sich die Beschreibung von Tangentialraum, Differential und Hesseform mittels C^∞-Kurven auf der Fläche, die wir aus dem Kapitel 28 kennen. Ist $f : M \to \mathbb{R}$ eine C^∞-Funktion auf einer k-dimensionalen Fläche und $p \in M$, so gilt bekanntlich

$$\begin{aligned} T_pM &= \{\dot\alpha(0) \mid \alpha : (-\varepsilon, \varepsilon) \xrightarrow{C^\infty} M,\ \alpha(0) = p\}, \\ df_p(\dot\alpha(0)) &= (f \circ \alpha)^{\boldsymbol{\cdot}}(0), \text{ und für kritisches } p \text{ auch noch} \\ qf_p(\dot\alpha(0)) &= (f \circ \alpha)^{\boldsymbol{\cdot\cdot}}(0). \end{aligned}$$

Das übertragen wir nun, versuchsweise und heuristisch, auf die 'unendlichdimensionale Fläche' $\mathscr{M}$ und die Funktion $\mathscr{L} : \mathscr{M} \to \mathbb{R}$, mit der wir es in der Variationsrechnung zu tun haben. Wir wollen annehmen, dass die analytische Natur von $\mathscr{M}$ uns unmissverständlich nahelegt, was wir unter einer differenzierbaren Kurve

$$(-\varepsilon, \varepsilon) \xrightarrow{C^\infty} \mathscr{M}$$

zu verstehen haben. Das Wort 'Kurve' und die übliche Notation dafür wollen wir jetzt aber vermeiden, weil die Elemente $\psi \in \mathscr{M}$ womöglich selbst auch wieder Kurven sind, wie in dem obigen Beispiel, was Verwirrung stiften könnte. Deshalb schreiben wir eine C^∞-Zuordnung $(-\varepsilon, \varepsilon) \to \mathscr{M}$ als $\lambda \mapsto \psi_\lambda$ und nennen diese Familie $(\psi_\lambda)_{\lambda \in (-\varepsilon,\varepsilon)}$ eine ***Variation von*** ψ_0. Die Variable λ heißt dabei der ***Variationsparameter***.

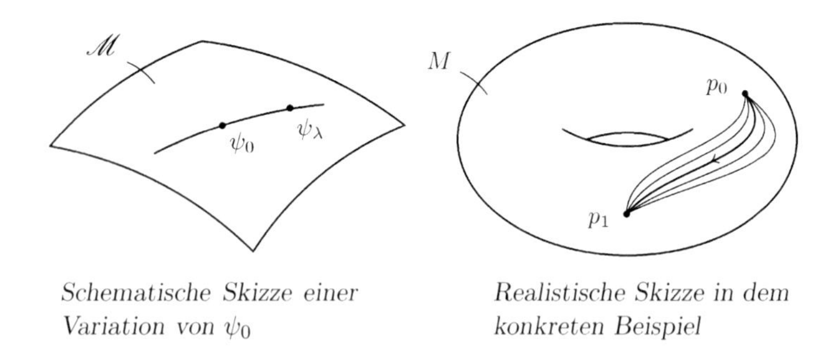

Schematische Skizze einer Variation von ψ_0

Realistische Skizze in dem konkreten Beispiel

Die Ableitung einer Variation nach dem Variationsparameter an der Stelle $\lambda = 0$, also

$$w := \frac{d}{d\lambda}\Big|_0 \psi_\lambda\,,$$

heiße der Richtungsvektor oder kurz die ***Richtung*** der Variation.

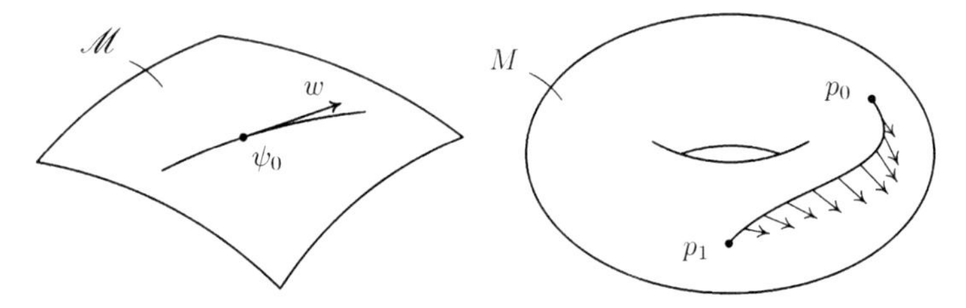

Schematische Skizze der Richtung w einer Variation

Im konkreten Beispiel ist w ein Vektorfeld längs der variierten Kurve

In unserem illustrierenden Beispiel, in dem ja die Elemente von $\mathscr{M}$ gewisse Kurven $t \mapsto \gamma(t)$ sind, ist eine Variation von γ_0 durch eine C^∞-Abbildung $(\lambda, t) \mapsto \gamma(\lambda, t) \in M$ mit $\gamma(0,t) = \gamma_0(t)$ gegeben, die Richtung w ist dann das durch

$$w(t) := \frac{\partial\gamma}{\partial\lambda}(0,t) \in T_{\gamma_0(t)}M$$

definierte Vektorfeld längs γ_0.

Ein Element $\psi_0 \in \mathscr{M}$ heißt ***kritisch*** oder ***extremal*** für $\mathscr{L}$, wenn

$$\left.\frac{d}{d\lambda}\right|_{\lambda=0} \mathscr{L}(\psi_\lambda) = 0$$

für alle Variationen von ψ_0 in $\mathscr{M}$ gilt. — Die kritischen Punkte alle "extremal" zu nennen ist eine althergebrachte Sprechweise der Variationsrechnung. Auch die Sattelpunkte von $\mathscr{L} : \mathscr{M} \to \mathbb{R}$ heißen demnach *extremal*, nicht nur die Stellen, an denen $\mathscr{L}$ lokale Maxima und Minima hat. Aber auch die klassische Sprechweise würde davor zurückschrecken, einen Sattel ein lokales Extremum zu nennen.

In Analogie zur endlichdimensionalen Situation wird man nun erwarten und zu beweisen trachten, dass die Menge der Richtungen aller Variationen von ψ_0 einen Vektorraum bilden, den wir dann füglich den Tangentialraum $T_{\psi_0}\mathscr{M}$ nennen dürften, dass die Ableitung von $\mathscr{L}$ nach dem Variationsparameter bei 0 nur von der Richtung der Variation abhängt und durch

$$\begin{array}{rcl} d\mathscr{L}_{\psi_0} : T_{\psi_0}\mathscr{M} & \longrightarrow & \mathbb{R} \\ \left.\frac{d}{d\lambda}\right|_0 \psi_\lambda & \longmapsto & \left.\frac{d}{d\lambda}\right|_0 \mathscr{L}(\psi_\lambda) \end{array}$$

eine lineare Abbildung wohldefiniert ist, eben das *Differential* von $\mathscr{L}$ an der Stelle ψ_0, und für extremales $\psi_0 \in \mathscr{M}$ wie im endlichdimensionalen Fall durch

$$\begin{array}{rcl} q\mathscr{L}_{\psi_0} : T_{\psi_0}\mathscr{M} & \longrightarrow & \mathbb{R} \\ \left.\frac{d}{d\lambda}\right|_0 \psi_\lambda & \longmapsto & \left.\frac{d^2}{d\lambda^2}\right|_0 \mathscr{L}(\psi_\lambda) \end{array}$$

eine quadratische Form, die *Hesseform* oder *Indexform* von $\mathscr{L}$ bei ψ_0, die Auskunft über das lokale Verhalten von $\mathscr{L}$ bei ψ_0 geben soll.[2]

Das sind intuitive Leitlinien, mit der Ausgestaltung im jeweiligen Rahmen einer konkreten Theorie ist natürlich Arbeit verbunden. Wir wollen nun sehen, wie sich der Gebrauch des Variationssymbols δ in diese allgemeine Sicht einfügt. Gutwillig lesend, ja vielleicht ein wenig beschönigend, wird man unter der ***ersten Variation*** $\delta\mathscr{L}(\psi)$ das Differential und unter der ***zweiten Variation***

$\delta^2\mathscr{L}(\psi)$, nämlich wenn ψ extremal ist, die Hesseform von $\mathscr{L}$ an der Stelle $\psi \in \mathscr{M}$ verstehen.

Beides sind Abbildungen $T_\psi\mathscr{M} \to \mathbb{R}$, die erste Variation linear, die zweite quadratisch von der Variablen in $T_\psi\mathscr{M}$ abhängend. Diese Variable wird die klassische Notation natürlich nicht mit einem so farblosen Buchstaben wie w bezeichnen, sondern dem infinitesimalen Sinn gemäß diese Variable als $\delta\psi \in T_\psi\mathscr{M}$ schreiben. Die erste und gegebenenfalls die zweite Variation von $\mathscr{L}$ zu berechnen heißt dann also, sie durch $\delta\psi$ auszudrücken.

In der Praxis der physikalischen Lehrbuchliteratur überlagert sich diese eher strenge Interpretation mit der Deutung von $\delta\mathscr{L}$ als infinitesimale Größe, die von der ***infinitesimalen Variation*** $\delta\psi$ abhängt. Heuristisch wird dann $\delta\psi$ als eine kleine Störung gedacht, die ψ zu $\psi + \delta\psi$ abändert, und $\delta\mathscr{L}$ ist die resultierende Änderung von $\mathscr{L}$, also

$$\delta\mathscr{L}(\psi) \approx \mathscr{L}(\psi + \delta\psi) - \mathscr{L}(\psi),$$

woraus dann für "infinitesimale" $\delta\psi$ eine Gleichheit wird, rechnerisch durch Weglassen der höheren Potenzen von $\delta\psi$, etwas vage gesagt.

Wir haben den Umgang mit infinitesimalen Größen im Abschnitt 10.4 des ersten Bandes besprochen und Sie wissen, weshalb die Methode mit etwas Fingerspitzengefühl zur ganz richtigen Bestimmung des Differentials führt. Das ist hier imgrunde nicht anders. Allerdings ist, seit wir Analysis auch auf Flächen betreiben, eine Zwischenstufe der Approximation hinzugekommen: die Flächen sind keine linearen Gebilde, sondern selbst linearer Approximation bedürftig.

Ist zum Beispiel $f : M \to \mathbb{R}$ eine Funktion, und Sie wollen an einer Stelle $p \in M$ das Differential durch mikroskopische Betrachtung von $\Delta p \mapsto \Delta f := f(p + \Delta p) - f(p)$ bestimmen, so ist die für infinitesimale Größen schließlich korrekte lineare Formel zunächst noch mit kleinen Fehlern behaftet, solange Sie sie für die zwar sehr kleinen, aber 'endlichen' Differenzen Δp und Δf hinschreiben, mit denen sich Ihre anschauliche Vorstellung beschäftigt — erstens sowieso, wie immer bei der infinitesimalen Methode, zweitens aber weil entweder $p + \Delta p$ gar nicht auf der Fläche liegt oder Δp nicht tangential zu M und damit nicht im Definitionsbereich des Differentials ist:

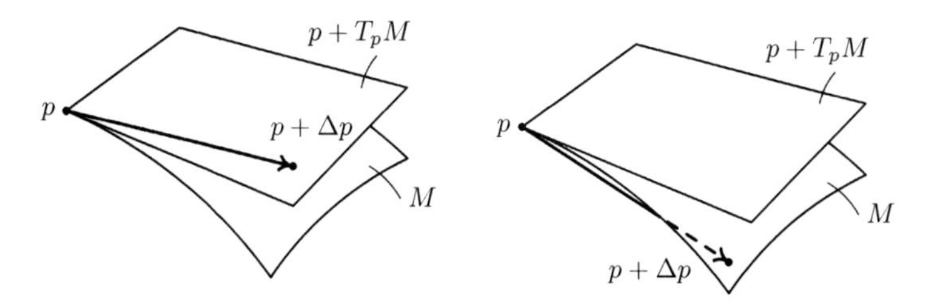

Anschauung von $\Delta p \in T_pM$ *Anschauung von $p + \Delta p \in M$*

Die Richtung w einer Variation $(\psi_\lambda)_{\lambda\in(-\varepsilon,\varepsilon)}$ von ψ_0 ist tangential zu $\mathscr{M}$ zu denken, aber die Variation selbst als $\psi_\lambda = \psi_0 + \lambda w$ aufzufassen, ist nur für 'infinitesimales' λ erlaubt, sonst gibt das eine falsche Vorstellung.

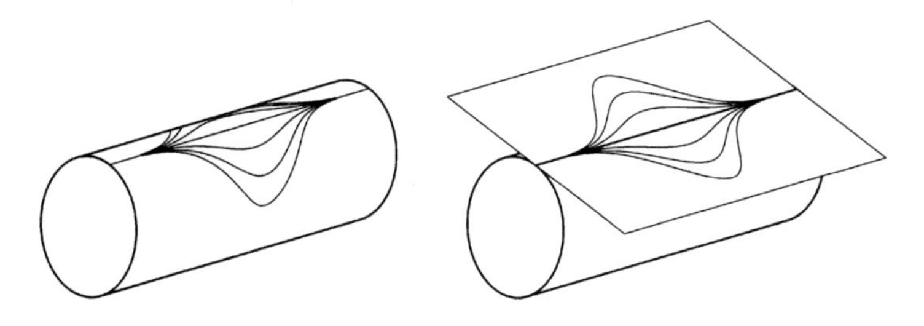

Variation in Richtung w ... *... im Vergleich zu $\gamma_0 + \lambda w$*

Die infinitesimale Auffassung von $\delta\mathscr{L}$ in Abhängigkeit von $\delta\psi$ ist in der Variationsrechnung zwar legitim und kann praktisch sein, besonders wenn man das Vorgehen der Variationsrechnung schon verstanden hat. Wem aber dieses Verständnis noch fehlt, der sollte es vielleicht lieber nicht bei Ausdrücken wie $\mathscr{L}(\psi + \delta\psi)$ suchen.

Was schließlich die Unterscheidung zwischen $\delta\psi$ und $d\psi$ angeht, so braucht man nur daran zu denken, dass der einzelne Punkt $\psi \in \mathscr{M}$ im konkreten Fall auch noch ein Privatleben hat, als Abbildung oder Funktion oder Kurve oder worum es sich eben handelt. Das Differential oder die infinitesimale Größe $d\psi$ bezieht sich nur auf dieses Privatleben und bedeutet dort dasselbe, was es schon bisher in der gewöhnlichen Analysis außerhalb der Variationsrechnung bedeutet hat. Ist zum Beispiel ψ eine Kurve $t \mapsto \psi(t)$, so hat es an jeder Stelle t ein Differential $d\psi(t) = \dot{\psi}(t)dt$, wie gewohnt, das aus dem ψ und der Variablen dt wie angegeben berechnet wird. Dagegen kann man $\delta\psi$ nicht "aus dem ψ berechnen", denn $\delta\psi$ ist ja nur die Bezeichnung der Variablen in dem Vektorraum $T_\psi\mathscr{M}$.

Fasst man ein bestimmtes der unendlich vielen Elemente $\delta\psi \in T_\psi\mathscr{M}$ ins Auge, so hat $\delta\psi(t)$, um in unserem Beispiel zu bleiben, durchaus einen Sinn, denn $\delta\psi$ ist ja ein tangentiales Vektorfeld längs der Kurve, also $\delta\psi(t) \in T_{\psi(t)}M$. Es gibt hier aber keine besonderen Rechenregeln zu lernen, Sie werden sehen, wie sich im konkreten Fall das alles von selbst versteht.

35.2 Physikalischer Konfigurationsraum und mathematisches Modell

Die konkrete Variationstheorie, welche wir mathematisch studieren wollen, ist die des Hamiltonschen Prinzips der theoretischen Mechanik, und der Allgemeinheitsgrad, den ich dabei wähle, schließt Systeme mit sogenannten *holonomen Zwangsbedingungen* mit ein. Die mathematischen Daten eines solchen Systems sind der *Konfigurationsraum* und die *Lagrangefunktion*.

Ich werde Ihnen natürlich noch genau sagen, was ich *mathematisch* unter einem Konfigurationsraum verstehen will. Über den *physikalischen* Sinn des Begriffes möchte ich eigentlich nicht sprechen müssen, sondern lieber annehmen dürfen, Sie wüssten das aus der Mechanikvorlesung. Schaue ich aber in die einführenden Lehrbücher der theoretischen Mechanik, so kommt mir dieser für das mathematische Verständnis wichtige Begriff etwas stiefmütterlich behandelt vor. Ich will deshalb doch darauf eingehen, aber nicht um Sie in Physik zu unterrichten, was meine Aufgabe nicht sein kann, sondern nur damit Sie sagen: ach, *so* meint der das! und Sie den mathematischen Begriff dann auf eigene Verantwortung in Ihre physikalischen Vorstellungen einordnen können.

Für die physikalische Beschreibung der Raumzeit als Produkt $\mathcal{Z} \times \mathcal{R}$ aus Zeit und Raum sei gesorgt. Zu $\mathbb{R} \times \mathbb{R}^3$ werden wir schon noch früh genug übergehen, aber jetzt bitte ich Sie, sich unter einem Element $P \in \mathcal{R}$ nicht ein Zahlentripel, sondern wirklich einen Punkt im physikalischen Raum vorzustellen, ebenso unter $t \in \mathcal{Z}$ wirklich einen Zeitpunkt.

Bei einem Bewegungsablauf hat nun ein mechanisches System zu jedem Zeitpunkt t eine gewisse ***Konfiguration*** $\boldsymbol{\kappa}(t)$ im Raume, das ist die räumliche Position oder Lage aller Teile des Systems, gewissermaßen die Information, die uns eine dreidimensionale "Momentaufnahme" des Systems zur Zeit t geben kann.

Die Konfiguration $\boldsymbol{\kappa}(t_0)$ zu einem festen Zeitpunkt t_0 enthält nicht die volle Information über den Bewegungszustand des Systems zur Zeit t_0, denn über die *Geschwindigkeiten* der einzelnen Teile gibt sie keine Auskunft. Kennt man aber die Konfiguration für *alle* Zeitpunkte t in $\mathcal{Z}$ oder in dem Zeitintervall $[t_0, t_1]$, in dem man das System eben zu betrachten wünscht, so kennt man natürlich den ganzen Bewegungsablauf, auch die Geschwindigkeiten.

Unter dem ***physikalischen Konfigurationsraum eines holonomen Systems*** zum Zeitpunkt $t \in \mathcal{Z}$ möchte ich nun die Menge $\mathcal{M}_t$ aller Konfigurationen verstehen, die das System zum Zeitpunkt t prinzipiell, bei irgend einem seiner Bewegungsabläufe, annehmen kann.[3]

Diese Erklärung hat natürlich nicht die Schärfe einer mathematischen Definition, was etwa ist überhaupt ein *mechanisches System*? Sie werden aber sehen, dass sich die Erklärung in vielen konkreten Fällen leicht präzisieren lässt. Geht es z.B. physikalisch an, das mechanische System als ein System aus ℓ individuell unterscheidbaren, von 1 bis ℓ numerierten Massenpunkten anzusehen, dann ist der Konfigurationsraum zu einem Zeitpunkt t jedenfalls kanonisch als die Teilmenge $\mathcal{M}_t \subset \mathcal{R} \times \cdots \times \mathcal{R} = \mathcal{R}^\ell$ der zur Zeit t möglichen, d.h. die Zwangsbedingungen zur Zeit t erfüllenden ℓ-tupel von Positionen dieser Punkte zu verstehen. Die "Massenpunkte" müssen nicht gerade als Elementarteilchen oder Atomkerne gedacht werden, auch das System aus Sonne, Erde und Mond kann unter Umständen, je nach physikalischer Fragestellung, zu einem System aus drei Massenpunkten idealisiert werden!

Bei den meisten Systemen, die Sie in der Mechanik-Vorlesung kennenlernen, ist der physikalische Konfigurationsraum zeitunabhängig, $\mathcal{M}_t =: \mathcal{M}$ für alle t. Betrachten wir vorerst nur solche Systeme.

1. Das ebene Pendel. Hier ist $\mathcal{E} \subset \mathcal{R}$ eine feste Ebene im Raum, in der das Pendel schwingt, es bezeichne $P_0 \in \mathcal{E}$ den Aufhängungspunkt und r die Pendellänge.

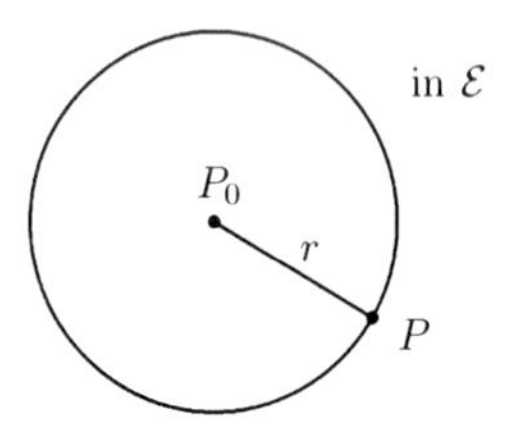

Ebenes Pendel

Der physikalische Konfigurationsraum ist dann in kanonischer Weise die Kreislinie $\mathcal{M} = \{P \in \mathcal{E} \mid d(P, P_0) = r\}$, mit $d(P, P_0)$ wird hier der Abstand zwischen P und P_0 bezeichnet. Das ist ein zwar einfaches, aber didaktisch ungünstiges Beispiel, da es den Konfigurationsraum (untypischer Weise) als Teilmenge des Raumes $\mathcal{R}$ zeigt.

2. Das ebene Doppelpendel. An ein ebenes Pendel der Länge r_1 sei noch ein zweites, in der selben Ebene schwingendes, der Länge r_2 angehängt.

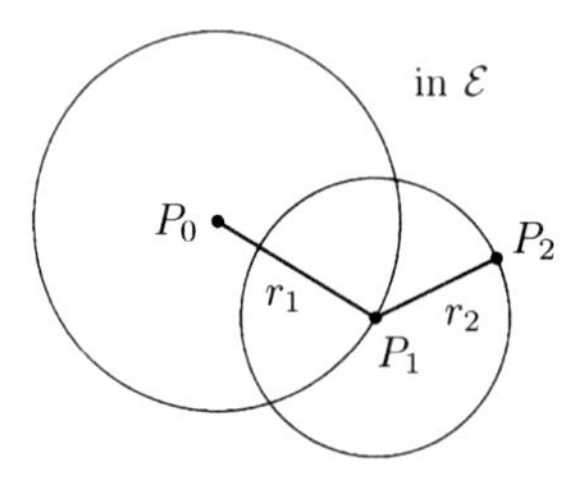

Ebenes Doppelpendel

Dann ist der physikalische Konfigurationsraum kanonisch

$$\mathcal{M} = \{(P_1, P_2) \in \mathcal{E} \times \mathcal{E} \mid d(P_0, P_1) = r_1 \text{ und } d(P_1, P_2) = r_2\}\,.$$

3. Der an einem Punkt P_0 fixierte starre Körper oder Kreisel. Weder dürfen wir den starren Körper durch eine einzige Punktmasse ersetzen, noch wäre es praktisch, auf seine sagen wir 10^{24} Atomkerne zurückzugehen, um den Konfigurationsraum als Teilmenge von $\mathcal{R}^{10^{24}}$ aufzufassen. Stattdessen nutzen wir aus, dass die Gruppe $\mathcal{SO}(P_0)$ der räumlichen Drehungen um den Punkt P_0 transitiv auf dem Konfigurationsraum des Kreisels operiert.

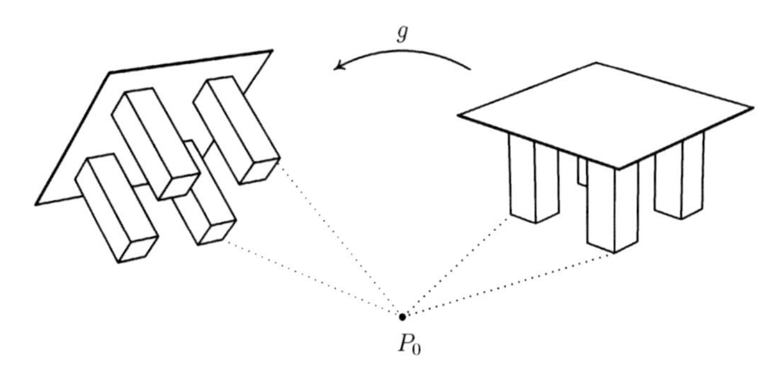

Aus einer festen Konfiguration des Kreisels gehen alle anderen durch Drehung hervor

Ist σ_0 irgend eine Konfiguration, so ist der physikalische Konfigurationsraum des starren Körpers die Menge

$$\mathcal{M} = \{g\sigma_0 \mid g \in \mathcal{SO}(P_0)\}$$

der daraus durch Drehungen um P_0 entstehenden Konfigurationen.

Sie sehen, dass der physikalische Konfigurationsraum $\mathcal{M}$ schon da ist, *bevor* jemand Koordinaten darin einführt. Lokale Koordinaten für den physikalischen Konfigurationsraum werden ***generalisierte Koordinaten*** genannt und oft mit $q_1, \ldots, q_n$ bezeichnet. Im konkreten Anwendungsfall können geeignet gewählte generalisierte Koordinaten selbst wieder physikalische Bedeutung haben und aus diesem Grunde Interesse verdienen. Aus vielen Mechanik-Lehrbüchern muss der unvoreingenommene Leser aber den Eindruck bekommen, ohne die Wahl generalisierter Koordinaten ließen sich die Lagrangefunktion, das Wirkungsintegral, das Hamilton-Prinzip, die Euler-Lagrange-Gleichungen, die Legendre-Transformation, die Hamiltonschen Bewegungsgleichungen und die Noetherschen Erhaltungsgrößen gar nicht *formulieren*, geschweige denn verstehen. Das ist aber nicht so.

Die bloße Möglichkeit, generalisierte Koordinaten einzuführen, macht nämlich den physikalischen Konfigurationsraum zu einem mathematischen Objekt, zu einer differenzierbaren *Mannigfaltigkeit.* Wenn ich voraussetzen dürfte, dass Sie mit Mannigfaltigkeiten vertraut sind, würde ich die Erklärung der mathematischen Grundbegriffe der Mechanik mit den Worten beginnen: "Es sei $\mathcal{M}$ die Konfigurationsmannigfaltigkeit eines mechanischen Systems." Ich könnte dann alles in koordinatenfreier Sprache vortragen, die mathematischen Konstruktionen würden sich, unabhängig von willkürlich gewählten generalisierten Koordinaten, direkt auf die Konfigurationen beziehen. Erst nachträglich, wenn der begriffliche Rahmen schon steht, würden wir auch Koordinaten heranziehen, wenn wir einen konkreten Anwendungsfall durchrechnen wollen. Das wären dann aber *Anwendungen* der schon vorher verstandenen Theorie, nicht der Zugang zu ihr.

Nun haben wir den Begriff der n-dimensionalen Mannigfaltigkeiten hier zwar nicht zur Verfügung, aber wir kennen einen Ersatzbegriff, der uns fast dieselben Dienste leistet, nämlich den der n-dimensionalen Flächen in euklidischen Räumen $\mathbb{R}^N$. Statt mit dem physikalischen Konfigurationsraum $\mathcal{M}$ selbst werden wir mit einem mathematischen Modell davon arbeiten, mit einer n-dimensionalen Fläche $M \subset \mathbb{R}^N$, versehen mit einer festen Bijektion $M \cong \mathcal{M}$, die den Bezug zur Physik herstellt. Freilich hält damit auch eine gewisse Willkür Einzug, denn ein solches mathematisches Modell muss *gewählt* werden. Sehen wir uns die obigen drei Beispielen daraufhin noch einmal an.

1. Führen wir in der Ebene $\mathcal{E}$ ein kartesisches Koordinatensystem ein, mit dem Koordinatenursprung beim Aufhängungspunkt P_0, so bietet sich die Kreislinie $M := S^1_r \subset \mathbb{R}^2$ vom Radius r als mathematisches Modell für den Konfigurationsraum des ebenen Pendels an.[4] Wir könnten auch die Standard-Kreislinie $S^1 \subset \mathbb{R}^2$ benutzen, in beiden Fällen ist nicht zweifelhaft, wie $M \cong \mathcal{M}$ hier gemeint ist.

2. Als mathematisches Modell für das ebene Doppelpendel suggeriert dasselbe Koordinatensystem in $\mathcal{E}$ die zweidimensionale Fläche

$$M := \{(\vec{x}, \vec{y}) \in \mathbb{R}^2 \times \mathbb{R}^2 \mid \|\vec{x}\|^2 = r_1^2,\ \|\vec{y} - \vec{x}\|^2 = r_2^2\} \subset \mathbb{R}^4 .$$

Fast glaubt man, $\mathcal{M}$ selbst vor sich zu haben, so kanonisch und direkt ist hier die naheliegende Bijektion $M \cong \mathcal{M}$.

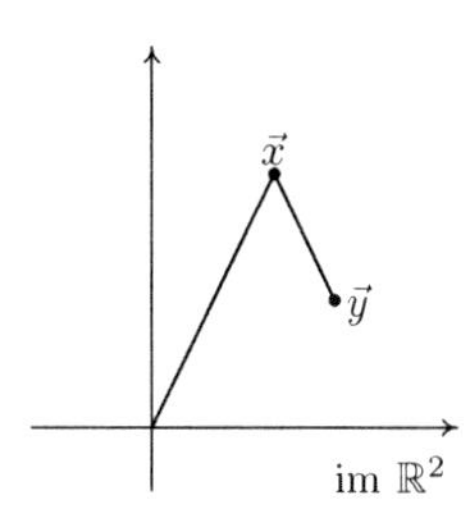

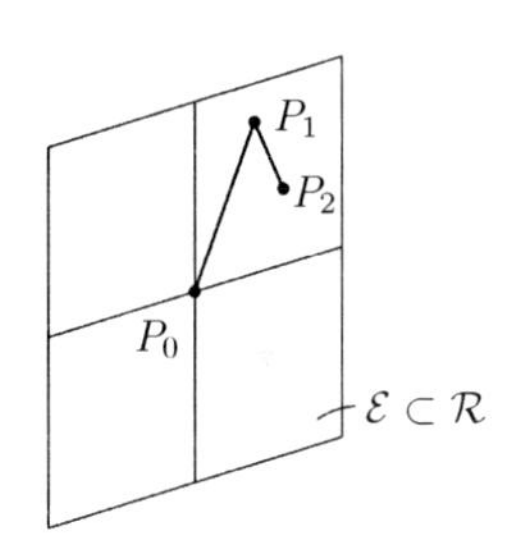

Dem Element $(\vec{x}, \vec{y})$ in M wird mittels Koordinaten in $\mathcal{E}$ ... *... eine bestimmte Konfiguration in $\mathcal{M}$ zugeordnet.*

Das ist gewiss ein Vorzug dieser Wahl, denn es soll jederzeit klar sein, welche physikalische Konfiguration einem Punkt des Modells entspricht. Aber auch der Torus $S^1 \times S^1 \subset \mathbb{R}^2 \times \mathbb{R}^2 = \mathbb{R}^4$ wäre ein gutes Modell.

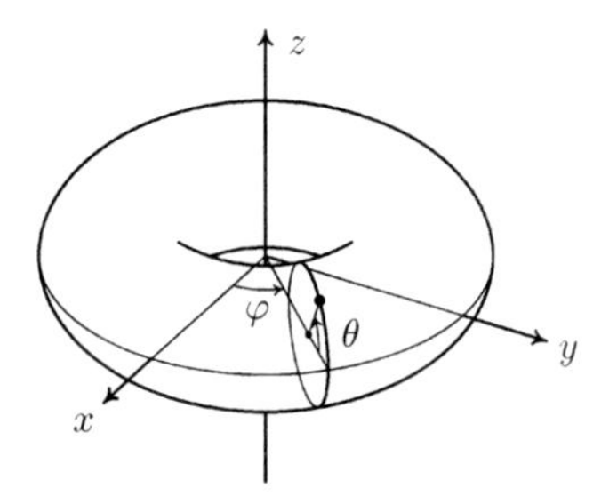

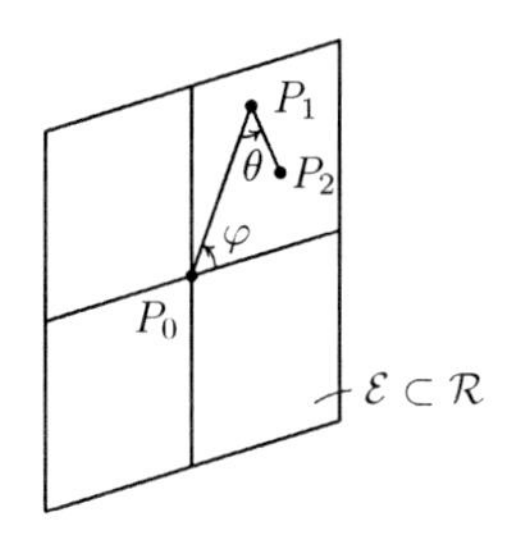

Der durch (φ, θ) beschriebene Punkt auf dem Torus ... *... und die ihm entsprechende physikalische Konfiguration.*

Der durch $(e^{i\phi}, e^{i\theta}) \mapsto (r_1 e^{i\phi}, r_1 e^{i\phi} + r_2 e^{i\theta})$ gegebene Diffeomorphismus $S^1 \times S^1 \cong M$ stellt über $S^1 \times S^1 \cong M \cong \mathcal{M}$ die Beziehung zum physikalischen Konfigurationsraum her. Der Vorteil ist, dass wir den Torus $S^1 \times S^1$ mathematisch besser überblicken und sogar, wie in der obigen Figur, als Fläche im $\mathbb{R}^3$ zu veranschaulichen gewohnt sind.

3. Kartesische Raumkoordinaten mit dem Ursprung in $P_0 \in \mathcal{R}$ stiften einen Isomorphismus $SO(3) \cong \mathcal{SO}(P_0)$, den wir einmal irgendwie benennen wollen, schreiben wir $\phi : SO(3) \to \mathcal{SO}(P_0)$. Ist dann $\boldsymbol{\kappa}_0 \in \mathcal{M}$ eine fest gewählte Konfiguration unseres Kreisels, so ist durch $A \mapsto \phi(A)\boldsymbol{\kappa}_0$ eine surjektive Abbildung

$$SO(3) \to \mathcal{M} = \mathcal{SO}(P_0)\boldsymbol{\kappa}_0$$

gegeben. Diese Abbildung wäre nur dann nicht injektiv, wenn alle Massenpunkte des starren Körpers auf einer Geraden durch P_0 liegen könnten, aber wir wollen von einem starren 'Körper' sowieso verlangen, das er wenigstens drei nicht auf einer Geraden liegende Massenpunkte besitzt. Deshalb können wir die 3-dimensionale Fläche

$$M := SO(3) \subset \mathbb{R}^{3\times 3} = \mathbb{R}^9$$

mit der soeben beschriebenen Anbindung $M \cong \mathcal{M}$ an den physikalischen Konfigurationsraum als mathematisches Modell für den Konfigurationsraum des Kreisels mit dem Drehpunkt P_0 benutzen.

Da bei einer Matrix $A \in SO(3)$ die dritte Spalte immer das Kreuzprodukt der ersten beiden ist, können wir z.B. auch

$$\{(\vec{a}_1, \vec{a}_2) \in \mathbb{R}^3 \times \mathbb{R}^3 \mid \|\vec{a}_1\| = \|\vec{a}_2\| = 1,\ \vec{a}_1 \perp \vec{a}_2\} \subset \mathbb{R}^6$$

als Modell verwenden und es mittels des Diffeomorphismus

$$(\vec{a}_1, \vec{a}_2) \mapsto (\vec{a}_1, \vec{a}_2, \vec{a}_1 \times \vec{a}_2) \in SO(3)$$

an $SO(3)$ und somit wie oben an $\mathcal{M}$ anbinden. □

Fragen Sie sich bei jedem Beispiel eines mechanischen Systems, das Ihnen in der Mechanik-Vorlesung begegnet, ob Sie den physikalischen Konfigurationsraum $\mathcal{M}$ verstehen und ein mathematisches

Modell dafür finden können. Vergessen Sie dabei nicht, dass eine Fläche $M \subset \mathbb{R}^N$ alleine noch kein Modell ist, sondern erst durch eine klare Beziehung $M \cong \mathcal{M}$ dazu wird, genauer gesagt wäre ein Modell ein Paar (M, Φ) mit $\Phi : M \cong \mathcal{M}$ usw. Zum Beispiel können Sie für das ebene Rollpendel, bei dem der Aufhängungspunkt auf einer Geraden beweglich ist, ein Modell mit $M = \mathbb{R} \times S^1$ finden; für den nicht fixierten starren Körper, den geworfenen Ziegelstein, eines mit $M = \mathbb{R}^3 \times SO(3)$.

Bei einer ganzen Klasse von Beispielen mechanischer Systeme bekommen Sie ein Modell des Konfigurationsraumes gleich mitgeliefert, nämlich wenn es sich um ℓ Massenpunkte handelt, deren Positionen im Raum durch m Zwangsbedingungen eingeschränkt sind. In Bezug auf Koordinaten im Raum $\mathcal{R}$ sind die Positionen aller ℓ Punkte jeweils durch ein Element $(x_1, \ldots, x_{3\ell}) \in \mathbb{R}^{3\ell}$ beschrieben und die m Zwangsbedingungen durch m Gleichungen

$$\begin{aligned} \Psi_1(x_1, \ldots, x_{3\ell}) &= c_1 \\ \vdots \quad & \quad \vdots \\ \Psi_m(x_1, \ldots, x_{3\ell}) &= c_m. \end{aligned}$$

Der Definitionsbereich muss nicht ganz $\mathbb{R}^{3\ell}$ sein, aber doch jedenfalls eine offene Teilmenge $\Omega \subset \mathbb{R}^{3\ell}$, und wir setzen voraus, dass $c := (c_1, \ldots, c_m) \in \mathbb{R}^m$ ein regulärer Wert der Abbildung $\Psi : \Omega \to \mathbb{R}^m$ ist. Nach dem Satz vom regulären Wert, den wir in Abschnitt 27.2 besprochen haben, ist dann die Erfüllungsmenge der Zwangsbedingungen, also

$$M := \Psi^{-1}(c),$$

eine $(3\ell - m)$-dimensionale Fläche in Ω und damit in $\mathbb{R}^{3\ell}$. Zusammen mit der Interpretation der Elemente $x \in M \subset \mathbb{R}^{3\ell}$ als Positionsangaben für die ℓ Massenpunkte ist diese Fläche ein Modell für den physikalischen Konfigurationsraum des Systems.

Haben wir uns auf ein bestimmtes Modell $M \cong \mathcal{M}$ geeinigt, so werde ich also die mathematischen Konstruktionen statt direkt mit $\mathcal{M}$ ersatzweise mit der Modellfläche M vornehmen und Sie für Fragen der physikalischen Interpretation auf die vereinbarte Beziehung $M \cong \mathcal{M}$ verweisen. Wähle ich zum Beispiel lokale Koordinaten $(q_1, \ldots, q_n)$ für M, wie das ja beim Arbeiten mit einer n-dimensionalen Fläche hin und wieder vorkommen kann, so wissen

Sie natürlich auch, wie diese vermöge $M \cong \mathcal{M}$ als *generalisierte Koordinaten* für $\mathcal{M}$ selbst aufzufassen wären. Also von daher erwarte ich keine Missverständnisse, eher rechne ich damit, dass Sie die ganze sorgfältige Unterscheidung zwischen M und $\mathcal{M}$ etwas pedantisch und jedenfalls viel zu ausführlich erklärt finden, weil Sie vor drei Seiten schon gesehen hatten, wie sich das verhält.

Der Gebrauch der Bezeichnungen "generalisierte Koordinaten" und "Konfigurationsraum" in den Mechanik-Lehrbüchern ist aber doch nicht so plan und einfach, wie es unsere Interpretation erscheinen lässt. — Ja, warum richten wir dann unsere Interpretation nicht gleich so ein, dass sie mit dem Gebrauch in der Physik genau übereinstimmt? — Das möchte ich Ihnen jetzt auseinandersetzen.

35.3 Generalisierte Koordinaten

Ich will mich nicht dahinter verstecken, dass die Terminologie in den Lehrbüchern der Mechanik nicht einheitlich sei. Natürlich ist sie nicht einheitlich, das wäre aber kein Hindernis zur Verständigung, sondern verlangte nur eine genaue Erklärung, welchem Sprachgebrauch man sich anschließen will.

So wollen einzelne Autoren den Begriff der generalisierten Koordinaten sehr allgemein gehalten wissen, etwa als *the parameters used to specify the configuration of the system* in dem Sinne, dass zum Beispiel auch die vier kartesischen Koordinaten (x_1, x_2, y_1, y_2) der Konfiguration des ebenen Doppelpendels als generalisierte Koordinaten gelten würden, obwohl nur gewisse 4-tupel einen Punkt in M bezeichnen, eben jene, welche die Zwangsbedingungen erfüllen. Das ist aber eher unüblich, mathematisch liefe es darauf hinaus, die Koordinaten des $\mathbb{R}^N$ auch als 'Koordinaten' einer n-dimensionalen Fläche $M \subset \mathbb{R}^N$ gelten zu lassen. Dem wollen wir uns also nicht anschließen. Die Zwangsbedingungen sollen, intuitiv gesprochen, durch die generalisierten Koordinaten immer schon automatisch berücksichtigt sein.

Ferner werden oft auch sogenannte *abhängige*[5] generalisierte Koordinaten zugelassen, mehr Koordinaten $q_1, \ldots, q_{n+r}$ als die Dimension n des Konfigurationsraums verlangt. Oder sagen wir: abhängige Koordinaten werden als Möglichkeit erwähnt, worauf dann bald zur Tagesordnung, nämlich zu *unabhängigen* generalisierten Koordinaten übergegangen wird. Unsere im mathematischen Sinne verstandenen lokalen Koordinaten für die n-dimensionale Fläche M sind schon von vornherein, definitionsgemäß, immer 'unabhängige' Koordinaten.

Haben wir uns insoweit verständigt, können wir nun über die gewissermaßen *unüberbrückbaren* Unterschiede mathematischer und physikalischer Sprechweisen reden. Wie Sie wissen, ist ein Koordinatensystem für eine n-dimensionale Fläche M im mathematischen Sinne ein Diffeomorphismus $h : U \to U'$ von einer in M offenen Teilmenge $U \subset M$, dem Kartengebiet, auf eine offene Teilmenge $U' \subset \mathbb{R}^n$. Die inverse Abbildung $\varphi := h^{-1} : U' \to U$ hatten wir die zugehörige *Parametrisierung* genannt.

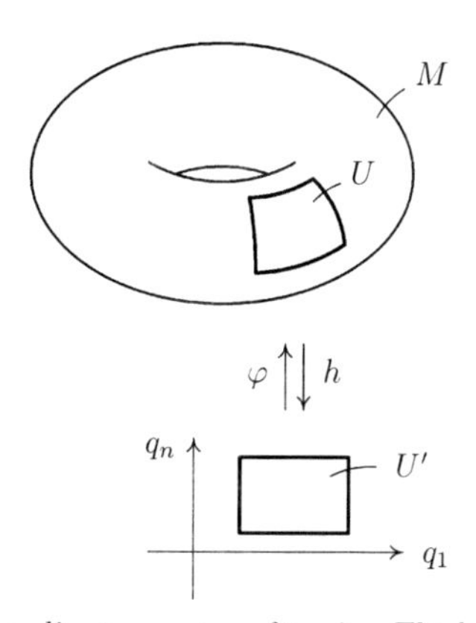

Koordinatensystem für eine Fläche

Heißen die Koordinaten $q_1, \dots, q_n$, so sind sie zum einen als die n Komponentenfunktionen $q_i : U \to \mathbb{R}$ der Kartenabbildung h aufzufassen, zum andern werden dann aber auch die Koordinaten des $\mathbb{R}^n$ selbst mit $q_1, \dots, q_n$ bezeichnet. Notfalls kommt der Physiker allein mit $q_1, \dots, q_n$ als Notation aus: die Bezeichnungen von Kartenbereich und Kartenbild werden sowieso unterdrückt, die Karte h ist in der Form $(q_1, \dots, q_n)$ vorhanden, und die Parametrisierung φ, die jedem Koordinaten-n-tupel $(q_1, \dots, q_n)$ die Konfiguration $\varphi(q_1, \dots, q_n) \in M$ oder eigentlich $\varphi(q_1, \dots, q_n) \in \mathcal{M}$ zuordnet, kann auch verbal ausgesprochen werden. Man sagt eben *die durch*

$(q_1, \ldots, q_n)$ *beschriebene Konfiguration* statt $\varphi(q_1, \ldots, q_n) \in \mathcal{M}$, oder ganz einfach *die Konfiguration* $(q_1, \ldots, q_n)$, denn dass die Koordinaten Konfigurationen beschreiben, ist in dem physikalischen Zusammenhang sowieso klar, und wirklich *rechnen* will man nicht mit $\varphi(q_1, \ldots, q_n)$, deshalb braucht man auch keine Notation dafür, sondern mit den $q_1, \ldots, q_n$, dazu werden die generalisierten Koordinaten ja eingeführt.

Mit dieser anderen Sprache könnten sich die Mathematiker noch arrangieren, wenn die Physiker wirklich damit dasselbe *meinten* wie wir mit unserem $h : U \to U'$. So einfach ist es aber nicht.

Besieht man sich die Beispiele in den Mechanik-Lehrbüchern, so fällt zunächst auf, dass ein System generalisierter Koordinaten immer gleich für den ganzen Konfigurationsraum auslangen soll. Mit Koordinaten im strengen mathematischen Sinne geht das im Allgemeinen gar nicht, zum Beispiel gewiss nicht, wenn der Konfigurationsraum kompakt ist, wie in den drei Beispielen im vorigen Abschnitt. Diese generalisierten Koordinaten können also nicht alle von mathematischen Koordinaten geforderten Eigenschaften haben. Woran fehlt's?

An der Umkehrbarkeit der Parametrisierung. Wir kennen das ja schon von den Polar-, Zylinder- und Kugelkoordinaten aus dem Abschnitt 17.1 im ersten Band. Den einfachsten Fall dieser Art haben wir vor uns, wenn wir beim ebenen Pendel die Kreislinie S^1 durch $\mathbb{R} \to S^1$, $\theta \mapsto (\sin\theta, -\cos\theta)$ parametrisieren.

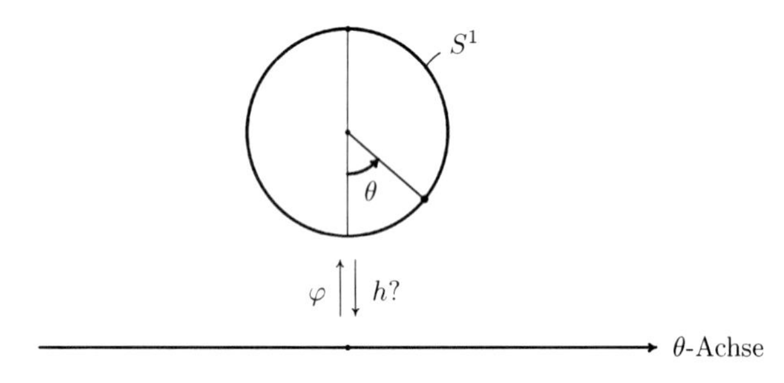

Winkel θ als generalisierte Koordinate des ebenen Pendels

Der eine oder andere Leser mag denken: ich weiß zwar nicht, worauf er hinaus will, aber dass mir eine tiefsinnige Diskussion der Parametrisierung der Kreislinie durch einen Winkel *nichts* bringt, das weiß ich. — Gut. Ich kann Ihre Ungeduld verstehen. Unser späteres mathematisches Vorgehen ist von dieser Diskussion auch nicht abhängig, und Sie können gleich zum nächsten Kapitel weitergehen. Unterdessen will ich fortfahren, denen die es wissen wollen in aller Ruhe zu erklären, wo es sich zwischen Mathematik und Mechanik eigentlich spießt.

Vielleicht ist $\mathbb{R} \to S^1$ gar nicht gemeint? Die Physiker halten sich in Bezug auf Definitionsbereiche ja ziemlich bedeckt, vielleicht sollen wir an $(-\pi, \pi) \to U := S^1 \setminus \{(0,1)\}$ denken, das wäre eine einwandfreie, zu einer Karte umkehrbare Parametrisierung. Aber nein, wir dürfen den oberen Gleichgewichtspunkt $(0,1) \in S^1$ nicht aus dem Konfigurationsraum weglassen. Oder $(-\pi, \pi] \to S^1$? Das wäre bijektiv und erfasst alle Konfigurationen. Geht auch nicht, die Umkehrung ist unstetig, der Bewegungsablauf bei hoher Geschwindigkeit würde, in dieser Koordinate ausgedrückt, zu einer sägezahnartigen Funktion, die immer beim Parameterwert π auf $-\pi$ zurückspringt, also gar nicht differenzierbar, nicht einmal stetig wäre. Auch physikalisch ganz irreführend, nebenbei gesagt, denn die Bewegung verläuft ja in Wirklichkeit stetig und beim Duchgang durch die Konfiguration $\vec{e}_2$ passiert gar nichts Besonderes.

Nein, wenn wir das ebene Pendel mit θ als generalisierter Koordinate behandeln wollen, müssen wir schon bei $\mathbb{R} \to S^1$ bleiben und damit auch in Kauf nehmen, dass der zu einer gegebenen Konfiguration gehörige Koordinatenwert nicht eindeutig bestimmt ist. Mit dieser Unannehmlichkeit sind wir auch in anderen Standard-Beispielen konfrontiert, bei den sphärischen Koordinaten für das sphärische Pendel ebenso wie bei den Eulerschen Winkeln für den Kreisel.

Nun, was schadet das? Wozu brauchen wir die Umkehrbarkeit der Parametrisierung? — Das ist leicht zu beantworten. Das physikalische Interesse gilt ja den Bewegungsabläufen des mechanischen Systems, das sind Kurven $t \mapsto \gamma(t)$ im physikalischen Konfigurationsraum, ersatzweise im mathematischen Modell M. Lassen sich diese Kurven alle in den generalisierten Koordinaten als $t \mapsto q(t)$ schreiben? Wie finden wir zu $\gamma(t)$ das $q(t)$, wenn die Umkehrung nicht eindeutig ist? Beim Rechnen in generalisierten Koordinaten lösen wir ein Lagrangesches Variationsproblem für Kurven $t \mapsto q(t)$, aber was hilft das, wenn der Ablauf $t \mapsto \gamma(t)$ im Konfigurationsraum, den wir gesucht hätten, sich gar nicht in der Form $t \mapsto q(t)$ darstellen lässt? Ja, wenn wir die Umkehrbarkeit ganz aus den Augen verlieren, dann können wir nicht einmal mehr sicher sein, dass ein gefundenes extremales $t \mapsto q(t)$ auch zu einem extremalen $t \mapsto \gamma(t)$ führt, weil es im Konfigurationsraum Variationen von γ geben mag, die sich wegen mangelnder Umkehrbarkeit nicht als Variationen von q darstellen lassen.

Es gibt Fälle von generalisierten Koordinaten mit surjektiver, nicht umkehrbarer Parametrisierung φ, bei denen sich alle diese Probleme in Wohlgefallen auflösen. Wir wollen den Definitionsbereich von φ einmal irgendwie bezeichnen, sagen wir mit $B \subset \mathbb{R}^n$, das sei also die Menge derjenigen $(q_1, \ldots, q_n)$, denen überhaupt eine Konfiguration entspricht. Das mag zwar oft der ganze $\mathbb{R}^n$ sein, aber doch nicht immer. Die günstigen Fälle, von denen ich spreche, sind die, bei denen $\varphi : B \to M$ eine *Überlagerung*[6] ist, wie man in der Mathematik sagt.

Dann mag φ zwar nicht umkehrbar sein, hat aber eine etwas schwächere Ersatzeigenschaft dafür, die für die Zwecke der Variationsrechnung fast dasselbe leistet. Ist nämlich $\gamma : [t_0, t_1] \to M$ ein bei $p_0 \in M$ startender stetiger Weg in M und ist ein fester Punkt $q_0 \in B$ ***über*** p_0 gewählt, d.h. gilt $\varphi(q_0) = p_0$, so gibt es genau einen bei q_0 startenden stetigen Weg $q : [t_0, t_1] \to B$ im Koordinatenbereich B, der *über* γ verläuft, d.h. $\gamma(t) = \varphi(q(t))$ für alle t erfüllt, also γ in den Koordinaten beschreibt, wie wir ohne Formeln sagen würden. Das ist die *eindeutige Hochhebbarkeit* von Wegen bei Überlagerungen, die auch noch durch das *Monodromielemma* ergänzt wird, welches sichert, dass die Wege einer Variation von γ nach der Hochhebung zum Anfangspunkt q_0 da oben in B wirklich eine Variation von q bilden, insbesondere alle denselben Endpunkt haben. Deshalb erhält man durch das Rechnen in den generalisierten Koordinaten mit etwas Umsicht wirklich genau die physikalischen Extremalen im Konfigurationsraum.

Die Parametrisierung $\mathbb{R} \to S^1$ der Kreislinie durch einen Winkel ist eine Überlagerung, ebenso die Parametrisierung $\mathbb{R} \times \mathbb{R} \to S^1 \times S^1$ des ebenen Doppelpendels durch zwei Winkel, deshalb gibt es hier auch keine Probleme. Zudem sind diese beiden Beispiele so durchsichtig, dass man nicht erst Überlagerungstheorie lernen muss, um sie zu durchschauen. Die Parametrisierung des sphärischen Pendels durch die sphärischen Winkel ϕ und θ oder die des Kreisels durch die Eulerschen Winkel sind aber *keine* Überlagerungen der jeweiligen Konfigurationsräume. Es gibt überhaupt keine Überlagerungen $B \to S^2$ oder $B \to SO(3)$ durch Teilmengen im $\mathbb{R}^2$ bzw. $\mathbb{R}^3$! Und bei diesen Beispielen mechanischer Systeme stellen sich in den Mechanik-Büchern auch gewisse versteckte mathematische Probleme ein, über die gleich zu reden sein wird.

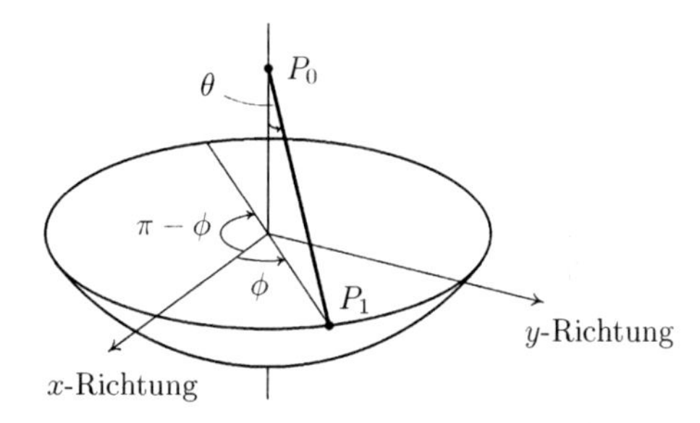

Generalisierte Koordinaten ϕ und θ des sphärischen Pendels

Betrachten wir die sphärischen Winkel ϕ und θ als generalisierte Koordinaten eines sphärischen Pendels der Masse m und Länge ℓ im homogenen Schwerefeld. Als die Lagrangefunktion finden wir

$$L = \frac{m}{2}\ell^2(\dot{\theta}^2 + \dot{\phi}^2 \sin^2\theta) + mg\ell\cos\theta$$

angegeben, woraus man die Euler-Lagrange-Gleichungen, aus denen dann die möglichen Verläufe der Pendelschwingungen berechnet werden können, in folgender Form erhält:

$$\begin{aligned} \ddot{\theta} - \dot{\phi}^2 \sin\theta\cos\theta + \tfrac{g}{\ell}\sin\theta &= 0 \\ m\ell^2\dot{\phi}\sin^2\theta &= \text{const.} \end{aligned}$$

Die Herleitung davon kennen Sie entweder schon aus der Mechanik-Vorlesung oder Sie brauchen sie jetzt noch nicht zu kennen. Sie sehen jedenfalls, dass die hier gesuchten Funktionen $t \mapsto \phi(t)$ und $t \mapsto \theta(t)$ als differenzierbar angenommen werden, sonst wären ja $\dot{\phi}$ und $\dot{\theta}$ gar nicht definiert. Daran sehen Sie aber auch schon, dass man auf diesem Wege nicht alle physikalisch realen Abläufe erhalten kann, denn die *ebenen* Pendelschwingungen, die beim sphärischen Pendel ja auch vorkommen, weisen beim Durchgang durch einen der beiden Gleichgewichtspunkte eine Unstetigkeit der ϕ-Koordinate auf.

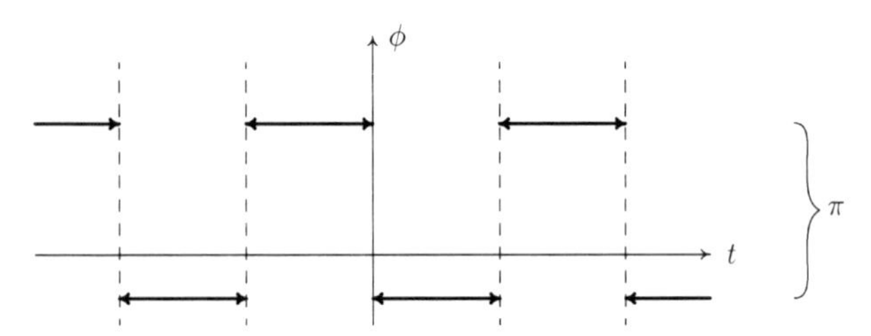

Verhalten der ϕ-Koordinate bei einer ebenen Schwingung des sphärischen Pendels.

Vielleicht möchten Sie argumentieren, dieser Spezialfall sei doch in den Gleichungen mit enthalten, vor und nach dem kritischen Zeitpunkt sei ϕ ja konstant, also $\dot{\phi} \equiv 0$, die erste Euler-Lagrange-Gleichung wird deshalb zur ebenen Pendelgleichung

$$\ddot{\theta} + \frac{g}{\ell} \sin \theta = 0,$$

und nur zum kritischen Zeitpunkt sei ϕ nicht definiert, das ist ja auch klar ... — So einfach kommen Sie aber nicht davon, denn mit derselben Argumentation müssten Sie dann auch als Lösung zulassen, dass das Pendel am Gleichgewichtspunkt abprallt und in *irgend* einem Winkel ϕ_1 wieder heraufschwingt. Dabei ist das ganze Problem nur ein Artefakt der Koordinatenwahl, denn der Konfigurationsraum S^2 selbst ist an der fraglichen Stelle so glatt und harmlos wie an jeder anderen.

Der Mathematiker denkt: mit den generalisierten 'Koordinaten' ϕ und θ ist was faul. Der Physiker denkt: öde mich nicht mit solchen 'Problemen' an. Wollen wir konkrete Formeln für das Verhalten mechanischer Systeme ausrechnen oder wollen wir über die Unbestimmtheit der geographische Länge am Südpol philosophieren?

Und beide haben Recht! Sie können hier mit Händen greifen, weshalb es eine völlige Harmonie zwischen Mathematikvorlesung und Mechanikvorlesung nicht geben kann. Die Mathematik darf ihren Definitionen und Sätzen nicht noch ein halblautes “ungefähr so” oder “meistens jedenfalls” hinterhermurmeln, sie verliert sonst auch für die Physik ihren Wert. Ein verallgemeinerter *mathematischer* Koordinatenbegriff, der den vollen physikalischen Sprachgebrauch der ‘generalisierten Koordinaten’ umfasst, müsste präzise angeben, welche Eigenschaften und Singularitäten solche Parametrisierungen haben dürften, und in einer Serie von Lemmas müsste entwickelt werden, welche Rückschlüsse von der Lagrange-Theorie der Koordinaten auf die Lagrange-Theorie des mechanischen Systems dann zulässig sind und welche nicht. Das ließe sich schon machen, aber wo soll dafür die Zeit in der Mathematikvorlesung herkommen — und wem zu Danke würde das geschehen?

Die Mechanikvorlesungen haben jedenfalls eine andere Strategie für den Umgang mit eventuellen kleinen mathematischen Unvollkommenheiten konkreter Beispiele generalisierter Koordinaten. Die Studenten sollen mit den Koordinaten erst einmal unbefangen rechnen. Etwaige problematische Sonderfälle werden sich schon in den Formeln selbst manifestieren und können dann je nachdem als unwesentlich beiseite gelegt oder nachträglich extra behandelt werden. Wo wollte eine Mechanikvorlesung auch zu Semesterschluss angekommen sein, wenn sie sich, statt voranzugehen, in physikalisch unfruchtbare Diskussionen um nebensächliche mathematische Details verstricken ließe?

So ist das. Doch das menschliche Harmoniebedürfnis versucht noch einen letzten Vorschlag zur Güte. Könnte die Mechanikvorlesung nicht nach Möglichkeit auf problematische Koordinaten verzichten? Weshalb muss denn die kritische Stelle mit $\theta = 0$ und unbestimmtem ϕ gerade in den Gleichgewichtspunkt des Konfigurationsraums gelegt werden, selbst wenn man etwa nur kleine Schwingungen um die Gleichgewichtslage berechnen wollte?

Weil die Symmetrie des Problems diese Koordinaten bevorzugt! Die Wahl der sphärischen Winkel als generalisierte Koordinaten des sphärischen Pendels im homogenen Gravitationsfeld ist ja nicht ein Zeichen mathematischer Ungeschicklichkeit, vielmehr haben eben oft die bestgeeignetsten, elegantesten Koordinaten gewisse Singularitäten, und die Physik wäre schlecht beraten, sie deswegen auszumustern.

Nun zu der Bezeichnung *Konfigurationsraum.* Auch diese wird in den Mechanik-Lehrbüchern nicht in ganz einheitlichem Sinne gebraucht. Zwar sagen alle ungefähr, dass der Konfigurationsraum der Raum der möglichen Konfigurationen des Systems sei, und manche meinen das auch so. Bei der Präzisierung des Begriffs wird in einigen Büchern aber eine etwas andere Auffassung sichtbar. Im GOLDSTEIN, einem älteren Standard-Lehrbuch der Mechanik, heißt es[7]:

> Die augenblickliche Konfiguration eines Systems wird durch die Werte der n generalisierten Koordinaten $q_1, \ldots, q_n$ beschrieben und entspricht einem bestimmten Punkt in einem cartesischen Hyperraum, dessen n Koordinatenachsen durch die q gebildet werden. Dieser n-dimensionale Raum wird deshalb Konfigurationsraum genannt.

Hierauf mögen ähnliche Formulierungen in neueren Lehrbüchern gründen. Es ist wohl klar, weshalb wir uns dieser Erklärung nicht anschließen wollen. Betrachten Sie einmal die folgenden drei Systeme: das ebene Dreifachpendel, das ebene Pendel mit angehängtem sphärischen Pendel und den Kreisel. Die Konfigurationsräume bzw. naheliegende Modelle dafür sind $S^1 \times S^1 \times S^1$, $S^1 \times S^2$ und $SO(3)$. Das sind drei ganz verschiedene 3-dimensionale kompakte Flächen, untereinander nicht diffeomorph. Nach der Goldsteinschen Erklärung hätten alle drei Systeme den Konfigurationsraum $\mathbb{R}^3$! Das wäre, von mathematischen Gesichtspunkten ganz abgesehen, auch eine Missachtung der *physikalischen* Individualität dieser drei Beispiele.

Geschickt gewählte generalisierte Koordinaten sind nützlich, ja unentbehrlich beim Durchrechnen konkreter Beispiele. Wenn es aber gar nicht um einzelne Beispiele geht, sondern um das Verstehen der Begriffe und Zusammenhänge, dann können Koordinaten leicht den Blick auf das Wesentliche verstellen. Der Autor eines Mechanik-Lehrbuches kann natürlich auf dem Standpunkt stehen: ich schreibe für Leser, die mit n-dimensionalen Flächen noch nicht umgehen können. Auf meine Leser trifft das aber jedenfalls nicht zu, und im nächsten Kapitel zeige ich Ihnen die koordinatenfreie Lagrangetheorie.

36 Die Euler-Lagrange-Gleichungen

36.1 Zeitabhängiger Konfigurationsraum

Im vorangegangenen Kapitel haben wir nur Beispiele betrachtet, bei denen der Konfigurationsraum zu jedem Zeitpunkt derselbe ist, aber jetzt sollen auch Systeme mit zeitabhängigem Konfigurationsraum, wie etwa die Perle auf dem rotierenden Draht oder das Pendel mit zeitlich veränderter Pendellänge zugelassen sein. Als Zeitintervall, während dessen das System besteht, wollen wir irgend ein offenes allgemeines Intervall $D \subset \mathbb{R}$ annehmen.

Zu jedem $t \in D$ haben wir es also mit einer n-dimensionalen Fläche, dem Konfigurationsraum $M_t \subset \mathbb{R}^N$ zur Zeit t zu tun. Auf die Unterscheidung zwischen physikalischem und mathematischem Konfigurationsraum wollen wir jetzt nicht mehr eingehen, wir arbeiten mit mathematischen Modellen M_t und setzen die Beziehung $M_t \cong \mathcal{M}_t$ zum physikalischen Konfigurationsraum stillschweigend als gegeben voraus. Zur Beschreibung der Familie $\{M_t\}_{t\in D}$ durch ein mathematisches Gesamtobjekt vereinbaren wir folgende Sprechweise.

Definition (Fläche über D): Es sei $D \subset \mathbb{R}$ ein allgemeines offenes Intervall. Unter einer $(n+1)$-dimensionalen ***Fläche über D*** verstehen wir eine $(n+1)$-dimensionale Fläche $K \subset \mathbb{R} \times \mathbb{R}^N$ mit der Eigenschaft, dass die Projektion auf die erste Koordinate eine surjektive, überall reguläre Abbildung $\pi_K : K \to D$ definiert. □

Der *physikalische* Sinn eines Elements $(t, \vec{x}) = (t, x_1, \ldots, x_N) \in K$ ist der eines Paares aus einem Zeitpunkt t und einer Konfiguration

K. Jänich, *Mathematik 2*, Springer-Lehrbuch, 2nd ed.,
DOI 10.1007/978-3-642-16150-6_14, © Springer-Verlag Berlin Heidelberg 2011

$\vec{x}$ zum Zeitpunkt t, und π_K ist die 'Zeitabbildung' auf K, nämlich $\pi_K(t, \vec{x}) := t$. In mathematischer Sprache wollen wir das Urbild $K_t := \pi_K^{-1}(t) \subset K$ die ***Faser*** von K über t nennen. Dem physikalischen Zweck nach ist $K_t = \{t\} \times M_t \subset \mathbb{R} \times \mathbb{R}^N$ zu denken, wobei $M_t \subset \mathbb{R}^N$ der Konfigurationsraum zur Zeit t ist.

Sie sehen, dass K_t und M_t beinahe dieselbe Bedeutung haben, aber mathematisch wird es für uns angenehmer sein, K_t zu benutzen, weil wirklich $K_t \subset K$ gilt. Ein Bewegungsablauf des System wird dann mathematisch durch eine Abbildung $\sigma : D \to K$ mit $\sigma(t) \in K_t$ beschrieben, die zu jedem Zeitpunkt die Konfiguration des Systems angibt. Abbildungen mit $\sigma(t) \in K_t$ nennt man *Schnitte*, genauer:

Definition: Sei K eine Fläche über D und $\Omega \subset D$. Unter einem ***auf Ω definierten Schnitt*** von $\pi_K : K \to D$ oder kurz von K versteht man eine Abbildung $\sigma : \Omega \to K$ mit der Eigenschaft $\sigma(t) \in K_t$ für alle $t \in \Omega$. Ist Ω ganz D, so nennt man σ einfach einen ***Schnitt*** von K, ist Ω eine offene Umgebung von $t_0 \in D$, so heißt σ ein ***lokaler Schnitt um*** t_0. □

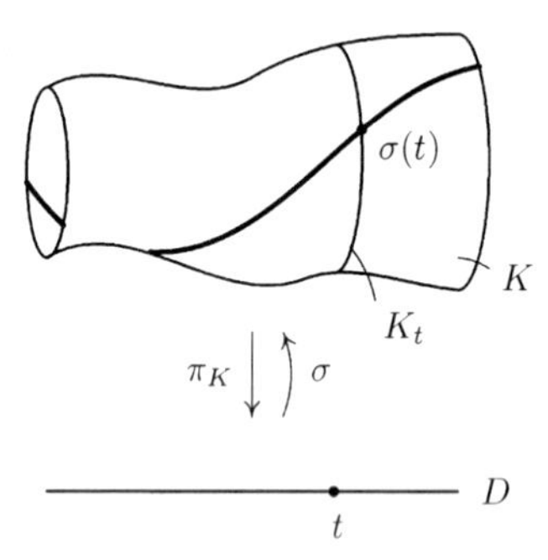

Schnitt $\sigma : D \to K$ in einer Fläche K über D

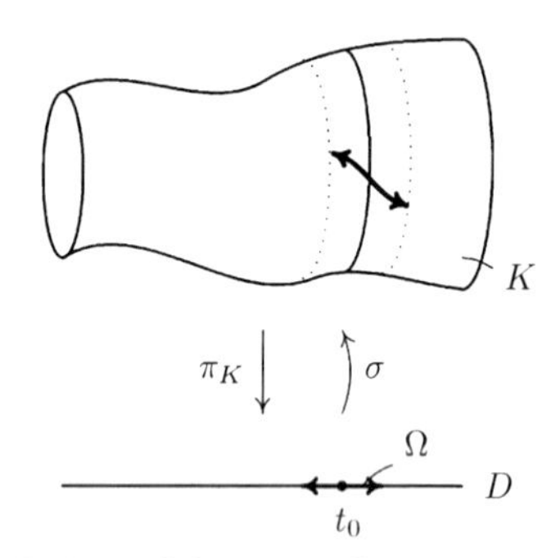

Lokaler Schnitt $\sigma : \Omega \to K$ in einer Fläche über D

Welchen Sinn hat die Regularitätsvoraussetzung, die wir über die Zeitabbildung $\pi_K : K \to D$ getroffen haben? Nach dem Satz vom regulären Punkt kann man um jeden Punkt von K eine Karte für K finden, deren erste Koordinate die Zeit ist[1], also ein Koordinatensystem der Form $t, q_1, \ldots, q_n$. So wie wir von K als einer *Fläche über D* sprechen, sollten wir solche Koordinaten ***Koordinaten über*** D

nennen. Die Existenz lokaler Koordinaten über D zeigt auch, dass die Fasern K_t wirklich n-dimensionale Flächen sind. Situationen wie die folgenden werden durch die Regularitätsvoraussetzung ausgeschlossen:

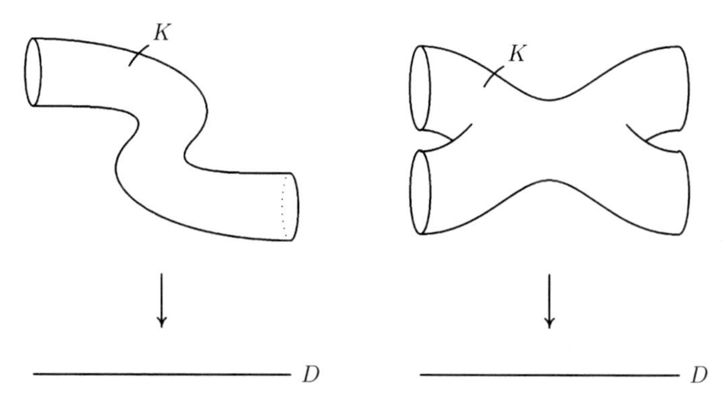

Diese Beispiele zeigen zwar Flächen, aber keine Flächen über D, weil die Zeitabbildung π_K vier bzw. zwei singuläre Punkte hat.

In lokalen Koordinaten über D ist ein Schnitt σ, soweit er eben im Koordinatensystem verläuft, durch $t \mapsto (t, q_1(t), \ldots, q_n(t))$ gegeben:

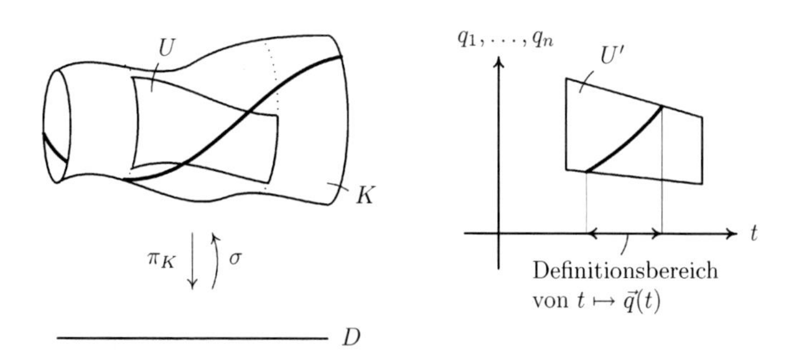

Schnitt in lokalen Koordinaten über D beschrieben

Soweit die Koordinaten reichen, steckt also die Information über den Schnitt in der Kurve $t \mapsto q(t)$ im $\mathbb{R}^n$, und so erscheint der Schnitt in den Mechanikbüchern.

Bevor wir zu 36.2 weitergehen, möchte ich Ihnen erklären, weshalb ich mich nicht der Einfachheit halber, was mir doch niemand übel genommen hätte, auf *zeitunabhängige* Konfigurationsräume beschränke. Die Bewegungsabläufe des Systems wären dann Kurven $\gamma : D \to M$, in Koordinaten für M also $t \mapsto q(t)$, und von “Schnitten” brauchte gar nicht die Rede zu sein. — Nun, vom allgemeinen Fall auf zeitunabhängige Konfigurationsräume zu spezialisieren ist ganz einfach: es ist dann eben $K = D \times M$, Schnitte in K und Kurven in M gehen durch $\sigma(t) = (t, \gamma(t))$ auseinander hervor und Koordinaten $q_1, \ldots, q_n$ für M liefern sofort Koordinaten $t, q_1, \ldots, q_n$ über D.

In umgekehrter Richtung geht es aber nicht so leicht. Zwar ist der zeitabhängige Fall an sich auch nicht schwierig zu verstehen, aber wenn man sich zunächst an die zeitunabhängige Situation gewöhnt hat, dann kann schon die Einführung zeitabhängiger Koordinaten, die auch bei zeit*un*abhängigem Konfigurationsraum manchmal zweckmäßig ist, für den Lernenden ihre Tücken haben. In unserer allgemeinen Situation sind die Koordinaten sowieso ‘zeitabhängig’, was denn sonst, wenn sogar der Konfigurationsraum von der Zeit abhängt.

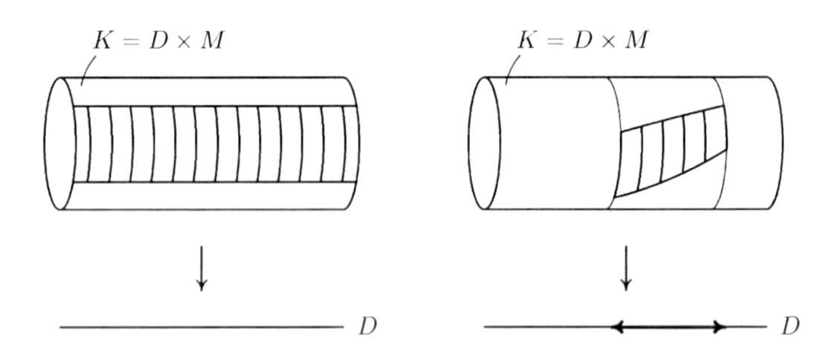

Zeitunabhängige und zeitabhängige Koordinaten im Falle eines zeitunabhängigen Konfigurationsraumes

Über den Nutzen in der Mechanikvorlesung hinaus machen Sie aber durch die zeitabhängigen Konfigurationsräume auch erste Bekanntschaft mit einem Phänomen, das später in der Lagrangeschen Feldtheorie eine Rolle spielt. Es hat damit zu tun, dass Konfigurationen zu verschiedenen Zeitpunkten nicht mehr ohne weiteres vergleichbar sind, weil anders als im zeitunabhängigen Fall eine *kanonische* Beziehung $K_{t_0} \cong K_{t_1}$ nicht mehr vorhanden ist.

Ist zum Beispiel eine Konfiguration zur Zeit t_0 gegeben, so hat es keinen Sinn, "dieselbe" Konfiguration zum Zeitpunkt t_1 betrachten zu wollen, denn dieselbe Konfiguration, ganz wörtlich genommen, ist im Konfigurationsraum zur Zeit t_1 vielleicht gar nicht enthalten. Unsere Visualisierung durch $K \to D$ macht diese Verhältnisse anschaulich, und den Details des mathematischen Umgangs damit wenden wir uns jetzt wieder zu.

36.2 1-Jetbündel und Fasertangentialbündel

Die Lagrangefunktion in der Mechanik ist ein Differentialoperator erster Ordnung, der jedem lokalen Schnitt σ in K eine Funktion $L[\sigma]$ mit demselben Definitionsbereich zuordnet. Um den Wert $L[\sigma](t_0)$ dieser Funktion an einer Stelle t_0 zu bestimmen, genügt es aber nicht, t_0 und $\sigma(t_0)$ zu kennen, sondern man muss auch die erste Ableitung $\dot{\sigma}(t_0)$ an dieser Stelle haben, deshalb heißt es ja *Differentialoperator erster Ordnung*. In lokalen Koordinaten $(t, q_1, \ldots, q_n)$ oder kurz (t, q) errechnet sich $L[\sigma](t)$ also aus $(t, q(t), \dot{q}(t))$, so dass L als eine Funktion

$$L = L(t, q_1, \ldots, q_n, \dot{q}_1, \ldots, \dot{q}_n)$$

von $2n + 1$ Variablen erscheint. Der Definitionsbereich, in der Notation der Physik meist unterdrückt, wäre dabei

$$U' \times \mathbb{R}^n \subset (\mathbb{R} \times \mathbb{R}^n) \times \mathbb{R}^n,$$

wenn $U' \subset \mathbb{R} \times \mathbb{R}^n$ das Kartenbild bezeichnet.

In der koordinatenfreien Begriffssprache der Mathematik ist die Lagrangefunktion eine Funktion

$$\boxed{L : J^1(\pi_K) \longrightarrow \mathbb{R}}$$

auf dem ***1-Jet-Raum***, dem Raum der 1-Jets lokaler Schnitte in K. Der sogenannte ***1-Jet an der Stelle*** t_0 eines um t_0 definierten lokalen Schnittes σ von K ist einfach $[\sigma]^1_{t_0} := (\sigma(t_0), \dot{\sigma}(t_0))$, also die Information über den Wert und das Differential von σ an dieser Stelle.[2] Die Interpretation von L als Differentialoperator für lokale Schnitte σ ist dann natürlich durch

$$\boxed{L[\sigma](t) := L([\sigma]^1_t)}$$

zu verstehen. Die durch $[\sigma]^1_t \mapsto \sigma(t)$ wohldefinierte Abbildung von $J^1(\pi_K)$ auf K wollen wir mit π_0 bezeichnen, es ist ja die Projektion auf die "nullte Ableitung", d.h. auf den Schnittwert $\sigma(t)$ selbst. Zum geometrischen Umfeld der Lagrangefunktion gehören also die Räume und Abbildungen, die in dem Diagramm

$$\begin{array}{ccc} J^1(\pi_K) & \xrightarrow{\;L\;} & \mathbb{R} \\ \big\downarrow \pi_0 & & \\ K & & \\ \big\downarrow \pi_K & & \\ D & & \end{array}$$

übersichtlich zusammengefasst sind.

Das Zeitintervall D und die Fläche K darüber sehen wir vor uns. Um auch vom Jet-Raum eine anschauliche Vorstellung zu gewinnen, wollen wir einmal einen festen Punkt $p \in K_{t_0} \subset K$ ins Auge fassen. Dort finden wir zunächst den $(n+1)$-dimensionalen Tangentialraum T_pK vor, und darin, als n-dimensionalen Untervektorraum, den Tangentialraum $T_pK_{t_0} =: T^{\mathsf{I}}_pK$ der Faser.

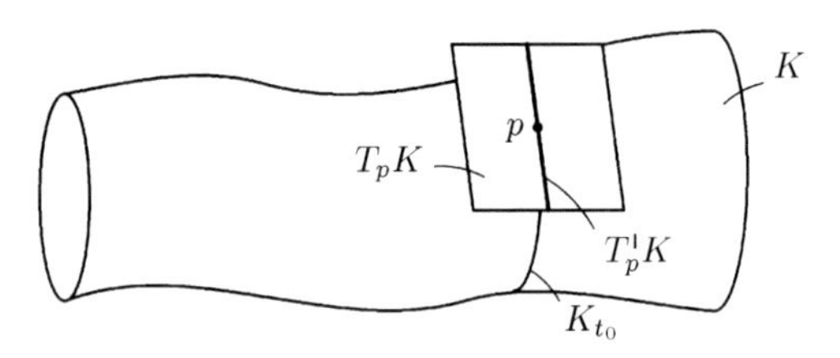

Tangentialraum und Fasertangentialraum von K im Punkte p

Dieser ***Fasertangentialraum*** ist zugleich auch der Kern des Differentials $d(\pi_K)_p : T_pK \to \mathbb{R}$, also

$$T^{\shortmid}_pK = \operatorname{Kern} d(\pi_K)_p\,,$$

denn offensichtlich ist $T_pK_{t_0} \subset \operatorname{Kern} d(\pi_K)_p$, weil π_K auf der Faser konstant ist, und die Gleichheit folgt aus Dimensionsgründen — wie das eben immer bei regulären Abbildungen ist, nur zur Erinnerung.

Parallel neben dem Fasertangentialraum erblicken wir die Nebenklasse $A_p := d(\pi_K)_p^{-1}(1)$ des Kerns $d(\pi_K)_p^{-1}(0)$. Dieser durch Parallelverschiebung aus dem Fasertangentialraum hervorgehende affine Unterraum von T_pK interessiert uns deshalb, weil in ihm die Tangentialvektoren $\dot{\sigma}(t_0)$ der Schnitte durch p liegen. Wegen der Schnittbedingung $\pi_K(\sigma(t)) = t$ ist ja für lokale Schnitte stets $(d\pi_K)_{\sigma(t)}(\dot{\sigma}(t)) = 1$ nach der Kettenregel.

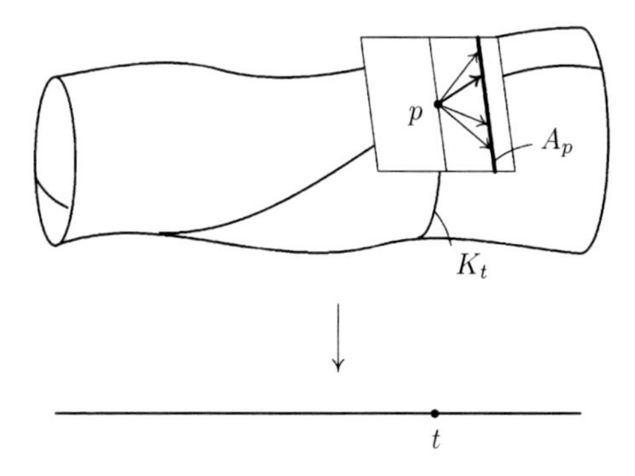

Der Raum A_p der möglichen $\dot{\sigma}(t_0)$ bei p

Umgekehrt kommt auch jedes Element $a \in A_p$ als Geschwindigkeitsvektor $\dot{\sigma}(t_0)$ eines lokalen Schnittes σ durch p wirklich vor. In lokalen Koordinaten über D, in denen p etwa durch (t_0, q_0) beschrieben ist, handelte es sich ja nur darum, jedes $(1, v_1, \ldots, v_n)$ als $(1, \dot{q}_1, \ldots, \dot{q}_n)$ bei t_0 realisieren zu können, was z.B. durch $q(t) := q_0 + (t - t_0)v$ geleistet wird.

Deshalb sind die Paare (p, a) genau die 1-Jets $(\sigma(t_0), \dot{\sigma}(t_0))$ von lokalen Schnitten durch p bei t_0, und der Raum der Jets bei p, den wir mit $J^1_p(\pi_K) := \pi_0^{-1}(p)$ bezeichnen wollen, ist also nichts anderes als $\{p\} \times A_p$. Der ganze 1-Jetraum $J^1(\pi_K)$, oder das ***1-Jetbündel***, wie man den Jetraum auch nennt, wenn man ihn als die Vereinigung aller seiner “Fasern” $J^1_p(\pi_K)$ betrachtet, ist daher

$$J^1(\pi_K) = \{(p,a) \mid p \in K, a \in A_p\} = \bigcup_{p \in K} \{p\} \times A_p \,.$$

Gerade so fasst man ja auch die einzelnen Tangentialräume T_pK, nachdem man sie durch Übergang zu $\{p\} \times T_pK$ markiert und disjunkt gemacht hat, zum ***Tangentialbündel***[3]

$$TK := \bigcup_{p \in K} \{p\} \times T_pK$$

über K zusammen, und genau so wollen wir auch aus den einzelnen Fasertangentialräumen T_pK_t das ***Fasertangentialbündel***

$$T^{\shortmid}K := \bigcup_{p \in K} \{p\} \times T^{\shortmid}_pK$$

über K bilden. Auseinanderzusetzen, inwiefern $J^1(\pi_K) \subset TK$ und $T^{\shortmid}K \subset TK$ zwar sehr nahe verwandt, aber doch nicht kanonisch dasselbe sind, ist der Hauptzweck des gegenwärtigen Abschnitts.

Weil K eine $(n+1)$-dimensionale Fläche in einem $\mathbb{R} \times \mathbb{R}^N$ ist, ist TK eine $(2n+2)$-dimensionale Fläche im $(\mathbb{R} \times \mathbb{R}^N) \times (\mathbb{R} \times \mathbb{R}^N)$, und insbesondere bringen lokale Koordinaten $(t, q_1, \dots, q_n)$ für K über D auch lokale Koordinaten $(t, q_1, \dots, q_n, v_0, v_1, \dots, v_n)$ für TK mit: die ersten $n+1$ Koordinaten sagen, an welchem $p \in K$ der Vektor sitzt, die letzten $n+1$ Koordinaten sind dann seine Komponenten bezüglich der Koordinatenbasis von T_pK.

Das Fasertangentialbündel ist in diesen Koordinaten von TK durch $v_0 = 0$, das 1-Jetbündel durch $v_0 = 1$ charakterisiert. Beide sind deshalb $(2n+1)$-dimensionale Flächen in TK, und für beide definieren die $(t, q_1, \dots, q_n, v_1, \dots, v_n)$ lokale Koordinaten, weshalb beim Rechnen in Koordinaten nicht immer leicht zu sehen ist, ob man es gerade mit $T^{\shortmid}K$ oder mit $J^1(\pi_K)$ zu tun hat. Im zeitunabhängigen Falle ist das auch nicht so wichtig, denn dann ist $K =$

$D \times M$, an jedem Punkte $p = (t, x) \in D \times M$ ist $T_pK = \mathbb{R} \times T_xM$ sowie $T_p^{|}K = 0 \times T_xM$ und $A_p = 1 \times T_xM$. Wir können uns deshalb beim Übergang von einem zum anderen auf *kanonische* Bijektionen $T_p^{|}K \cong J_p^1(\pi_K) \cong T_xM$ berufen. Im allgemeinen Fall ist das aber nicht so.

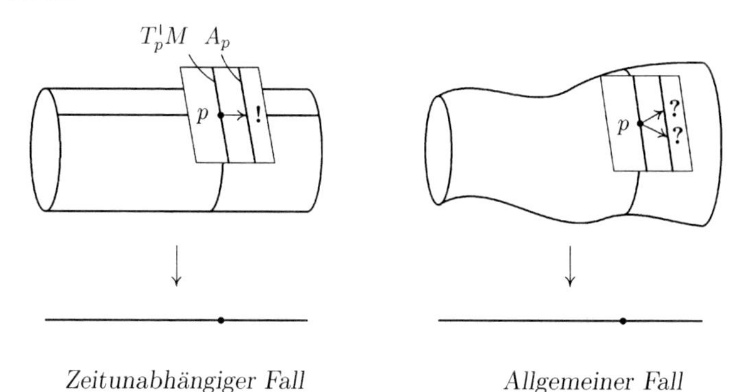

Zeitunabhängiger Fall *Allgemeiner Fall*

Ist der Konfigurationsraum nämlich zeitabhängig, dann kann man zwar $T_p^{|}K$ durch eine Translation in A_p überführen, aber die Translation ist nicht eindeutig bestimmt, und was die Koordinaten vorschlagen, ist wirklich koordinatenabhängig — wie übrigens bei zeitabhängigen Koordinaten selbst bei zeit*un*abhängigem Konfigurationsraum.

Diese mathematischen Verhältnisse spiegeln eben wieder, dass A_p und $T_p^{|}K$ auch unterschiedliche physikalische Bedeutung haben. In A_p liegen die Geschwindigkeitsvektoren der lokalen Schnitte durch p, also die *Zeitableitungen* $\dot{\sigma}(t) \in A_{\sigma(t)}$ von Bewegungsabläufen. Der Fasertangentialraum $T_p^{|}K$ dagegen ist die Heimat der Ableitung nach dem *Variationsparameter*. Ist durch $\sigma_\lambda(t)$, für $\lambda \in (-\varepsilon, \varepsilon)$, eine Variation von $\sigma(t) = \sigma_0(t)$ beschrieben, so ist natürlich $\sigma_\lambda(t) \in K_t$ für alle λ, für festes t ist also $\lambda \mapsto \sigma_\lambda(t)$ eine Kurve in der Faser K_t, ihre Ableitung nach dem Kurvenparameter λ folglich im Fasertangentialraum:

$$\left.\frac{d}{d\lambda}\right|_{\lambda=0} \sigma_\lambda(t) \in T_{\sigma_0(t)}K_t = T_{\sigma_0(t)}^{|}K$$

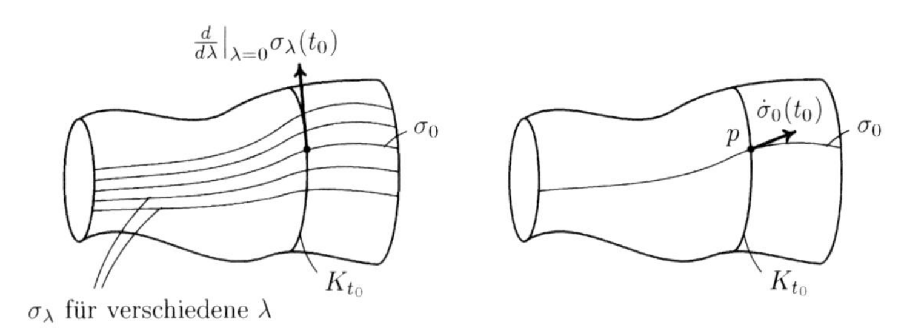

Unterschiedliche physikalische Bedeutung von 1-Jetbündel und Fasertangentialbündel

Schreibt man die Ableitung nach der Zeit wie üblich mit einem Ableitungs-Punkt, die Ableitung nach dem Variationsparameter aber mit einem Ableitungs-Strich, so ist die Koordinatenbezeichnung $(t, q_1, \ldots, q_n, \dot q_1, \ldots, \dot q_n)$ nur für das 1-Jetbündel physikalisch stimmig, während für die Koordinaten des Fasertangentialbündels die Notation $(t, q_1, \ldots, q_n, q_1', \ldots, q_n')$ den richtigen physikalischen Sinn suggerieren würde.

36.3 Die Euler-Lagrange-Gleichungen einer Lagrangefunktion

Was ein *Fasertangentialfeld w längs eines Schnittes σ* wird sein sollen, lässt der Name schon vermuten.

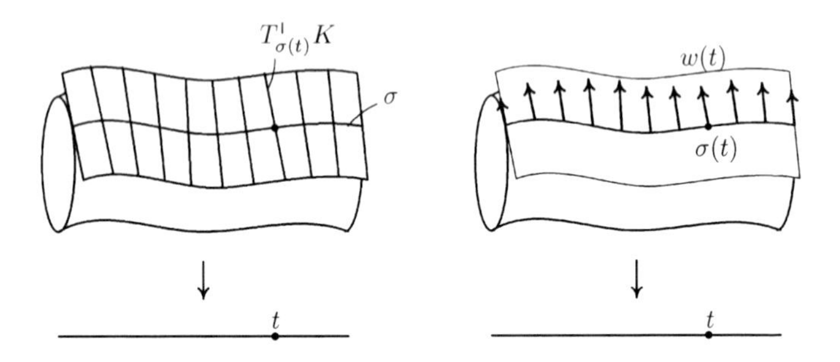

Die Fasertangentialräume längs σ   *Ein Fasertangentialfeld längs σ*

Definition: Sei $\sigma : D \to K$ ein Schnitt in einer $(n+1)$-dimensionalen Fläche K über einem allgemeinen offenen Intervall $D \subset \mathbb{R}$. Unter einem ***Fasertangentialfeld längs*** σ verstehen wir eine differenzierbare Zuordnung w, die jedem $t \in D$ einen Vektor $w(t) \in T^{\shortmid}_{\sigma(t)}K$ im Fasertangentialraum bei $\sigma(t)$ zuordnet. □

Ist insbesondere $(\sigma_\lambda)_{\lambda\in(-\varepsilon,\varepsilon)}$ eine differenzierbare ***Variation*** von σ, also eine Familie von Schnitten $\sigma_\lambda : D \to K$ mit $\sigma_0 = \sigma$, die als Abbildung

$$\begin{array}{ccc}(-\varepsilon,\varepsilon)\times D & \longrightarrow & K\\ (\lambda,t) & \longmapsto & \sigma_\lambda(t)\end{array}$$

differenzierbar ist, so ist die ***Richtung*** w dieser Variation, definiert durch

$$\boxed{t \longmapsto w(t) := \frac{d}{d\lambda}\Big|_{\lambda=0} \sigma_\lambda(t)}$$

offensichtlich ein solches Fasertangentialfeld längs σ, und das ist auch der Grund, weshalb wir uns hier für Fasertangentialfelder überhaupt interessieren.[4]

Gleichsam 'dual' zum Begriff des Fasertangentialfeldes betrachten wir nun auch 'Faser-1-Formen' längs σ:

Definition: Unter einer ***Faser-1-Form längs*** σ verstehen wir eine differenzierbare Zuordnung ω, die jedem $t \in D$ eine Linearform $\omega(t) : T^{\shortmid}_{\sigma(t)}K \to \mathbb{R}$, also ein Element $\omega(t)$ des Dualraums des Fasertangentialraums bei $\sigma(t)$ zuordnet. □

Ist ω eine Faser-1-Form und w ein Fasertangentialfeld längs σ, so kann man also für jedes t die Linearform $\omega(t)$ auf den Vektor $w(t)$ anwenden und erhält eine reelle Zahl. Da sich aber $\omega(t)(w(t))$ nicht gut liest, wollen wir die Schreibweise

$$\boxed{\langle\omega(t), w(t)\rangle := \omega(t)(w(t)) \in \mathbb{R}}$$

vereinbaren.[5] Beim Rechnen in lokalen Koordinaten $(t, q_1, \ldots, q_n)$ wird $T^{\shortmid}_{\sigma(t)}K$ zum $\mathbb{R}^n$, in Matrizenschreibweise also $w(t)$ zu einer Spalte von Komponenten $w_i(t)$, $i = 1, \ldots, n$, und $\omega(t)$ zu einer

Zeile $(\omega_1(t), \dots, \omega_n(t))$, die Anwendung ist dann einfach das Matrizenprodukt, also

$$\langle \omega(t), w(t) \rangle = \sum_{i=1}^{n} \omega_i(t) w_i(t) \,,$$

und daran erinnert die Skalarproduktnotation $\langle \ , \ \rangle$ doch ganz gut.

Sei jetzt eine Lagrangefunktion $L : J^1(\pi_K) \to \mathbb{R}$ für K gegeben. Der Heuristik des Variationsprinzips folgend, müssten wir uns den Raum $\mathscr{M}$ der Schnitte in K als eine Art unendlichdimensionaler Fläche vorstellen, an jeder Stelle $\sigma \in \mathscr{M}$ sollte dann der Vektorraum der Fasertangentialfelder längs σ, also

$$T_\sigma \mathscr{M} := \{ w : D \to T^{\text{!`}} K \mid w(t) \in T_{\sigma(t)} K_t \text{ für alle } t \in D \}$$

die Rolle des Tangentialraumes spielen, denn die Tangentialvektoren sollen ja die 'Geschwindigkeitsvektoren' von Kurven in $\mathscr{M}$ sein.

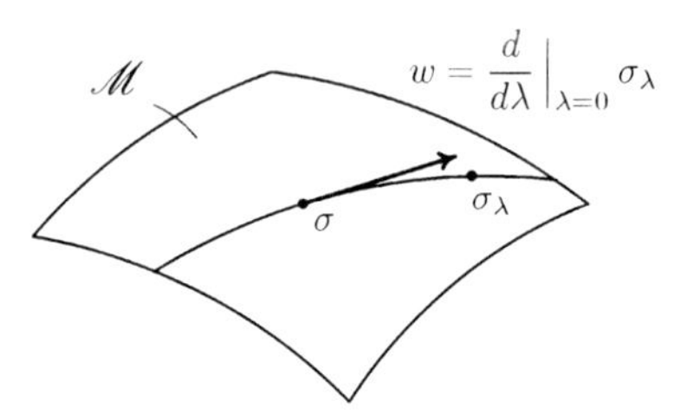

w als Richtung einer Variation

Sodann möchten wir gern durch

$$\mathscr{L}[\sigma] := \int_D L[\sigma]\, dt$$

eine Funktion $\mathscr{L} : \mathscr{M} \to \mathbb{R}$ definiert haben, für die wir dann an jeder Stelle $\sigma \in \mathscr{M}$ das Differential

$$d\mathscr{L}_\sigma : T_\sigma \mathscr{M} \longrightarrow \mathbb{R}$$

berechnen wollten, um zum Beispiel die kritischen oder *extremalen* σ, d.h. die mit $d\mathscr{L}_\sigma = 0$ zu bestimmen und überhaupt $\mathscr{L}$ so zu untersuchen, wie wir es für endlichdimensionale Flächen $M^k \subset \mathbb{R}^n$ in der Differentialrechnung gelernt haben.

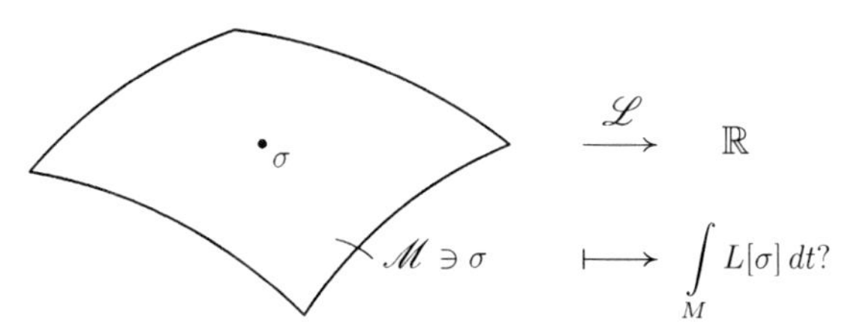

$\mathscr{L}$ durch Integration über $L[\sigma]$ definieren?

Es wäre allerdings etwas zu viel von der Heuristik verlangt, wenn dabei gar keine Probleme auftauchen sollten. Zwar haben wir $\mathscr{M}$ und $T_\sigma\mathscr{M}$ klar genug definiert, aber $\mathscr{L} : \mathscr{M} \to \mathbb{R}$ wird im Allgemeinen nicht definiert sein, weil das Integral $\int_M L[\sigma]dt$ für viele σ als uneigentliches Integral divergieren mag, etwa

$$\int_{-\infty}^{\infty} L[\sigma](t)\,dt = \infty\,.$$

Sie werden vielleicht vorschlagen wollen, sich gleich bei der Definition von $\mathscr{M}$ auf die Schnitte mit endlicher Wirkung zu beschränken. Aber dann müssten wir damit rechnen, dass womöglich gar keine extremalen Schnitte übrig blieben. Der bessere Weg ist, nicht $\mathscr{M}$, sondern den ins Auge gefassten Tangentialraum $T_\sigma\mathscr{M}$ etwas zu verkleinern, indem wir statt beliebiger Variationen nur Variationen *mit kompaktem Träger* zulassen. Dann können wir $d\mathscr{L}_\sigma$ auch dann noch definieren und berechnen, wenn $\mathscr{L}[\sigma]$ selbst unendlich sein sollte.

Definition: Unter dem ***Träger*** einer Variation $(\sigma_\lambda)_{\lambda\in(-\varepsilon,\varepsilon)}$ von σ verstehen wir die abgeschlossene Hülle

$$\overline{\{t \in D \mid \sigma_\lambda(t) \neq \sigma(t) \text{ für ein } \lambda \in (-\varepsilon, \varepsilon)\}} \subset D$$

in D. □

Die *nicht* zum Träger gehörigen Zeitpunkte sind also gerade diejenigen, um die es ein kleines Zeitintervall gibt, in dem sich bei der Variation nichts rührt.

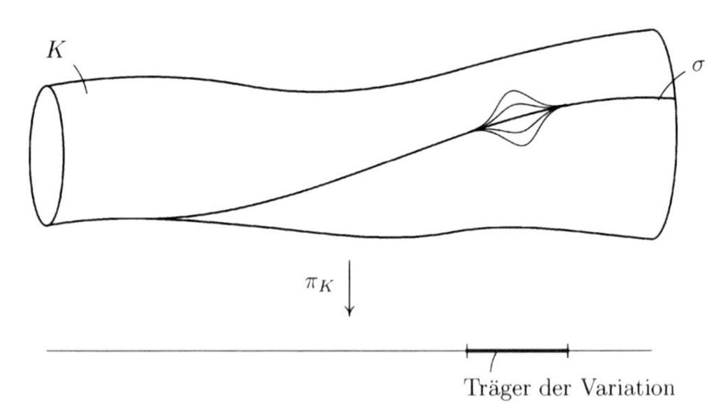

Zum Begriff des Trägers einer Variation

Beachte, dass außerhalb des Trägers das Richtungsfeld der Variation offenbar Null ist, also ist der (gewöhnliche) Träger $\mathrm{Tr}\, w$ des Richtungsfeldes im Träger der Variation enthalten, und ist dieser kompakt, so auch $\mathrm{Tr}\, w$.

Ist nun der Träger einer Variation von σ kompakt und deshalb in einem kompakten Intervall $[t_0, t_1] \subset D$ enthalten, so mag $\int_D L[\sigma]\, dt$ ruhig unendlich sein, wir studieren statt $\frac{d}{d\lambda} \int_D L[\sigma_\lambda]\, dt$ eben einfach $\frac{d}{d\lambda} \int_{t_0}^{t_1} L[\sigma_\lambda]\, dt$. Die wegen drohender Unendlichkeit unterdrückten Anteile des Integrals hängen eh' nicht von λ ab!

Definition: Ein Schnitt $\sigma : D \to K$, heiße ***extremal*** bezüglich der Lagrangefunktion L, wenn

$$\left.\frac{d}{d\lambda}\right|_{\lambda=0} \int_{t_0}^{t_1} L[\sigma_\lambda](t)\, dt = 0$$

für jede Variation von σ gilt, deren Träger in einem kompakten Intervall $[t_0, t_1] \subset D$ enthalten ist. □

Extremal unter Variationen mit kompaktem Träger, wie wir vielleicht sagen sollten, aber andere Variationen betrachten wir momentan gar nicht. Damit ist nun der Begriff genau bestimmt und das Ziel anvisiert: finde zu gegebenem L die extremalen Schnitte oder Bewegungsabläufe. Dabei ist *finden* wie üblich im weitesten Sinne zu verstehen, dieser reicht vom expliziten numerischen oder analytischen Berechnen einer einzelnen, etwa durch Anfangsbedingungen festgelegten Extremalen in einem konkreten Anwendungsfall bis zum Herausholen theoretischer Informationen über die Gesamtheit der Extremalen in allgemeinen Situationen, in denen die explizite Berechnung gar nicht zur Debatte steht.

Ein wichtiges Werkzeug zum Finden der Extremalen ist die *Eulerform*, aus der man durch Nullsetzen die Euler-Lagrange-Gleichungen oder *Feldgleichungen* des Systems erhält.

Satz und Definition (Eulerform einer Lagrangefunktion): *Es sei L eine Lagrangefunktion für K über D. Dann gibt es zu jedem Schnitt $\sigma : D \to K$ genau eine Faser-1-Form $\mathrm{Eu}_L[\sigma]$ längs σ mit der Eigenschaft, dass für jede Variation $(\sigma_\lambda)_{\lambda\in(-\varepsilon,\varepsilon)}$ von σ mit Träger in einem kompakten Intervall $[t_0, t_1] \subset D$ und Richtung $w := \frac{d}{d\lambda}\big|_0 \sigma_\lambda$ gilt:*

$$\frac{d}{d\lambda}\bigg|_{\lambda=0} \int_{t_0}^{t_1} L[\sigma_\lambda](t)\,dt = \int_{t_0}^{t_1} \langle \mathrm{Eu}_L[\sigma], w\rangle\,dt\,.$$

Ist ferner σ in lokalen Koordinaten über D durch $t \mapsto (t, q(t))$ beschrieben, so ist $\mathrm{Eu}_L[\sigma](t)$ in diesen Koordinaten als lineare Abbildung $\mathbb{R}^n \to \mathbb{R}$ in Matrizenschreibweise durch die Zeile

$$\left(\frac{\partial L}{\partial q_i}(t, q(t), \dot q(t)) - \frac{d}{dt}\frac{\partial L}{\partial \dot q_i}(t, q(t), \dot q(t))\right)_{i=1,\dots,n}$$

gegeben. Beweis s.u. □

Insbesondere hängt $\mathrm{Eu}_L[\sigma](t_0)$ jeweils nur vom 2-Jet von σ an der Stelle t_0 ab, also nur von $(t_0, q(t_0), \dot q(t_0), \ddot q(t_0))$, weshalb man von Eu_L als von einem Differentialoperator höchstens zweiter Ordnung auf dem Raum der Schnitte in K sprechen kann. Diesen Differentialoperator wollen wir die ***Eulerform von** L* nennen, für gegebenes σ heiße die Faser-1-Form $\mathrm{Eu}_L[\sigma]$ längs σ die ***Eulerform von** L **längs** σ*.

Im nächsten Abschnitt wird der Satz bewiesen, aber auch ohne den Beweis schon studiert zu haben, können wir den Nutzen der Eulerform einsehen. Auf dem Vektorraum der Fasertangentialfelder mit kompaktem Träger längs σ, den wir rasch einmal mit $T_\sigma^{\text{komp.Tr.}}\mathscr{M} \subset T_\sigma\mathscr{M}$ bezeichnen könnten, haben wir durch $w \mapsto \int_D \langle \mathrm{Eu}_L[\sigma], w\rangle \, dt$ jetzt eine lineare Abbildung nach $\mathbb{R}$ gegeben, die wir mit Fug und Recht eine wirklich definierte Version des vorher nur heuristisch erfassten Differentials $d\mathscr{L}_\sigma$ des Lagrangefunktionals nennen dürfen, und die extremalen Schnitte, nach der obigen Definition, sind genau[6] die σ mit $d\mathscr{L}_\sigma = 0$. Diese Bedingung bedeutet aber nichts anderes als $\mathrm{Eu}_L[\sigma] \equiv 0$, und so erhalten wir aus dem Satz das folgende Korollar:

Korollar (Euler-Lagrange-Gleichungen): *Ein Schnitt σ in K ist genau dann extremal bezüglich einer Lagrangefunktion L, wenn*

$$\boxed{\mathrm{Eu}_L[\sigma] \equiv 0}$$

gilt, wenn also die Eulerform von L längs σ verschwindet, oder in lokalen Koordinaten über D geschrieben, wenn

$$\boxed{\frac{\partial L}{\partial q_i}(t, q(t), \dot{q}(t)) - \frac{d}{dt}\frac{\partial L}{\partial \dot{q}_i}(t, q(t), \dot{q}(t)) = 0}$$

für $i = 1, \ldots, n$ gilt. □

Diese n Differentialgleichungen höchstens zweiter Ordnung für $q(t)$ heißen die ***Euler-Lagrange-Gleichungen*** von L.

36.4 Der Beweis des Satzes über die Eulerform

Wir zeigen zuerst die **Eindeutigkeit**. Hätten Eu_L und $\widetilde{\mathrm{Eu}_L}$ beide die geforderte Eigenschaft, so müsste ihre Differenz also

$$\int_{t_0}^{t_1} \langle \mathrm{Eu}_L[\sigma] - \widetilde{\mathrm{Eu}_L}[\sigma], v\rangle \, dt = 0$$

für die Richtung v einer jeden Variation von σ erfüllen, deren Träger in einem Intervall $[t_0, t_1] \subset D$ liegt. Betrachten wir ein festes $t_0 \in D$.

Für genügend kleine Intervalle $[t_0, t_1]$ lässt sich jedes Fasertangentialfeld w längs σ mit $\mathrm{Tr}\, v \subset [t_0, t_1]$ als Richtung einer Variation mit demselben Träger realisieren, wir brauchen in lokalen Koordinaten um $\sigma_0(t_0)$ ja nur $q(t, \lambda) := q(t) + \lambda w(t)$ zu setzen und die Variation außerhalb $[t_0, t_1]$ stationär zu lassen.

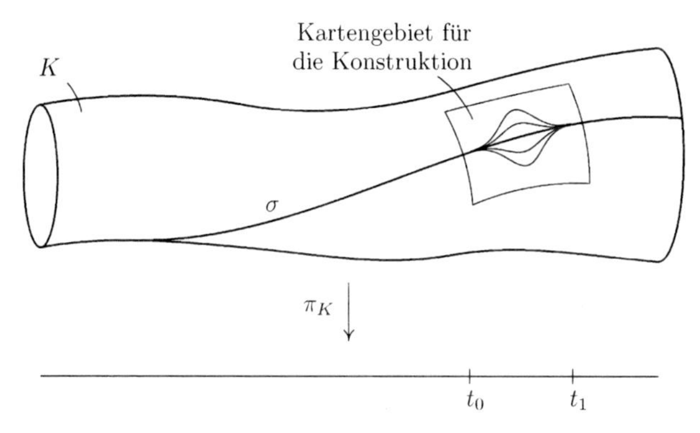

Konstruktion einer Variation mit vorgegebener Richtung

In diesen Koordinaten muss für die Komponenten $\omega_i(t)$ der Differenz $\omega = \mathrm{Eu}_L[\sigma] - \widetilde{\mathrm{Eu}_L}[\sigma]$ also

$$\int_{t_0}^{t_1} \sum_{i=1}^{n} \omega_i(t) w_i(t)\, dt = 0$$

für *alle* w mit Träger in $[t_0, t_1]$ gelten und $\omega \big| [t_0, t_1]$ daher identisch Null sein. Die Eindeutigkeitsaussage ist damit bewiesen.

Für den Beweis der **Existenz** der Eulerform müssen wir zuerst ein wenig rechnen, und zwar rechnen wir für eine beliebige Variation (σ_λ), ohne Bedingungen an den Träger, für ein festes $t \in D$ die Ableitung

$$\left.\frac{d}{d\lambda}\right|_{\lambda=0} L[\sigma_\lambda](t)$$

der Lagrangfunktion nach dem Variationsparameter in lokalen Koordinaten aus. Zur Bestimmung von $L[\sigma_\lambda](t)$ für festes t braucht man nicht nur $\sigma_\lambda(t)$, sondern auch $\dot\sigma_\lambda(t)$. Im Koordinatenbereich wird $\sigma_\lambda(t)$ in der anonymen Notation durch $(t, q(t,\lambda))$ beschrieben. Die Information über $\dot\sigma_\lambda(t)$ steckt dann in $\dot q(t,\lambda) := \frac{\partial}{\partial t} q(t,\lambda)$. Wie schon mehrfach schließen wir uns wieder der Notation an, welche die *in den Koordinaten* $t, q_1, \dots, q_n, \dot q_1, \dots, \dot q_n$ *von* $J^1(\pi_K)$ *ausgedrückte* Lagrangefunktion L einfach als $L(t, q_1, \dots, q_n, \dot q_1, \dots, \dot q_n)$ schreibt, und wir notieren insbesondere[7]

$$L[\sigma_\lambda](t) =: L(t, q(t,\lambda), \dot q(t,\lambda))\,.$$

In lokalen Koordinaten ausgedrückt ist $\frac{d}{d\lambda} L[\sigma_\lambda](t)$ also

$$\begin{aligned}\frac{d}{d\lambda} L(t, q(t,\lambda), \dot q(t,\lambda)) = &\sum_{i=1}^n \frac{\partial L}{\partial q_i}(t, q(t,\lambda), \dot q(t,\lambda)) \frac{\partial q_i(t,\lambda)}{\partial\lambda} \\ &+ \sum_{i=1}^n \frac{\partial L}{\partial \dot q_i}(t, q(t,\lambda), \dot q(t,\lambda)) \frac{\partial \dot q_i(t,\lambda)}{\partial\lambda}\,,\end{aligned}$$

und wegen $\frac{\partial}{\partial\lambda}\big|_0 q_i(t,\lambda) = w_i(t)$ und der Vertauschbarkeit von $\frac{\partial}{\partial\lambda}$ und $\frac{\partial}{\partial t}$ folgt daraus

$$\boxed{\frac{d}{d\lambda}\Big|_0 L(t, q(t,\lambda), \dot q(t,\lambda)) = \sum_i \frac{\partial L}{\partial q_i} \cdot w_i(t) + \sum_i \frac{\partial L}{\partial \dot q_i} \cdot \dot w_i(t)\,.}$$

Damit können wir noch nicht ganz zufrieden sein, denn als Integrand in der angestrebten Formel für $\int \frac{d}{d\lambda} L[\sigma_\lambda](t)\,dt$ scheint sich die rechte Seite durch die Anwesenheit von $\dot w$ zu disqualifizieren. Es gibt aber einen Trick, mit dem das $\dot w$ harmlos gemacht, scheinbar sogar eliminiert werden kann. Nach der Produktregel ist ja

$$\frac{d}{dt}\Big(\frac{\partial L}{\partial \dot q_i} w_i\Big) = \Big(\frac{d}{dt}\frac{\partial L}{\partial \dot q_i}\Big) w_i + \frac{\partial L}{\partial \dot q_i} \dot w_i\,.$$

Ganz rechts steht der Summand, der uns in der Formel oben gestört hatte, in der Mitte ein Term, der uns schon recht wäre, weil er nur w, nicht aber $\dot w$ enthält, und die linke Seite enthält zwar implizit auch noch $\dot w$, sie ist aber bei der Integration ganz leicht zu kontrollieren. Deshalb drücken wir gerne den störenden Term durch die beiden anderen aus und erhalten so als Zwischenergebnis innerhalb des Beweises die

Variationsgleichung in Koordinaten: *Mit* $w_i(t) := \frac{\partial}{\partial\lambda}\Big|_0 q_i(t,\lambda)$ *gilt für jede Variation in lokalen Koordinaten*

$$\frac{d}{d\lambda}\Big|_0 L[\sigma_\lambda](t) = \sum_{i=1}^{n}\Big(\frac{\partial L}{\partial q_i} - \frac{d}{dt}\frac{\partial L}{\partial \dot q_i}\Big) w_i(t) + \frac{d}{dt}\Big(\sum_{i=1}^{n}\frac{\partial L}{\partial \dot q_i} w_i(t)\Big)$$

□

Freilich können wir nur davon Gebrauch machen, soweit der Schnitt σ im Kartengebiet verläuft, und über die Größe des Kartengebiets haben wir nichts bewiesen oder vorausgesetzt. Aber jedenfalls sehen wir, dass für ein offenes Teilintervall $\Omega \subset D$ mit $\sigma(\Omega)$ im Kartengebiet durch die 'Euler-Lagrange-Zeile'

$$\Big(\frac{\partial L}{\partial q_i}(t, q(t), \dot q(t)) - \frac{d}{dt}\frac{\partial L}{\partial \dot q_i}(t, q(t), \dot q(t))\Big)_{i=1,\dots,n}$$

eine Faser-1-Form, nennen wir sie $\mathrm{Eu}_L^\Omega[\sigma]$ längs $\sigma|\Omega$ definiert ist, welche jedenfalls für alle Variationen mit Träger in $[t_0, t_1] \subset \Omega$ die geforderte Eigenschaft

$$\frac{d}{d\lambda}\Big|_{\lambda=0} \int_{t_0}^{t_1} L[\sigma_\lambda](t)\, dt = \int_{t_0}^{t_1} \langle \mathrm{Eu}_L^\Omega[\sigma], w\rangle\, dt\,.$$

hat, weil für diese Variationen natürlich

$$\Big[\frac{\partial L}{\partial \dot q_i} w_i\Big]_{t_0}^{t_1} = 0$$

ist.[8] Die jeweilige lineare Abbildung $\big(\mathrm{Eu}_L^\Omega[\sigma]\big)_{\sigma(t)} : T'_{\sigma(t)}K \to \mathbb{R}$ ist zwar mittels Koordinaten definiert, aber wählen wir andere Koordinaten $(t, \widetilde q_1, \dots, \widetilde q_n)$ und dazu passend ein anderes Intervall $\widetilde\Omega$, dann ist jedenfalls

$$\big(\mathrm{Eu}_L^\Omega[\sigma]\big)\Big|_{\Omega\cap\widetilde\Omega} = \big(\widetilde{\mathrm{Eu}}_L^{\widetilde\Omega}[\sigma]\big)\Big|_{\Omega\cap\widetilde\Omega}$$

nach dem Eindeutigkeitssatz, angewandt auf die Einschränkung aller Daten auf $\Omega \cap \widetilde{\Omega}$! Also ist durch die Euler-Lagrange-Zeile wirklich eine Faser-1-Form $\mathrm{Eu}_L[\sigma]$ über ganz D wohldefiniert, die für Variationen mit genügend kleinen kompakten Trägern das Gewünschte leistet und in Koordinaten das behauptete Aussehen hat. Einzige noch offene Frage: hält $\mathrm{Eu}_L[\sigma]$ was es verspricht auch für Variationen mit "großen" kompakten Trägern?

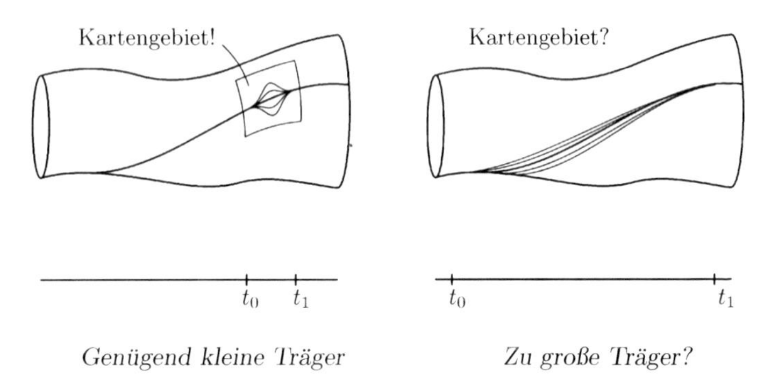

Genügend kleine Träger *Zu große Träger?*

Nun, erstens gibt es die gar nicht: *jedes* $\sigma([t_0, t_1])$ kann man in einem Kartengebiet unterbringen, ja sogar ganz $\sigma(D)$. Das unter den hier waltenden allgemeinen Voraussetzungen zu beweisen würde uns aber ein wenig zu weit führen, und wir kommen auch auf einfachere Weise zum Ziel. Denn zweitens lesen wir aus der Variationsformel in Koordinaten jedenfalls ab, dass für Variationen mit Trägern in kompakten Intervallen $[t_1, t_2] \subset D$ die Ableitung $\frac{d}{d\lambda}\big|_{\lambda=0} \int_{t_0}^{t_1} L[\sigma_\lambda]\, dt$, wie zu erwarten, nur von der Richtung w der Variation abhängt, und zwar *linear*, und für *kleine* Träger wissen wir, dass wirklich

$$\frac{d}{d\lambda}\bigg|_{\lambda=0} \int_{t_0}^{t_1} L[\sigma_\lambda]\, dt = \int_D \langle \mathrm{Eu}_L[\sigma], w\rangle\, dt$$

ist. Aber jedes w mit kompaktem Träger ist eine endliche Summe $w = w_1 + \cdots + w_r$ von Fasertangentialfeldern mit kleinen Trägern (Zerlegung der Eins), also ist das auch für 'große' kompakte Träger die richtige Formel. □

Wir haben Satz und Korollar, um die Formulierung nicht unnötig zu komplizieren, für 'globale' Schnitte $\sigma : D \to K$ ausgesprochen, aber natürlich gelten beide auch für lokale, nur auf einem offenen Teilintervall $\Omega \subset D$ definierte Schnitte, denn die Extremalität ist eine lokale Eigenschaft und bei Einschränkung des ganzen Variationsproblems von D auf das kleinere Intervall Ω werden auch L und Eu_L einfach eingeschränkt und sonst nicht verändert. Ist eine Lösung der Euler-Lagrange-Gleichungen nicht auf ganz D, sondern nur auf $\Omega \subset D$ definiert, womit wir im Allgemeinen ja rechnen müssen, so sichert der Satz trotzdem die Extremalität dieser Lösung.[9]

36.5 Übungsaufgaben

Aufgabe R36.1: Es sei $L(q_1(t), \ldots, q_f(t), \dot{q}_1(t), \ldots, \dot{q}_f(t), t)$ die Lagrangefunktion eines mechanischen Systems und $q_1(t), \ldots, q_f(t)$ Lösungen der Euler-Lagrange-Gleichungen. Zeigen Sie, dass dann $\frac{\partial L}{\partial t} = -\frac{dH}{dt}$ ist, wobei

$$H(q_1(t), \ldots, q_f(t), \dot{q}_1(t), \ldots, \dot{q}_f(t), t) = \sum_{i=1}^{f} \dot{q}_i \frac{\partial L}{\partial \dot{q}_i} - L \ .$$

Was folgt speziell für nicht explizit zeitabhängiges L?

Aufgabe R36.2: Eine sehr dünne Schnur mit homogener Massendichte pro Längeneinheit sei an zwei Punkten (x_1, y_1) und (x_2, y_2) im (in negative y-Richtung weisenden) Schwerefeld aufgehängt. Das Gleichgewicht ist dadurch bestimmt, dass der Schwerpunkt am tiefsten liegt. Welche Form nimmt die Schnur dann an?

Aufgabe T36.1: Es seien K in $\mathbb{R} \times \mathbb{R}^N$ und $\widetilde{K}$ in $\mathbb{R} \times \mathbb{R}^{\widetilde{N}}$ Flächen über einem offenen allgemeinen Intervall $D \subset \mathbb{R}$ und $f : \widetilde{K} \to K$ eine C^∞-Abbildung über D. Ferner sei L eine Lagrangefunktion für K und $\widetilde{L}$ die sich daraus mittels df ergebende Lagrangefunktion für $\widetilde{K}$. Ist $\widetilde{\sigma}$ ein Schnitt in $\widetilde{K}$ und ist $\sigma := f \circ \widetilde{\sigma}$ extremal für L, so auch $\widetilde{\sigma}$ für $\widetilde{L}$ (nämlich warum?). Suchen Sie nach Bedingungen an f, unter denen umgekehrt aus der Extremalität von $\widetilde{\sigma}$ auch die von σ folgt.

37 Der Satz von Emmy Noether

37.1 Die Variationsgleichung

Beim Beweis des Satzes über die Eulerform in Abschnitt 36.4 war uns eine *Variationsgleichung* begegnet, die angibt, wie man

$$\frac{d}{d\lambda}\bigg|_0 L[\sigma_\lambda]$$

aus σ und der Richtung v der Variation in Koordinaten ausrechnet. Jetzt wollen wir diese Variationsgleichung geometrisch, koordinatenunabhängig verstehen.

Dazu erinnere ich an die 'gefaserte' Struktur von $J^1(\pi_K) \to K$. An jeder Stelle p des Konfigurationsraumes zum Zeitpunkt t hatten wir im Tangentialraum T_pK die Nebenklasse A_p des Fasertangentialraums $T_p^{|}K$ betrachtet, deren Elemente die Geschwindigkeitsvektoren lokaler Schnitte durch p sind.

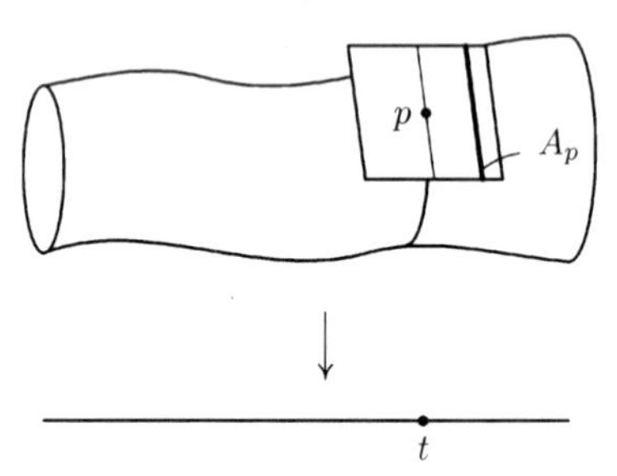

Erinnerung an $A_p := (d\pi_K)_p^{-1}(1)$

K. Jänich, *Mathematik 2*, Springer-Lehrbuch, 2nd ed.,
DOI 10.1007/978-3-642-16150-6_15, © Springer-Verlag Berlin Heidelberg 2011

Der 1-Jetraum $J^1(\pi_K)$ lokaler Schnitte in K, also der Raum aller $(\sigma(t), \dot{\sigma}(t))$ mit $t \in D$ und σ ein lokaler Schnitt um t, ist die Vereinigung

$$J^1(\pi_K) = \bigcup_{p \in K} \{p\} \times A_p \,.$$

Deuten wir K noch etwas schematischer an als in der obigen Figur, dann können wir uns $J^1(\pi_K)$ auch als Gesamtobjekt zur Anschauung bringen.

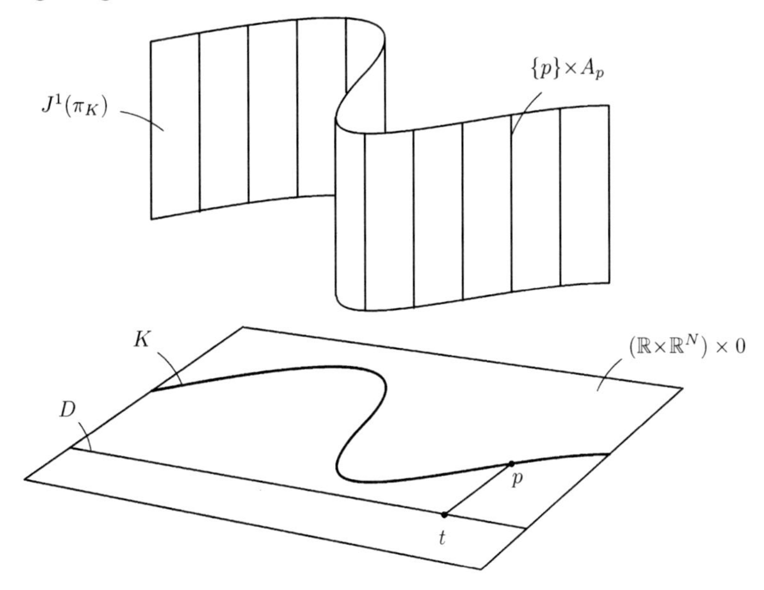

Der Jetraum $J^1(\pi_K)$, der Definitionsbereich der Lagrangefunktion, als Objekt 'über' K

Darauf lebt die Lagrangefunktion, $L : J^1(\pi_K) \to \mathbb{R}$. Schränken wir sie auf eine einzelne Faser $\{p\} \times A_p$ ein, haben wir eine differenzierbare Funktion

$$L\big|\{p\} \times A_p : \{p\} \times A_p \to \mathbb{R}$$

vor uns, und mit dem Differential dieser Funktion, in Koordinaten beschrieben durch $(\frac{\partial L}{\partial \dot{q}_1}, \ldots, \frac{\partial L}{\partial \dot{q}_n})$, müssen wir uns jetzt einmal beschäftigen. Dazu eine allgemeine Vorbemerkung über das Differential von Funktionen auf affinen Unterräumen.

Sei V irgend ein endlichdimensionaler reeller Vektorraum, sei $V_0 \subset V$ ein Untervektorraum darin und $A \subset V$ ein daraus durch Translation hervorgegangener affiner Unterraum, also eine Nebenklasse von V_0.

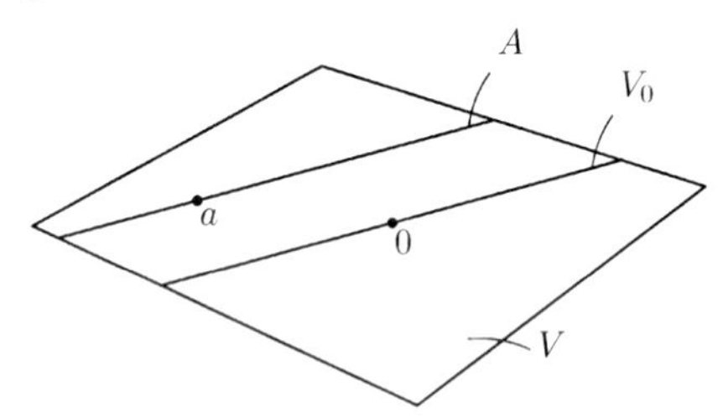

Untervektorraum V_0 und eine Nebenklasse A davon.

Dann ist nach der Definition im Abschnitt 28.1, in dem Tangentialräume zuerst vorkamen, $T_aA = V_0$ für jedes $a \in A$, denn jedes $v \in V_0$ ist als Geschwindigkeitsvektor $\dot{\alpha}(0)$ von $\alpha(t) := a + tv$ wirklich in T_aA, also $V_0 \subset T_aA$ und daher Gleichheit aus Dimensionsgründen. Ist nun $f : A \to \mathbb{R}$ eine differenzierbare Funktion auf A, so ist also durch das Differential eine Abbildung

$$\begin{array}{ccc} A & \longrightarrow & V_0^* \\ a & \longmapsto & df_a \end{array}$$

von A in den ***Dualraum*** V_0^* von V_0 gegeben, das ist der Vektorraum aller linearen Abbildungen $V_0 \to \mathbb{R}$.

Genauso definiert nun für jedes feste $p \in K$ das Differential von $f := L\big|\{p\} \times A_p$, das Differential von L ***in Faserrichtung***, wie wir dafür auch sagen wollen, eine Abbildung von $\{p\} \times A_p$ in den Dualraum $T_p^{\shortmid *}K$ des Fasertangentialraums an der Stelle p. Dualräume von Tangentialräumen nennt man ***Kotangentialräume***, und dem schon definierten Fasertangentialbündel

$$T^{\shortmid}K := \bigcup_{p \in K} \{p\} \times T_p^{\shortmid}K$$

aus dem Abschnitt 36.2 stellen wir nun auch ein ***Faser-Kotangentialbündel***

$$T^{\shortmid *}K := \bigcup_{p \in K} \{p\} \times T_p^{\shortmid *}K$$

zur Seite.

Definition (Faserdifferential): Es sei $L : J^1(\pi_K) \to \mathbb{R}$ eine Lagrange-Funktion. Dann heiße die durch das Differential in Faserrichtung definierte Abbildung

$$d^F L : J^1(\pi_k) \longrightarrow T^{\shortmid *}K$$

über K das ***Faserdifferential*** oder die ***Legendre-Abbildung*** von L. □

Die Wendung "über K" soll nur darauf hinweisen, dass dabei jeweils die Faser von $J^1(\pi_K)$ über p in die Faser von $T_p^{\shortmid *}$ über p abgebildet wird, und das "F" in der Notation $d^F L$ soll natürlich daran erinnern, dass jeweils nur das Differential der Einschränkung auf die Faser gemeint ist. In lokalen Koordinaten $(t, q_1, \dots, q_n)$ ist $d^F L$ an jeder Stelle $(t, q, \dot{q})$ in Matrizenschreibweise durch die Zeile $\left(\frac{\partial L}{\partial \dot{q}_i}\right)_{1=1,\dots,n}$ gegeben. Deshalb erhalten wir nun aus der in 36.4 gezeigten *Variationsformel in Koordinaten* als Korollar die koordinatenunabhängige Fassung davon.

Lemma (Variationsgleichung): *Ist (σ_λ) eine Variation von σ in Richtung w (nicht notwendig mit kompaktem Träger), so gilt*

$$\frac{d}{d\lambda}\bigg|_0 L[\sigma_\lambda] = \langle \mathrm{Eu}_L[\sigma], w \rangle + \frac{d}{dt} \langle d^F L[\sigma], w \rangle \,.$$

□

Aus der Variationsgleichung werden wir das Noether-Theorem ableiten, dem die folgenden Abschnitte des Kapitels gewidmet sind. Doch zuvor möchte ich Sie noch auf einen anderen Aspekt des Faserdifferentials hinweisen.

37.2 Exkurs über die Legendre-Transformation

Die Legendre-Abbildung stellt die Verbindung zwischen der Lagrangeschen und der Hamiltonschen Mechanik her.

Die *Hamilton-Funktion* $H : T^{|*}K \to \mathbb{R}$ lebt auf dem Faserkotangentialbündel, in Koordinaten als $H = H(t, q_1, \dots, q_n, p_1, \dots, p_n)$ geschrieben. Diese Koordinaten sind so gemeint: die Fasertangentialräume erhalten durch Koordinaten $(t, q_1, \dots, q_n)$ über D auch Vektorraumbasen, die *Koordinatenbasen*, wie wir sie manchmal genannt haben, und dadurch haben wir (lineare) Koordinaten in den $T_p^{|}K$, die ja bekanntlich und sinnvollerweise mit $\dot{q}_1, \dots, \dot{q}_n$ bezeichnet werden. Na, und die dazu *dualen*, also auf die duale Basis bezüglichen Koordinaten in $T_p^{|*}K$ werden eben $(p_1, \dots, p_n)$ genannt. Sie ergänzen die Koordinaten $(t, q_1, \dots, q_n)$ von K zu Koordinaten $(t, q_1, \dots, q_n, p_1, \dots, p_n)$ für $T^{|*}K$. Soweit hat das mit der Lagrangefunktion noch gar nichts zu tun.

Ist nun eine Lagrangefunktion gegeben, so wird deren Faserdifferential oder Legendre-Abbildung

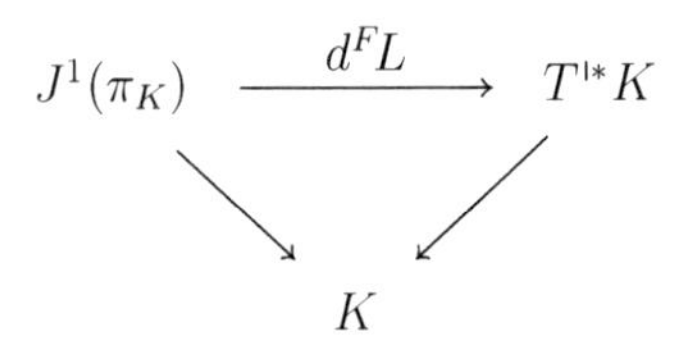

in Koordinaten durch

$$(t, q_1, \dots, q_n, \dot{q}_1, \dots, \dot{q}_n) \longrightarrow (t, q_1, \dots, q_n, \frac{\partial L}{\partial \dot{q}_1}, \dots, \frac{\partial L}{\partial \dot{q}_n})$$

beschrieben, also durch

$$\boxed{p_i = \frac{\partial L}{\partial \dot{q}_i},}$$

denn dass die ersten $n+1$ Komponenten $(t, q_1, \dots, q_n)$ bleiben, versteht sich für eine Abbildung "über K" von selbst. Das ist die koordinatenfreie Bedeutung der sogenannten *kanonischen* oder *konjugierten Impulse* $p_i = \frac{\partial L}{\partial \dot{q}_i}$ der gegebenen Lagrangefunktion.

In wichtigen Anwendungsfällen ist die Legendre-Abbildung ein *Diffeomorphismus*

$$d^F L : J^1(\pi_K) \cong T^{\shortmid *}K,$$

d.h. eine bijektive, in beiden Richtungen differenzierbare Abbildung. Sie überträgt dann natürlich auch Koordinatensysteme von der einen Fläche auf die andere, und man kann die Koordinaten (t, q, p) auf $T^{\shortmid *}K$ auch als neue Koordinaten auf $J^1(\pi_K)$ auffassen, die durch $p_i = \frac{\partial L}{\partial \dot{q}_i}(t, q, \dot{q})$ in den alten Koordinaten ausgedrückt werden können. Das ist gemeint, wenn von den $p_i = \frac{\partial L}{\partial \dot{q}_i}$ als von "Variablen" gesprochen wird.

Umgekehrt können dann auch die $(t, q, \dot{q})$ durch Vermittlung des Legendre-Diffeomorphismus als Koordinaten von $T^{\shortmid *}K$ gelesen und eine Funktion $H : T^{\shortmid *}K \to \mathbb{R}$ in diesen Koordinaten ausgedrückt werden, wie auch eine Funktion $L : J^1(\pi_K) \to \mathbb{R}$ in den Koordinaten (t, q, p). In koordinatenfreier Sprache würde man natürlich lieber sagen, dass man $H \circ d^F L$ bzw. $L \circ (d^F L)^{-1}$ betrachtet.

Den eigentlichen Übergang von der Lagrangeschen Mechanik zur Hamiltonschen Mechanik habe ich damit zwar vorbereitet, aber noch nicht ausgesprochen. Er besteht nämlich darin, die Hamiltonfunktion H als die ***Legendre-Transformierte*** der Lagrangefunktion L zu definieren. Beim Hinschreiben in Koordinaten bedient man sich wieder der durch den Legendre-Diffeomorphismus gegebenen Freiheit, eine Funktion nach Bedarf und Belieben einmal in diesen, dann wieder in den anderen Koordinaten auszudrücken. Die Definition der Legendre-Transformierten H von L liest sich dann etwa so:

$$\boxed{H(t, q, p) := \sum_{i=1}^{n} p_i \dot{q}_i - L(t, q, \dot{q})\,.}$$

Was bedeutet das geometrisch, koordinatenunabhängig? Um gewissen Subtilitäten[1] aus dem Wege zu gehen, will ich mich jetzt einmal auf den einfacheren Fall des zeitunabhängigen Konfigurationsraumes M zurückziehen. Dann ist also $K = D \times M$ und daher kanonisch (im mathematischen Sinne) $T^{\shortmid}K \cong J^1(\pi_K) \cong D \times TM$ und $T^{\shortmid *}K \cong D \times T^*M$. Dann hat $\sum_{i=1}^{n} p_i \dot{q}_i$ eine koordinatenfreie

Bedeutung. Für festes $(t,x) \in D \times M$ beschreibt dieser Ausdruck eigentlich die Anwendungsabbildung

$$\begin{array}{ccc} T_x^*M \times T_xM & \longrightarrow & \mathbb{R} \\ (\xi, v) & \longmapsto & \xi(v) =: \langle \xi, v \rangle \end{array}$$

die mit einer Lagrangefunktion noch nichts zu tun hat. Soll aber $\sum_{i=1}^n p_i \dot{q}_i$, wie in der Koordinatenformel für die Legendre-Transformierte von L, als eine Funktion $\theta : D \times T^*M \to \mathbb{R}$ gelesen werden, so ist es natürlich als

$$\theta(\xi) := \xi \mapsto \langle \xi, (d^F L)^{-1} \xi \rangle$$

zu verstehen. Die Legendre-Transformierte $H : D \times T^*M \to \mathbb{R}$ von $L : D \times TM \to \mathbb{R}$ ist daher durch

$$\boxed{H := \theta - L \circ (d^F L)^{-1}}$$

gegeben. Die Extremalen σ der Lagrangefunktion laufen in der Form

$$t \to (\sigma(t), \dot{\sigma}(t))$$

ja auch durch das Jetbündel und werden von dort vom Legendre-Diffeomorphismus nach $T^{\prime *}K = D \times T^*M$ verfrachtet, wo sie dann die Flusslinien des Hamiltonschen Vektorfelds auf $D \times T^*M$ bilden, das durch die ***Hamiltonschen Gleichungen***

$$\dot{q}_i = \frac{\partial H}{\partial p_i} \quad \text{und} \quad \dot{p}_i = -\frac{\partial H}{\partial q_i}$$

beschrieben werden kann, aber tatsächlich koordinatenunabhängig wohldefiniert ist.

Damit wollen wir diesen Exkurs beenden, er führt uns sonst zu weit vom eigentlichen Ziel dieses Kapitels weg. Die Diskussion sollte Ihnen wieder gezeigt haben, in welchem Verhältnis Koordinatensprache und geometrische Begrifflichkeit zueinander stehen. Nehmen Sie die verschiedenen Bedeutungs-Schattierungen der in den Mechanikbüchern einheitlich p_i genannten Größen als Beispiel.

Erstens sind das die gewöhnlichen Faserkoordinaten in einem Kotangentialbündel, in welcher Eigenschaft sie Ihnen später auch bei der Erläuterung der symplektischen Struktur von T^*M begegnen können. Das hat mit einer Lagrangefunktion nichts zu tun. Ist zweitens eine Lagrangefunktion gegeben, so beschreiben die $p_i = \frac{\partial L}{\partial \dot{q}_i}$ die Komponenten der Legendre-Abbildung, ist drittens diese Abbildung ein Diffeomorphismus, so fungieren die p_i auch als Faserkoordinaten im 1-Jetraum, der in einem Mechanikbuch zwar selten so genannt sein wird, aber als das physikalische Substrat, auf dem die Lagrangefunktion lebt, natürlich indirekt präsent ist. Viertens kann p_i aber auch als $p_i(t)$ zu lesen sein und sich auf die p_i-Koordinaten eines bestimmten Schnittes oder Bewegungsablaufs beziehen, und fünftens ist dann nicht immer, aber meistens ein *extremaler* Schnitt oder die entsprechende Lösungskurve des Hamiltonschen Systems damit gemeint.

Es hat durchaus seine Vorteile, zwischen diesen Bedeutungen ohne viel Worte flexibel wechseln zu können, auch stelle ich mir vor, dass Sie als Physikstudenten lernen, ja *trainieren* müssen, in Koordinaten rasch und sicher formal zu rechnen ohne sich ständig mit Reflexionen über die geometrischen und globalen Hintergründe aufzuhalten. Von Zeit zu Zeit wird aber auch der Wunsch erwachen, sich diese Hintergründe zu erhellen, und dabei zu helfen ist die Absicht der Mechanik-Kapitel dieses Buches.

37.3 Das Theorem von Emmy Noether

"Jede kontinuierliche Symmetrie liefert einen Erhaltungssatz" ist eine gängige Kurzfassung des Noetherschen Theorems. Mit *Symmetrien* sind hier, heuristisch gesprochen, Symmetrien des Lagrangefunktionals $\mathscr{L} : \mathscr{M} \to \mathbb{R}$ gemeint. Um den Zugang zu den präzisen Begriffen zu finden, wollen wir uns zunächst mit einem Spielzeugmodell ('toy model') der Situation befassen, nämlich mit Symmetrien einer C^∞-Funktion $f : M \to \mathbb{R}$ auf einer k-dimensionalen Fläche.

Eine *einzelne* Symmetrie von f wäre dann ein Diffeomorphismus $\varphi : M \to M$, unter dem f invariant ist, der also $f \circ \varphi = f$ erfüllt. Unter einer ***kontinuierlichen Symmetrie*** von f wollen wir dagegen einen ganzen Fluss, ein dynamisches System

$$\Phi : \mathbb{R} \times M \xrightarrow{\cong} M$$

verstehen, dessen Flussdiffeomorphismen $\Phi_\lambda : M \to M$ Symmetrien sind, d.h. dass $f(\Phi(\lambda, x)) = f(x)$ für alle $\lambda \in \mathbb{R}$ und $x \in M$ gilt oder f längs der Flusslinien konstant ist.

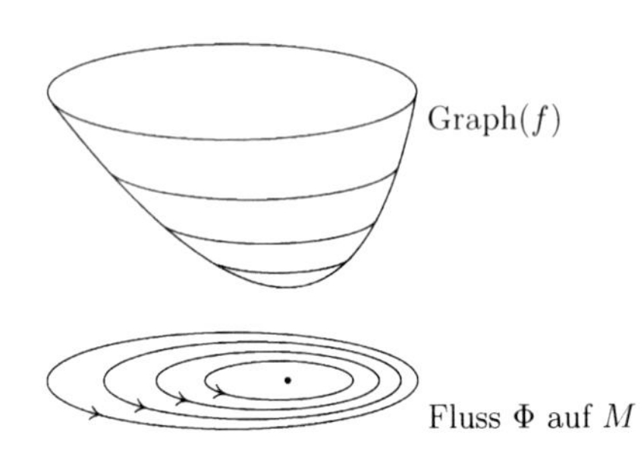

Kontinuierliche Symmetrie einer Funktion

Ich nenne den Flussparameter hier λ, damit der Buchstabe t für die Zeitvariable $t \in D$ in der Lagrange-Theorie reserviert bleibt. Ein Fluss ist durch sein Vektorfeld

$$x \mapsto w(x) := \frac{d}{d\lambda}\bigg|_0 \Phi(\lambda, x) \in T_x M$$

bereits festgelegt, er wird durch sein Vektorfeld *erzeugt*, wie man auch sagt, und was bedeutet die Symmetrieeigenschaft für das Vektorfeld?

Notiz (Symmetriebedingung für den Erzeuger des Flusses): *Eine differenzierbare Funktion $f : M \to \mathbb{R}$ ist genau dann invariant unter dem Fluss Φ mit dem Vektorfeld w, wenn*

$$\boxed{w(x) \in \mathrm{Kern}\, df_x}$$

für alle $x \in M$ gilt, weil f offenbar genau dann längs jeder Flusslinie α konstant ist, wenn überall $(f \circ \alpha)^\cdot(\lambda) = df_{\alpha(\lambda)}(\dot\alpha(\lambda)) = df_{\alpha(\lambda)}(w(\alpha(\lambda)) = 0$ ist. □

Für "infinitesimale" ε kann man in der üblichen Auffassung infinitesimaler Größen die Transformation Φ_ε als

$$x \mapsto x + \varepsilon w(x)$$

schreiben und von w als von einer "infinitesimalen Symmetrie" von f sprechen. Dynamische Systeme werden in der physikalischen Literatur öfters einmal in dieser infinitesimalen Form angegeben. Das ist eben die mikroskopische Sicht auf den Fluss.

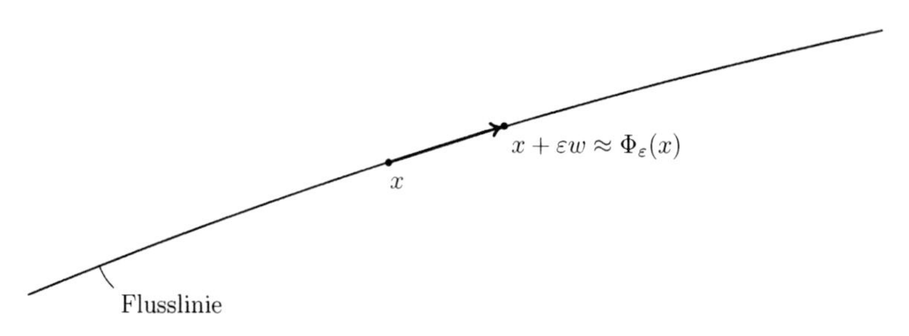

Flusslinie unter dem Mikroskop, "infinitesimales" ε

Sie müssen das nur intelligent lesen, also nicht denken, man dürfe es ohne weiteres auch für große ε so machen.

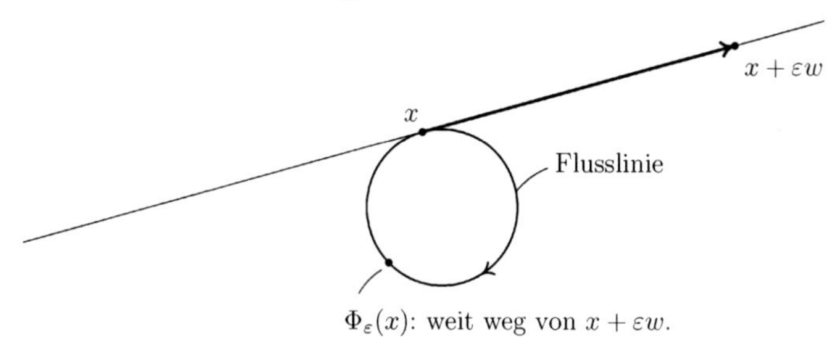

Flusslinie in Lebensgröße, "endliches" ε

Auch dürfen Sie keinen Anstoß daran nehmen, wenn es einfach heißen sollte "die Transformation $x \to x + \varepsilon w(x)$", obwohl eigentlich nicht eine einzelne Transformation, sondern ein Fluss, eine *kontinuierliche Transformation* $\left(\Phi_\lambda\right)_{\lambda\in\mathbb{R}}$ gemeint ist.

Die Sprechweise von den *infinitesimalen Symmetrien* wollen wir uns jedenfalls auch zu Eigen machen und dabei die Bedingung fallen lassen, das Vektorfeld müsse global integrierbar sein.

Definition: Ein differenzierbares tangentiales Vektorfeld w auf einer k-dimensionalen Fläche M soll eine ***infinitesimale Symmetrie*** einer differenzierbaren Funktion $f : M \to \mathbb{R}$ heißen, wenn $w(x) \in \operatorname{Kern} df_x$ für alle $x \in M$ gilt. □

In der Tat werden wir sehen, dass das Noethertheorem eigentlich besagt, dass gewisse *infinitesimale* Symmetrien des Lagrangefunktionals zu Erhaltungsgrößen Anlass geben, und etwa vorhandene globale Symmetrien werden mathematisch nur dazu benutzt, solche infinitesimalen Symmetrien zu gewinnen.

Eine Spielzeugversion des Satzes von Emmy Noether, für kontinuierliche Symmetrien gewöhnlicher Funktionen $f : M \to \mathbb{R}$, kann ich Ihnen aber nicht so ohne weiteres anbieten. Zwar bleibt bei so einer Symmetrie auch etwas 'erhalten', nämlich der Funktionswert bei Änderung des Symmetrieparameters λ, aber bei den Noetherschen Erhaltungsgrößen geht es nicht um Unabhängigkeit vom Symmetrieparameter λ, sondern um Unabhängigkeit von der *Zeit* t! Die Zeit kommt in der Situation $f : M \to \mathbb{R}$ aber gar nicht vor, sie betrifft in der Lagrange-Theorie das Innenleben der Elemente $\sigma \in \mathscr{M}$, während die $x \in M$ gar kein Innenleben haben. Deshalb wollen wir uns jetzt der realen Situation der Lagrange-Theorie wieder zuwenden.

Dort ist der einzelne Punkt in $\mathscr{M}$ also ein Schnitt σ in K und ein Tangentialvektor am Punkte σ ein Fasertangentialfeld längs σ. Ein *Vektorfeld* auf $\mathscr{M}$ wäre demnach heuristisch eine Zuordnung w, die jedem Schnitt σ in K ein Fasertangentialfeld $w[\sigma]$ längs σ zuordnet, und die infinitesimale Symmetriebedingung sollte

$$w[\sigma] \in \operatorname{Kern} d\mathscr{L}_\sigma$$

heißen. Dabei stoßen wir natürlich sofort wieder auf die Probleme, die mit der Definition von $d\mathscr{L}_\sigma$ zusammenhängen, möglicherweise nichtexistierende Integrale etc. Ganz auf der sicheren Seite bleiben wir aber, wenn wir die Symmetrieforderung an jeden endlichen Abschnitt $\int_{t_0}^{t_1} \ldots dt$ des Integrals und damit letztlich an die Lagrangefunktion selbst stellen.

Definition: Eine Zuordnung $\sigma \mapsto w[\sigma]$, die jedem Schnitt σ in K ein Fasertangentialfeld $w[\sigma]$ längs σ zuordnet, soll eine ***infinitesimale strikte Noethersymmetrie*** von L heißen, wenn für jedes σ für eine (dann jede) Variation $(\sigma_\lambda)_{\lambda \in (-\varepsilon,\varepsilon)}$ in Richtung $w[\sigma]$

$$\frac{d}{d\lambda}\Big|_0 L[\sigma_\lambda] \equiv 0$$

gilt. □

Die dabei gemachte Behauptung ("dann jede") folgt aus der Variationsgleichung, die ja für jede solche Variation

$$\frac{d}{d\lambda}\Big|_0 L[\sigma_\lambda] = \langle \mathrm{Eu}_L[\sigma], w\rangle + \frac{d}{dt}\langle d^F L[\sigma], w\rangle\,.$$

besagt, woraus ersichtlich ist, dass das identische Verschwinden (in der Variablen t) der linken Seite nur von $w[\sigma]$ selbst abhängt, nicht von der speziellen Variation. Und dieselbe Variationsgleichung sagt uns auch, was die strikte Symmetrie für die *extremalen* Schnitte, für die ja $\mathrm{Eu}_L[\sigma] \equiv 0$ ist, bedeutet:

Noether-Theorem für strikte Symmetrie: *Ist L eine Lagrangefunktion für eine $(n+1)$-dimensionale Fläche K über D und w eine infinitesimale strikte Noethersymmetrie für L, so ist für extremale Schnitte σ die Funktion $\langle d^F L[\sigma], w[\sigma]\rangle$ von t eine Erhaltungsgröße, d.h. es gilt*

$$\frac{d}{dt}\langle d^F L[\sigma], w\rangle \equiv 0$$

für extremale σ. □

Dieses Vorgehen legt sogleich auch eine leichte Verallgemeinerung nahe.

Definition: Es bezeichne f eine Zuordnung, die jedem Schnitt $[\sigma]$ von $K \to D$ eine differenzierbare Funktion $f[\sigma] : D \to \mathbb{R}$ zuordnet. Wir nennen dann eine Zuordnung $\sigma \mapsto w[\sigma]$, die jedem Schnitt σ in K ein Fasertangentialfeld $w[\sigma]$ längs σ zuordnet, eine ***infinitesimale f-Noethersymmetrie*** heißen, wenn für jedes σ für eine (dann jede) Variation $(\sigma_\lambda)_{\lambda \in (-\varepsilon, \varepsilon)}$ in Richtung $w[\sigma]$

$$\frac{d}{d\lambda}\Big|_0 L[\sigma_\lambda] = \frac{d}{dt} f[\sigma]$$

gilt. Man spricht dann auch von einer infinitesimalen Symmetrie von L ***bis auf eine totale Ableitung***.[2] □

Dann folgt natürlich wieder direkt aus der Variationsgleichung:

Noether-Theorem für Symmetrie bis auf totale Ableitung: *Ist w eine infinitesimale f-Symmetrie für L, so ist für extremale Schnitte σ die Funktion $\langle d^F L[\sigma], w[\sigma]\rangle - f[\sigma]$ von t eine Erhaltungsgröße, d.h. es gilt*

$$\frac{d}{dt}\Big(\langle d^F L[\sigma], w\rangle - f[\sigma]\Big) \equiv 0$$

für extremale σ. □

37.4 Konfigurationsraum-Symmetrien

Beachten Sie, dass die eckigen Klammern im Allgemeinen nicht durch runde ersetzt werden dürfen. Die Lagrangefunktion selbst hatten wir zum Beispiel als einen Differentialoperator erster Ordnung vorausgesetzt, für festes t hängt $L[\sigma](t)$ von $\sigma(t)$ und $\dot{\sigma}(t)$ ab, auch die Faserableitung $d^F L$ ist ein Differentialoperator erster Ordnung. Ebenso kann auch eine infinitesimale Symmetrie $\sigma \mapsto w[\sigma]$ ein Differentialoperator r-ter Ordnung sein, dann braucht man

$\sigma(t), \dot{\sigma}(t), \dots, \sigma^{(r)}(t)$, um den Wert von $w[\sigma]$ an einer festen Stelle t zu bestimmen, dasselbe wäre für $\sigma \mapsto f[\sigma]$ zu sagen.

Es gibt jedoch wichtige spezielle Beispiele, in denen w doch und gewissermaßen ausnahmsweise von *nullter Ordnung* ist, $w[\sigma](t)$ also nur von $\sigma(t)$ abhängt, so dass man auch $w(\sigma(t))$ schreiben dürfte. In der Mechanik-Vorlesung haben Sie schon Beispiele dieser Art gesehen, die sich aus räumlichen Symmetrien der Lagrangefunktion ergeben. Diesen Typ von Symmetrien wollen wir jetzt in etwas größerer Allgemeinheit betrachten.

Sprechweise: Sei wieder K eine $(n+1)$-dimensionale Fläche über $D \subset \mathbb{R}$ und $L : J^1(\pi_K) \to \mathbb{R}$ eine Lagrangefunktion. Sei Φ ein Fluss auf K ***über*** D, d.h. ein solcher, der jedes K_t in sich überführt.

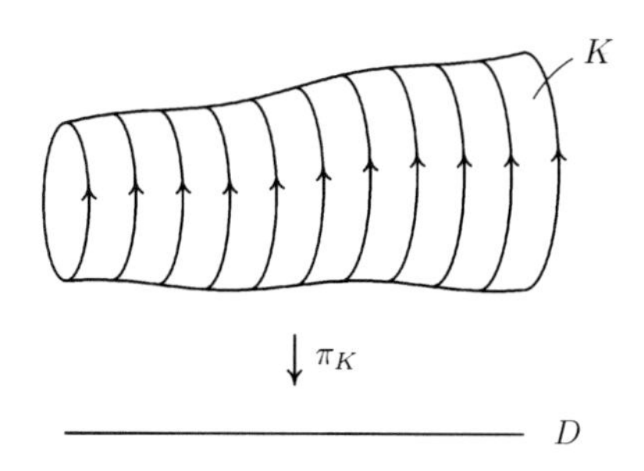

Fluss auf K "über" D

Ein solcher[3] Fluss über D soll eine ***kontinuierliche Konfigurationsraum-Symmetrie für L*** heißen, wenn L invariant unter dem Fluss ist, also $L[\Phi_\lambda \circ \sigma] = L[\sigma]$ für alle λ und σ erfüllt. □

Wenn aber die Flusslinien in den Fasern verlaufen, dann sind ihre Geschwindigkeitsvektoren Fasertangentialvektoren und daher das Geschwindigkeitsfeld, bekanntlich definiert durch

$$w(p) := \frac{d}{d\lambda}\bigg|_0 \Phi(\lambda, p)\,,$$

ein überall fasertangentiales Vektorfeld w auf K. Ist nun σ irgend ein Schnitt, so ist durch $\sigma_\lambda := \Phi_\lambda \circ \sigma$ eine Variation von σ in Richtung $w \circ \sigma$ gegeben. Da L invariant unter Φ vorausgesetzt ist, gilt $L[\sigma_\lambda] = L[\sigma]$ und daher $\frac{d}{d\lambda}\big|_0 L[\sigma_\lambda] \equiv 0$, also ist $\sigma \mapsto w \circ \sigma$ eine infinitesimale strikte Noethersymmetrie für L.

Korollar 1 aus dem Noetherschen Satz: *Ist w auf K das Geschwindigkeitsfeld einer kontinuierlichen Konfigurationsraum-Symmetrie von L, so ist*

$$\langle d^F L[\sigma], w \circ \sigma \rangle \,,$$

in Koordinaten $\sum_{i=1}^n \frac{\partial L}{\partial \dot{q}_i}(t, q, \dot{q}) w_i(t, q(t))$, für extremale σ eine Erhaltungsgröße. □

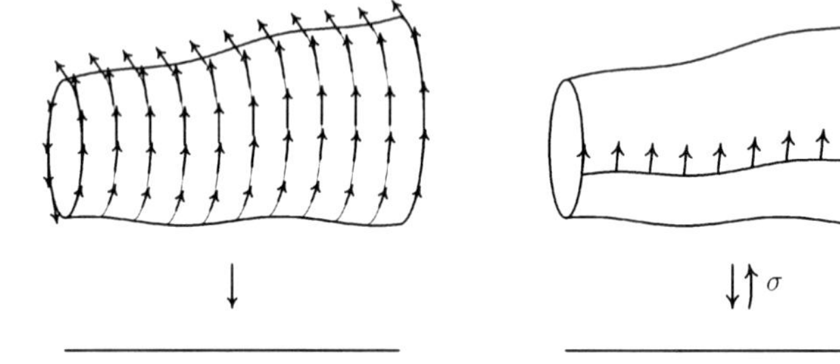

Das Vektorfeld w auf K *Das Vektorfeld $w \circ \sigma$ längs σ*

Dieser Fall ist geometrisch besonders einfach, weil die Vektoren der infinitesimalen Symmetrie gewissermaßen schon auf K sitzen und das für die Berechnung der Noetherschen Erhaltungsgröße so wichtige Vektorfeld $w[\sigma]$ längs eines extremalen σ durch bloßes Einsetzen als $t \mapsto w(\sigma(t))$ erhältlich ist.

37.5 Zeitunabhängigkeit als Symmetrie

Es sei jetzt ein zeitunabhängiger n-dimensionaler Konfigurationsraum $M \subset \mathbb{R}^N$ gegeben, wir betrachten $D := \mathbb{R}$ und $K := \mathbb{R} \times M$, also $K_t = \{t\} \times M$. Dann entsprechen die Schnitte σ in K den Kurven $\gamma : \mathbb{R} \to M$ oder $t \mapsto q(t)$ in Koordinaten, nämlich durch $\sigma(t) = (t, \gamma(t))$.

Ferner sei L eine Lagrangefunktion, die *nicht explizit von der Zeit abhängt*, wie man sagt, die also eigentlich durch eine Abbildung $L : TM \to \mathbb{R}$ gegeben ist, statt $L[\sigma](t)$ dürfen wir dann

$L(\gamma(t), \dot\gamma(t))$ schreiben, in Koordinaten $L(q(t), \dot q(t))$. Betrachte nun zu jedem Schnitt σ, geschrieben als $\sigma(t) = (t, \gamma(t))$, die durch

$$\sigma_\lambda(t) := (t, \gamma(t + \lambda))$$

definierte Zeittranslations-Variation.

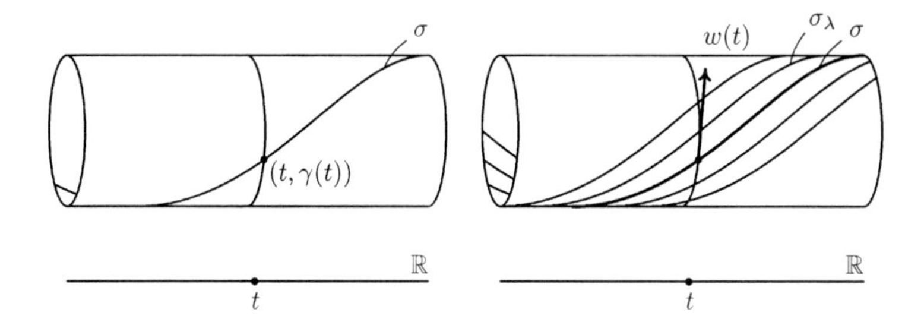

Aus einem einzelnen Schnitt σ in $K = \mathbb{R} \times M$ erhält man ... *.. die Zeittranslations-Variation (σ_λ). Deren Richtung $w[\sigma]$?*

Die Richtung dieser Variation ist offenbar

$$w[\sigma](t) := \frac{d}{d\lambda}\Big|_0 \sigma_\lambda(t) = \frac{d}{d\lambda}\Big|_0 (t, \gamma(t + \lambda)) = (0, \dot\gamma(t)),$$

in Koordinaten gerade $w_i(t) = \dot q_i(t)$. Wie verhält sich die Lagrangefunktion unter dieser Variation? Ist sie wegen der vorausgesetzten Zeitunabhängigkeit vielleicht invariant? Keineswegs, vielmehr ist ja

$$\frac{d}{d\lambda}\Big|_0 L(\gamma(t + \lambda), \dot\gamma(t + \lambda)) = \frac{d}{dt} L(\gamma(t), \dot\gamma(t)),$$

das heißt nichts anderes als

$$\frac{d}{d\lambda}\Big|_0 L[\sigma_\lambda] := \frac{d}{dt} L[\sigma],$$

und deshalb ist durch die Richtung der Zeittranslations-Variation eine infinitesimale Symmetrie $\sigma \mapsto w[\sigma]$ von L bis auf eine totale

Ableitung gegeben, bis auf die totale Ableitung von $L[\sigma]$ selbst nämlich!

Korollar 2 aus dem Noetherschen Satz: *Sei für $K = \mathbb{R} \times M$ eine nicht explizit von der Zeit abhängige Lagrangefunktion L gegeben und bezeichne $w[\sigma]$ die Richtung der Zeittranslations-Variation $\sigma_\lambda(t) := (t, \gamma(t + \lambda))$ von $\sigma(t) = (t, \gamma(t))$. Dann ist*

$$E[\sigma] := \langle d^F L[\sigma], w[\sigma] \rangle - L[\sigma]$$

oder in Koordinaten

$$E[q(t)] := \sum_{i=1}^{n} \frac{\partial L}{\partial \dot{q}_i}(q(t), \dot{q}(t))\dot{q}_i(t) - L(q(t), \dot{q}(t)) \,,$$

für extremale σ eine Erhaltungsgröße. □

Sie wissen aus der Mechanik-Vorlesung, dass und weshalb diese Erhaltungsgröße die *Energie* des Systems genannt wird. Beachten Sie, dass $w[\sigma]$ hier ebenso wie $L[\sigma]$ und $d^F L[\sigma]$ ein Differentialoperator erster Ordnung in σ ist, deshalb ist auch $\sigma \mapsto E[\sigma]$ durch eine Funktion $E : J^1(\pi_K) \to \mathbb{R}$, hier sogar $E : TM \to \mathbb{R}$ beschreibbar. Es ist diese Funktion, die unter dem Legendre-Diffeomorphismus in die Hamiltonfunktion, hier $H : T^*M \to \mathbb{R}$, übergeht.

37.6 Impuls und Drehimpuls als Noethersche Erhaltungsgrößen

Zum Schluss wollen wir Impuls und Drehimpuls von N-Teilchen-Systemen im Raum als Noethersche Erhaltungsgrößen verstehen, damit Sie sehen, wie sich diese einfachen aber wichtigen Beispiele in die allgemeine Theorie einfügen.

Es erleichtert die Verständigung, wenn wir vorab den Spezialfall $N = 1$ betrachten. Denken wir uns also den dreidimensionalen physikalischen Raum M als Konfigurationsraum eines 1-Teilchen-Systems[4]. Der Tangentialraum ist überall kanonisch derselbe, nämlich der dreidimensionale euklidische Vektorraum V der Translationen des affinen Raumes M. Bis auf Wahl einer Zeiteinheit ist das auch der Vektorraum der Geschwindigkeitsvektoren bei $x \in M$, kanonisch ist überall $T_xM = V$ für $x \in M$. In diesem Abschnitt möchte ich auch das Vektorpfeilchen wieder aufnehmen, aber mit Augenmaß: die Ortsangaben $x \in M$ bleiben ohne Pfeilchen, wir schreiben aber $\vec{v} \in V$ für die Vektoren in dem dreidimensionalen Vektorraum V, aber einfach $\dot{x}(t) \in V$, denn hier erinnert uns der Ableitungspunkt schon daran, dass wir nicht mehr in M, sondern in V sind.

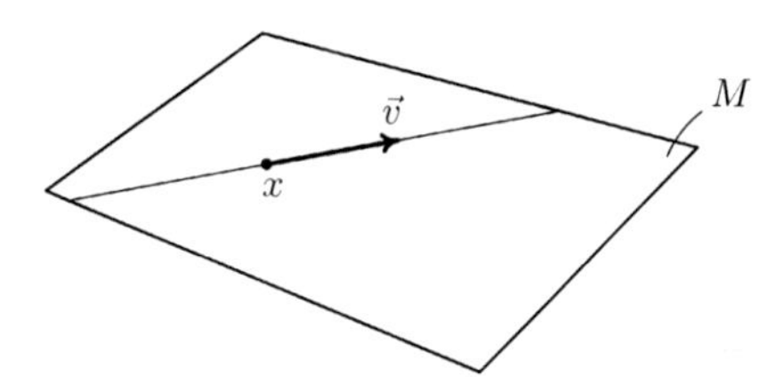

Ortsangabe $x \in M$, Geschwindigkeitsangabe $\vec{v} \in V$

Es ist dann $TM = M \times V$, und die Lagrangefunktion so eines 1-Teilchen-Systems ist eine Abbildung

$$L : \mathbb{R} \times M \times V \longrightarrow \mathbb{R} ,$$

in Koordinaten $L(t, q, \dot{q})$.

Wir beschreiben nun eine Richtung im Raum M durch einen Vektor $\vec{v} \in V$. Ist L in diese Richtung translationsinvariant, definiert also der Translationsfluss $\Phi(\lambda, x) := x + \lambda\vec{v}$ auf M

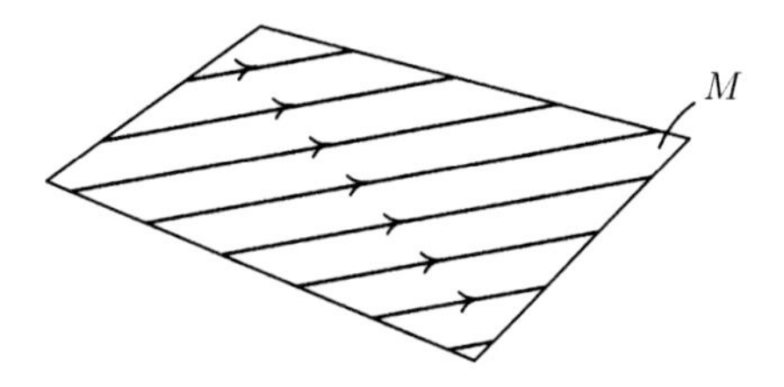

Fluss mit der konstanten Geschwindigkeit $\vec{v}$

eine Konfigurationsraum-Symmetrie für L (was in affinen Koordinaten[5] geschrieben $L(t, q, \dot{q}) = L(t, q + \lambda\vec{v}, \dot{q})$ bedeutet), so liefert das Geschwindigkeitsfeld des Flusses, also das konstante Vektorfeld $\vec{v}$ auf M, eine infinitesimale strikte Noethersymmetrie für L. Nach dem Noetherschen Theorem ist also $\langle d^F L[\sigma], \vec{v}\rangle$ für extremale σ eine Erhaltungsgröße, die ich aus mathematischer Sicht ganz gerne die *Impulsantwort* der Extremalen σ auf den *Translationsgeschwindigkeitsvektor* $\vec{v}$ nennen möchte. In Koordinaten:

$$\sum_{i=1}^{3} \frac{\partial L}{\partial \dot{q}_i}(t, q(t), \dot{q}(t))v_i \equiv \text{const.}$$

längs extremaler Abläufe $t \mapsto q(t)$. Ist L invariant unter räumlichen Translationen in *jede beliebige* Richtung, so ist natürlich das Faserdifferential $d^F L[\sigma]$ selbst eine Erhaltungsgröße für extremale σ, das ist der *Impuls* von σ. In Koordinaten gesagt: bei völliger räumlicher Translationsinvarianz der Lagrangefunktion ist der durch

$$p_i := \frac{\partial L}{\partial \dot{q}_i}(t, q(t), \dot{q}(t))$$

definierte *Impuls* $\vec{p} = (p_1, p_2, p_3)$ einer Extremalen eine Erhaltungsgröße.

Was ändert sich, wenn wir jetzt von 1-Teilchen- zu N-Teilchensystemen übergehen? Der Konfigurationsraum ist dann

$$M^N := M \times \cdots \times M$$

und die Lagrangefunktion eine Abbildung

$$L : \mathbb{R} \times M^N \times V^N \to \mathbb{R}\,.$$

Beschreiben wir die Positionen der N Teilchen durch ein N-tupel x von Ortsangaben, also

$$x = (x_1, \ldots, x_N) \in M \times \cdots \times M\,,$$

so ist der Translationsfluss zum Geschwindigkeitsvektor $\vec{v} \in V$ auf dem Konfigurationsraum durch

$$\Phi(\lambda, x) = (x_1 + \lambda\vec{v}, \ldots, x_N + \lambda\vec{v})$$

gegeben, und ist L invariant darunter, so ist das durch den konstanten Vektor $w := (\vec{v}, \dots, \vec{v}) \in V \times \cdots \times V$ definierte Fasertangentialfeld auf $K = \mathbb{R} \times M^N$ eine infinitesimale strikte Noethersymmetrie für L, und wir erhalten aus dem Noetherschen Satz $\langle d^F L[\sigma], (\vec{v}, \dots, \vec{v}) \rangle$ als Erhaltungsgröße für extremale Schnitte σ.

In den $3N$ Koordinaten $(q_{ai})_{a=1,\dots,N; i=1,2,3}$ geschrieben bedeutet das, dass

$$\sum_{i=1}^{3} \Big(\sum_{a=1}^{N} \frac{\partial L}{\partial \dot{q}_{ai}}(t, q(t), \dot{q}(t)) \Big) v_i$$

für extremale Bewegungsabläufe nicht von der Zeit t abhängt. Ist die Lagrangefunktion unter *allen* räumlichen Translationen invariant[6], so folgt daraus nicht, dass jedes einzelne $\frac{\partial L}{\partial \dot{q}_{ai}}$ eine Erhaltungsgröße ist, sondern nur dass die Summe

$$\boxed{\sum_{a=1}^{N} p_{ai} := \sum_{a=1}^{N} \frac{\partial L}{\partial \dot{q}_{ai}}(t, q(t), \dot{q}(t))}$$

für jedes $i = 1, 2, 3$ bei Extremalen zeitunabhängig ist, also die Summe $\vec{p} := \sum_{a=1}^{N} \vec{p}_a$ der Impulsvektoren aller Teilchen eine Erhaltungsgröße ist.

Was für ein *koordinatenunabhängiges* mathematisches Objekt ist die Erhaltungsgröße "Gesamtimpulsvektor"? Als Element in $\mathbb{R}^3$ gelesen ist $\vec{p}$ gewiss nicht koordinatenunabhängig. Als Element von V vielleicht? Schon eher, aber dann müssen wir uns auf orthogonale Koordinaten beschränken und somit Gebrauch vom Skalarprodukt in V machen. Sein natürliches Zuhause[7] hat der Impulsvektor im Dualraum V^*. Bezeichnet $\Delta : V \to V \times \cdots \times V$ hier einmal die Diagonalabbildung, also $\Delta(\vec{v}) := (\vec{v}, \dots, \vec{v})$, so sollte

$$\mathbb{R} \times M^N \times V^N \xrightarrow{d^F L} (V^N)^* \xrightarrow{\Delta^*} V^*$$

die *Impulsabbildung* des Systems heißen. Für jedes extremale σ ist $\vec{p}[\sigma] := \Delta^*(d^F L[\sigma]) : D \to V^*$ nach dem Noetherschen Satz bei translationsinvarianter Lagrangefunktion konstant. Das ist die koordinatenfreie Beschreibung des Impulses als Noethersche Erhaltungsgröße.

Wenden wir uns nun dem Drehimpuls zu. So wird die Erhaltungsgröße bezeichnet, die sich aus einer etwa vorhandenen Rotationsinvarianz von L ergibt. Als Vorbereitung betrachten wir wieder ein 1-Teilchen-System $L : \mathbb{R} \times M \times V \to \mathbb{R}$ und nehmen an, dass L unter Rotation von M um eine Achse durch einen festen Punkt $x_0 \in M$ mit einem Winkelgeschwindigkeitsvektor $\vec{\omega} \in V$ invariant ist. Indem wir von Drehungen und Winkelgeschwindigkeit sprechen, machen wir schon Gebrauch davon, dass V mit Skalarprodukt und Orientierung versehen ist.

Es bezeichne $\Phi_{\vec{\omega}} : \mathbb{R} \times M \to M$ den zugehörigen Rotationsfluss. Dann definiert dessen Geschwindigkeitsfeld $\vec{v} : M \to V$ eine infinitesimale strikte Noethersymmetrie und $\langle d^F L[\sigma], \vec{v}(\sigma)\rangle = \vec{p} \cdot \vec{v}$ ist für extremale Schnitte eine Erhaltungsgröße, in Koordinaten also

$$\sum_{i=1}^{3} \frac{\partial L}{\partial \dot{q}_i} v_i \,,$$

und wir müssen nur das Geschwindigkeitsfeld $\vec{v}$ des Rotationsflusses ausrechnen um zu sehen, was das bedeutet. Die Drehachse besteht aus Fixpunkten, dort ist das Vektorfeld also Null. Für Punkte $x \in M$ außerhalb der Drehachse bezeichne $\vec{r}(x) \in V$ den Translationsvektor von x_0 nach x.

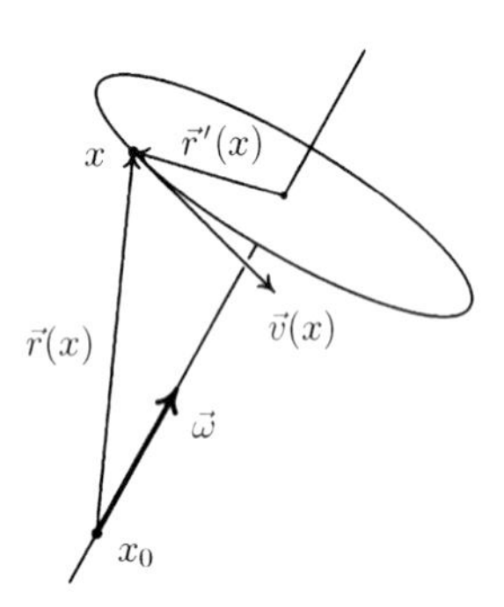

Der duch x_0 und $\vec{\omega}$ charakterisierte Rotationsfluss auf M

Dann hat das Kreuzprodukt $\vec{\omega} \times \vec{r}(x)$ jedenfalls dieselbe Richtung wie $\vec{v}(x)$, aber auch denselben Betrag. Denn bezeichnet $\vec{r}'$ den zu

$\vec{\omega}$ senkrechten Anteil von $\vec{r}$, so ist einerseits $\vec{\omega} \times \vec{r} = \vec{\omega} \times \vec{r}'$ und $\|\vec{\omega} \times \vec{r}'\| = \|\vec{\omega}\| \cdot \|\vec{r}'\| = \omega r'$, andererseits ist aber r' auch der Radius des Orbits von x, also $\omega r' = \frac{2\pi}{T} r'$ gerade die konstante Geschwindigkeit der Flusslinie, die ja den Weg $2\pi r'$ in der Zeit T zurücklegt. Längs einer Extremalen ist also

$$\vec{p}(t) \cdot (\vec{\omega} \times \vec{r}(t)) = \vec{\omega} \cdot (\vec{r}(t) \times \vec{p}(t))$$

zeitunabhängig. Hier haben wir eine der Rechenregeln des Kreuzprodukts benutzt, es gilt $\vec{a} \cdot (\vec{b} \times \vec{c}) = \det(\vec{a}, \vec{b}, \vec{c})$, und gerade Permutationen der Spalten einer Matrix ändern den Wert der Determinante nicht.

Ist also die Lagrangefunktion invariant gegenüber Drehungen um jede beliebige Achse durch den Punkt x_0, so ist $\vec{r} \times \vec{p}$ selbst eine Erhaltungsgröße, was also genauer bedeutet, dass der *Drehimpuls*

$$\vec{D}(t) := \vec{r}(t) \times \vec{p}(t)$$

längs Extremalen zeitunabhängig, also konstant ist.

Für N-Teilchen-Systeme ergibt sich wieder, dass der Gesamtdrehimpuls

$$\vec{D}(t) := \sum_{a=1}^{N} \vec{r}_a(t) \times \vec{p}_a(t)$$

längs Extremalen konstant ist, wenn $L : \mathbb{R} \times M^N \times V^N \to \mathbb{R}$ rotationssymmetrisch um x_0 ist, das heißt wenn

$$\begin{aligned} &L(t, x_0 + A\vec{r}_1, \ldots, x_0 + A\vec{r}_N, A\vec{v}_1, \ldots, A\vec{v}_N) \\ &\quad = L(t, x_0 + \vec{r}_1, \ldots, x_0 + \vec{r}_N, \vec{v}_1, \ldots, \vec{v}_N) \end{aligned}$$

für jede Rotation $A \in \mathrm{SO}(V)$ gilt.

Fußnoten und Ergänzungen

23.1, Seite 2: Diese Formulierung des Vollständigkeitsaxioms macht das archimedische Axiom überflüssig: wäre x eine obere Schranke der Menge aller endlichen Summen aus lauter Summanden ε, so hätte diese Menge auch eine kleinste obere Schranke, ein *Supremum* $s \in \mathbb{R}$. Dann muss es aber eine solche ε-Summe mit $s - \varepsilon < \varepsilon + \cdots + \varepsilon$ geben, sonst wäre $s - \varepsilon$ eine noch kleinere obere Schranke. Aber daraus folgt $s < (\varepsilon + \cdots + \varepsilon) + \varepsilon$ im Widerspruch dazu, dass s eine obere Schranke all dieser Summen ist.

Wir lassen das archimedische Axiom aber trotzdem als fünftes Axiom an seinem Platz stehen, erstens weil manchmal auf *archimedische angeordnete Körper* als auf solche Bezug genommen wird, welche die Axiome (1)-(5) erfüllen, und zweitens weil auch andere, das archimedische Axiom nicht implizierende Formulierungen des Vollständigkeitsaxioms benutzt werden, s. Fußnote 23.5 weiter unten.

23.2, Seite 2: Schildern lässt er sich schon, der Beweis. Er beginnt mit einer Bestandsaufnahme, inwieweit die natürlichen Zahlen selbst schon die fünfzehn Axiome erfüllen. Da fehlt freilich noch viel, aber einiges gilt doch, z.B. die Assoziativität, Kommutativität und Distributivität der Verknüpfungen, auch bei den Anordnungsaxiomen sieht es einstweilen gut aus.

Das auffälligste Manko der natürlichen Zahlen ist aber das Fehlen der additiv neutralen und inversen Elemente, wie sie die Gruppenaxiome von $(\mathbb{R}, +)$ fordern. Sie müssen deshalb die Null und die negativen ganzen Zahlen erschaffen. — Erschaffen? Wir?? — Ja, zum Beispiel so:

Sie definieren auf $\mathbb{N} \times \mathbb{N}$ eine Äquivalenzrelation (formal ist das eine Teilmenge von $(\mathbb{N}\times\mathbb{N})\times(\mathbb{N}\times\mathbb{N})$ mit gewissen Eigenschaften, s. Abschnitt 20.2 im ersten Band) durch

$$(n_1, m_1) \sim (n_2, m_2) :\Longleftrightarrow n_1 + m_2 = n_2 + m_1$$

K. Jänich, *Mathematik 2*, Springer-Lehrbuch, 2nd ed.,
DOI 10.1007/978-3-642-16150-6,

und setzen $\mathbb{Z} := \mathbb{N} \times \mathbb{N}/_{\sim}$. Die Idee hierbei ist natürlich, die Äquivalenzklasse $[n, m]$ als die Differenz $n - m \in \mathbb{Z}$ für $n, m \in \mathbb{N}$ deuten zu wollen. Darauf ist schon die Definition von $\sim$ gerichtet, wie Sie jetzt bemerken, denn $n_1 + m_2 = n_2 + m_1$ soll ja später gerade $n_1 - m_1 = n_2 - m_2$ bedeuten. Im Hinblick auf diese Absicht trifft man jetzt auch die Definition der Verknüpfungen und der Kleinerrelation in $\mathbb{Z}$:

$$
\begin{array}{lcl}
[n_1, m_1] + [n_2, m_2] & := & [n_1 + n_2, m_1 + m_2] \\
[n_1, m_1] \cdot [n_2, m_2] & := & [n_1 n_2 + m_1 m_2, n_1 m_2 + m_1 n_2] \\
[n_1, m_1] < [n_2, m_2] & :\Longleftrightarrow & n_1 + m_2 < n_2 + m_1,
\end{array}
$$

wobei man natürlich die Wohldefiniertheit prüfen muss. Damit haben wir dann $(\mathbb{Z}, +, \cdot, <)$ und hoffen auf bessere, wenn auch noch nicht perfekte Erfüllung der Axiome. In der Tat verifiziert man jetzt leicht, dass $(\mathbb{Z}, +, \cdot)$ ein kommutativer Ring mit Eins ist und $(\mathbb{Z}, +, \cdot, <)$ die Anordnungsaxiome erfüllt.

Bevor wir aber mit diesen frisch aus der Gussform genommenen ganzen Zahlen weiterarbeiten, wollen wir ein wenig aufräumen. Dazu gehört, die Beziehung zwischen $\mathbb{N}$ und $\mathbb{Z}$ herzustellen, die uns erlaubt, die natürlichen Zahlen als spezielle ganze Zahlen aufzufassen, wie wir es gewohnt sind. Momentan ist ja nicht $\mathbb{N} \subset \mathbb{Z}$, denn $\mathbb{Z} = \mathbb{N} \times \mathbb{N}/_{\sim}$ ist etwas ganz anderes, auch wollen wir die unbequeme Notation $[n, m] \in \mathbb{Z}$ nicht ewig mitschleppen, nachdem sie ihren Dienst getan hat. Wir betrachten daher die (injektive!) Abbildung

$$
\begin{array}{ccl}
\mathbb{N} & \longrightarrow & \mathbb{N} \times \mathbb{N}/_{\sim} = \mathbb{Z} \\
n & \longmapsto & [n + 1, 1],
\end{array}
$$

prüfen, dass sie sich mit den $(+, \cdot, <)$ von $\mathbb{N}$ und $\mathbb{Z}$ verträgt und vereinbaren, sie künftig als Inklusion $\mathbb{N} \subset \mathbb{Z}$ aufzufassen, d.h. eben $n \in \mathbb{N}$ bei Bedarf auch als das Element $[n + 1, 1] \in \mathbb{Z}$ zu lesen. In der abelschen Gruppe $(\mathbb{Z}, +)$ ist dann $-n = [1, 1 + n] \in \mathbb{Z}$ für $n \in \mathbb{N}$, und das neutrale Element übrigens $0 := [1, 1] \in \mathbb{Z}$.

Erst jetzt haben (oder besser *hätten*, denn im Einzelnen ausgeführt haben wir's ja nicht) wir den Zahlenbereich $(\mathbb{N}, +, \cdot, <)$ zu $(\mathbb{Z}, +, \cdot, <)$ *erweitert* und nicht einfach nur einen zweiten Zahlenbereich geschaffen. Zwingend notwendig wäre das für den Beweis zwar nicht gewesen, wir können die Beziehungen von bereits vorhandenen Zahlenbereichen zu den im nächsten Schritt neu konstruierten auch nachträglich untersuchen, wie wir es im Haupttext, zu dem der Beweis nicht gehört, ja sowieso tun müssen. Es vereinfacht aber die Formulierung des Beweises, wenn wir das jeweils gleich machen.

Ganz analog erschaffen wir nun die rationalen Zahlen durch $\mathbb{Q} := \mathbb{Z} \times (\mathbb{Z} \smallsetminus 0)/_{\sim}$, wobei jetzt $[p, q]$ die Rolle von $\frac{p}{q}$ spielen soll und wir deshalb

$$(p_1, q_1) \sim (p_2, q_2) :\Longleftrightarrow p_1 q_2 = p_2 q_1$$

setzen müssen. Die Definition $\mathbb{Q} := \mathbb{Z} \times (\mathbb{Z} \smallsetminus 0)/_{\sim}$ ist zwar der eigentliche kreative Akt, bringt zunächst aber nur $\mathbb{Q}$ als Menge hervor, jetzt kommt die Definition von $(\mathbb{Q}, +, \cdot, <)$ an die Reihe, mit der Vorstellung $[p, q] =: \frac{p}{q}$ als Leitlinie hinter den Kulissen, sowie die Inklusion $\mathbb{Z} \subset \mathbb{Q}$ mitsamt den beiderseitigen Strukturen. Viele Wohldefiniertheitsnachweise, Notationsvereinbarungen und kleine Lemmas, bis wir bei $\mathbb{N} \subset \mathbb{Z} \subset \mathbb{Q}$ endlich angelangt sind! Im Einzelnen alles ganz einfach, aber nicht gerade eine vorlesungsgeeignete Unternehmung, das können Sie sich denken.

Bei der Untersuchung, inwieweit $(\mathbb{Q}, +, \cdot, <)$ die Axiome erfüllt, geht nun zunächst alles gut, $(\mathbb{Q}, +, \cdot)$ ist ein Körper, die Anordnungsaxiome (1)-(4) sind erfüllt, auch das Archimedische Axiom (5) — nur beim letzten, beim Vollständigkeitsaxiom (6) hapert es noch: $(\mathbb{Q}, <)$ ist nicht vollständig. Zum Beispiel hat die Teilmenge

$$M := \left\{ \frac{p}{q} \in \mathbb{Q} \;\middle|\; \frac{p^2}{q^2} < 2 \right\}$$

keine kleinste obere Schranke in $\mathbb{Q}$, denn wäre $\frac{a}{b} \in \mathbb{Q}$ kleinste obere Schranke von M, so müsste $\frac{a^2}{b^2} = 2$ gelten, wie man sich leicht klarmacht, also $a^2 = 2b^2$, und das kann ja nicht sein, weil die Primfaktorzerlegung der linken Seite ersichtlich eine gerade Anzahl Faktoren 2 enthält, wie die jeder Quadratzahl, die rechte Seite aber eine ungerade. Als Ort der rationalen Zahlen wäre die Zahlengerade eben ganz löcherig!

Der Zahlenbereich muss deshalb noch einmal erweitert werden, von $\mathbb{Q}$ zu $\mathbb{R}$, dabei müssen die Löcher gefüllt, die so mühsam erreichte Gültigkeit der anderen Axiome darf aber nicht wieder auf's Spiel gesetzt werden. Dafür gibt es mehrere Methoden. Intuitiv kommt es jedenfalls darauf an, jeden "Punkt auf der reellen Zahlengeraden", was ja einstweilen nur eine vage geometrische Vorstellung ist, durch ein richtiges mathematisches Objekt zu ersetzen. Elegant ist der nach Richard Dedekind (1831-1916) benannte Weg:

Definition: Ein Paar (A, B) von nichtleeren Teilmengen $A, B \subset \mathbb{Q}$ heiße ein ***Dedekindscher Schnitt***, wenn $a < b$ für alle $a \in A$ und $b \in B$ gilt und $\mathbb{Q} \smallsetminus (A \cup B)$ entweder leer ist oder aus einer einzigen rationalen Zahl

c besteht, die A und B trennt, also $a < c < b$ für alle $a \in A$ und $b \in B$ erfüllt. Wir definieren $\mathbb{R}$ als die Menge aller Dedekindschen Schnitte und lesen $\mathbb{Q} \subset \mathbb{R}$ vermöge der injektiven Abbildung

$$\begin{array}{rcl} \mathbb{Q} & \longrightarrow & \mathbb{R} \\ c & \longmapsto & (A_c, B_c), \end{array}$$

wobei (A_c, B_c) den Dedekindschen Schnitt aus den Mengen der rationalen Zahlen bezeichnet, die kleiner bzw. größer als c sind. □

Damit sind wir aber mit der Konstruktion noch nicht ganz fertig, denn nun müssen die Verknüpfungen und die Kleinerrelation in $\mathbb{R}$ definiert werden. Natürlich leitet uns dabei die anschauliche Vorstellung, dass (A, B) für die Stelle auf dem Zahlenstrahl steht, an der A und B aneinanderstoßen. So wird man $(A_1, B_1) + (A_2, B_2) := (A_1 + A_2, B_1 + B_2)$ setzen und $(A_1, B_1) < (A_2, B_2)$ durch $A_1 \subsetneqq A_2$ definieren, während man bei der Multiplikation wegen der Vorzeichen fallunterscheidend vorgehen muss, wobei der Formulierung aber zu Hilfe kommt, dass ja in einer der beiden Mengen eines Dedekindschen Schnittes einerlei Vorzeichen herrschen muss.

Sind diese Definitionen alle sauber getroffen und ihre Verträglichkeit mit unserer Inklusion $\mathbb{Q} \subset \mathbb{R}$ geprüft, dann kommt der letzte Schritt, nämlich der Beweis, dass $(\mathbb{R}, +, \cdot, <)$ alle Axiome erfüllt. Das mag vielleicht keine sehr interessante Tätigkeit mehr sein, eher Geduld und buchhalterische Sorgfalt erfordernd als irgend eine andere Geisteseigenschaft, aber bedenken Sie das grandiose Ergebnis: wir erschaffen hier mit bloßen Händen die fantastischen reellen Zahlen, das Fundament der gesamten Analysis!

23.3, Seite 3: Zur Sinnhaftigkeit dieses Vorgehens wäre noch einiges zu fragen und zu antworten. Die Illusion, der Satz würde 'die' reellen Zahlen bereitstellen, wird eigentlich durch einen rhetorischen Trick herbeigeführt, nämlich durch die Verabredung: ... *im Folgenden der Körper der reellen Zahlen genannt.* Gibt man stattdessen der durch die Axiome definierten Struktur erst einmal einen Namen, etwa: *ein Paar* $(\mathbb{R}, <)$, *bestehend aus einem Körper und einer Relation darauf, heißt ein* ***vollständiger archimedischer angeordneter Körper****, wenn die Axiome (1)-(6) erfüllt sind*, so sagt der Satz doch weiter nichts, als dass es vollständige archimedische angeordnete Körper wirklich gibt.

Stellen Sie sich vor, wir würden den Aufbau der Gruppentheorie mit dem Satz beginnen: *Es gibt ein Paar* $(\mathbb{G},\cdot)$, *im Folgenden* ***die Gruppe*** *genannt, welches die Gruppenaxiome ... erfüllt* und wollten unter Gruppentheorie alle Aussagen über $(\mathbb{G},\cdot)$ verstehen, die sich logisch lückenlos auf die drei Gruppenaxiom zurückführen ließen. Was hielten Sie von diesem Vorgehen?

Der Satz wäre zwar trivial, weil ja $\mathbb{G} := \{1\}$ sofort ein Beispiel lieferte, aber die so verstandene "Gruppentheorie" doch nicht inhaltsleer, sie würde eben jene Aussagen zu Tage bringen, die in allen Gruppen gelten. Aber über die vielen verschiedenen Typen von Gruppen und die interessanten Beziehungen, die zwischen ihnen bestehen, erführen wir nichts, wenn wir nur eine einzige, 'die' Gruppe $\mathbb{G}$ ins Auge fassten, von der wir weiter nichts wissen, als dass es eine Gruppe ist.

Sind wir mit der axiomatischen Grundlegung der reellen Zahlen nicht in demselben Fall? Wir studieren dabei doch nur jene Aussagen, die in *allen* vollständigen archimedischen angeordneten Körpern gelten.

Das stimmt schon. Aber es gibt im Wesentlichen nur einen vollständigen archimedischen angeordneten Körper. Das Studium der in allen diesen Körpern geltenden Aussagen, insbesondere deren Verhältnis zu den natürlichen, den ganzen und den rationalen Zahlen, ermöglicht nämlich zu beweisen, dass es zwischen zwei vollständigen archimedischen angeordneten Körpern $(\mathbb{R},<)$ und $(\mathbb{R}',<')$ stets genau einen Körperisomorphismus $\mathbb{R} \cong \mathbb{R}'$ gibt und dieser mit den Kleinerrelationen verträglich ist (vergl. Seite 42 in H.-D. Ebbinghaus et al., *Zahlen*, 3. Auflage, Springer-Verlag 1992). Es ist wichtig und nicht trivial, dass es solche Körper gibt, aber welchen man für die Analysis benutzt, ist einerlei.

Die reellen Zahlen sind eine subtile Erfindung, und es hat auch lange gedauert, bis ins 19. Jahrhundert, ehe sie entwickelt waren, die antike Mathematik kannte sie nicht. Ein Anfänger mit philosophischen Neigungen, der genau wissen möchte, was die reellen Zahlen *sind*, wird Aufklärung von der Konstruktion erhoffen. Was "ist" eine reelle Zahl? Ein Dedekindscher Schnitt? Ein gewisses Paar von Mengen von gewissen Äquivalenzklassen von Paaren gewisser anderer Äquivalenzklassen von Paaren natürlicher Zahlen?

Nicht die Antwort, aber die *Frage* ist falsch. Die Dedekindschen Schnitte sind nur einer von mehreren zur Auswahl stehenden technischen Tricks beim Existenzbeweis für vollständige archimedische angeordnete Körper. Das Wesen der reellen Zahlen erschließt sich nicht aus den individuellen Eigenschaften der Elemente, die sind austauschbar, irrelevant. Die reellen Zahlen zu verstehen heißt zu verstehen, dass es bis auf eindeutig bestimmten anordnungserhaltenden Körperisomorphismus genau einen vollständigen archimedischen angeordneten Körper gibt.

23.4, Seite 10: Ganz pauschales Hinschauen zeigt: multipliziert man $(1+a)^n = (1+a) \cdot \ldots \cdot (1+a)$ aus und ordnet nach Potenzen von a, dann erhält man $1 + na + \ldots$, wobei die durch die Punkte angedeuteten weiteren Terme wegen $a > 0$ jedenfalls positiv sind, und mehr wird in dem Beweis dafür, dass $(x^n)_{n \geq 1}$ eine Nullfolge ist, nicht gebraucht.

Die unter dem Namen ***Bernoullische Ungleichung*** bekannte Abschätzung $1 + na \leq (1+a)^n$ gilt aber nicht nur für $a > 0$, sondern sogar für alle $a > -1$. Um das zu erkennen, muss man etwas genauer hinsehen, nämlich den Induktionsschluss

$$\begin{aligned}(1+a)^{n+1} &= (1+a)(1+a)^n \\ &\geq (1+a)(1+na) \\ &= 1 + (n+1)a + na^2 \geq 1 + (n+1)a\end{aligned}$$

machen. — Darf ich mich bei dieser Gelegenheit vergewissern, dass Sie auch die allgemeine ***binomische Formel***

$$(a+b)^n = \sum_{k=0}^{n} \binom{n}{k} a^k b^{n-k}$$

kennen? Dabei bezeichnet

$$\binom{n}{k} := \frac{n(n-1) \cdot \ldots \cdot (n-k+1)}{1 \cdot 2 \cdot \ldots \cdot k} = \frac{n!}{k!(n-k)!}$$

die sogenannten ***Binomialkoeffizienten***, die angeben, wieviele k-elementige Teilmengen eine n-elementige Menge, zum Beispiel $\{1, 2, \ldots, n\}$ hat. Diese Bedeutung der Binomialkoeffizienten ergibt sich durch Induktion nach n: die $(n+1)$-elementige Menge $\{1, 2, \ldots, n, n+1\}$ hat nach Induktionsannahme $\binom{n}{k}$ k-elementige Teilmengen, die das letzte Element $n+1$ *nicht* enthalten und $\binom{n}{k-1}$ *die* es enthalten. Beim Induktionsschluss muss man also nur

$$\binom{n}{k} + \binom{n}{k-1} = \binom{n+1}{k}$$

nachrechnen, fertig. Diese Formel benutzt man auch beim Induktionsbeweis der binomischen Formel selbst.

Die binomische Formel gilt nicht nur für $a, b \in \mathbb{R}$, sondern genau so und mit demselben Beweis für Elemente a, b eines beliebigen kommutativen Ringes. Mit den Feinheiten der Grundlegung der reellen Zahlen hat das nichts zu tun.

23.5, Seite 14: Umgekehrt gilt auch: erfüllt $(\mathbb{R}, <)$ die Axiome (1)-(5) und konvergiert jede Cauchy-Folge in $\mathbb{R}$, dann erfüllt $(\mathbb{R}, <)$ auch das Axiom (6). Ist nämlich $M \subset \mathbb{R}$ eine nichtleere nach oben beschränkte Teilmenge, so gibt es natürlich für jedes $n \in \mathbb{N}$ eine kleinste Zahl $s_n \in \frac{1}{2^n}\mathbb{Z}$, die noch obere Schranke von M ist. Der Limes dieser Cauchyfolge ist dann eine kleinste obere Schranke für M in $\mathbb{R}$. Man bekommt daher genau denselben Begriff eines *vollständigen archimedischen angeordneten Körpers*, wenn man statt des Axioms (6) fordert, dass jede Cauchyfolge in $\mathbb{R}$ konvergiert.

24.1, Seite 33: Sei M ein topologischer Raum und $(q_n)_{n \geqslant 1}$ eine Punktfolge darin. Ein Punkt $p \in M$ ist offenbar genau dann Limes einer Teilfolge von $(q_n)_{n \geqslant 1}$, wenn die Folge jede offene Umgebung von p unendlich oft betritt. Gibt es keinen solchen Punkt, so hat *jedes* $p \in M$ eine offenen Umgebung, nennen wir sie U_p, die von $(q_n)_{n \geqslant 1}$ nur endlich oft betreten wird, und in einem *kompakten* Raum wäre das natürlich für die Folge verheerend: nach endlich vielen Schritten $n \in \mathbb{N}$ dürfte sie in $M = U_{p_1} \cup \cdots \cup U_{p_r}$ den Fuß gar nicht mehr aufsetzen. Also hat in einem kompakten Raum jede Folge eine konvergente Teilfolge.

In einem kompakten *metrischen* Raum muss deshalb jede Cauchyfolge konvergieren, denn der Limes einer Teilfolge ist bei einer Cauchyfolge natürlich auch Limes der Gesamtfolge.

24.2, Seite 34: Für den Ableitungs-Konvergenzsatz bringt dieses Lokalitäts-Argument sogar noch einen besonderen Bonus mit: *Ist der offene Definitionsbereich $B \subset \mathbb{R}^m$ zusammenhängend, so genügt es, anstelle der gleichmäßigen Konvergenz von $(f_n)_{n \geqslant 1}$ selbst nur vorauszusetzen, dass für ein $\vec{x}_0 \in B$ die Zahlenfolge $(f_n(\vec{x}_0))_{n \geqslant 1}$ konvergiert.* Die lokal gleichmäßige Konvergenz von $(f_n)_{n \geqslant 1}$ folgt dann nämlich aus der (nach wie vor) vorausgesetzten lokal gleichmäßigen Konvergenz der partiellen Ableitungen. Um das zu sehen, wählt man für ein festes $\vec{x}$ zunächst einen

C^1- oder stückweise-C^1-Weg $\gamma : [0,1] \to B$ von $\vec{x}_0$ nach $\vec{x}$ und nutzt

$$f_n(\vec{x}) = f_n(\vec{x}_0) + \int_0^1 \sum_{i=1}^m \frac{\partial f_n}{\partial x_i}(\gamma(t))\dot{\gamma}_i(t)\,dt$$

aus, um $(f_n(\vec{x}))_{n\geqslant 1}$ als Cauchyfolge nachzuweisen. Damit hat man die punktweise Konvergenz von $(f_n)_{n\geqslant 1}$ gezeigt und kann nun *jeden* Punkt statt $\vec{x}_0$ als Ausgangspunkt verwenden, um in einer kleinen Kugel um den Punkt die gleichmäßige Cauchyeigenschaft auf dieselbe Weise zu zeigen, mit kleinen Stichwegen vom Mittelpunkt zu den Punkten der Kugel in der Rolle, die soeben γ gespielt hat.

24.3, Seite 34: Es gibt nicht nur den Grenzübergang $n \to \infty$. Statt einer Folge $(f_n)_{n\geqslant 1}$ wollen wir uns jetzt eine Familie $\{f_\lambda\}_{\lambda\in\Lambda}$ oder auch nur $\{f_\lambda\}_{\lambda\in\Lambda\setminus\lambda_0}$ von Funktionen oder Abbildungen $f_\lambda : X \to M$ gegeben denken und nach Konvergenzsätzen für den Grenzübergang $\lambda \to \lambda_0$ fragen.

In diesem Falle sind wir zum Beispiel, wenn wir es mit *einer einzigen* Funktion $f(x,t)$ von zwei reellen Variablen zu tun haben und an den Grenzübergang $t \to 0$ denken. Dann spielt t die Rolle von λ und es wäre $\lambda_0 = 0$, und je nachdem welchen Definitionsbereich wir für f ins Auge fassen, könnten wir etwa an $X = [a,b]$ und $\Lambda = [0,1]$ interessiert sein und uns fragen, ob wohl

$$\lim_{t\to 0} \int_a^b f(x,t)\,dx \stackrel{?}{=} \int_a^b \lim_{t\to 0} f(x,t)\,dx \stackrel{?}{=} \int_a^b f(x,0)\,dx$$

richtig ist. — Wir können natürlich immer $f(x,\lambda)$ statt $f_\lambda(x)$ schreiben und die Familie $\{f_\lambda\}_{\lambda\in\Lambda}$ als Abbildung $f : X \times \Lambda \to M$ verstehen und umgekehrt. Im wirklichen Leben treffen wir oft $f(x,\lambda)$ an, für die Diskussion der Konvergenzsätze ist aber $f_\lambda(x)$ praktisch, weil wir dann gleich eine Notation für die einzelnen $f_\lambda : X \to M$ haben und der Buchstabe f noch frei ist und wieder zur Bezeichnung einer eventuellen Grenzabbildung $f : X \to M$ benutzt werden kann.

Von $\lambda \to \lambda_0$ zu sprechen hat in einer bloßen Menge Λ freilich noch keinen Sinn. Meist sind wir an $\Lambda \subset \mathbb{R}^k$ interessiert, um aber den Blick auf's Wesentliche zu richten, wollen wir vorerst Λ einfach als einen metrischen Raum voraussetzen, (Λ, d). Der Grenzpunkt λ_0 soll ein ***Häufungspunkt*** von Λ sein, das bedeutet dass jede Umgebung von λ_0 einen Punkt von $\Lambda \setminus \lambda_0$ enthält, was in einem metrischen Raum nur heißt, dass λ_0 als Limes einer Punktfolge in $\Lambda \setminus \lambda_0$ erreichbar ist.

Punktweise Konvergenz $\lim_{\lambda \to \lambda_0} f_\lambda(x) = f(x)$ liegt vor, wenn es für jedes einzelne $x \in X$ möglich ist, zu jedem $\varepsilon > 0$ ein $\delta > 0$ zu finden, so dass für alle $\lambda \in \Lambda \setminus \lambda_0$ mit $d(\lambda, \lambda_0) < \delta$ der Abstand zwischen $f(x)$ und $f_\lambda(x)$ kleiner als ε ist. Kann man für jedes $\varepsilon > 0$ ein $\delta > 0$ finden, das sogar *für alle x zugleich* wirksam ist, so heißt die Konvergenz ***gleichmäßig***.

Das wären nun die analogen Konvergenzbegriffe für den Grenzübergang $\lambda \to \lambda_0$ in einem metrischen Parameterraum Λ, und wir könnten noch einmal von vorn anfangen und analoge Konvergenzsätze zu denen für $n \to \infty$ beweisen. Das ist aber nicht notwendig, denn $\{f_\lambda\}$ *konvergiert genau dann (gleichmäßig) gegen f für $\lambda \to \lambda_0$, wenn für jede "sondierende" Punktfolge $\lambda_n \to \lambda_0$ in $\Lambda \setminus \lambda_0$ die Folge $(f_{\lambda_n})_{n \geqslant 1}$ (gleichmäßig) gegen f konvergiert.*

Das ist nicht *ganz* selbstverständlich. Aus $f_\lambda \to f$ folgt natürlich $f_{\lambda_n} \to f$ für $n \to \infty$, aber wo bekommen wir umgekehrt zu gegebenem $\varepsilon > 0$ unser $\delta > 0$ her, wenn wir nur die Konvergenz für alle sondierenden Folgen haben? Indirekt. Wäre kein $\delta > 0$ gut genug, so insbesondere kein $\frac{1}{n}$, und wir könnten zu jedem n ein $\lambda_n \in \Lambda \setminus \lambda_0$ näher als $\frac{1}{n}$ an λ_0 finden, für das $f_{\lambda_n}(x)$ weiter als ε von $f(x)$ entfernt ist — für das betrachtete x oder, wenn es um gleichmäßige Konvergenz geht, jedenfalls für mindestens ein $x_n \in X$. Auf diese Weise erhielten wir eine der Voraussetzung widersprechende sondierende Folge $(\lambda_n)_{n \geqslant 1}$.

Mit dieser Bemerkung übertragen sich unsere drei Konvergenzsätze für $n \to \infty$ in gleichlautende Sätze für $\lambda \to \lambda_0$. Wenden wir den neuen Integral-Konvergenzsatz gleich einmal an, um uns Vollmacht für zwei in der Praxis häufig gewünschte Vertauschungen geben zu lassen:

Korollar 1: *Sei $\Omega \subset \mathbb{R}^m$ eine kompakte, für die Riemann-Integration 'gute' Teilmenge, sei $f : \Omega \times [a, b] \to \mathbb{R}$ stetig und $t_0 \in [a, b]$. Dann gilt*

$$\boxed{\lim_{t \to t_0} \int_\Omega f(x, t)\, d^m x = \int_\Omega f(x, t_0)\, d^m x}$$

Beweis: ... woran Sie, bevor ich Sie durch Beispiele verunsichert habe, sowieso nicht gezweifelt hätten. Wollen wir uns jetzt aber Rechenschaft geben, weshalb es unter den gemachten Voraussetzungen wahr ist. Dass Ω als eine 'gute' Teilmenge vorausgesetzt wird, soll übrigens nur bedeuten, dass jede stetige Funktion darüber Riemann-integrierbar ist, beim

Riemann-Integral muss man da ja etwas vorsichtig sein, im Abschnitt 7.2 des ersten Bandes war davon die Rede. Jedenfalls sind kompakte (Voll-) Kugeln, Kegel, Zylinder, Tori und was dergleichen kreucht und fleucht 'gut', und kompakte Quader sowieso.

Bei der Anwendung des Integral-Konvergenzsatzes spielt also jetzt $[a,b]$ die Rolle von Λ und t_0 die von λ_0. Dass $\lim_{t\to t_0} f(x,t) = f(x,t_0)$ punktweise gilt, folgt aus der Stetigkeit, wir brauchten nur noch zu wissen, dass die Konvergenz *gleichmäßig* in Bezug auf x ist. Sei also $\varepsilon > 0$. Wo kommt das global wirksame $\delta > 0$ her, das für $|t - t_0| < \delta$ also $|f(x,t) - f(x,t_0)| < \varepsilon$ für alle $x \in \Omega$ zugleich bewirkt?

Nun, wegen der Stetigkeit von $f : \Omega \times [a,b] \to \mathbb{R}$ gibt es jedenfalls zu jedem einzelnen $x \in \Omega$ ein $\delta_x > 0$, welches $|f(y,t) - f(x,t_0)| < \frac{\varepsilon}{2}$ für alle (y,t) sichert, die $\|(y,t)-(x,t_0)\| < \delta_x$ erfüllen. Da Ω kompakt ist, gibt es Punkte $x_i \in \Omega$, $i = 1\dots,r$, deren δ_{x_i}-Umgebungen im $\mathbb{R}^m$ das Ω überdecken. Dann hat $\delta := \min\{\delta_{x_1},\dots,\delta_{x_r}\}$ nach der Dreiecksungleichung die gewünschte Eigenschaft. □

Korollar 2: *Wieder sei $\Omega \subset \mathbb{R}^m$ eine kompakte, für die Riemann-Integration 'gute' Teilmenge und $f : \Omega\times[a,b] \to \mathbb{R}$ eine stetige Funktion, aber diesmal sei auch $\frac{\partial f}{\partial t} : \Omega \times [a,b] \to \mathbb{R}$ vorhanden und stetig. Dann gilt*

$$\frac{d}{dt}\int\limits_{\Omega} f(x,t)\,d^m x = \int\limits_{\Omega} \frac{\partial f}{\partial t}(x,t)\,d^m x$$

Beweis: Wir schließen

$$\begin{aligned}
\int\limits_{\Omega} f(x,t)\,d^m x &\overset{(1)}{=} \int\limits_{\Omega}\int\limits_{t_0}^{t} \frac{\partial}{\partial\tau} f(x,\tau)\,d\tau\,d^m x \\
&\overset{(2)}{=} \int\limits_{t_0}^{t}\int\limits_{\Omega} \frac{\partial}{\partial\tau} f(x,\tau)\,d^m x\,d\tau, \quad \text{also} \\
\frac{d}{dt}\int\limits_{\Omega} f(x,t)\,d^m x &\overset{(3)}{=} \int\limits_{\Omega} \frac{\partial f}{\partial t}(x,t)\,d^m x
\end{aligned}$$

mit der folgenden Begründung: Die Gleichung (1) folgt aus dem Hauptsatz der Differential- und Integralrechnung, weil $f(x,t)$ für festes x eine stetig differenzierbare Funktion in t ist. Die Gleichung (2) folgt aus dem Satz von Fubini, und die Gleichung (3) aus obigem Korollar 1, weil nach diesem Korollar auch die Funktion

$$\tau \mapsto \int_\Omega \frac{\partial}{\partial \tau} f(x,\tau)\, d^m x$$

stetig ist und der 'HDI' deshalb nochmals angewandt werden kann. □

24.4, Seite 46: Alle Physiker lernen Funktionentheorie, aber gewöhnlich erst im zweiten Studienjahr. Wenn ich mir jedoch vorstellen darf, dass Sie mit dem ersten Band und den beiden Anfangskapiteln des vorliegenden zweiten Bandes bekannt sind, dann haben Sie auch genug Vorkenntnisse, um direkt von hier in die Funktionentheorie zu hüpfen. In jedem meiner beiden Bücher *Analysis für Physiker und Ingenieure*, 4. Auflage, Springer-Verlag 2001 und *Funktionentheorie*, 5. Auflage, Springer-Verlag 1999 würden Sie sich sogleich zurechtfinden. Aber natürlich haben auch andere Autoren empfehlenswerte Einführungen in die Funktionentheorie geschrieben.

24.5, Seite 47: Um das nachzuprüfen, also um

$$\frac{\partial}{\partial x} z^k = k z^{k-1} \quad \text{und} \quad \frac{\partial}{\partial y} z^k = ikz^{k-1}$$

zu verifizieren, rechnen Sie aber bitte $(x+iy)^k$ nicht erst umständlich mit der binomischen Formel aus, sondern bedenken, dass die Produktregel $\frac{d}{dt}(\alpha\beta) = \dot\alpha\beta + \alpha\dot\beta$ für die Ableitung nach einer reellen Variablen t auch für *komplexwertige* Funktionen $\alpha(t)$ und $\beta(t)$ gilt, woraus dann insbesondere auch für komplexwertige Funktionen $\frac{d}{dt}\alpha(t)^k = k\alpha(t)^{k-1}\dot\alpha(t)$ durch Induktion folgt, auch für $\alpha = x + iy$ und $t = x$ oder $t = y$.

In der Funktionentheorie wird Ihnen das später alles ganz selbstverständlich, weil dort die analytischen Funktionen $f(z)$, zu denen auch die Polynome in z gehören, *nach z abgeleitet* werden dürfen, wobei wieder die üblichen Ableitungsregeln gelten und für festes z die Multiplikation mit $f'(z)$, betrachtet als lineare Abbildung $\mathbb{C} \to \mathbb{C}$ oder $\mathbb{R}^2 \to \mathbb{R}^2$, gerade das Differential df_z ist, das wir aus der Analysis in zwei reellen Variablen x, y kennen. Somit ergibt sich für analytisches $f(z)$ und und eine gewöhnliche C^1-Kurve $t \mapsto u(t)$ in deren Definitionsbereich die Formel $\frac{d}{dt} f(\alpha(t)) = f'(\alpha(t))\dot\alpha(t)$ aus der Kettenregel.

Durch die Funktionentheorie werden Sie auch verstehen, weshalb man den analytischen Funktionen beinahe unrecht tut, wenn man ihre C^∞-Eigenschaft hervorhebt, denn sie können noch viel mehr.

24.6, Seite 50: Um den Beweis der Funktionalgleichung der Exponentialreihe zu führen, betrachten wir zunächst allgemeiner zwei beliebige komplexe Zahlenreihen $\sum\limits_{p=0}^{\infty} a_p$ und $\sum\limits_{q=0}^{\infty} b_q$. Dann nennt man die Reihe

$$\boxed{\sum_{k=0}^{\infty}\Bigl(\sum_{p+q=k} a_p b_q\Bigr)}$$

das ***Cauchy-Produkt*** der beiden Reihen. Denken wir uns die $a_p b_q$ wie in einer großen Matrix angeordnet, mit p als Zeilen- und q als Spaltenindex, und vergleichen wir, welche $a_p b_q$ als Summanden in die n-te Teilsumme des Cauchy-Produkts eingehen und welche am Produkt der n-ten Teilsummen der beiden einzelnen Reihen beteiligt sind:

$p \backslash q$	0	1	2	$\dots$	n
0	•	•	•	•	•
1	•	•	•	•	
2	•	•	•		
$\vdots$	•	•			
n	•				

$p \backslash q$	0	1	2	$\dots$	n
0	•	•	•	•	•
1	•	•	•	•	•
2	•	•	•	•	•
$\vdots$	•	•	•	•	•
n	•	•	•	•	•

Summanden in $\sum\limits_{k=0}^{n}\sum\limits_{p+q=k} a_p b_q$ *und in* $\bigl(\sum\limits_{p=0}^{n} a_p\bigr)\bigl(\sum\limits_{q=0}^{n} b_q\bigr) = \sum\limits_{p,q=0}^{n} a_p b_q$

Ersichtlich nicht dieselben! Aber wenn wir nun mit n gegen unendlich gehen, so werden im Limes auf beide Weisen alle Summanden $a_p b_q$ erfasst, und deshalb sollte doch das Produkt (der Grenzwerte) zweier konvergenter Reihen gleich dem Grenzwert des Cauchy-Produkts sein? Für die nötigen ε's und n_0's werden die Mathematiker schon sorgen, meinen Sie vielleicht.

Nicht schlecht gedacht, aber etwas vorsichtiger müssen wir's schon angehen und ein wenig darüber nachdenken, welchen Einfluss die *Reihenfolge*, in der wir die Summanden einer konvergierenden Reihe addieren, auf das Ergebnis haben könnte. Gar keinen, sagt der Umordnungssatz, wenn die Reihen absolut konvergieren:

Lemma 1 (Umordnungssatz): *Ist $\sum_{k=0}^{\infty} a_k$ eine absolut konvergente komplexe Reihe und $\tau : \mathbb{N}_0 \to \mathbb{N}_0$ eine Bijektion der Menge der Indices (eine* ***Umordnung****), dann ist auch $\sum_{k=0}^{\infty} a_{\tau(k)}$ absolut konvergent und die Grenzwerte stimmen überein: $\sum_{k=0}^{\infty} a_{\tau(k)} = \sum_{k=0}^{\infty} a_k$.*

Beweis: Sei $\varepsilon > 0$ und wähle n_0 so, dass $|a_{n+1}| + \cdots + |a_m| < \varepsilon$ für alle $m > n \geqslant n_0$ gilt, was wegen der absoluten Konvergenz möglich ist. Wie können wir ein entsprechendes n_1 für die umgeordnete Reihe finden? Ganz einfach, wir brauchen auf der Suche nur so lange zu gehen, bis $\{1, \ldots, n_0\} \subset \{\tau(1), \ldots, \tau(n_1)\}$ gilt, und das kann ja nicht ausbleiben, weil τ surjektiv ist. Dann gilt auch $|a_{\tau(n+1)}| + \cdots + |a_{\tau(m)}| < \varepsilon$ für alle $m > n \geqslant n_1$, also ist auch die umgeordnete Reihe absolut konvergent, und ferner gilt $|\sum_{k=0}^{n} a_{\tau(k)} - \sum_{k=0}^{n} a_k| < 2\varepsilon$ für alle $n \geqslant n_1$, also sind die Grenzwerte gleich. □

Dieses Lemma rechtfertigt für absolut konvergente Reihen die intuitive Vorstellung, dass man den Grenzwert der Reihe erhält, indem man alle Summanden wie Körner in einen Sack schüttet und auf die Waage bringt. Für konvergente, aber nicht *absolut* konvergente reelle Reihen ist diese Vorstellung ganz falsch. Im Gegenteil, man kann dann durch geeignete Umordnung praktisch jedes Konvergenzverhalten erreichen!

Der Beweis davon ist übrigens einfach. Die Reihe der positiven Summanden einer solchen konvergenten, aber nicht absolut konvergenten Reihe muss divergieren, also unbeschränkt sein, ebenso wie die der negativen Summanden, sonst würden nämlich *beide* konvergieren, die Reihe wäre also doch absolut konvergent. Diese Vorräte an negativen und (sagen wir) nichtnegativen Summanden, mit denen wir wegen der Divergenz beliebig große Strecken zurücklegen können, sind nun unsere Kraftreserven zur Lenkung der Reihe durch Umordnung.

Mögen $A \subset \mathbb{N}_0$ und $B \subset \mathbb{N}_0$ die Mengen ihrer Indices bezeichnen. Stellen Sie sich vor, wir wollten die Reihe etwa so umordnen, dass sie gegen π konvergiert, nur als Beispiel. Dann definieren wir eine Umordnung τ rekursiv so: sind $\tau(1), \ldots, \tau(k)$ schon konstruiert, so schauen wir vor der Festsetzung von $\tau(k+1)$ nach, ob $a_{\tau(1)} + \cdots + a_{\tau(k)} > \pi$ ist. In diesem Fall definieren wir $\tau(k+1)$ als den kleinsten noch unverbrauchten Index in A, sonst in B.

Da wegen der Konvergenz der ursprünglichen Reihe die Summanden eine Nullfolge bilden, erhalten wir durch dieses einfache Thermostat-

Prinzip eine gegen π konvergierende Umordnung, ebenso für jeden anderen beabsichtigten Limes.

Aber die umgeordnete Reihe braucht auch gar nicht zu konvergieren, wir können die Teilsummen gleichsam herumführen wie wir wollen, ewig hin und her, oder nach ∞, wozu wir nur jeweils nach dem k-ten Griff in die Kiste A, die ja auch geleert werden muss, so oft in die Kiste B zu langen brauchen, bis unsere Teilsumme größer als k geworden ist. Aber zurück zu den absolut konvergenten Reihen. Die Exponentialreihe ist ja absolut konvergent!

Lemma 2 (Cauchy-Produkt): *Sind* $\sum\limits_{p=0}^{\infty} a_p$ *und* $\sum\limits_{q=0}^{\infty} b_q$ *absolut konvergent, so konvergiert auch ihr Cauchy-Produkt absolut, und für den Grenzwert gilt*

$$\sum_{k=0}^{\infty}\Big(\sum_{p+q=k} a_p b_q\Big) = \Big(\sum_{p=0}^{\infty} a_p\Big)\Big(\sum_{q=0}^{\infty} b_q\Big)$$

Beweis: Wir wollen damit argumentieren, dass wir die Einzelsummanden $a_p b_q$ alle "wie Körner in einen Sack schütten" dürfen, um unsere erste spontane Beweisidee tatsächlich durchführen zu können. Dazu müssen wir sie überhaupt erst einmal als Reihe *anordnen*.

Zwei Bijektionen $\mathbb{N}_0 \to \mathbb{N}_0 \times \mathbb{N}_0$ bieten sich zur Abzählung der Indexpaare (p, q) an, die *diagonale* und die *rechteckige*, wie ich sie einmal nennen will:

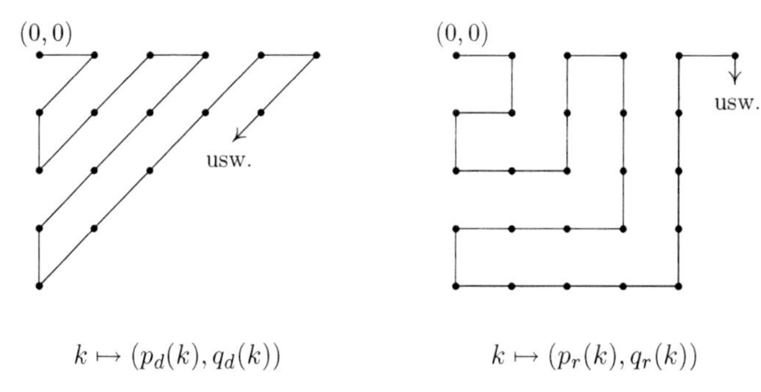

Sie müssen nicht glauben, der Beweis würde besser, wenn ich Formeln für diese Abzählungen auffahren würde. Ja, wenn ich es einer Maschine erzählen müsste! Aber ich rede zu Menschen. — In der rechteckigen Abzählung erhalten wir eine absolut konvergente Reihe $\sum_{k=0}^{\infty} a_{p_r(k)} b_{q_r(k)}$, denn die Teilsummenfolge von $\sum_{k=0}^{\infty} |a_{p_r(k)} b_{q_r(k)}|$ ist monoton wachsend, sowieso, und hat eine beschränkte Teilfolge, nämlich die Folge

$$\Big(\big(\sum_{p=0}^{n} |a_p| \big) \big(\sum_{q=0}^{n} |b_q| \big) \Big)_{n \geqslant 0} .$$

Nach dem Umordnungssatz konvergiert daher die Reihe der Einzelprodukte auch in der diagonalen Abzählung absolut und gegen denselben Grenzwert. In dieser Abzählung hat sie aber die Teilsummenfolge des Cauchy-Produkts als Teilfolge, konvergiert also gegen den Grenzwert des Cauchy-Produkts. Damit ist das Lemma bewiesen, denn die noch nicht erwähnte absolute Konvergenz des Cauchy-Produkts ist mitbewiesen, da ja sogar das Cauchyprodukt der Reihen der Absolutbeträge konvergiert. □

Die Funktionalgleichung der komplexen Exponentialreihe ist nun einfach ein direkter Spezialfall des Lemmas — der wichtigste Spezialfall, darf man wohl sagen.

25.1, Seite 57: Wie Induktion sofort zeigt, ist die k-te Ableitung von $e^{-\frac{1}{x}}$ für $x > 0$ von der Form

$$\lambda^{(k)}(x) = P_k(\tfrac{1}{x}) e^{-\frac{1}{x}} ,$$

wobei $P_k(t)$ ein Polynom in t ist. Da aber

$$\lim_{t \to \infty} \frac{P(t)}{e^t} = 0$$

für jedes Polynom $P(t)$ irgend eines Grades N gilt, weil für $t > 0$ offensichtlich $e^t > \sum_{n=0}^{N+1} \frac{t^n}{n!}$ ist, ist also

$$\lim_{x \to 0} \lambda^{(k)}(x) = 0 ,$$

und daher $\lambda : \mathbb{R} \to \mathbb{R}$ tatsächlich eine C^∞-Funktion.

25.2, Seite 58: Stellt jede Potenzreihe auf ihrem offenen Konvergenzintervall eine reell-analytische Funktion dar? Allerdings, das ist aber nicht so trivial wie es sich vielleicht anhört, denn dazu muss man ja oBdA $f(x) = \sum_{k=0}^{\infty} a_k x^k$ für jedes $|x_0| < \rho$ in eine Potenzreihe um x_0 entwickeln. Wenn man

$$f(x) = \sum_{k=0}^{\infty} a_k((x - x_0) + x_0)^k$$

nach Potenzen von $(x - x_0)$ ordnet, so entsteht zwar eine neue Potenzreihe

$$\sum_{k=0}^{\infty} b_k(x - x_0)^k,$$

die aber nicht mehr dieselben Teilsummen hat, weil die $a_k x^k$ für $k > n$ auch etwas zu $b_n(x - x_0)^n$ beitragen. Es bleibt also noch Handlungsbedarf!

Ähnlicher Arbeitsaufwand entstünde beim Beweis dafür, dass die Verkettung $f \circ g$ zweier reell-analytischer Funktionen stets wieder reell-analytisch ist, denn dabei muss man genau verfolgen, was geschieht, wenn man eine Potenzreihe in eine andere einsetzt, ähnlich bei der Inversenbildung. Immer gehen da gewisse formale Rechnungen zur Bestimmung der neuen Koeffizienten voran, und dann folgen die Konvergenzbeweise.

Für die Mathematiker haben diese formalen Rechnungen auch ein ganz eigenständiges Interesse, man hat nämlich Anlass auch *formale Potenzreihen* betrachten, etwa mit Koeffizienten in einem kommutativen Ring R, wobei von Konvergenz gar nicht die Rede ist.

Was Sie aber im Hinblick auf die Analysis über reell-analytische Funktionen allenfalls wissen sollten, erfahren Sie am besten auf dem Wege über die Funktionentheorie, und so lange hat es auch noch Zeit. Ja selbst wenn ich den Auftrag hätte, Ihnen hier und jetzt die wichtigsten Aussagen über reell-analytische Funktionen zu beweisen, käme ich am schnellsten zum Ziele, wenn ich zuvor ganz ad hoc die Funktionentheorie bis zu einem gewissen Punkt entwickelte. Oft liegt die Wahrheit über das Reelle eben wirklich im Komplexen.

25.3, Seite 74: Zum Morse-Lemma siehe z.B. Theodor Bröcker, *Analysis II*, Spektrum Akad. Verlag 1995, ab S.111. Beachte dort Notation H für die Matrix, die bei uns mit $\frac{1}{2}H$ bezeichnet würde.

26.1, Seite 82: Der Vektorpfeil hat ja den Zweck, den Unterschied $\vec{x} \in \mathbb{R}^n$ und $x_1 \in \mathbb{R}$ zu bezeichnen. Wir werden ab jetzt aber mit verschieden-dimensionalen Räumen zu tun bekommen, $\mathbb{R}^n$, $\mathbb{R}^m$, $\mathbb{R}^{n-m}$ usw., Dimensionen, die durchaus auch einmal 1 sein dürfen. Der Pfeil, der in $\vec{f}(\vec{x}, \vec{y})$ vielleicht dreierlei verschiedene Bedeutung hat, verliert seinen Nutzen, und die Gewöhnung daran erschwert Ihnen nur den Zugang zur Literatur, die ihn in diesen Zusammenhängen sowieso nicht verwendet. Also: x hat eventuell Komponenten, die heißen dann $x_1, x_2, \ldots$, wieviele es sind, müssen Sie aus dem Text verstehen, das Vektorpfeilchen würde es Ihnen auch nicht sagen.

26.2, Seite 82: Müssten wir nicht genauer *lokal C^k-umkehrbar* sagen? Müssen wir nicht, denn ist f auch nur C^1-umkehrbar, so überträgt es seine volle C^k-Differenzierbarkeit auch auf die Umkehrung. Denn die Jacobimatrix der lokalen Umkehrung $(f|U)^{-1}$ ist nach der Kettenregel jedenfalls durch

$$J_{(f|U)^{-1}}(y) = \left(J_f(f^{-1}(y))\right)^{-1}$$

gegeben, und da $x \mapsto J_f(x)$ nach Voraussetzung C^{k-1} und die Matrizeninversion, wie wir an der aus der Leibnizformel abgeleiteten Inversionsformel ablesen, eine C^∞-Abbildung ist, muss

$$y \mapsto (J_f(f^{-1}(y)))^{-1}$$

ebenfalls C^{k-1} sein, denn aus der C^r-Eigenschaft von $y \mapsto J_{(f|U)^{-1}}(y)$ folgt die C^{r+1}-Eigenschaft von $(f|U)^{-1}$ selbst, und solange $r < k-1$ ist, folgt damit nach der obigen Umkehrformel die C^{r+1}-Eigenschaft von $y \mapsto J_{(f|U)^{-1}}(y)$. Es gibt also für $k > 1$ keine C^k-Abbildung, die zwar C^1-umkehrbar, aber nicht C^k-umkehrbar wäre.

26.3, Seite 82: Auch keinen Homöomorphismus! Das ist aber nicht ebenso einfach zu beweisen. (Satz von L. E. J. Brouwer, 1911.)

26.4, Seite 84: Eine stetige Funktion auf einem Intervall, die um jeden Punkt eine lokale stetige Umkehrung besitzt, muss im Ganzen streng monoton sein, denn eine Monotonieverletzung $f(x_1) \leqslant f(x_2) \geqslant f(x_3)$ bei $x_1 < x_2 < x_3$, wie wir oBdA schreiben können, hätte zur Folge, dass $f|[x_1, x_3]$ ein Maximum an einer Stelle x_0 mit $x_1 < x_0 < x_3$ annehmen würde und nach dem Zwischenwertsatz auf keinem Intervall $[x_0-\varepsilon, x_0+\varepsilon]$ mehr injektiv sein könnte.

Das Bild ist also auch ein Intervall und $f : D \to f(D)$ stetig umkehrbar. Ist gar noch überall $f'(x) \neq 0$, dann ist die Umkehrung auch differenzierbar und sogar C^k, wenn f es war, denn $(f^{-1})'$ ist einfach $1/f' \circ f^{-1}$. Das alles lässt sich leicht ohne Umkehrsatz zu Fuß beweisen, es ist die 'Umkehrregel' der Differentialrechnung in einer Variablen.

27.1, Seite 119: Nicht auf diese etwas größere Allgemeinheit kommt es aber an — wir würden für alle praktischen Zwecke auch mit den zu Flachmachern erweiterbaren Karten auskommen, und es lässt sich leicht zeigen, dass jede Karte *lokal* um jeden Punkt $p \in U$ zu einem Flachmacher erweiterbar *ist.* Vielmehr folgt die Definition, also die Entscheidung für den etwas allgemeineren Kartenbegriff, dem Grundsatz, man solle nicht Flachmacher zu Zwecken heranziehen, die sich auch mit dem Differenzierbarkeitsbegriff auf Flächen alleine erreichen lassen. Den Differenzierbarkeitsbegriff gibt es nämlich auch in der allgemeineren Theorie der *Mannigfaltigkeiten* noch, die Flachmacher aber nicht. Siehe dazu auch die folgende Fußnote.

27.2, Seite 123: Die k-dimensionalen Flächen im $\mathbb{R}^n$ sind spezielle Beispiele von sogenannten k-dimensionalen differenzierbaren *Mannigfaltigkeiten*, gerade so wie wir die k-dimensionalen Untervektorräume des $\mathbb{R}^n$ als spezielle Beispiele k-dimensionaler reeller Vektorräume kennen.

Mannigfaltigkeiten sind, intuitiv gesprochen, wie Flächen, aber ohne einen $\mathbb{R}^n$ darum herum, in dem sie als Teilmengen enthalten wären. Das klingt etwas paradox, und diese Formulierung ist auch in der Tat von einer wirklichen *Definition* noch ziemlich weit entfernt. Indessen bietet die Physik ein prominentes Beispiel einer Mannigfaltigkeit, das die Problematik der Begriffsbildung beleuchtet und den Wunsch nach einer exakten Definition fühlbar macht, und das ist die Raumzeit in der allgemeinen Relativitätstheorie.

In der speziellen Relativitätstheorie, aber auch in der älteren Newtonschen Auffassung, ist die Raumzeit, mathematisch betrachtet, jedenfalls ein vierdimensionaler affiner Raum (in der Fußnote 37.4 finden Sie diesen Begriff erläutert). In der allgemeinen Relativitätstheorie kann der Raum oder die Raumzeit aber *gekrümmt* sein, "in sich zurücklaufen" oder gar "endlich" sein, was soll man sich darunter vorstellen? Der Blick in den Nachthimmel hilft dabei nichts. Gekrümmtes Weltall?

Jemand kommt mit einer gut gemeinten Analogie, um Ihnen die Idee akzeptabler zu machen: die Erdoberfläche sei ja bekanntlich auch gekrümmt und "endlich", obwohl der Blick aus dem Fenster suggeriert, eine Wanderung schnurgeradeaus müsste immer weiter weg von zu Hause führen. An diesem Vergleich ist zwar etwas, aber im Kernpunkt geht er fehl. Die Vorstellung der Erd- als Kugeloberfläche macht ja ganz wesentlich von dem umgebenden dreidimensionalen Raum Gebrauch, sie spricht nicht gegen das Gefühl, eine gekrümmte Fläche brauche einen Raum *in dem* sie sich krümmen kann, Platz dafür, gewissermaßen. Aber *worin* soll sich das Weltall selbst krümmen?

Von der Mathematik aus gesehen ist das Weltall nur ein Nebenschauplatz für die Anwendung des Mannigfaltigkeitsbegriffs, in großen Teilen der höheren Mathematik *wimmelt* es von Mannigfaltigkeiten. Für das Meditieren über diese Begriffsbildung ist die Raumzeit aber ein gutes Beispiel, und historisch ist auch BERNHARD RIEMANN, der um die Mitte des neunzehnten Jahrhunderts die Mannigfaltigkeiten eingeführt hat, durch das Nachdenken über die Natur des Raumes dazu geführt worden, wobei er allerdings auch die innermathematische Relevanz des Begriffes sogleich erkannt hat.

Was ist nun eine Mannigfaltigkeit? Jedenfalls erst einmal ein topologischer Raum, der aber mit einer *differenzierbaren Struktur* $\mathscr{D}$ versehen ist, formal also ein Paar $(X, \mathscr{D})$, wie Sie das von anderen axiomatisch definierten Begriffen her kennen, und diese differenzierbare Struktur besteht aus dem, was man die *differenzierbaren Karten* der Mannigfaltigkeit nennt und was im Falle einer k-dimensionalen Fläche gerade die inneren Karten *sind*.

Das ist übrigens der Grund, weshalb wir nach Möglichkeit die *inneren* Karten einer Fläche benutzen, weil unsere Argumentation dann auch noch im allgemeineren Rahmen der Mannigfaltigkeiten Bestand hat, gerade so wie wir in der linearen Algebra der Untervektorräume des $\mathbb{R}^n$ die 'Tupeligkeit' der Vektoren möglichst ignoriert haben und mit den allgemeinen Linearitätsbegriffen auszukommen trachteten.

Die Details der Definition finden Sie z.B. auf den ersten fünf Seiten meines Buches *Vektoranalysis* (Springer-Verlag, 3. Auflage 2001). Allerdings muss ich dort einmal auf meine *Topologie* (Springer-Verlag, 7. Auflage 2001) verweisen, nämlich wegen des sogenannten *zweiten Abzählbar-*

keitsaxioms, das für Mannigfaltigkeiten gefordert wird. Davon braucht sich aber niemand, der gern die Mannigfaltigkeitsdefinition nachlesen möchte, abschrecken zu lassen, denn dieses Axiom besagt einfach, dass abzählbar viele offene Mengen in X vorhanden sein müssen, so dass sich *jede* offene Menge in X als Vereinigung von solchen erhalten lässt. Im $\mathbb{R}^n$ mit seiner üblichen Topologie bilden zum Beispiel die offenen Kugeln mit rationalem Radius und rationalen Mittelpunktskoordinaten eine solche *abzählbare Basis der Topologie*, wie man sagt.

Die Mannigfaltigkeiten als Objekte mit den differenzierbaren Abbildungen als Morphismen bilden die sogenannte ***differenzierbare Kategorie***. Die uns zugängliche kleinere Kategorie der Untermannigfaltigkeiten von Räumen $\mathbb{R}^n$ und der differenzierbaren Abbildungen zwischen ihnen darf man die "differenzierbare Kategorie des armen Mannes" nennen, wenn sie nur aus Scheu vor dem begrifflichen Mehraufwand der richtigen differenzierbaren Kategorie bevorzugt wird.

Im Allgemeinen wird man diese Scheu im Unterricht für Zweitsemester sehr verständlich finden, aber im speziellen Fall des vorliegenden Kurses wäre das kein sehr gewichtiges Argument, Sie sind nicht weit von den Mannigfaltigkeiten entfernt und können sich zum Beispiel leicht aus der Literatur damit bekannt machen. Es gibt aber für Sie auch einen guten Grund, der kleineren Kategorie besondere Aufmerksamkeit zu widmen. In der Physik ist nämlich der umgebende $\mathbb{R}^n$ oft, wenn auch nicht immer, selbst von physikalischer Bedeutung und nicht ein bloßer Notbehelf zur mathematischen Beschreibung von $M \subset \mathbb{R}^n$. Die Flächen im $\mathbb{R}^3$ oder $\mathbb{R}^4$, auf die etwa in der Elektrodynamik die Vektoranalysis angewendet wird, sind nicht nur als abstrakte Mannigfaltigkeiten zu sehen, sondern auch ihre Position im Raume, in dem die Felder leben, ist physikalisch wichtig.

Nun ist es zwar nicht so, dass die Theorie der Mannigfaltigkeiten an diese Anforderungen nicht heranreichte. Es gibt ja auch den Begriff der *Untermannigfaltigkeiten* einer Mannigfaltigkeit X, und $M \subset \mathbb{R}^n$ kann immer als einfacher Spezialfall von $M \subset X$ gelesen werden. Wenn aber alles von vornherein für Mannigfaltigkeiten entwickelt wird — im Unterricht für Mathematiker durchaus die richtige Entscheidung — dann kann es leicht passieren, dass dem Spezialfall $X = \mathbb{R}^n$ weniger Zeit gewidmet wird, als es im Hinblick auf die physikalischen Anwendungen angebracht wäre.

27.3, Seite 123: Was man koordinatenfrei verstehen kann, versteht man koordinatenfrei auch *besser*, eine Erfahrungstatsache des mathematischen Denkens.

27.4, Seite 125: Es verbietet sich natürlich, die Koordinaten im $\mathbb{R}^2$ in diesem Zusammenhang ebenfalls x, y zu nennen, es sei denn U ist zufällig der Graph einer Funktion $z = z(x, y)$.

28.1, Seite 130: Weshalb wenden wir nicht einfach die Kettenregel auf $h \circ \varphi$ selbst an? Weil wir die Kettenregel für Abbildungen zwischen Flächen noch nicht haben und deshalb an dieser Stelle aushilfsweise so ein Erweiterungsargument heranziehen müssen. Im nächsten Abschnitt wird aber die Kettenregel für Flächen bereitgestellt, und dann wissen wir auch $dh_p \circ d\varphi_{h(p)} = \mathrm{Id}_{\mathbb{R}^k}$.

28.2, Seite 136: Was aber leicht ist: das Erste folgt aus der lokalen Erweiterbarkeit von f nach Notiz 2 in 27.3, das Zweite aus der Anwendung der gewöhnlichen Kettenregel auf $f \circ \widetilde{h}^{-1} = (f \circ h^{-1}) \circ (h \circ \widetilde{h}^{-1})$.

28.3, Seite 141: Damit stellen wir eine Analogie der Notationen her: wir schreiben ja schon immer df_{x_0} für das Differential und $J_f(x_0)$ für die Jacobimatrix, dazu jetzt qf_{x_0} für die Hesseform und $H_f(x_0)$ für die Hessematrix. Koordinatenfrei auf Flächen übertragen sich aber nur df_p und, an kritischen Punkten, qf_p. Die Matrizen dafür hängen von der Wahl einer Basis im Tangentialraum ab.

28.4, Seite 141: Die Heimat des zweiten Taylorpolynoms einer Funktion $f : M \to \mathbb{R}$ bei p ist eben nicht $\mathbb{R} \oplus T_p^*M \oplus \mathrm{Quad}(T_pM)$ sondern $J_p^2(M, \mathbb{R})$, die Faser des Jetbündels. Über Jets erzähle ich in der Fußnote 36.2 etwas.

28.5, Seite 144: Das koordinatenfreie Arbeiten mit Flächen ist auch die intuitive Grundlage für den Umgang mit den unendlichdimensionalen

Mannigfaltigkeiten $\mathcal{M}$ der Variations- und Feldtheorie, auf denen Koordinaten nicht verfügbar sind. Als koordinatenfreie Objekte behalten $T_p\mathcal{M}$ und qf_p auch dort grundsätzlich ihren Sinn.

28.6, Seite 147: Die gesuchten (x, λ) sind übrigens die kritischen Punkte der Funktion $F : B \times \mathbb{R}^m \to \mathbb{R}$, die durch $F(x, \lambda) = f(x) - \lambda \cdot (\Psi(x) - c)$ definiert ist, also ausgeschrieben und oBdA für $c = 0$, damit wir einfach Ψ_i statt $(\Psi_i - c_i)$ schreiben können:

$$F(x, \lambda_1, \ldots, \lambda_m) := f(x) + \lambda_1 \Psi_1(x) + \cdots + \lambda_m \Psi_m(x).$$

Diese $n+m$-variablige Funktion kommt deshalb ins Blickfeld, und dabei werden dann die λ-Variablen auch *Lagrangesche Multiplikatoren* genannt, die Verwendung dieses Namens dürfen Sie nicht zu eng sehen.

28.7, Seite 147: Ein einfaches Beispiel: sei $B = \mathbb{R}^3$ mit Koordinaten x, y, z, die Funktion sei $f(x, y, z) = z$ und die Nebenbedingung $\Psi(x, y, z) := x^2 + y^2 - z = 0$, die Erfüllungsfläche M also das Standard-Paraboloid. Der Nullpunkt ist kritisch für $f|M$, die Tangentialebene T_0M ist die x, y-Ebene $\mathbb{R}^2 \times 0$, und die Hesseform $q(f|M)_0 : T_0M \to \mathbb{R}$, wie man hier leicht mit den sich anbietenden lokalen Koordinaten (x, y) ausrechnet, hat in der Koordinatenbasis, die hier auch 'zufällig' die Standardbasis des $\mathbb{R}^2 \times 0$ ist, die Matrix

$$\begin{pmatrix} 2 & 0 \\ 0 & 2 \end{pmatrix}.$$

Aber die Hesseform von f selbst ist $qf_0 \equiv 0$, weil ja f linear ist.

29.1, Seite 158: Solche linear-algebraischen Parallelen sind einerseits die Stärke der Nabla-Notation, andererseits darf man aber nicht so weit gehen zu behaupten, man könne mit ∇ stets wie mit einem Vektor linear-algebraisch rechnen. Zum Beispiel ist stets $\vec{v} \cdot \vec{w} = \vec{w} \cdot \vec{v}$, aber natürlich nicht $\nabla \cdot \vec{b} = \vec{b} \cdot \nabla$, denn links steht eine Funktion, rechts aber ein Differentialoperator. Für Studenten, die gerade ihre erste Bekanntschaft mit der Vektoranalysis machen, finde ich die Nabla-Notation nicht ideal. Verständnisfördernd ist sie nicht.

30.1, Seite 176: Besser als die Matrix (g_{ij}) den metrischen Tensor zu nennen ist übrigens die klassische Koordinatennotation

$$\sum_{i,j=1}^{k} g_{ij} du_i du_j$$

für den metrischen Tensor. Wenn wir nämlich die du_i als die Differentiale der Koordinatenfunktionen $u_i : U \to \mathbb{R}$ an der Stelle p und somit als lineare Abbildungen $T_pM \to \mathbb{R}$ lesen, dann ist diese Doppelsumme wirklich der metrische Tensor als quadratische Form $T_pM \to \mathbb{R}$, setzen Sie einen Vektor $\vec{v} \in T_pM$ ein: es kommt $\|\vec{v}\|^2$ heraus.

30.2, Seite 179: Das F in der Matrix der ersten Grundform hat natürlich nichts mit dem F in der Bezeichnung dF des Flächenelements zu tun, wo es einfach an "Fläche" erinnern soll.

30.3, Seite 180: Nämlich für Riemannsche und Lorentzsche Mannigfaltigkeiten.

30.4, Seite 182: Der Graph einer Funktion $f : M \to \mathbb{R}$, wenn $M \subset \mathbb{R}^3$, ist eigentlich im $\mathbb{R}^4$ zu finden, deshalb müssen wir uns behelfsweise eine andere Veranschaulichung suchen. Dazu benutzen wir die (eindimensionalen) Normalräume, also die *Normalgeraden*, wie man hier passender sagen sollte. Wir denken uns eine Richtung der Normalgeraden als die positive Richtung ('oben') ausgezeichnet und markieren auf der Normalgeraden bei $p \in M$ den Punkt im Abstand $f(p)$, je nach Vorzeichen von $f(p)$ oben oder unten, als Ersatz für den Graphenpunkt $(p, f(p)) \in \mathbb{R}^4$.

Auf den Normalgeraden in einheitlicher Weise eine Richtung als positiv auszuzeichnen, sie zu 'orientieren', wie man sagt, kann seine Schwierigkeiten haben (Möbiusband). Nun, dann geht es eben nicht.

30.5, Seite 185: Die Details führen uns eigentlich vom Thema ab, aber wenn jemand ein Beispiel dafür sehen will: wir gehen von der Konstruktion einer nicht Riemann-integrierbaren Funktion f auf dem Intervall $[-1, 1]$ aus, die wir im Abschnitt 3.1 des ersten Bandes besprochen hatten. Diese Funktion war an allen Punkten der Form $x = k2^{-n}$ Null, sonst Eins. Der Träger ist dann natürlich ganz $[-1, 1]$, an der Nichtintegrierbarkeit ist also nicht die Gestalt des Trägers Schuld, sondern das komplizierte Verhalten von f selbst. Deshalb modifizieren wir die Konstruktion wie folgt. Sei $1 > \varepsilon > 0$ fest gewählt. Wir beginnen wieder mit der konstanten Funktion $f_0 \equiv 1$. Um daraus f_1 zu machen, setzen wir den Funktionswert aber nicht nur am Nullpunkt gleich Null, sondern in dem ganzen offenen Intervall $(-\frac{1}{4}\varepsilon, \frac{1}{4}\varepsilon)$. Die Funktion f_1 ist dann auf den Intervallen $[-1, -\frac{1}{4}\varepsilon]$ und $[\frac{1}{4}\varepsilon, 1]$ konstant Eins. Um f_2 zu konstruieren, machen wir nun in die Mitte jedes dieser beiden Intervalle auch ein 'Loch', indem wir auf einem offenen Intervall der Länge $\frac{1}{8}\varepsilon$ die Funktion Null setzen, usw. Dann ist $f := f_\infty$ auf der Vereinigung Ω aller 'herausgenommenen' offenen Intervalle Null und auf $[-1, 1] \smallsetminus \Omega$ konstant Eins, insbesondere ist die kompakte Menge $[-1, 1] \smallsetminus \Omega$ auch der Träger von f. Nimmt man f in eine Zange, dann ist die Untersumme jedenfalls Null, die Obersumme aber mindestens $2 - \varepsilon$, also f nicht Riemann-integrierbar, obwohl es auf seinem Träger konstant Eins ist.

30.6, Seite 185: BEWEIS: Zu zeigen ist, dass $(f \circ h^{-1})\sqrt{g}$ über $h(\mathrm{Tr}\, f)$ integrierbar ist, wobei $h : U \to U'$ eine den Träger umfassende Karte bezeichnet. Als stetiges Bild des kompakten Trägers ist auch $h(\mathrm{Tr}\, f)$ kompakt. Ergänze nun den Integranden $(f \circ h^{-1})\sqrt{g}$ auf $h(\mathrm{Tr}\, f)$ durch Nullsetzen außerhalb $h(\mathrm{Tr}\, f)$ zu einer Funktion $\psi : \mathbb{R}^k \to \mathbb{R}$. Nach der Definition in Abschnitt 7.2 (Seite 135 des ersten Bandes) wäre zu zeigen, dass $\int_Q \psi(\vec{u}) d^k u$ für einen $h(\mathrm{Tr}\, f)$ umfassenden kompakten Quader Q integrierbar ist. Das 'Ergänzen durch Nullsetzen außerhalb' erzeugt gewöhnlich Unstetigkeiten, hier aber nicht, ψ ist stetig und deshalb auch über Q integrierbar. Die Stetigkeit von $\psi : \mathbb{R}^k \to \mathbb{R}$ folgt nämlich daraus, dass $\mathbb{R}^k \smallsetminus h(\mathrm{Tr}\, f)$ und U' zwei offene Mengen sind, deren Vereinigung ganz $\mathbb{R}^k$ und auf denen ψ offensichtlich stetig ist: auf $\mathbb{R}^k \smallsetminus h(\mathrm{Tr}\, f)$, weil es dort verschwindet, und auf U', weil es dort mit $(f \circ h^{-1})\sqrt{g}$ übereinstimmt. □

30.7, Seite 186: Diese Art von Konstruktion in drei Schritten ist nicht selten: man bereitet zuerst 'unten' auf $U' \subset \mathbb{R}^k$ in aller Ruhe etwas vor, sagen wir, wie hier, eine C^∞-Funktion $s : U' \to \mathbb{R}$ mit gewissen gewünschten Eigenschaften, transformiert sie dann mittels der Karte $h : U \cong U'$ 'nach oben', auf $U \subset M$, zu $s \circ h : U \to \mathbb{R}$ und ergänzt sie schließlich durch Nullsetzen außerhalb U zu einer auf ganz M definierten

Funktion $\sigma : M \to \mathbb{R}$. Dabei ist immer der Rand von U, wo U und $M \setminus U$ zusammenstoßen, eine potentielle Bruchzone. Ist die zusammengestückte Funktion σ dort wirklich C^∞, ist sie überhaupt stetig?

Ja, wenn jeder Punkt $q \in M$ eine offene Umgebung hat, auf der die Funktion C^∞ bzw. stetig ist. Für die Punkte von U ist U selbst eine solche Umgebung. Aber $M \setminus U$ kann nicht ebenso für alle seine Punkte sorgen, weil es im Allgemeinen nicht offen ist. Wenn es aber eine *kompakte* Teilmenge $K \subset U'$ gibt, außerhalb der unsere vorbereitete Funktion $s : U' \to \mathbb{R}$ verschwindet, dann leistet $M \setminus h^{-1}(K)$ das Gewünschte. Denn dort ist dann σ konstant Null, und da $h^{-1}(K)$ als stetiges Bild einer kompakten Menge selbst kompakt ist, folglich in dem Hausdorffraum M abgeschlossen, ist $M \setminus h^{-1}(K)$ offen in M. Ein etwas subtiles Argument, das man aber einmal durchdenken sollte.

30.8, Seite 187: Diese einfache Fassung des Begriffes genügt für unsere Zwecke. Mehr über stetige Zerlegungen der Eins auf topologischen Räumen und differenzierbare auf Flächen und Mannigfaltigkeiten und was man damit macht, finden Sie z.B. in meinen schon in der Fußnote 27.2 erwähnten Büchern, im Topologiebuch Abschnitt 8.4, in der Vektoranalysis Abschnitt 9.5.

30.9, Seite 189: Eine Bemerkung zur Terminologie. Für Integranden mit kleinem Träger hatten wir die Riemann-Integrierbarkeit und das Integral über M schon zuvor definiert, in dem ersten Lemma des Abschnitts 30.2. Das benutzen wir jetzt zu einer neuen, weiter reichenden Definition desselben Namens. Wenn Verwirrung zu befürchten wäre, müsste ich die beiden Begriffe und Integrale so lange unterschiedlich benennen, etwa von "Zd1-Integrierbarkeit" und dem "Zd1-Integral" sprechen, bis das Lemma bewiesen ist, und sodann bemerken, dass für Integranden mit kleinem Träger beide Begriffe und Integrale ja offensichtlich übereinstimmen und deshalb die Namensunterscheidung wieder aufgehoben werden darf. Es scheint mir aber alles so durchsichtig zu sein, dass ich die Fußnoten-Nichtleser mit solcher Pedanterie nicht behelligen muss.

31.1, Seite 204: Das ist eine Erweiterung in zwei Richtungen: erstens verlangen wir keinen zur Karte passenden Flachmacher, den es für Mannigfaltigkeiten ohne umgebenden $\mathbb{R}^n$ ja sowieso nicht gibt. Das hatten wir bei den unberandeten Flächen genau so vereinbart. Die so verstandenen Karten sind dann genau die Karten von M im Sinne der Theorie der Mannigfaltigkeiten.

Zweitens lassen wir jetzt nicht nur $\mathbb{R}^k_-$ als lokales Modell zu, was durchaus ausreichen würde, sondern auch $\mathbb{R}^k_+$ und den ganzen $\mathbb{R}^k$. Man braucht dann eine schon vorhandene Karte in $\mathbb{R}^k_+$ oder $\mathbb{R}^k$ nicht erst noch künstlich in den $\mathbb{R}^k_-$ schaffen, nur um der einmal getroffenen Konvention zu genügen. Konkreter Anlass ist aber eine banale Unbequemlichkeit, die sonst der eindimensionale Fall bei den Orientierungsfragen im nächsten Kapitel machen würde: das wie üblich orientierte berandete Intervall $[0,1]$ hätte um den linken Randpunkt keine orientierungserhaltende Karte, wenn wir auf $\mathbb{R}^1_-$ als lokalem Modell insistierten!

32.1, Seite 220: Sie wissen aus dem ersten Band, was man in der Mathematik unter einer *Kategorie* versteht. Jetzt haben wir, auch wenn wir den Namen nicht nennen würden, mit *Funktoren* zwischen Kategorien zu tun, und ich ergreife die Gelegenheit zu sagen was das ist. Unter einem ***kovarianten Funktor*** $\mathscr{F} : \mathcal{A} \to \mathcal{B}$ von einer Kategorie $\mathcal{A}$ in eine Kategorie $\mathcal{B}$ versteht man eine Zuordnung, die jedem Objekt A von $\mathcal{A}$ ein Objekt $\mathscr{F}(A)$ von $\mathcal{B}$ und jedem Morphismus $f : A \to A'$ in $\mathcal{A}$ einen Morphismus $\mathscr{F}(f) : \mathscr{F}(A) \to \mathscr{F}(A')$ zuordnet und zwar so, dass die beiden *Funktoraxiome* 'Eins nach Eins' und die 'Kettenregel' gelten, genauer also $\mathscr{F}(1_A) = 1_{\mathscr{F}(A)}$ und $\mathscr{F}(g \circ f) = \mathscr{F}(g) \circ \mathscr{F}(f)$. Neben diesen kovarianten Funktoren betrachtet man aber auch viele ***kontravariante Funktoren***, bei denen nämlich der zugeordnete Morphismus nicht von $\mathscr{F}(A)$ nach $\mathscr{F}(A')$ führt, sondern in die Gegenrichtung, also ein Morphismus $\mathscr{F}(f) : \mathscr{F}(A') \to \mathscr{F}(A)$ ist, weshalb im kontravarianten Falle die Kettenregel natürlich $\mathscr{F}(g \circ f) = \mathscr{F}(f) \circ \mathscr{F}(g)$ heißt.

Zum Beispiel ist Alt^r ein kontravarianter Funktor von der linearen Kategorie in die lineare Kategorie und Ω^r ein kontravarianter Funktor von der differenzierbaren Kategorie in die lineare Kategorie.

Es ist nun eine weitverbreitete Notationsgewohnheit, die zugeordneten Morphismen statt mit ihrem "vollen Namen" $\mathscr{F}(f)$ einfach mit f_* bzw. f^* zu bezeichnen, und zwar ist der Stern bei kovarianten Funktoren unten, bei kontravarianten oben zu führen. Die Kettenregel heißt dann also immer $(g \circ f)_* = g_* \circ f_*$ bzw. $(g \circ f)^* = f^* \circ g^*$. — Kann das nicht zu Verwechslungen führen, wenn man z.B. mehrere kontravariante Funktoren auf einer Kategorie $\mathcal{A}$ zu betrachten hat und einheitlich f^* schreibt?

— Schon. Aber man nimmt sich ja vor, in Fällen von wirklicher Verwechslungsgefahr zur förmlichen Notation $\mathscr{F}(f)$ zurückzukehren, und das ist selten notwendig. Die Stern-Schreibweise ist nicht umsonst so beliebt, denn sie ist übersichtlich und erleichtert durch das Anzeigen der Varianz den Umgang mit den Funktoren.

33.1, Seite 240: Sie finden die Einzelheiten zum Beispiel in meinem Buch *Vektoranalysis* in den Abschnitten 8.1 und 8.2.

33.2, Seite 242: Diese Schreibweise ist eine Anpassung an den sogenannten *Ricci-Kalkül*, das ist ein System von Konventionen über die Notation mathematischer Objekte, die in lokalen Koordinaten durch Symbole mit einem oder mehreren Indices beschrieben werden. Ursprünglich aus der Differentialgeometrie stammend, ist der Ricci-Kalkül auch in der Physik vielfach im Gebrauch. Hat man sich einmal entschlossen, in Koordinaten zu rechnen, dann bietet der Ricci-Kalkül in der Tat manche Vorteile. In dem oben genannten Buch über Vektoranalysis habe ich den Ricci-Kalkül im Kapitel 13, *Rechnen in Koordinaten* erläutert, allerdings sollte man vorher die Kapitel 1 und 2 des Buches ansehen, wenn man von der Lektüre des Kapitels 13 etwas haben will. Für unsere gegenwärtigen Zwecke brauchen Sie aber den Ricci-Kalkül nicht zu kennen. Sie wissen dann zwar nicht, *weshalb* manche Indices oben hingeschrieben werden, das schadet aber nichts, solange Sie den Inhalt der Formel verstehen.

33.3, Seite 244: Weshalb? Ich erinnere an $(f \circ \alpha)^{\cdot}(0) = df_p(\dot{\alpha}(0))$, für jede differenzierbare Kurve $\alpha : (-\varepsilon, \varepsilon) \to U$ mit $\alpha(0) = p$. In unserem Fall spazieren wir erst einmal durch $(-\varepsilon, \varepsilon) \to U'$, $t \mapsto h(p) + t\vec{e}_\mu$ für genügend kleines $\varepsilon > 0$ auf der μ-ten Koordinatenlinie des $\mathbb{R}^k$ durch den Punkt $h(p)$ hindurch und transportieren diesen Weg mit der Parametrisierung φ hinauf nach U, setzen also

$$\alpha(t) := \varphi(h(p) + t\vec{e}_\mu).$$

Dann ist $\alpha(0) = p$ und $\dot{\alpha}(0) = \frac{\partial \varphi}{\partial u^\mu}(h(p))$ und daher

$$(df)_\mu(p) = (f \circ \alpha)^{\cdot}(0) = \frac{d}{dt}\bigg|_0 f(\varphi(h(p) + t\vec{e}_\mu)$$

wirklich die partielle Ableitung der heruntergeholten Funktion $f \circ \varphi$ an der Stelle $h(p)$, in diesem Sinne also die partielle Ableitung von f selbst "nach der μ-ten Koordinate".

33.4, Seite 245: Weshalb das "Komplexeigenschaft" heißt, finden Interessenten im Kapitel 7 des mehrfach erwähnten Vektoranalysisbuches erklärt.

33.5, Seite 248: Diese und weitere Details in den Abschnitten 8.4-8.6 des bewussten Buches.

33.6, Seite 250: Man kommt natürlich auch ohne "oBdA $M = \mathbb{R}^k_-$" zu dieser Formel, direkt durch Zurückgehen auf die Definition von Integralformen in orientierungserhaltenden Koordinaten, f^μ als die heruntergeholten oder gleich "unten" betrachteten Komponentenfunktionen verstehend. Es kommt mir aber übersichtlicher vor, den Beweis des Satzes von Stokes so im Gedächtnis zu verstauen: aus allgemeinen Gründen darf man oBdA $M = \mathbb{R}^k_-$ annehmen, und dort ist's eine einfache Rechnung mit partiellen Ableitungen.

34.1, Seite 264: John D. Jackson, *Classical Electrodynamics*, Second Edition, John Wiley & Sons, Inc., New York 1975.

34.2, Seite 266: Integration von Differentialformen, Cartan-Ableitung und Satz von Stokes funktionieren nicht nur auf (ggf. orientierten) Flächen im $\mathbb{R}^n$, sondern genau so auf beliebigen (orientierten) Mannigfaltigkeiten, die ja ebenfalls Karten und lokale Koordinaten haben, wenn sie auch nicht in einen umgebenden $\mathbb{R}^n$ eingebettet sind. Durch das Fehlen des umgebenden $\mathbb{R}^n$ fehlen aber zunächst auch Skalarprodukte in den Tangentialräumen, und deshalb ist der Sternoperator erst erklärt, wenn man die Tangentialräume mit Skalarprodukten versehen, also die Mannigfaltigkeit durch diese Zusatzstruktur einer *Riemannschen Metrik*, wie man sagt, zu einer *Riemannschen Mannigfaltigkeit* gemacht hat.

Ein Mathematiker behält ganz instinktmäßig im Auge, ob seine Konstruktionen metrikabhängig sind oder nicht. Wer nur an Flächen im $\mathbb{R}^n$ interessiert ist, könnte vielleicht meinen, das ginge ihn nichts an, weil die Metrik ja 'da' ist und die Frage sich deshalb nicht stellt, ob es auch ohne Metrik geht. Die Metrikabhängigkeit macht sich aber auch bei den Flächen im $\mathbb{R}^n$ bemerkbar, nämlich daran, dass dann die Konstruktionen mit metrikändernden Transformationen nicht verträglich sind. Von dieser Art sind auch die mit dem Sternoperator zusammenhängenden Begriffe.

35.1, Seite 272: Das sind im Wesentlichen die sogenannten *Geodätischen* von p_0 nach p_1, bis auf Umparametrisierung nämlich. Von Geodätischen verlangt man üblicherweise konstante Geschwindigkeit $\|\dot{\gamma}(t)\| \equiv$ const. Betrachten wir deshalb statt $\mathscr{M}$ das kleinere, aber immer noch "unendlichdimensionale"

$$\mathscr{M}_0 := \{\gamma \in \mathscr{M} \mid \|\dot{\gamma}(t)\| \equiv \text{const.}\}.$$

Die kritischen Punkte von $\mathscr{L} : \mathscr{M}_0 \to \mathbb{R}$ sind dann genau diejenigen Geodätischen, die im Zeitintervall $[0,1]$ von p_0 nach p_1 gelangen.

35.2, Seite 275: Wir werden im weiteren Verlauf mit der zweiten Variation hier zwar nicht zu tun haben, die typische Rolle der Indexform lässt sich aber an einem einfachen Spezialfall leicht veranschaulichen. Betrachten wir wieder $\mathscr{L} : \mathscr{M}_0 \to \mathbb{R}$ wie in der vorigen Fußnote, die Fläche M sei nun aber speziell die 2-Sphäre S^2. Sei p_0 der 'Nordpol' $(0,0,1) \in S^2$, und $\gamma : [0,1] \to S^2$ laufe mit konstanter Geschwindigkeit auf einem Meridian. Ist die Kurvenlänge $\ell(\gamma) < \pi$, dann ist die Indexform $q\mathscr{L}_\gamma : T_\gamma\mathscr{M} \to \mathbb{R}$ positiv definit und γ *die* kürzeste Verbindung von p_0 mit $p_1 := \gamma(1)$ in $\mathscr{M}_0$.

Ist die Länge $\ell(\gamma) = \pi$, erreicht die Kurve auf dem Meridian also gerade den Südpol, dann ist die Indexform nur noch positiv semidefinit. *Alle* Meridiane vom Nordpol zum Südpol haben die Kurvenlänge π. Benutzen wir deshalb die geographische Länge als Variationsparameter λ, so haben wir eine Variation mit $\frac{d}{d\lambda}\mathscr{L}(\gamma_\lambda) \equiv 0$, die Richtung $v \neq 0$ dieser Variation erfüllt also $q\mathscr{L}_\gamma(v) = 0$.

Ist aber $\ell(\gamma) > \pi$, dann ist die Indexform indefinit, es gibt dann also auch eine Variation $(\gamma_\lambda)_{\lambda\in(-\varepsilon,\varepsilon)}$ mit $\frac{d^2}{d\lambda^2}\big|_0 \ell(\gamma_\lambda) < 0$, innerhalb derer die

Geodätische γ nun sogar die *längste* Kurve ist! Eine solche Variation ist ja auch anschaulich leicht zu finden, wenn man sich etwa γ als einen von p_0 nach p_1 gespannten Gummifaden denkt, den man variierend ein wenig zu Seite schiebt.

In diesem einfachen Beispiel ist das alles leicht konkret nachzurechnen. Inwiefern die Indexform unter ganz allgemeinen Bedingungen eine ähnliche Rolle spielt wie hier, wird in der Differentialgeometrie untersucht.

35.3, Seite 279: *Holonom* bedeutet, dass die Zwangsbedingungen, denen das System unterworfen ist, sich nur auf die Positionen beziehen sollen und nicht etwa auch auf die Geschwindigkeiten. Freilich könnten wir auch im nichtholonomen Fall einen Konfigurationsraum $\mathcal{M}_t$ so definieren. Die Lagrangetheorie der holonomen Systeme geht aber davon aus, dass ein Bewegungsablauf mit $\boldsymbol{\kappa}(t) \in \mathcal{M}_t$ für alle t automatisch die Zwangsbedingungen erfüllt, und eben das ist bei nichtholonomen Systemen nicht der Fall. Der Konfigurationsraum hat deshalb bei nichtholonomen Systemen nicht dieselbe große Bedeutung wie bei holonomen.

Kurz und etwas vage gesagt: für alle Systeme ist der *Phasenraum* von zentraler Bedeutung, dessen Elemente die möglichen Positionen *und Bewegungszustände* angeben. Bei den holonomen Systemen ist der Phasenraum schon durch die Konfigurationsräume bestimmt. Bei einem zeitunabhängigen ('skleronomen') und holonomen System mit Konfigurationsraum M etwa ist der Phasenraum der Lagrangeschen Theorie das Tangentialbündel TM des Konfigurationsraumes, während bei einem nichtholonomen solchen System der Phasenraum ein gewisses Teilbündel $P \subset TM$ über M wäre.

35.4, Seite 283: Wenn nämlich eine Längeneinheit gewählt ist, bezüglich der die Pendellänge durch eine dimensionslose Zahl r ausgedrückt ist.

35.5, Seite 286: Betrachte eine, sagen wir *surjektive* Abbildung $\pi : \widetilde{M} \to M$ einer höherdimensionalen Fläche auf eine andere von geringerer Dimension. Ein Variationsproblem für Kurven $\gamma : [t_0, t_1] \to M$ von p_0 nach p_1, wie in Abschnitt 35.1 erklärt, definiert dann auch eines für Kurven in $\widetilde{M}$ von $\widetilde{p}_0$ nach $\widetilde{p}_1$, denn durch $\widetilde{\gamma} \mapsto \pi \circ \widetilde{\gamma}$ ist eine Abbildung

$\widetilde{\mathscr{M}} \to \mathscr{M}$ gegeben, durch Zusammensetzung mit $\mathscr{L} : \mathscr{M} \to \mathbb{R}$ also auch ein $\widetilde{\mathscr{L}} : \widetilde{\mathscr{M}} \to \mathbb{R}$.

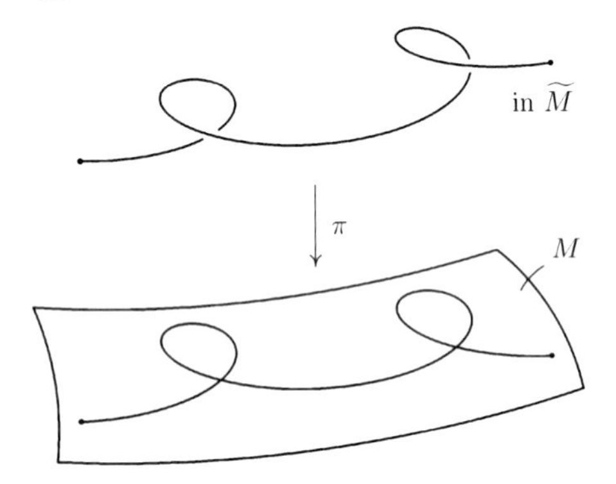

Ein gegebenes Variationsproblem 'unten' stellt auch ein Variationsproblem 'oben', durch $\widetilde{\mathscr{L}}[\widetilde{\gamma}] := \mathscr{L}[\pi \circ \widetilde{\gamma}]$.

Angenommen wir suchten eigentlich die Extremalen des $\mathscr{L}$-Problems, aber das $\widetilde{\mathscr{L}}$-Problem sei einfacher zu behandeln. Was nützen uns dann die Extremalen des einfacheren Problems? Klar ist nur, dass jedenfalls $\widetilde{\gamma}$ oben extremal ist, wenn sogar $\gamma := \pi \circ \widetilde{\gamma}$ unten extremal ist. Hat π nicht zu schlechte Eigenschaften, so findet man aber auf diese Weise tatsächlich alle Extremalen γ des $\mathscr{L}$-Problems. Gewöhnliche, also 'unabhängige' Koordinaten $\widetilde{q}_1, \dots, \widetilde{q}_{n+r}$ für $\widetilde{M}$ definieren dann mittels $\pi : \widetilde{M} \to M$ sogenannte ***abhängige Koordinaten*** für M selbst. Dass man mit abhängigen Koordinaten 'genau so' rechnen kann wie mit unabhängigen, liegt eben daran, dass sie unabhängige Koordinaten eines nahe verwandten anderen Variationsproblems sind.

35.6, Seite 290: Siehe z.B. K. Jänich, *Topologie*, 7. Auflage, Springer-Verlag 2001. Darin das Kapitel 9: Überlagerungen, und darin insbesondere das *Monodromielemma* S.166.

35.7, Seite 294: Zitiert nach der 10. Auflage der deutschen Übersetzung, Seite 33. Siehe z.B. auch

F. Kuypers, Klassische Mechanik, 5. Auflage 1997, S.7: Die Konfiguration eines Systems wird durch die unabhängigen Koordinaten gekennzeichnet und entspricht daher einem Punkt in einem $3N - k$ dimensionalen Hyperraum. Dieser durch die unabhängigen Koordinaten aufgespannte Raum heißt deshalb "Konfigurationsraum".

R. Jelitto, Mechanik II, 3. Auflage 1995, S. 96: Man nennt die f Zahlen q_i *generalisierte Koordinaten* und bezeichnet den f-dimensionalen Raum, den sie aufspannen, als *Konfigurationsraum.*

36.1, Seite 296: Der Satz vom regulären Punkt im Abschnitt 26.2 scheint auf den ersten Blick nicht anwendbar zu sein, weil er gar nicht von einer Fläche spricht, sondern von einer Abbildung $f : B \to \mathbb{R}^m$ mit einem offenen Definitionsbereich $B \subset \mathbb{R}^n$. Flächen haben wir ja auch erst im Kapitel 27 eingeführt! Wie finden wir also um jeden Punkt $p \in K$ eine *Karte über D*? Indem wir eine ganz beliebige Karte von K um p als Zwischenstation benutzen, um das Problem in die Reichweite des Satzes vom regulären Punkt zu bringen.

Hier die Details in Formelsprache. Wähle eine Karte um p, also einen Diffeomorphismus $\Phi : \Omega \to B$ von einer offenen Umgebung $\Omega \subset K$ von p in K auf eine offene Teilmenge $B \subset \mathbb{R}^{n+1}$ und setze $f := \pi_K \circ \Phi^{-1} : B \to \mathbb{R}$. Anstatt mit n und m wie in 26.2 haben wir es jetzt mit $n+1$ und 1 zu tun, aber der Satz ist auf $f : B \to \mathbb{R}^1$ an der Stelle $x_0 := \Phi(p)$ anwendbar und liefert uns wortwörtlich einen Diffeomorphismus $h : U \to V$ einer offenen Umgebung $U \subset B$ von x_0 auf eine offene Teilmenge $V \subset \mathbb{R}^{n+1}$ mit der Eigenschaft $f \circ h^{-1}(t, x_1, \dots, x_n) = t$ für alle $(t, x) \in V$. Der Diffeomorphismus $h \circ \Phi \big| \Phi^{-1}(U)$ von $\Phi^{-1}(U)$ auf V ist dann die gesuchte Karte über D.

Klar war es aber schon vorher: eine Karte für K reduziert die Frage auf den Satz vom regulären Punkt der gewöhnlichen flachen Analysis. Genau so folgt aus dem Satz vom regulären Wert in 27.2, dass die Fasern $K_t = \pi_K^{-1}(t)$ wirklich n-dimensionale Flächen sind.

36.2, Seite 300: Seien X und Y zwei Flächen irgendwelcher Dimensionen, $x \in X$ ein fester Punkt und $k \in \mathbb{N}_0$ eine feste nichtnegative ganze Zahl. Wir erklären zwei lokal um x, also auf offenen Umgebungen von x in X definierte C^∞-Abbildungen σ, τ nach N für äquivalent, wenn sie einander bei x von k-ter Ordnung approximieren. Genauer soll das bedeuten, dass erstens $\sigma(x) = \tau(x)$ ist, also Approximation nullter Ordnung bei x vorliegt, und dass bezüglich einer (dann automatisch jeder)

Wahl von Karten um x und $p := \sigma(x)$ auch die partiellen Ableitungen von σ und τ bis zur k-ten Ordnung einschließlich bei x übereinstimmen. Die Äquivalenzklasse $[\sigma]_x^k$ von σ bezüglich dieser Äquivalenzrelation nennt man dann den ***k*-Jet** von σ bei x.

Die Menge aller k-Jets von X nach Y an beliebigen Punkten könnte man etwa mit $J^k(X, Y)$ bezeichnen. Ist eine surjektive Abbildung $\pi : Y \to X$ gegeben und wünscht man nur die Menge aller k-Jets lokaler Schnitte von π zu betrachten, so wäre $J^k(\pi) \subset J^k(X, Y)$ eine angemessene Notation.

Diese Jet-Terminologie ist zum Beispiel nützlich bei der Beschreibung von Differentialoperatoren, etwa von solchen, die man auf lokale Schnitte in einem "Bündel" $\pi_E : E \to X$ anwendet und dabei lokale Schnitte in einem anderen Bündel $\pi_F : F \to X$ über X erhält. Wann nennt man eine solche Zuordnung überhaupt einen *Differentialoperator k-ter Ordnung*? Wenn er durch eine Abbildung $L : J^k(\pi_E) \to F$ über X gegeben ist, d.h. wenn wir $L[\sigma](x)$ als $L([\sigma]_x^k)$ schreiben können! Intuitiv gesagt: wenn $L[\sigma](x) \in F_x$ nur von den partiellen Ableitungen bis zur k-ten Ordnung einschließlich von σ bei x abhängt. Was soll aber partielle Ableitung heißen, wenn X und Y Flächen oder allgemeiner: Mannigfaltigkeiten sind? Das hängt doch von der Wahl der Karten ab. Sollen wir immerzu alle Karten mitschleppen und ständig darauf achten müssen, was bloß Artefakte der Kartenwahl und was reale, inhaltlich interessante Phänomene sind?

Die Jet-Terminologie ist aber nicht nur eine abkürzende Sprache, sondern die Jet-Räume sind, ungeachtet ihrer vielleicht etwas abstrakt scheinenden Definition, mathematischer Behandlung gut zugängliche Objekte, sie sind auch wieder endlichdimensionale Flächen oder Mannigfaltigkeiten, auf denen die Hilfsmittel der Analysis ansetzen können. An dem uns im Text interessierenden Beispiel $J^1(\pi_K)$ können Sie das sehen.

36.3, Seite 302: Wer sich mit dem Begriff des Tangentialbündels vertrauter machen will, sollte noch einmal zu den beiden Aufgaben T28.3 und T28.4 zurückkehren.

36.4, Seite 305: Ein "infinitesimales" Fasertangentialfeld wird in der Mechanik auch eine ***virtuelle Verrückung*** genannt und in lokalen Koordinaten etwa als

$$\delta q(t) = \begin{pmatrix} \delta q_1(t) \\ \vdots \\ \delta q_n(t) \end{pmatrix},$$

geschrieben. Diese Notation unterstützt die nützliche Vorstellung, dass man bei Betrachtung von K_t nahe $\sigma(t)$ unter dem Mikroskop den kleinen Tangentialvektor gleichsam als gerichtete Strecke in K_t sieht:

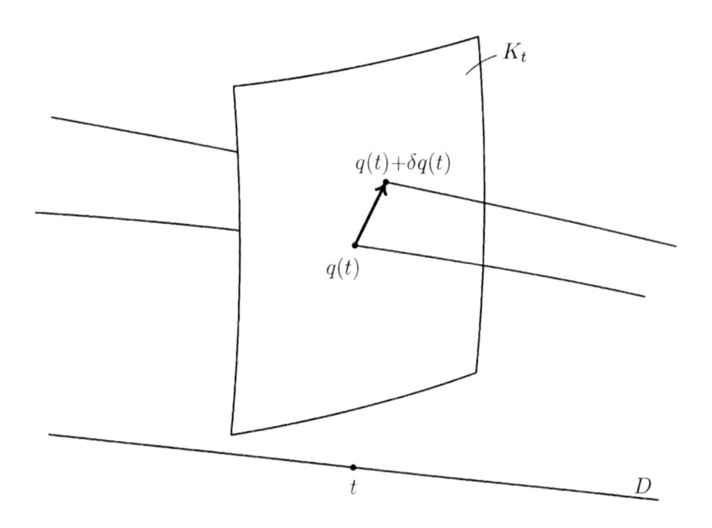

Virtuelle Verrückung

Die Konfiguration q wird durch die virtuelle Verrückung δq in die Konfiguration $q + \delta q$ verschoben oder *verrückt.*

36.5, Seite 305: Das Symbol $\langle\ ,\ \rangle$ haben wir oft für die Bezeichnung eines Skalarproduktes benutzt, es wird hier also ein wenig zweckentfremdet, aber in einer praktischen und berechtigten Weise. Sei V irgend ein n-dimensionaler reeller Vektorraum, weiter nichts, ohne irgend eine Zusatzstruktur. Dann können wir den Dualraum V^* davon betrachten, das ist bekanntlich der Vektorraum der linearen Abbildungen oder Linearformen $V \to \mathbb{R}$, man schreibt auch $V^* := \mathrm{Hom}(V, \mathbb{R})$, weil die linearen

Abbildungen auch *Homomorphismen* heißen. In diesem Kurs zuerst begegnet war uns der Dualraum wohl zufällig in seiner Eigenschaft als $\mathrm{Alt}^1(V)$ im Abschnitt 32.1.

Dann hat man die kanonische *Anwendungsabbildung* $V^* \times V \to \mathbb{R}$, die ein Paar $(\alpha, v) \in V^* \times V$ eben auf $\alpha(v) \in \mathbb{R}$ abbildet, bei der also jeweils α auf v *angewendet* wird. Diese bilineare Abbildung ist es, die im Text mit den spitzen Klammern $\langle\ ,\ \rangle$ bezeichnet wird, also $\langle \alpha, v\rangle := \alpha(v)$.

Bisher haben wir keine Zusatzstruktur auf V benutzt. Jetzt wählen wir einmal irgend eine Basis in V und benutzen im Dualraum die sogenannte dazu *duale Basis*, deren i-ter Vektor als lineare Abbildung $V \to \mathbb{R}$ dadurch definiert ist, dass er den i-ten Vektor der V-Basis auf 1, die anderen auf Null abbildet. Entwickelt man nun α und v nach diesen Basen und nennt die Koeffizienten-n-tupel $(a_1, \dots, a_n)$ und $(b_1, \dots, b_n)$, so ist ersichtlich $\langle \alpha, v\rangle = a_1b_1 + \cdots + a_nb_n$, also das Standard-Skalarprodukt $\vec{a} \cdot \vec{b}$ dieser Vektoren im $\mathbb{R}^n$.

Spürt man dem koordinatenunabhängigen geometrischen Sinn von Objekten nach, die man nur aus Koordinatenrechenformeln kennt, und kommt ein ausgezeichnetes Skalarprodukt in dem betreffenden Zusammenhang gar nicht vor, so weist ein Term $\sum_{i=1}^{n} a_ib_i$ gewöhnlich darauf hin, dass $(a_1, \dots, a_n)$ eigentlich ein Element im Dualraum des Vektorraums beschreibt, in dem der durch $(b_1, \dots, b_n)$ koordinatenbeschriebene Vektor lebt.

36.6, Seite 310: Dass aus $d\mathscr{L}_\sigma = 0$ die Extremalität von σ folgt, sieht man natürlich direkt aus dem Satz. Zur Umkehrung des Schlusses müssten wir nur wissen, dass jedes Fasertangentialfeld w längs σ mit kompaktem Träger tatsächlich als Richtung einer Variation mit kompaktem Träger vorkommt, was *wahr*, oder jedenfalls eine Summe von solchen Variationsrichtungen ist, was sogar *klar* ist, weil es mittels Zerlegung der Eins und lokalen Koordinaten auf die Konstruktion $\sigma_\lambda := \sigma + \lambda w$ zurückgeführt werden kann. Der Beweis des Satzes wird uns aber sowieso veranlassen, darauf noch etwas näher einzugehen.

36.7, Seite 312: Das ist die versprochene *koordinatenfreie* Lagrange-Theorie?? — J–ja. Alle wesentlichen Begriffe und Aussagen stehen in ihrer koordinatenunabhängigen geometrischen Gestalt vor uns. Dass bei den *Beweisen* auch Koordinaten als ein technisches Hilfsmittel herangezogen werden, liegt in der Natur der Sache und bewirkt nicht, dass unsere Begriffe nachträglich wieder koordinatenabhängig werden.

36.8, Seite 313: In der Feldtheorie, wo die Schnitte nicht nur von der einen Variablen t, sondern z.B. auch noch von Raumkoordinaten abhängen, sagen wir insgesamt von k Koordinaten, kommt bei der analogen Argumentation der Satz von Stokes zum Zuge. Integriert wird dann über die Cartan-Ableitung einer $(k-1)$-Form, über eine *totale Divergenz*, statt wie in unserem eindimensionalen Fall über eine *totale Ableitung* nach der Variablen t.

36.9, Seite 315: Die Mechanik-Bücher erwähnen die Definitonsbereiche gewöhnlich nicht und sind deshalb sowieso flexibel bei der Interpretation der Formeln.

37.1, Seite 321: Um $\sum p_i \dot{q}_i$ koordinatenfrei zu definieren, braucht man einen Zusammenhang in K, der dann auch benutzt wird, um aus den Hamiltonschen Gleichungen $\dot{q}_i = \frac{\partial H}{\partial p_i}$ und $\dot{p}_i = -\frac{\partial H}{\partial q_i}$ ein Vektorfeld und damit ein dynamisches System auf $T^{|*}K$ zu machen. Der Einfachheit halber gehe ich im Text auf den Fall $K = D \times M$ eines zeitunabhängigen Konfigurationsraumes zurück.

37.2, Seite 328: Analog *bis auf eine totale Divergenz* bei höherdimensionalem D, vergl. Fußnote 36.8.

37.3, Seite 329: Die Figur soll nicht suggerieren, dass die Fasern K_t die Flusslinien *sind*, sondern nur, dass die Flusslinien in den Fasern *verlaufen*. Die K_t sind ja n-dimensionale Flächen.

37.4, Seite 332: Eigentlich sollten wir ja ein mathematisches Modell M benutzen, etwa $\mathbb{R}^3$. Wer mag, darf sich im Folgenden $M := \mathbb{R}^3$ vorstellen, aber es macht in diesem einfachen Fall auch keine Schwierigkeiten, sich den physikalischen Raum selbst als einen affinen dreidimensionalen Raum M zu denken und V als den Vektorraum der Translationen bzw.

der Geschwindigkeitsvektoren. Ich erkläre dazu rasch einmal, was man in der Mathematik unter einem affinen Raum versteht. Ein ***affiner Raum*** ist ein Tripel $(A, T, +)$, bestehend aus einer Menge A, einem Vektorraum T und einer Verknüpfung $+ : T \times A \to A$, welche die folgenden drei Axiome erfüllt: (1) $0 + a = a$ für alle $a \in A$. (2) $v + (w + a) = (v + w) + a$ für alle $v, w \in T$ und $a \in A$. (3) Für ein (und damit automatisch für jedes) $a_0 \in A$ ist $T \to A, v \mapsto v + a_0$ bijektiv.

In der Sprache der *Gruppenaktionen*, die Sie vielleicht von der Aufgabe T18.4 im ersten Band her kennen, bedeuten die ersten beiden Axiome, dass die additive Gruppe $(T, +)$ des Vektorraums durch $T \times A \to A$ auf der Menge A operiert, nur dass die Aktion "additiv geschrieben" ist, also $(v, a) \mapsto v + a$ statt dem sonst bei Gruppenaktionen üblichen $(g, x) \mapsto gx$. Die Surjektivität im Axiom (3) besagt, dass diese Aktion nur einen Orbit hat, eben ganz A, wofür man auch sagt, dass die T *transitiv* auf A operiert, die Injektivität heißt dann, dass die Aktion *frei* ist.

Unter der Dimension von $(A, T, +)$ versteht man die Vektorraum-Dimension von T. Anschaulich stelle man sich A als eine Gerade, eine Ebene, einen Raum usw. vor, je nach der Dimension, und T als den Vektorraum der Translationen von A. Die Notation $v + a$ bezeichnet dann den Punkt, der aus a durch Verschiebung um den Translationsvektor v entsteht. Nehmen Sie diese Vorstellung zu Hilfe, so sehen Sie alles etwas schneller, als wenn Sie es sorgfältig aus den Axiomen ableiten. Im Zweifelsfall müssen Sie natürlich überprüfen, ob Sie mit Ihren Schlussfolgerungen noch auf dem Boden der Axiome stehen!

Im praktischen Umgang spricht man natürlich wieder kurz von einem affinen Raum A, ohne T und dessen Aktion auf A, womit A 'ausgestattet' sei, jedesmal eigens zu erwähnen, aber es bleibt schon bei der Definition. Auch die Notation der Translationsaktion mittels $v + a$ statt etwa $v(a)$ ist einerseits nicht unbedenklich, weil Verwechslungen mit der Vektorraumaddition entstehen könnten, aber andererseits stabilisiert gerade diese Notation das intuitiv richtige Rechnen.

Die affinen Räume sind die Objekte der ***affinen Kategorie***, deren Morphismen, die affinen Abbildungen, so definiert sind: eine Abbildung $f : A \to A'$ ist affin, wenn für ein (dann automatisch jedes) $a_0 \in A$ die gemäß Axiom (3) durch $f(v + a_0) =: f(a_0) + Df(v)$ wohldefinierte Abbildung $Df : T \to T'$ linear ist, wenn also f 'bis auf Translation linear ist', wie man kurz und undeutlich als Gedächtnisstütze sagen könnte.

Ist V irgend ein Vektorraum und $V_0 \subset V$ ein Untervektorraum, so wird jede Nebenklasse A von V_0 durch die von V geerbte Addition

$+ : V_0 \times A \to A$ zu einem affinen Raum $(A, V_0, +)$. Wir hatten die Nebenklassen von Untervektorräumen ja auch schon immer "affine Unterräume" von V genannt. Diesem Typ von Beispielen affiner Räume begegnet man in der Mathematik häufig, und er ist wohl begrifflich ganz harmlos, weil man V_0 und A so einträchtig in V beieinander sieht.

Gewissermaßen subtiler sind aber Beispiele, bei denen kein Vektorraum V gegeben ist, der T als Unterraum und A als eine von dessen Nebenklasse enthält. Und gerade solche affinen Räume spielen in der Physik eine prominente Rolle: der reale physikalische Raum M^3 bzw. die Minkowskische Raumzeit M^4, jeweils versehen mit dem Vektorraum V^3 bzw. V^4 ihrer Translationen und der natürlichen Aktion.

Natürlich kann man einwenden, das seien physikalische Objekte und keine mathematischen, die Raumzeit als affinen Raum im Sinne der Mathematik zu reklamieren hieße Aussagen über das Universum im Großen wie auch in allen mikroskopischen Größenordnungen zu machen, die keine physikalische Basis haben. Das ist natürlich ein berechtigter Einwand, er trifft aber mit derselben Wucht jedes Koordinatensystem, mit dem ein Ortsvektor im Labor durch ein Zahlentripel erfasst wird und jedes Inertialsystem, das in einer Diskussion der speziellen Relativitätstheorie figuriert. Sagen wir also: bis auf Idealisierungen, welche die Physik sowieso jeden Tag vornimmt, *sind* Raum und Raumzeit wirklich affine Räume.

Nun ist ein affiner Raum A mit seinem Translationenvektorraum T ja sehr eng verwandt. Die bloße Auswahl eines Elements $a_0 \in A$ als *designierte Null* stellt nach Axiom (3) bereits eine Interpretation $T \cong A$ von A als Vektorraum her, und zwei solche Interpretationen unterscheiden sich nur um eine Translation, auf die es oft gar nicht ankommen mag. Es liegt daher manchmal nahe, gleich von vornherein einen Nullpunkt in A auszuzeichnen, den begrifflichen Unterschied zwischen den Elementen von A und denen von T nicht hervorzuheben, Bezeichnungen wie A und T gar nicht erst einzuführen und von affinen Räumen nicht zu reden. Ein anderes Mal kann es aber auch ganz gut sein, sich die affine Natur von Raum und Raumzeit so recht klar zu machen.

37.5, Seite 334: Affine oder 'geradlinige' Koordinaten $\mathbb{R}^n \cong M$ in einem affinen Raum $(M, V, +)$ erhält man nach Wahl einer Basis in V und eines "Nullpunkts" in M durch die Verkettung der Abbildungen

$$\mathbb{R}^n \longrightarrow V \xrightarrow{\cong} M\,,$$

die dadurch gegeben sind. In 'krummlinigen' Koordinaten sieht eine Translation im Raume natürlich nicht so einfach aus.

37.6, Seite 335: Bei 1-Teilchen-Systemen ist die Translationsinvarianz eine große Einschränkung für L, das dann in affinen Koordinaten von q gar nicht mehr explizit abhängen darf. Bei N-Teilchen-Systemen ist das ganz anders, denn da Translation hier so gemeint ist, dass die Position jedes Teilchens um *denselben* Vektor verschoben wird, sind Lagrangefunktionen, die in der affinen q-Variablen nur von der *relativen* Position der Teilchen zueinander abhängen, automatisch translationsinvariant.

37.7, Seite 335: Noch natürlicher wäre es freilich, anstatt physikalische Einheiten als gegeben vorauszusetzen, die physikalischen Dimensionen (einheitenfrei!) immer mitzuführen, um zum Beispiel bloße Ortsdifferenzen $v \in V$ von Geschwindigkeitsvektoren $v \in V \otimes \tau^*$ zu unterscheiden, wobei τ der eindimensionale Vektorraum der Zeitdifferenzen ist.

Register

A

B

C

D

E

F

G

H

I

J

K

L

M

N

O

P

Q

R

S

T

U

V

W

Z